普通高等教育“十一五”国家级规划教材
高等职业教育土建类专业“十四五”规划教材

建筑工程概论

（第4版）

主　编　王新武　李凤霞
副主编　布　欣　樊　嘉

武汉理工大学出版社
·武　汉·

内 容 简 介

本书共分为8章，内容包括建筑工程概述、建筑设计、民用建筑构造、建筑工程材料、建筑施工、高层建筑、工程防灾减灾、现代建筑技术简介等。

本书可作为高等职业教育土建类相关专业的教学用书，还可供从事建筑工程设计、施工、项目管理的工程技术人员和概预算人员作参考用书。

图书在版编目（CIP）数据

建筑工程概论 / 王新武，李凤霞主编. -- 4版. -- 武汉 ：武汉理工大学出版社，2025. 6. -- ISBN 978-7-5629-7523-6

Ⅰ. TU

中国国家版本馆CIP数据核字第2025RV8939号

项目负责人：戴皓华　　**责 任 编 辑：**王品品

责 任 校 对：夏冬琴　　**封 面 设 计：**芳华时代

出 版 发 行：武汉理工大学出版社

武汉市洪山区珞狮路122号　邮编：430070

http://www.wutp.com.cn

E-mail：1029102381@qq.com

印　刷　者：湖北恒泰印务有限公司

经　销　者：各地新华书店

开　　　本：787×1092　1/16

印　　　张：16.75

字　　　数：415千字

版　　　次：2025年6月第4版

印　　　次：2025年6月第1次印刷　总第18次印刷

定　　　价：48.00元

凡购本书，如有缺页、倒页、脱页等印装质量问题，请向出版社发行部调换。

本社购书热线电话：(027)87785758　87381631　87165708(传真)

第 4 版前言

“建筑工程概论”作为职业本科院校建筑工程技术、智能建造技术及高职专科院校建筑装饰、工程管理等专业的基础课程，阐述了现代建筑工程的基本原理、技术体系与管理方法，旨在帮助学生形成建筑工程知识框架，为后续专业课程学习奠定坚实基础。

秉承“对接产业需求、服务职业能力”的理念，本书自 2004 年第 1 版以来历经三次修订、多次重印，坚持服务于土建类专业的教学实践。本次修订在延续原教材系统性、实用性的基础上进行内容更新和调整，并完善了涵盖建筑防火与抗震的工程防灾减灾内容；为响应国家建筑业发展规划要求，适应建筑产业数字化、工业化转型趋势，进一步补充了装配式建筑、BIM 技术、智能建造等现代建筑业发展的新知识、新技术。

本书可作为职业本科院校、高职专科院校土建类相关专业的教学用书，同时可为建筑工程设计、施工管理、工程咨询等岗位技术人员，以及工程概预算、数字化技术应用等领域从业人员提供实务参考。

本书由洛阳理工学院王新武、李凤霞担任主编，由洛阳理工学院布欣、樊嘉担任副主编，洛阳理工学院吴占景、陈易飞参与编写。具体编写分工为：第 1 章由王新武编写，第 2、3 章由李凤霞、吴占景共同编写，第 4、5 章由布欣编写，第 6 章由王新武、陈易飞编写，第 7 章由樊嘉、陈易飞编写，第 8 章由樊嘉编写，全书由王新武负责统稿。

由于编者的水平和时间有限，本书的内容难免存在疏漏之处，敬请广大读者批评指正。

编　者

2025 年 1 月

本课程思政元素

本书立足中国传统文化与社会主义核心价值观，擘画课程思政主题架构，围绕“价值引领、能力提升、知识传承”的课程建设目标，深度挖掘课程内容中的思政融入契机，运用丰富的教学素材，以正确的价值理念浸润读者。在课程思政元素的设计过程中，以“习近平新时代中国特色社会主义思想”为根本遵循，选取有助于培育大学生理想信念、端正价值取向、坚定政治信仰以及强化社会责任意识的题材与内容，致力于将学生塑造成德才兼备、全面发展的新时代栋梁之材，使其能够在时代浪潮中担当作为，为国家发展贡献力量，践行社会主义核心价值观，展现新时代青年的精神风貌与使命担当。

在课程思政的教学实践中，每个思政元素的教学活动流程涵盖内容导引、展开研讨以及总结分析等环节。教学进程中，教师与学生共同投身其中，紧密互动。在课堂教学场景下，教师能够参照下表所呈现的内容导引部分，依据特定的知识点或案例，启发学生思考，组织学生展开讨论，从而实现课程思政教学目标，提升教学效果，助力学生全面发展。

章节	内容导引	思考问题	课程思政元素
一	土木工程历史发展	历史上各国土木工程有独特文化烙印，在全球化交流合作下，如何在借鉴国外技术理念时保持本土建筑文化自信与传承，展现文化软实力？	传统文化 文化交融 文化自信
二	建筑设计基本要求	在建筑设计过程中，如何贯彻“以人为本”理念，彰显社会责任感？	人文关怀 社会公平
三	建筑构造与设计逻辑联系	建筑中结构与构造设计相辅相成，是整体与细节协同推进。个人应秉持何种价值观念和精神，实现个人与社会价值统一？	大局意识 奉献精神 诚信敬业
四	建筑工程材料发展	各种新型建筑材料不断发展，请结合国家战略和理念，建筑业如何创新推动行业绿色可持续发展以助力国家“双碳”目标？	国家战略 创新驱动 可持续发展
五	建筑施工技术	如何将“工匠精神”融入建筑施工各环节保障质量，践行对人民负责的使命担当，彰显社会主义核心价值观之敬业精神？	工匠精神 使命担当 敬业精神
六	高层建筑发展趋势	城市内高层建筑不断发展，应秉持何种价值观念，避免逐利忽视长远发展，实现与城市和谐共生，彰显新时代理念与关怀？	社会责任 可持续发展
七	工程防灾与减灾	从“人民至上、生命至上”出发，工程人员应如何秉持敬业与责任，坚守道德和操守，保障人民安全权益，体现社会担当？	以人民为中心 诚信敬业 责任担当
八	智能建造	建筑业迈向智能建造，从业者应如何了解前沿科技发展方向，推动新技术与传统建筑业融合，助力国家建设？	国家战略 国家安全 科技前沿

目　录

1 建筑工程概述

教学目标

通过本章学习，学生能较全面地了解建筑及建筑工程的概念和基本属性、建筑构成要素、建筑的生产和发展、建筑的分类以及著名建筑物、构筑物等，特别是能够较深入地掌握建筑及建筑工程的内涵及其基本属性，从而为后续章节的学习做好铺垫。

1.1 建筑和建筑工程概述

1.1.1 建筑的概念及其基本属性

建筑一词的英文为 architecture，来自拉丁语 archi-tectura，可理解为关于建筑物的技术和艺术的系统知识，又称为建筑学。汉语“建筑”是一个多义词，它既可以表示建筑工程或土木工程的营造活动，又可表示这种活动的成果。中国古代把建造房屋及其相关的土木工程活动统称“营建”“营造”，而建筑一词则是从日本引入的。有时建筑也泛指某种抽象的概念，例如，罗马式建筑、拜占庭式建筑、哥特式建筑、明清建筑、现代建筑等。

目前，有关建筑的含义学术界有很多解释，本节按照最通俗的理解去说明。也就是把建筑作为工程实体来对待，即建筑通常被认为是艺术与工程技术相结合，营造出供人们进行生产、生活或者其他活动的环境、空间、房屋或者场所，一般情况下是指建筑物和构筑物。建筑物是指供人们生活居住、工作学习、娱乐和从事生产的建筑，例如住宅、学校、宾馆、办公楼、体育馆等。而人们不在其中生产、生活的建筑则称为构筑物，例如水塔、烟囱、蓄水池、桥梁、堤坝、囤仓等。

建筑的形成主要涉及建筑学、结构学、给排水、供暖通风、空调技术、电气、消防、自动控制、建筑声学、建筑光学、建筑热工学、建筑材料、建筑施工技术等方面的知识和技术，同时也受到政治制度、自然条件、经济基础、社会需要以及人工技巧等因素影响，在一定程度上反映了某个地区某个时期的建筑风格与艺术，也反映了当时的社会活动和工程技术水平。因此，建筑是一门融社会、工程技术和文化艺术于一体的综合性学科，是一个时代物质文明、精神文明和政治文明的产物。

综上所述，建筑的基本属性有以下几点：

(1)建筑的时空性

从建筑作为客观的物质存在来讲，一是它的实体和空间的统一性，二是它的空间和时间的统一性。这两个方面组合为建筑的时空属性。

(2)建筑的工程技术性

建筑由物质构成，而且是人为的、科学的构成。

(3)建筑的艺术性

建筑既是个实用对象，又是个审美对象，是一种造型艺术。

(4)建筑的民族性和地方性

不同的民族有不同的建筑形式；不同的地域(同一个民族或不同民族)有不同的建筑形态。不同的时代，建筑也有不同的潮流特征。

1.1.2 建筑的产生和发展

人类的建筑活动从穴居、巢居到现代高楼大厦，经历了漫长的发展历程。回顾建筑产生、发展的历史，认识建筑科学技术演进的规律，对整个建筑发展历程形成一个较为清晰的脉络，这对于后续学习掌握有关专业知识有很重要的作用。

1.1.2.1 原始社会的建筑

河姆渡文化是中国长江流域下游以南地区古老而多姿的新石器时代文化(即距今约 7000 年)，在 1973 年首次发现于浙江宁波余姚的河姆渡镇，因而命名。它主要分布在杭州湾南岸的宁绍平原及舟山岛。经科学的方法进行测定，它的年代为公元前 5000 年—前 3300 年。它是新石器时代母系氏族公社时期的氏族村落遗址，反映了距今约 7000 年的长江下游流域氏族的情况。黑陶是河姆渡陶器的一大特色；在建筑方面，遗址中发现大量“干栏式房屋”的遗迹。如图 1.1、图 1.2 所示。

图 1.1 河姆渡遗址草顶复原图

图 1.2 河姆渡干栏式建筑遗址

半坡遗址位于陕西省西安市东郊灞桥区浐河东岸，是黄河流域一处典型的原始社会母系氏族公社村落遗址，属新石器时代仰韶文化，距今 6000 年以上。1953 年春，西北文物清理队在西安东部浐河东岸的二级阶地上发现了半坡遗址。同年 9 月，中科院考古研究所进行了较深入的调查，发现遗址面积约 5 万 m^2。1954—1957 年，先后进行了五次较大规模的发掘，揭露面积 1 万 m^2。已发掘出 46 座房屋、200 多个窖穴、6 座陶窑遗址、250 座墓葬，出土生产工具和生活用品约 1 万件，还有粟、菜籽遗存。1958 年建成博物馆。西安半坡遗址 1 号方形房子、2 号圆形房子遗址如图 1.3、图 1.4 所示。

1.1.2.2 奴隶社会的建筑

(1)古埃及建筑

目前古埃及吉萨金字塔中最大、保存最完好的三座金字塔是由第四王朝的三位皇帝胡夫(Khufu)、海夫拉(Khafra)和门卡乌拉(Menkaura)在公元前 2600 年—前 2500 年建造的。胡

图 1.3　西安半坡遗址 1 号方形大房子遗址及复原图

图 1.4　西安半坡遗址 2 号圆形大房子遗址及复原图

夫金字塔高 146.6 m，底边长 230.35 m；海夫拉金字塔高 143.5 m，底边长 215.25 m；门卡乌拉金字塔高 66.4 m，底边长 108.04 m。其中最大的是胡夫金字塔，它是一座几乎实心的巨石体，由 200 多万块巨石砌成。金字塔的旁边还有一些皇族和贵族的小小的金字塔和长方形台式陵墓。最初铺盖金字塔外层的磨光的灰白色石灰石块几乎全部消失。如今见到的是下面淡黄色的石灰大石块，显露出其内部结构。金字塔中心有墓室，可以从甬道进去，墓室顶上分层架着几块几十吨重的大石块。三座金字塔及金字塔前的狮身人面像如图 1.5、图 1.6 所示。

图 1.5　古埃及吉萨金字塔

图 1.6　金字塔前的狮身人面像

(2)古印度建筑

古印度最具代表性的佛塔建筑为桑奇大塔·窣堵坡，如图 1.7 所示，其基本形制是用砖石垒筑圆形或方形的台基，周围一般建有右绕甬道，设一圈围栏，分设 4 座塔门，围栏和塔门上装饰有雕刻。在台基之上建有一半球形覆钵，即塔身，梵文称 anda，高 12.8 m，直径 32 m，塔身外为砌石，内为泥土，埋藏石函或硐函等舍利容器。

图 1.7　桑奇大塔·窣堵坡

(3)古希腊建筑

古希腊建筑艺术成就中最具代表性的是雅典卫城，如图 1.8 所示。雅典卫城具有古代希腊城市战时供市民避难的功能，是由坚固的防护墙壁拱卫着的山冈城市。雅典卫城面积约有 4 km^2，坚固的城墙筑在四周，自然的山体使人们只能从西侧登上卫城。高地东面、南面和北面都是悬崖绝壁，地形十分险峻。雅典卫城内前门、山门、雅典娜胜利女神殿、阿尔忒弥斯神殿等建筑，都仅存残垣。雅典卫城东南方向的卫城博物馆建成于 1878 年，共有 9 室，馆藏丰富，珍藏雅典卫城内神庙中珍贵石雕、石刻等。海神波塞冬送给人类一匹象征战争的壮马，而智慧女神雅典娜送给人类一棵枝叶繁茂、果实累累、象征和平的油橄榄树。人们渴望和平，厌恶战争，结果这座城归了女神雅典娜。从此，她成了雅典的保护神，雅典因之得名。后来人们就把雅典视为“酷爱和平之城”。

图 1.8　雅典卫城

(4)古罗马建筑

罗马万神庙位于意大利首都罗马圆形广场的北部，是罗马最古老的建筑之一，如图 1.9 所示。其顶部采用了穹顶覆盖的集中式形制，是古罗马建筑风格穹顶技术的最高代表。万神庙穹顶直径达 43.3 m，顶端高度也是 43.3 m，穹顶中央开了一个直径为 8.9 m 的圆洞，透过圆洞照射进来的柔和的漫射光能够照亮空阔的内部，有一种宗教的宁谧气息。穹顶的外面覆盖着一层镀金铜瓦，看起来比较高贵典雅。万神庙门廊高大雄壮，也华丽浮艳，正面有长方形柱

(a)　　(b)

图 1.9　罗马万神庙

(a)万神庙外部结构；(b)万神庙内部结构

廊，柱廊宽 34 m，深 15.5 m，有科林斯式石柱 16 根，分三排，前排 8 根，中、后排各 4 根。柱身高 14.18 m，底径 1.43 m，是用整块埃及灰色花岗岩加工而成，柱头是白色大理石，山花和檐头的雕像以及大门扇、瓦、廊子里的天花梁和板都是铜做的并包着金箔，建筑整体非常的壮观。

(5)我国夏商周时期的建筑

河南洛阳偃师二里头发现的夏代早期宫室遗址(图 1.10)，系由数组周以回廊的庭院组成。其主要殿堂位于广庭中部，下承夯土台基。台基平整，高出当时地面约 0.8 m，边缘呈缓坡状，斜面上有坚硬的石灰石，殿堂位于台基中部偏北位置，东西长 30.4 m，南北深 11.4 m，以卵石加固基址。建筑结构为木柱梁式，南北两面各有柱洞 9 个，东西两面各有柱洞 4 个，但柱网不是整齐划分的。壁体为木骨抹泥墙，屋面则覆盖着树枝、茅草。

(a)

(b)

(c)

图 1.10　河南偃师二里头遗址宫殿基址

(a)二里头 4 号宫殿基址；(b)二里头宫殿基址群；(c)二里头基址底部排水沟

商代诸侯城以武汉市黄陂区盘龙城为例，如图 1.11 所示。盘龙城遗址位于长江北岸，距武汉市中心仅 5 km。盘龙城遗址的分布范围是两面临盘龙湖，南濒府河，仅西面有陆路相通。其内城东西长 1100 m，南北宽 1000 m，内城总面积约 75400 m^2，外城总面积 2.5 km^2，内城坐落在整个遗址的东南部，平面形状略呈方形，城内发现三处大型宫殿基址。内城外零散分布有

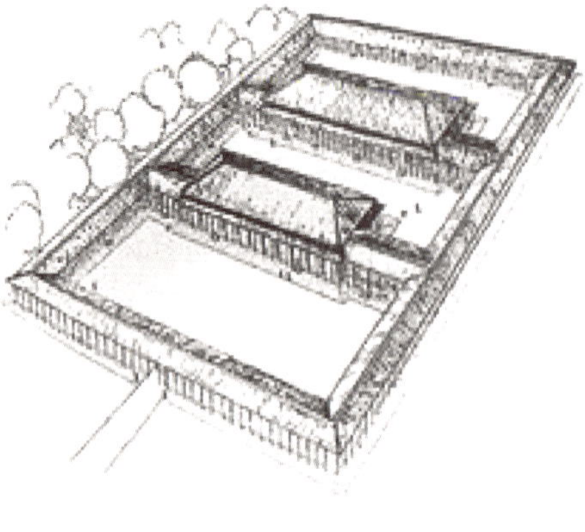

(a)

(b)

图 1.11　盘龙城宫殿建筑复原图及其基址

(a)盘龙城宫殿建筑复原图；(b)基址

居民区和酿酒、制陶、冶铜等手工作坊及墓地。盘龙城遗址出土的商代青铜器不亚于郑州商城出土的，而且不少是同时期青铜器精品。盘龙城遗址还出土了数以万计的陶片，以及石器100多件。盘龙城发掘出的三座大型宫殿建筑，体现了我国古代前朝后寝即前堂后室的宫殿格局，奠定了中国宫殿建筑的基石。

已发掘的周代建筑基址有陕西岐山凤雏和扶风召陈两处。岐山凤雏宫殿是中国已知最早、最完整的四合院，具有相当成熟的布局水平。宫殿一共分两组：甲组建筑坐北朝南，面积1469m^2，是一座高台建筑，如图1.12所示。

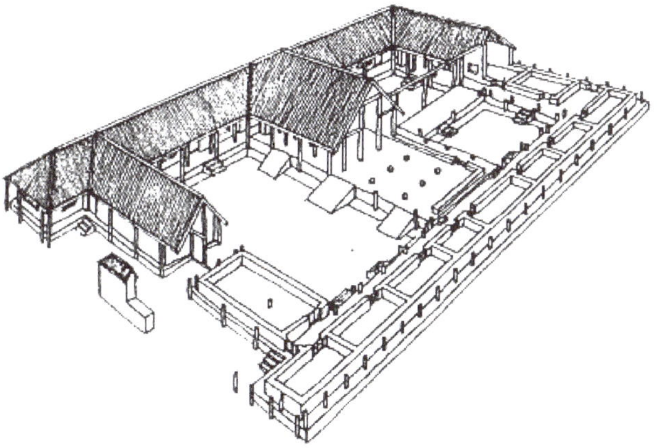

图1.12　岐山凤雏宫殿甲组遗址复原图

建筑分前后两进院落，沿中轴线自南而北布置了广场、照壁、门道及其左右的塾、前院、向南敞开的堂、南北向的中廊和分为数间的室（又称寝）。中廊左右各有一个小院，室的左右各设后门。三列房屋的东、西向各有南北的分间厢房，其南端突出塾外，在堂的前后，东西厢和室的向内一面只有廊可以连通，整体平面呈“日”字形。此处建筑的墙用黄土夯筑而成，一般厚0.58～0.75 m。墙表与屋内地面均抹有以细砂、白灰、黄土混合而成的“三合土”。墙皮厚0.1 cm，表面坚硬、光滑平整。从基址上的堆积物推测，屋顶结构可能是采用立柱和横梁组成的框架，在横梁上承檩列椽，然后覆盖以芦苇，再抹上几层草秸泥，厚7～8 cm，形成屋面，屋脊及天沟用瓦覆盖。此外，这组建筑还附设有排水设施。乙组基址位于甲组西侧，坐北朝南，墙内发现有柱础石，建造结构与甲组宫殿相同。

1.1.2.3　封建社会的建筑

亚洲封建社会时期的建筑代表有：中国的秦始皇陵、佛光寺、故宫，叙利亚的大马士革清真寺，印度泰姬陵等。欧洲封建社会时期的建筑代表有：哥特式的科隆大教堂、古典主义风格的凡尔赛宫等。

（1）秦始皇陵

秦始皇陵是中国历史上第一位皇帝嬴政（公元前259—前210年）的陵寝，是中国第一批世界文化遗产、第一批全国重点文物保护单位、第一批国家AAAAA级旅游景区，位于陕西省西安市临潼区城东5 km处的骊山北麓。陵墓近似方形，顶部平坦，腰部略呈阶梯形，高76 m，东西宽345 m，南北长350 m，占地120750 m^2。陵园以封土堆为中心，四周陪葬分布众多，其中最为壮观的是秦陵兵马俑陪葬坑，如图1.13所示。

秦始皇兵马俑陪葬坑坐西向东，三坑呈品字形排列。最早发现的是一号俑坑，呈长方形，坑里有约 6000 个陶俑及陶马，四面有斜坡门道。一号俑坑左右两侧各有一个兵马俑坑，称二号坑和三号坑。

兵马俑坑是地下坑道式的土木结构建筑，即从地面挖一个深约 5 m 的大坑，在坑的中间筑起一条条平行的土隔墙。墙的两边排列木质立柱，柱上置横木，横木和土隔墙上密集地搭盖棚木，棚木上铺一层苇席，再覆盖黄土，从而构成坑顶，坑顶高出当时的地表约 2 m。俑坑的底部用青砖墁铺。坑顶至坑底内部的空间高度为 3.2 m。陶俑、陶马放进俑坑后，用立木封堵四周的门道，门道内用夯土填实，于是就形成了一座封闭式的地下建筑。

图 1.13　秦陵兵马俑

(2)佛光寺

佛光寺(图 1.14)地处五台县城东北 32 km 处的佛光山山腰，始建于北魏孝文帝时期(公元 471—499 年)，后因唐武宗禁止佛教而被毁，唐大中十一年(公元 857 年)又因唐宣宗提倡佛教而重建，至今已有 1000 余年的历史，被列为佛教十大名寺之一。

建于唐代的、位于山腰的大殿为正殿，坐东向西，称为东大殿。东大殿居高临下，雄伟古朴，气势壮观，是五台山最大佛殿之一。东大殿采用梁柱木结构作为框架，以柱子承重，以榫卯固定，是一种柔性结构体系，已接近现代框架结构。无论是在构造做法上，还是在造型比例上，都集中地反映了唐代木结构建筑的特点，在我国乃至世界建筑史上都占有重要地位。

图 1.14　佛光寺

(3)北京故宫

北京故宫始建于公元1406年,1420年基本竣工。故宫南北长961 m,东西宽753 m,占地面积约为72万m^2,建筑面积15.5万m^2,是世界上现存规模最大、保存最为完整的木结构古建筑之一。宫城周围环绕着高12 m,长3400 m的宫墙,墙外有52 m宽的护城河环绕,形成一个壁垒森严的城堡。故宫宫殿建筑均是木结构、黄琉璃瓦顶、青白石底座,饰以金碧辉煌的彩画。故宫有4个门,正门名午门,东门名东华门,西门名西华门,北门名神武门。

一条中轴贯通着整个故宫,这条中轴又在北京城的中轴线上。三大殿、后三宫、御花园都位于这条中轴线上。在中轴宫殿两旁,还对称分布着许多殿宇,也都宏伟华丽。这些宫殿可分为外朝和内廷两大部分。外朝以太和、中和、保和三大殿为中心,文华、武英殿为两翼。内廷以乾清宫、交泰殿、坤宁宫为中心,东西六宫为两翼,布局严谨有序。故宫的四个城角都有精巧玲珑的角楼,造型精巧美观。故宫全貌如图1.15所示。

图1.15 故宫全貌

(4)大马士革清真寺

大马士革清真寺(The Great Mosque of Damascus)坐落在叙利亚首都大马士革旧城中央,位于古罗马的朱庇特庙(Temple of Jupiter,公元1世纪)和早期基督教的圣约翰教堂(Church of St. John,公元5世纪)的旧址之上。大马士革清真寺全貌如图1.16所示。

图1.16 大马士革清真寺

大马士革清真寺的主体由 3 个封闭式的圆柱大殿和环抱东、北、西三面的列柱拱顶长廊组成，长 158 m，宽 100 m，总建筑面积为 15800 m^2。礼拜大殿位于庭院南部，用巨大石块砌成，长 136 m，宽 37 m，被合抱粗的大理石柱子分成 3 楹间，大殿内金碧辉煌，墙壁、梁柱、讲台均用大理石、瓷砖和五彩玻璃镶嵌，并雕刻有精致的图案，圆柱的柱头一律涂成金色。4 个半圆形的凹壁，用黄金和宝石细工镶嵌。大殿正门是凯旋式的穹形大门，门廊和前厅连在一起，门两边各有圆柱。庭院中间有一座公元 976 年修建的大理石水池，供沐浴之用。

(5)泰姬陵

泰姬陵是印度穆斯林艺术最完美的瑰宝，是世界遗产中的经典杰作之一，被誉为“完美建筑”，又有“印度明珠”的美誉，如图 1.17 所示。泰姬陵全称为“泰姬 · 玛哈尔陵”，是一座由白色大理石建成的巨大陵墓清真寺，是莫卧儿王朝的皇帝沙贾汗为纪念他心爱的妃子，于公元 1631—1653 年在阿格拉修建的，位于今印度距新德里 200 多千米外的北方邦的阿格拉(Agra)城内，亚穆纳河右侧。由殿堂、钟楼、尖塔、水池等构成，全部用纯白色大理石建筑，用玻璃、玛瑙镶嵌，具有极高的艺术价值。

图 1.17　印度泰姬陵

泰姬陵整个陵园是一个长方形，长 576 m，宽 293 m，总面积为 17 万 m^2。四周被一道红砂石墙围绕。正中央是陵寝，在陵寝东西两侧各建有清真寺和答辩厅这两座式样相同的建筑，两座建筑对称均衡，左右呼应。陵的四方各有一座尖塔，高达 40 m，内有 50 层阶梯，是专供教徒拾级登高而上的。大门与陵墓由一条宽阔笔直的用红石铺成的甬道相连接，左右两边对称，布局工整。在甬道两边是人行道，人行道中间修建了一个十字形喷泉水池。泰姬陵的前面是一条清澄水道，水道两旁种植有果树和柏树，分别象征生命和死亡。

(6)科隆大教堂

科隆大教堂(Kölner Dom，全名 Hohe Domkirche St. Peter und Maria)是位于德国科隆的一座天主教主教座堂，是科隆市的标志性建筑物。它是欧洲北部最大的教堂，集宏伟与细腻于一身，被誉为哥特式教堂建筑中最完美的典范。它始建于 1248 年，工程时断时续，至 1880 年才由德皇威廉一世宣告完工，耗时超过 600 年，至今仍修缮工程不断。

教堂占地 8000 m^2，建筑面积约 6000 m^2，东西长 144.55 m，南北宽 86.25 m。它是由两座最高塔为主门、内部以十字形平面为主体的建筑群。一般教堂的长廊，多为东西向三进，与南北向的横廊交会于圣坛呈十字架形;科隆大教堂为罕见的五进建筑,内部空间挑高又加宽,高塔将人的视线引向天空。教堂中央是两座与门墙连砌在一起的双尖塔,南塔高 157.31 m,北塔高 157.38 m,是全欧洲第二高的尖塔(仅次于乌尔姆大教堂),教堂外形除两座高塔外,还有 1.1 万座小尖塔烘托。双尖塔像两把锋利的宝剑,直插云霄。如图 1.18 所示。

(7)凡尔赛宫

凡尔赛宫位于法国巴黎西南郊外伊夫林省省会凡尔赛镇,是巴黎著名的宫殿之一,也是世界五大宫殿之一,凡尔赛宫全貌如图 1.19 所示。

图 1.18 科隆大教堂外景

图 1.19 凡尔赛宫全貌

凡尔赛宫宫殿为古典主义风格建筑,立面为标准的古典主义三段式处理,即将立面划分为纵、横三段,建筑左右对称,造型轮廓整齐、庄重雄伟,被认为理性美的代表。其内部装潢则以巴洛克风格为主,少数厅堂为洛可可风格,其特点是外形自由,追求动态效果,喜好富丽的装饰和雕刻以及强烈的色彩,常用曲线穿插和椭圆形空间的圆顶以及法国传统的尖顶建筑风格,采用了平顶形式,显得端正而雄浑。宫殿外壁上端林立着大理石人物雕像,造型优美,栩栩如生。

1.1.2.4 欧洲资本主义萌芽时期的建筑

文艺复兴时期出现了大量世俗建筑,如府邸别墅、城市广场、园林建筑等,其风格也纷纷世俗化,拉近了与人的距离,平添了许多亲切感和人情味。

这一时期不论是世俗建筑还是宗教建筑,均表现出对古代经典建筑艺术的回归。古希腊、古罗马时期的经典柱式再度成为建筑造型的主题,半圆形拱券、厚实的墙面、穹顶等要素也被发掘出来,它们与哥特式建筑的尖券、尖塔和垂直向上的束柱、飞扶壁等元素截然不同。在结构和施工上,文艺复兴时期的建筑则使用了许多新技术。如混合应用梁柱系统与拱券结构;大型建筑外墙用石材、内部用砖,或者下层用石、上层用砖砌筑;在方形平面上加鼓形座和圆顶;穹顶采用内外壳和肋骨等。

与前代相比,文艺复兴时期建筑类型与样式都大大增多。大师们灵活变通大胆创新,把古典柱式同各地建筑的风格巧妙地融合在一起,使西方建筑更加丰富多彩。

(1)圣彼得大教堂

圣彼得大教堂(St. Peter's Basilica Church)又称圣伯多禄大教堂、梵蒂冈大殿,是位于梵蒂冈的一座天主教宗座圣殿，建于1506—1626年，为天主教会重要的象征之一，如图1.20所示。

图1.20　圣彼得大教堂

作为最杰出的文艺复兴建筑和世界上最大的教堂，其占地面积为23000 m^2，可容纳超过六万人，教堂中央是直径42 m的穹窿，顶高约138 m，前方则为圣彼得广场与协和大道。虽然并不是所有天主教堂的“母堂”，亦不是罗马主教（教宗）的主教座堂，圣彼得大教堂仍被视为天主教会最神圣的地点。

意大利文艺复兴时期的多位建筑师与艺术家，如多纳托·伯拉孟特、拉斐尔、米开朗琪罗和小安东尼奥·达·桑加罗等都曾参与圣彼得大教堂的设计。堂内保存有欧洲文艺复兴时期许多艺术家如米开朗琪罗、拉斐尔等的壁画与雕塑。

（2）佛罗伦萨大教堂

佛罗伦萨大教堂（Basilica di Santa Maria del Fiore）又名花之圣母大教堂或圣母百花大教堂，是世界五大教堂之一。佛罗伦萨在意大利语中意为花之都。大诗人徐志摩把它译作“翡冷翠”，这个译名远远比另一个译名“佛罗伦萨”来得更富诗意，更多色彩，也更符合古城的气质。教堂位于意大利佛罗伦萨历史中心城区，教堂建筑群由大教堂、钟塔与洗礼堂构成，1982年作为佛罗伦萨历史中心的一部分被列入世界文化遗产。

佛罗伦萨主教堂的穹顶是世界上最大的穹顶之一，采用拜占庭教堂的集中形制，将古罗马万神庙的穹顶技术和哥特式的骨架结构结合起来，将穹顶设计为内外两层。内层是被铁环和木圈箍住的24根肋条构成的鱼骨券，以承担所有的重载荷，外层的功能则是遮挡风雨。穹顶平面内径约为42 m，高约30 m，这在当时被视为技术上的一个奇迹。为了突出穹顶，修砌一段12 m高的鼓座，连同采光亭在内总高107 m，成为整个城市轮廓线的中心，足以成为一个城市的标志性建筑物。在当时，这是建筑历史上的一次大幅度的进步。佛罗伦萨大教堂全貌如图1.21所示。

（3）卢浮宫

卢浮宫（法语：Musée du Louvre）位于法国巴黎市中心的塞纳河北岸，位居世界四大博物馆之首。始建于1204年，原是法国的王宫，居住过50位法国国王和王后，是法国文艺复兴时期最珍贵的建筑物之一，以收藏丰富的古典绘画和雕塑而闻名于世。

图 1.21　佛罗伦萨大教堂

现为卢浮宫博物馆，历经 800 多年的扩建重修达到现在的规模，占地约 198 万 m^2，分新、老两部分，宫前的金字塔形玻璃入口，是华人建筑大师贝聿铭设计的。1793 年 8 月 10 日，卢浮宫艺术馆正式对外开放，成为一个博物馆。

卢浮宫是世界著名的艺术殿堂，最大的艺术宝库之一，是举世瞩目的万宝之宫，如图 1.22 所示。

图 1.22　卢浮宫

1.1.2.5　西方国家近代时期的建筑

(1)柏林勃兰登堡门

德国柏林勃兰登堡门是一座新古典主义风格的砂岩建筑，由朗汉斯设计，仿照了古希腊雅典卫城的柱廊建筑风格。勃兰登堡门高 26 m，宽 65.5 m，深 11 m，由 12 根 15 m 高、底部直径 1.75 m 的多立克柱式立柱支撑着平顶，东西两侧各有 6 根爱奥尼柱式雕刻，前后立柱之间为墙，将门楼分隔成 5 个大门，正中间的通道略宽，是为王室成员通行设计的，直至德意志帝国末代皇帝威廉一世 1918 年退位前，只有王室成员和国王邀请的客人才被允许从勃兰登堡门正中间的通道出入。大门内侧墙面用浮雕刻画了古罗马神话中最伟大的英雄海格力斯、战神玛尔斯以及智慧女神、艺术家和手工艺人的保护神米诺娃。

勃兰登堡门门顶中央最高处是一尊高约 5 m 的胜利女神(古希腊神话中的尼刻,古罗马神话中的维多利亚)铜制雕塑,女神张开身后的翅膀,驾着一辆四马两轮战车面向东侧的柏林城内,右手手持带有橡树花环的权杖,花环内有一枚铁十字勋章,花环上站着一只展翅的鹰鹫,鹰鹫戴着普鲁士王国的皇冠。雕塑象征着战争胜利,是普鲁士雕塑家沙多夫的作品。如图 1.23 所示。

图 1.23　勃兰登堡门

与勃兰登堡门门楼相连的南北两边翼房曾用于守卫和关卡,柏林城墙拆毁后被改建成敞开的立柱大厅,以便和勃兰登堡门的风格相一致。勃兰登堡门的庄严肃穆、巍峨壮丽充分显示了处于鼎盛时期的普鲁士王国国都的威严。

(2)巴黎凯旋门

巴黎凯旋门是帝国风格的代表建筑。此种风格的崛起和拿破仑的倡导有着不可分割的关系。它的兴盛与衰败始终与拿破仑的命运紧紧联系在一起,这些建筑都是以古罗马帝国雄伟庄严的建筑为灵感和样板。它们体量巨大,外形简洁,追求形象的雄伟、冷静和威严。巴黎凯旋门以古罗马凯旋门为范例,但其规模更为宏大,结构风格更为简洁。整座建筑除了檐部、墙身和墙基以外,不做任何大的分划,不用柱子,连扶壁柱也被免去,更没有线脚。它摒弃了古罗马凯旋门的多个拱券造型,只设一个拱券,简洁庄严,如图 1.24 所示。

图 1.24　巴黎凯旋门

1.1.2.6　当代建筑的发展

(1)悉尼歌剧院

悉尼歌剧院(Sydney Opera House)位于悉尼市区北部,是悉尼市地标建筑物,由丹麦建筑师约恩·乌松(Jorn Utzon)设计,一座贝壳形屋顶下方是结合剧院和厅室的水上综合建筑。歌剧院内部建筑结构则是仿效玛雅文化和阿兹特克神庙修建的。该建筑于1959年3月开始动工,于1973年10月20日正式竣工交付使用,共耗时14年。

悉尼歌剧院是澳大利亚的地标建筑,也是20世纪最具特色的建筑之一,2007年被联合国教科文组织评为世界文化遗产。悉尼歌剧院全貌如图1.25所示。

图1.25 悉尼歌剧院

(2)美国国家美术馆

美国国家美术馆位于美国国会大厦西阶,国家大草坪北边和宾夕法尼亚大街夹角地带,由两座风格迥然不同的花岗岩建筑组成,一座在西,为新古典式建筑,有着古希腊建筑风格。一座在东,是一幢充满现代风格的三角形建筑。两座建筑共同组成了美国国家美术馆。这两座建筑中,西边的一座长240 m,底层建筑面积4.7万 m^2,整个建筑如图1.26所示。

图1.26 美国国家美术馆

1.1.2.7 中华人民共和国成立后的建筑

(1)人民大会堂

人民大会堂位于北京天安门广场西侧,西长安街南侧。人民大会堂坐西朝东,南北长336 m,东西宽206 m,高46.5 m,占地面积15万 m^2,建筑面积17.18万 m^2。

人民大会堂壮观巍峨,建筑平面呈"山"字形,两翼略低,中部稍高,四面开门。外表为浅黄色花岗岩,上有黄绿相间的琉璃瓦屋檐,下有5 m高的花岗岩基座,周围环列有134根高大的圆形廊柱。人民大会堂正门面对天安门广场，正门门额上镶嵌着中华人民共和国国徽，正门迎面有十二根浅灰色大理石门柱，正门柱直径 2 m，高 25 m。四面门前有 5 m 高的花岗岩台阶。人民大会堂建筑风格庄严雄伟，壮丽典雅，富有民族特色，与四周层次分明的建筑一起构成了一幅天安门广场整体的庄严绚丽的图画。如图 1.27 所示。

图 1.27　人民大会堂

(2)洛阳涧西苏式建筑群

洛阳涧西苏式建筑群是指"一五"期间，苏联在洛援建重点工程时建造的厂房和生活区等，主要包括洛阳拖拉机厂、洛阳铜加工厂等企业的厂房以及涧西区 2 号街坊、10 号街坊、11 号街坊等苏式建筑。

2011 年 5 月底，洛阳涧西苏式建筑群入选第三批中国历史文化名街，涧西工业遗产街是历届唯一入选的工业遗产项目，如图 1.28 所示。2013 年 5 月，该建筑群被国务院核定公布为第七批全国重点文物保护单位。

图 1.28　洛阳涧西苏式建筑群

1.1.3　建筑的基本构成要素

构成建筑的基本要素是指不同历史条件下的建筑功能、建筑的物质技术条件和建筑形象。

1.1.3.1 建筑功能

建筑功能一是满足人体尺度活动所需的空间尺度，即人是建筑空间活动的主体，人体的各种活动尺度与建筑空间具有十分密切的关系。二是满足人的生理要求，即要求建筑应具有良好的朝向，有保温、防潮、隔声、防水、采光和通风的性能，为人们提供舒适的卫生环境。三是满足不同建筑使用特点要求，即不同性质的建筑物在使用上又有不同的特点。

满足建筑功能要求是建筑的主要目的，体现了建筑的实用性，在构成的要素中起主导作用。

1.1.3.2 建筑的物质技术条件

建筑的物质技术条件是建造建筑物的手段，一般包括建筑材料、土地、制品、构配件技术、结构技术、施工技术和设备技术（水、电、通风、空调、通信、消防、输送等设备技术）等。建筑的物质技术条件是建筑发展的重要因素。例如，建筑材料是构成建筑的物质基础，通过一定技术手段运用建筑材料构建建筑骨架，形成建筑空间的实体。建筑技术和建筑设备对建筑的发展同样起到重要作用，例如，电梯和大型起重设备的利用促进了高层建筑的发展，计算机网络技术的应用产生了智能建筑，节能技术的出现产生了节能建筑等。

建筑不可能脱离建筑技术而存在，例如，在 19 世纪中叶以前的几千年间，建筑材料是以砖、瓦、木、石为主，所以古代建筑的跨度和高度都受到限制，19 世纪中叶到 20 世纪初，钢铁、水泥相继出现，为大力发展高层和大跨度建筑创造了物质条件，可以说高度发展的建筑技术是现代建筑的一个重要标志。

1.1.3.3 建筑形象

建筑除满足人们的使用要求外，又以它不同的空间组合、建筑造型、立面形式、细部与重点处理、材料的色彩和质感、光影和装饰处理等，构成一定的建筑形象。建筑的形象是建筑的功能和技术的综合反映。

不同时代的建筑有不同的建筑形象。如古代建筑与现代建筑的形象就不一样。不同民族、不同地域的建筑也会产生不同的建筑形象，如汉族和少数民族、南方和北方都会形成本民族、本地区各自的建筑形象。

建筑构成的三要素是相互联系、相互约束，又不可分割的辩证统一关系。建筑功能是建筑的目的，是主导因素；物质技术条件是达到建筑目的的手段；而功能不同的各类建筑可以选择不同的结构形式和使用不同的建筑材料，形成不同的建筑形象。所以，在一定功能和技术条件下，应充分发挥设计者的主观作用，使建筑形象更加美观。

1.1.4 建筑与风水

风水学是我国古代关于建筑环境规划和设计的一门学问，其历史悠久，源远流长，在民间广为流传。在长达几千年的发展中，它逐渐形成了完整的理论体系和各种流派，对中国古建筑，尤其是对住宅建筑和坟墓影响深远。随着改革开放的深入和对传统文化的整理和挖掘，人们对于风水与建筑有了更深刻的研究和认识。作为与建筑有关的中国传统文化的一个部分，了解和认识风水学可以达到古为今用的目的。

风水，目前学术界公认的是晋代郭璞（公元 276—324 年，字景纯，河东闻喜人，属今山西省闻喜县）所著《葬书》（或称《葬经》）中首先提出的："葬者，藏也，乘生气也。……气乘风则散，界水则止。……古人聚之使不散，行之使有止，故谓之风水。"这里说的是死人安葬需选择有生气之地，生气遇风则散，有水则止，所以只有避风聚水才能获得生气。什么是生气？可以理解为生气能促发万物之生成，有生气之地是使万物获得蓬勃生机的一种自然环境。

什么地方能够避风聚水？这就是风水学中选择环境和处理环境的一套理论与方法。这套理论与方法构成了风水学的主要内容。风水学选择环境可以归纳为四个方面：觅龙、察砂、观水和点穴。

(1)觅龙

在风水学中，龙就是山脉，山上长植物，山中藏动物，从原始人类开始，生活就离不开山，由此而产生了对山的崇拜与信仰，成为人类对自然崇拜中很重要的一个内容。所以，在人类生存环境的选择上，首先要觅龙，即寻山。寻山首先从山脉的出处开始，古人认为那里是祖宗居住的最高处，再找近处山脉的入首处，从远而近分别称为太祖山、太宗山、少祖山以及父母山。以后简化为祖山、少祖山以及主山。在找到山脉之后还要看山的形势，远观得势，近观得形，即要求群峰起伏，山势奔驰为好，认为这种山脉为藏气之地。

(2)察砂

砂就是主山脉四周的小山。在主山的两侧有砂与侍砂相拥抱，能够遮挡外来的恶风，增加小环境的气势，在前面远处还有低平的迎砂，这就是贵地的象征。风水学又把这四周的山与象征着地上前后左右四方位的神兽相关联，形成左青龙、右白虎、前朱雀、后玄武的环抱形态，这就是觅龙察砂的理想环境。

(3)观水

除有龙、砂环绕的环境之外，还要观察水的状况。人的生命离不开水，尤其在长期处于农耕社会的中国，更是把水视作福之所倚、财之所依。所以风水学中把水视为比觅龙更为重要的内容。在风水学看来，“凡水来处谓之天门，若来不见源流谓之天门开，水去处谓之地户，不见水去谓之地户闭，夫水本主财，门开则财来，户闭则用不竭。”所以水来处要开敞，水去处宜封闭，这样才能留住财源。观水还要看水形，“洋潮汪汪，水格之富。湾环曲折，水格之贵。直流直去，下贱无比。”除水形之外还得查看水的质量。古人用眼、口、鼻检查水之色、味、气，从而判断水质之优劣，而水质之优劣又直接关系到环境之生气。

(4)点穴

即决定人居住的阳宅和葬地阴宅的位置。觅龙、察砂、观水已经决定了穴的最佳所在环境。但在具体确定一座阳宅、阴宅时，还有许多风水上的讲究。

风水学中所说的理想环境应该背靠祖山，左有青龙，右有白虎，二山相辅前景开阔，远处有案山相对；有水流自山间流来，呈曲折绕前方而去，四周之山最好有层次，即青龙、白虎之外还有护山相拥，前方案山之外还有朝山相对；朝向最好坐北朝南。如此即形成一个四周有山环抱，负阴抱阳，背山面水的良好地段。这样一个相对封闭的空间，用现代科学观点来分析，无疑也是一个很好的自然生态环境。背山可以阻挡冬季寒风，前方开阔可以得到良好的日照，可以接纳夏日凉风，四周山丘可以提供木材、燃料，山上植被既能保持水土防止山洪，又能形成适宜的小气候，流水既能保证生活与农田灌溉用水，又适宜水中养殖。

至于阳宅与阴宅也是风水学中很重要的内容。晋代郭璞所著《葬书》中说：“风水之法，得水为上，藏风次之。”也就是将得水藏风方能获得生气作为选择阴宅的标准，当然也是选择阳宅的标准。

风水学有关环境的选择，阳宅和阴宅的定点、定向，住房形态的论述与主张反映了实际生活的利弊，是经过实践证明行之有效的经验总结。背山面水，负阴抱阳的生态环境自然适合人的居住生活。但在风水学中的确也存在一些迷信糟粕。例如，把自然环境中的山、水、道路和建筑的各种形态简单地与人间吉凶、福祸相联系，因而导出违背实际的结论。

因此，对于建筑与风水既需要进行研究又需要科学分析，更需要去粗取精地批判与继承，真正达到古为今用的效果。

1.1.5 建筑工程的概念及其基本属性

1.1.5.1 建筑工程的概念

工程是运用科学原理、技术手段、实践经验，利用和改造自然，生产开发对社会有用的产品和实践活动的总称。而建筑工程是运用数学、物理、化学等基础知识和力学、材料等技术知识以及专业知识研究各种建筑物设计、修建的一门学科。

由于建筑工程主要涉及房屋等建筑物，所以建筑工程又指房屋建筑工程，即兴建房屋的规划、勘察、设计（建筑、结构和设备）、施工的总称。

土木工程是一门古老、传统、综合的学科，是人类赖以生存与发展的基础。而作为土木工程学科中最有代表性的分支——建筑工程，主要解决社会和科技发展所需的“衣、食、住、行”中“住”的问题，表现为形成人类活动所需要的、功能良好和舒适美观的空间，满足人类物质以及精神方面的需要。例如，2021 年我国建筑业实现增加值 80138.5 亿元，增长 10.6%。2012—2021 年建筑业总产值持续增长，增加值从 3.69 万亿元增加到 8.01 万亿元，占国内生产总值的比重一直保持在 6.85%以上。2021 年房地产业全国总产值增加值为 77560.8 亿元，增长 5.6%。2008 年房地产业增加值占我国国内生产总值（GDP）比重首次超过 5%，2013 年达到 5.85%，2021 年更是达到了 6.78%。这不仅表明了建筑业在国民经济中的重要地位，也表明了建筑工程（房屋工程）在土木工程中的主要地位。

1.1.5.2 建筑工程的基本属性

建筑工程是土木工程学科的重要分支，从广义上讲，建筑工程和土木工程应属同一意义上的概念。因此，建筑工程的基本属性与土木工程的基本属性大体一致。即：

（1）综合性

一项建筑工程项目的建设一般都要经过勘察、设计和施工等阶段。每一个阶段的实施过程都需要运用工程地质勘探、工程测量、土力学、建筑力学、建筑结构、工程设计、建筑材料、建筑设备、建筑经济等学科以及施工技术、施工组织等不同领域的知识。所以，建筑工程具有广泛的综合性。

（2）社会性

建筑工程是伴随人类社会的进步而发展起来的，所建造的建筑物和构筑物反映出不同历史时期社会、经济、文化、科学、技术和艺术发展的全貌。建筑工程在相当大的程度上成为社会政治和历史发展的外在特征和标志。

（3）实践性

建筑工程涉及的领域非常广泛，因此，影响建筑工程的因素必然众多且复杂，使得建筑工程对实践的依赖性很强。

（4）经济、技术和艺术的统一性

建筑工程是为人类需要服务的，所以它必然是一定历史时期集社会经济、技术和文化艺术于一体的产物，是经济、技术和艺术统一的结果。

1.2 建筑工程的类别及建筑结构体系

建筑工程的类别有多种，可以按照建筑物的使用性质划分，也可以按照建筑物结构采用的材料划分，同时还可以按照建筑物主体结构的形式和受力系统（也称结构体系）划分。

1.2.1 按建筑物的使用性质划分

1.2.1.1 住宅建筑

例如，别墅、宿舍、公寓等。其特点是它的内部房间的尺寸虽小，但使用布局却十分重要，对朝向、采光、隔热和隔音等建筑技术问题有较高要求。它的主要结构构件为楼板和墙体，层数 1～2 层至 10～20 层不等。

1.2.1.2 公共建筑

例如，展览馆、影剧院、体育馆、候机大厅等。它是大量人群聚集的场所，室内空间和尺寸都很大，人流走向问题突出，对使用功能及其设施的要求很高。经常采用将梁柱连接在一起的大跨度框架结构以及网架、拱、壳结构等为主体结构，层数以单层或低层为主。

1.2.1.3 商业建筑

例如，商店、银行、商业写字楼等。由于它也是人群聚集的场所，因此有着与公共建筑类似的要求。但它往往可以做成高层建筑，对结构体系和结构形式有较高的要求。

1.2.1.4 文教卫生建筑

例如，图书馆、实验楼、医院等。这类建筑有较强的针对性，如图书馆有书库、实验楼要安置特殊实验设备、医院有手术室和各种医疗设施。这种建筑物经常采用框架结构为主体结构，层数以 4～10 层的多层为主。

1.2.1.5 工业建筑

例如，重型机械厂房、纺织厂房（单层轻工业）、制药厂房、食品厂房（多层轻工业）等。它们往往有很大的荷载，沉重的撞击和振动，需要巨大的空间，而且经常有湿度、温度、防爆、防尘、防菌、洁净等特殊要求以及要考虑生产产品的起吊运输设备和生产路线等。单层工业建筑经常采用的是铰接排架结构，多层工业建筑往往采用刚接框架结构。

1.2.1.6 农业建筑

例如，暖棚、畜牧场、大型养鸡场等。通常采用的是轻型钢结构。

1.2.2 按建筑物结构采用的材料划分

1.2.2.1 砌体结构

采用砖、石、混凝土砌块等砌体形成，主要用于建筑物的墙体结构。

1.2.2.2 钢筋混凝土结构

采用钢筋混凝土或者预应力混凝土筑成主要用于框架结构、剪力墙结构、筒体结构、拱结构、空间薄壳和空间折板结构等。

1.2.2.3 钢结构

采用各种热轧型钢、冷弯薄壁型钢或钢管通过焊接、螺栓和铆钉等连接方法连接而成，主要用于框架结构、剪力墙结构、筒体结构、拱结构等。

1.2.2.4 木结构

采用方木、圆木、条木连接而成。但木材主要用于制作建筑物结构所用的木梁、木柱、木屋架、木屋面板等。

1.2.2.5 薄壳充气结构

主要用于屋盖结构。

1.2.3 按建筑物的结构体系划分

1.2.3.1 墙体结构

利用建筑物的墙体作为竖向承重和抵抗水平荷载(如风荷载或水平地震荷载)的结构。墙体同时也可作为围护及房间分隔构件使用。另外，在高层建筑中墙体结构也称为剪力墙结构。如图 1.29(a)所示。

1.2.3.2 框架结构

采用梁、柱组成的框架作为房屋的竖向承重结构，同时承受水平荷载。其中，当梁和柱整体连接，相互之间不能自由转动但可以承受弯矩时，称为刚接框架结构。当梁和柱非整体连接，其间可以自由转动但不能承受弯矩时，称为铰接框架结构。如图 1.29(b)所示。

1.2.3.3 筒体结构

利用房间四周墙体形成的封闭筒体(也可利用房屋外围由间距很密的柱与截面很高的梁组成一个形式上像框架，实质上是一个有许多窗洞的筒体)作为主要抵抗水平荷载的结构。也可以利用框架和筒体组合成框架-筒体结构。如图 1.29(d)所示。

1.2.3.4 错列桁架结构

利用整层高的桁架横向跨越房屋两外柱之间的空间，并利用桁架交替在各楼屋平面上错列的方法增加整个房屋的刚度，也使居住单元的布置更加灵活，这种结构体系称为错列桁架结构。如图 1.29(c)所示。

1.2.3.5 拱结构

以在一个平面内受力，由曲线(或折线)形构件组成的拱所形成的结构来承受整个房屋的竖向荷载和水平荷载的结构。如图 1.29(e)所示。

1.2.3.6 空间薄壳结构

由曲面形板与边缘构件(梁、拱或桁架)组成的空间结构。它能以较薄的板面形成承载能力高、刚度大的承重结构，并能覆盖大跨度的空间而无须中间设柱。如图 1.29(g)所示。

1.2.3.7 空间折板结构

由多块平板组合而成的空间结构。它是一种既能承重又可围护，用料较省，刚度较大的薄壁结构。如图 1.29(i)所示。

1.2.3.8 网架结构

由多根杆件按照一定的网格形式，通过节点连接而成的空间结构，具有空间受力、质量轻、刚度大、可跨越较大跨度、抗震性能好等优点。如图 1.29(f)所示。

1.2.3.9　钢索结构

指楼面荷载通过吊索或吊杆传递到支承柱上，再由柱传递到基础的结构，如图 1.29(h)所示。这种结构形式类似悬索结构的桥梁。

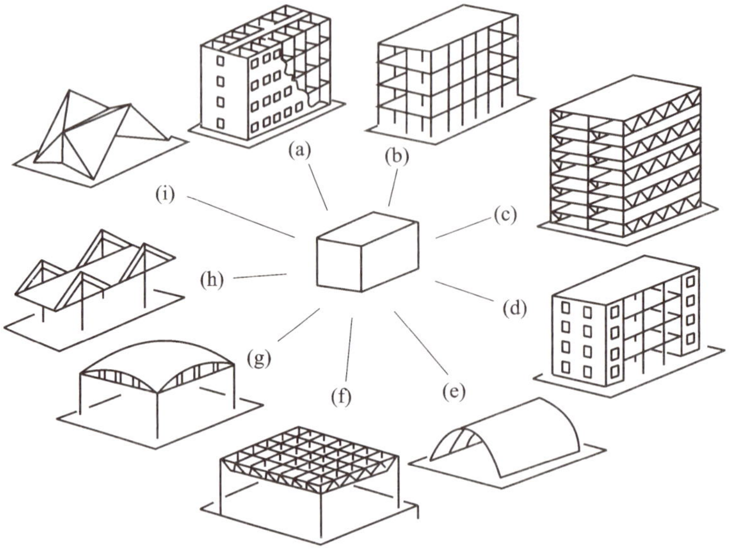

图 1.29　房屋主体结构的各种类型示意

(a)墙体结构；(b)框架结构；(c)错列桁架结构；(d)筒体结构；(e)拱结构
(f)网架结构；(g)空间薄壳结构；(h)钢索结构；(i)空间折板结构

1.3　建筑物的等级

建筑物可以按照其耐火性能、耐久程度、重要与否等分为不同的建筑等级。设计时应根据不同的建筑等级，采用不同的标准和定额，选择相应的材料和结构形式。

1.3.1　建筑物的设计等级

例如，民用建筑设计等级一般分为特级、一级、二级和三级，如表 1.1 所示。

表 1.1　民用建筑工程设计等级分类表

类型	特征	工程等级			
		特级	一级	二级	三级
一般公共建筑	单体建筑面积	8 万 m^2 以上	2 万 m^2 以上至 8 万 m^2	5000 m^2 以上至 2 万 m^2	5000 m^2 及以下
	立项投资	2 亿元以上	4000 万元以上至 2 亿元	1000 万元以上至 4000 万元	1000 万元及以下
	建筑高度	100 m 以上	50 m 以上至 100 m	24 m 以上至 50 m	24 m 及以下(其中砌体建筑不得超过抗震规范高度限值要求)

续表 1.1

类型	特征	工程等级			
		特级	一级	二级	三级
住宅、宿舍	层数		20 层以上	12～20 层	12 层及以下(其中砌体建筑不得超过抗震规范层数限值要求)
住宅小区等	总建筑面积		10 万 m^2 以上	10 万 m^2 及以下	
地下工程	地下空间(总建筑面积)	5 万 m^2 以上	1 万 m^2 以上至 5 万 m^2	1 万 m^2 及以下	
	附建式人防(防护等级)		四级及以上	五级及以下	
特殊公共建筑	超限高层建筑抗震要求	抗震设防区特殊超限高层建筑	抗震设防区建筑高度 100 m 及以下的一般超限高层建筑		
	技术复杂,有声、光、热、振动、视线等特殊要求	技术特别复杂	技术比较复杂		
	重要性	国家级经济、文化、历史、涉外等重点工程项目	省级经济、文化、历史、涉外等重点工程项目		

注:符合某工程特征之一的项目即可确认该工程项目等级。

1.3.2　建筑物的耐久等级

建筑物耐久等级是指建筑物的使用年限。使用年限的长短由建筑物的性质决定。影响建筑物使用寿命的主要因素是结构构件的材料和结构体系。例如,我国现行标准《建筑结构可靠性设计统一标准》(GB 50068—2018)对结构设计的使用年限分类作了如下规定:

1 类:设计使用年限 5 年,适用于临时性的结构。

2 类:设计使用年限 25 年,适用于易于替换的结构构件。

3 类:设计使用年限 50 年,适用于普通房屋和构筑物。

4 类:设计使用年限 100 年,适用于纪念性建筑和特别重要的建筑结构。

1.3.3　建筑物的危险等级

危险的建筑物(危房)实际上是指结构已经严重损坏,或者承重构件已属危险构件,随时可能丧失稳定性和承载能力,不能保证居住和使用安全的房屋。建筑物的危险性一般分为以下四个等级。

A 级:结构承载力能满足正常使用要求,未发生危险点,房屋结构安全。

B 级:结构承载力基本满足正常使用要求,个别结构构件处于危险状态,但不影响主体结构。

C 级:部分承重结构承载力不能满足正常使用要求,局部出现险情,构成局部危房。

D 级:承重结构承载力已不能满足正常使用要求,房屋整体出现险情,构成整幢危房。

1.3.4 建筑结构的安全等级

我国现行标准《建筑结构可靠性设计统一标准》(GB 50068—2018)规定,建筑结构设计时,应根据结构破坏可能产生的后果(危及人的生命、造成经济社会影响等)的严重性,采用不同的安全等级。建筑结构安全等级划分为以下三个等级。

一级:破坏后果很严重,适用于重要的房屋。

二级:破坏后果严重,适用于一般的房屋。

三级:破坏后果不严重,适用于次要房屋。

有关建筑的耐火等级以及建筑防火等内容详见第 7 章。

1.4 建筑模数协调统一标准

为了在建筑设计、构配件生产以及建筑施工等方面做到尺寸协调,提高建筑工业化水平,使不同材料、不同形式和不同制造方法的建筑构配件、组合件符合模数并具有较大的通用性和互换性,从而降低造价并提高建筑设计和建造的速度、质量和效率,建筑设计应采用国家规定的各类建筑模数协调的规范和标准进行。

这些规范和标准主要有:《建筑模数协调标准》(GB/T 50002—2013)、《厂房建筑模数协调标准》(GB/T 50006—2010)等。这里主要介绍《建筑模数协调标准》(GB/T 50002—2013)的有关内容。

建筑模数是选定的尺寸单位,作为尺寸协调中的增值单位,它是建筑物、建筑构配件、建筑制品以及建筑设备尺寸间互相协调的基础。它包括基本模数和导出模数。

1.4.1 基本模数和导出模数

(1)基本模数

基本模数的数值应为 100 mm(1 M 等于 100 mm)。整个建筑物和建筑物的一部分以及建筑部件的模数化尺寸,应是基本模数的倍数。

(2)导出模数

导出模数应分为扩大模数和分模数,其基数应符合下列规定:

①扩大模数基数应为 2 M、3 M、6 M、9 M、12 M……;

②分模数基数应为 M/10、M/5、M/2。

1.4.2 模数数列

(1)模数数列应根据功能性和经济性原则确定。

(2)建筑物的开间或柱距,进深或跨度,梁、板、隔墙和门窗洞口宽度等分部件的截面尺寸宜采用水平基本模数和水平扩大模数数列,且水平扩大模数数列宜采用 $2n$M、$3n$M(n 为自然数)。

(3)建筑物的高度、层高和门窗洞口高度等宜采用竖向基本模数和竖向扩大模数数列,且竖向扩大模数数列宜采用 nM。

(4)构造节点和分部件的接口尺寸等宜采用分模数数列，且分模数数列宜采用 M/10、M/5、M/2。

1.5 工程建设程序

1.5.1 概述

工程建设程序是在认识工程建设客观规律基础上总结提出的，是工程建设全过程中各项工作都必须遵循的先后顺序，也是工程建设各个环节相互衔接的顺序。

建筑工程作为一个国家工业、农业、文教卫生、科技和经济发展的基础和外部表现，它属于基本建设。由于建筑工程涉及的面广，内外协作配合环节多，关系错综复杂，因此，一栋建筑物或者房屋的建造从开始拟定计划到建成投入使用必须依照一定的程序才能有条不紊地完成。

建筑工程的建设程序一般包括立项和报建、可行性研究、选择建设地点、编制勘察任务书、编制设计文件、建筑施工(含设备安装等)、竣工验收以及交付使用等内容。

1.5.1.1 立项和报建

立项和报建是一项建筑工程项目建设程序的第一步。其主要内容是建设单位(或业主)对拟建项目的目的、必要性、依据、建设设想、建设条件以及可能性进行初步分析，对投资金额和资金筹措、项目的进度安排、经济效益和社会效益进行评估等，并将上述内容以书面的形式(项目建议书)报请上级主管部门批准后兴建。

1.5.1.2 可行性研究

可行性研究是上级主管部门对拟建工程项目批准立项后，建设单位(或业主)组织有关人员或委托有关咨询机构对建设项目的技术和经济的可行性进行分析论证，为项目投资决策提供依据。通过对项目进行技术和经济论证及多方案比较，提出科学、客观的评价意见，确认可行后，编写可行性研究报告。另外，可行性研究报告是确定建设项目、编制设计文件的基本依据。因此，可行性研究是一项重要的决策准备工作。

1.5.1.3 选择建设地点(选址)

按照建设布局需要和经济合理、节约用地的原则，考虑环境保护等方面的要求，调查原材料、能源、交通、地质水文等建设条件，在综合研究和进行多方案比较的基础上，提出选址报告。并征得城市规划部门和上级主管部门同意批准后，才能最后确定建设地点。

1.5.1.4 编制勘察任务书

在建设项目和可行性报告获得批准后，由建设单位(或业主)组织编写工程地质勘察任务书。

1.5.1.5 编制设计文件

在建设项目和可行性报告获得批准后，由建设单位(或业主)组织编写设计任务书。并以此设计任务书通过招标的方式择优选择设计单位。中标的设计单位按照设计任务书的要求编制设计文件。

设计单位交付建设单位(或业主)的设计文件一般有：全套的建筑、结构、给排水、供热制冷通风、电气等施工图纸以及必要的设计说明和计算书；工程概预算；协助建设单位编制的施工招标标底；主要结构、材料、半成品、建筑构配件品种和数量以及需用的设备等。

此外，设计单位在设计时，可分为初步设计和技术设计两个阶段，最终使这两个设计阶段的结果都落实到施工图设计阶段中去。

1.5.1.6 建筑施工

在施工图阶段设计的施工图纸必须经过施工，才能使蓝图变成实际的建筑物或房屋。因此，建筑施工是建筑结构施工、建筑装饰施工和建筑设备安装的总称，一般由施工准备、各工种施工实施和验收三部分组成。

1.5.1.7 竣工验收

竣工验收是工程项目建设程序中最后的环节，是全面考核工程项目建设成果，检验设计和施工质量，实施建设过程事后控制的重要步骤。同时，也是确认建设项目能否动用的关键步骤。所有建设项目在按照批准的设计文件所规定的内容建成之后，都必须组织竣工验收。竣工验收时，施工企业应向建设单位提交竣工图（即按照实际施工做法修改的施工图）、隐蔽工程记录、竣工决算以及其他有关技术文件。另外，施工企业还要提出竣工后在一定时间内保修的保证（即缺陷责任期）。

竣工验收一般以建设单位为主，组织使用单位、施工企业、设计单位、勘察单位、监理企业和质量监督机构共同进行。竣工验收后要评定工程质量的等级，验收合格后办理移交手续。

1.5.1.8 交付使用

交付使用是工程项目实现建设目的的过程。在使用过程的法定保修期限内，一旦出现质量问题，应通知施工单位或安装单位进行维修，因质量问题造成的损失由工程承包单位负责。

目前，我国建筑工程建设程序与计划经济体制下的建设程序相比发生了较大的变化。一是在工程项目决策阶段实施了项目咨询评估机制。即增加了项目建议书、可行性研究和评估等系列性工作，这使得决策科学化、民主化有了可能。二是实行了建设监理制。在工程项目建设过程中出现了社会化、专业化以及独立公正的“第三方”，使得工程项目建设呈现三足鼎立的格局。三是实行工程招标投标制。把市场竞争机制引入工程建设之中，为项目建设增添了活力。建设程序的这三大变化，使我国工程建设进一步顺应市场经济的要求，而且与国际惯例基本趋于一致。

1.5.2 与工程建设相关的机构

根据我国现行法规，除了政府的管理部门（行政管理、质量监督等部门）和建设单位（或业主）以及建筑材料设备供应商之外，在我国从事建筑工程活动的单位主要还有房地产开发企业、工程总承包企业、工程勘察设计单位、工程监理单位、建筑企业以及工程咨询服务单位等。

1.5.3 工程建设管理制度

从事建筑工程活动的企业及其相关管理、技术人员在开展建筑工程项目勘探、规划、设计、施工等一系列活动时，熟练掌握和理解我国现行工程建设管理制度十分必要。本小节就《中华人民共和国建筑法》、《建筑工程质量管理条例》(2019 年)中有关工程建设管理的十四种制度作简要介绍。

1.5.3.1 建设工程施工许可制

建设工程开工前，建设单位应当按照国家有关规定向工程所在地县级以上人民政府建设行政主管部门申请领取施工许可证；但是，国务院建设行政主管部门确定的限额以下的小型工程除外。办理施工许可证应满足相应的条件。

1.5.3.2 从业资格与资质制

从事建设活动的建筑施工企业、勘察单位、设计单位和工程监理单位，应当具备下列条件：

(1)有符合国家规定的注册资本。

(2)有与其从事的建设活动相适应的具有法定执业资格的专业技术人员。

(3)有从事相关建设活动所应有的技术装备。

(4)法律、行政法规规定的其他条件。

(5)从事建设活动的建筑施工企业、勘察单位、设计单位和工程监理单位，按照其拥有的注册资本、专业技术人员、技术装备和已完成的建设工程业绩等资质条件，划分为不同的资质等级，经资质审查合格，取得相应等级的资质证书后，方可在其资质等级许可的范围内从事建设活动。

(6)从事建设活动的专业技术人员，应当依法取得相应的执业资格证书，并在执业资格证书许可的范围内从事建设活动。

1.5.3.3 建设工程招标投标制

工程建设项目包括项目的勘察、设计、施工、监理以及与工程建设有关的重要设备、材料等的采购，必须进行招标的项目为：

(1)大型基础设施、公用事业等关系社会公共利益、公众安全的项目。

(2)全部或者部分使用国有资金投资或者国家融资的项目。

(3)使用国际组织或者外国政府贷款、援助资金的项目。

(4)实行公开招标为主，确实需要采取邀请招标和议标形式的，要经过项目主管部门或主管地区政府批准。招标投标活动要严格按照国家有关规定进行，体现公开、公平、公正和择优、诚信的原则。对未按规定进行公开招标、未经批准擅自采取邀请招标和议标形式的，有关地方和部门不得批准开工。工程监理单位也应通过竞争择优确定。

1.5.3.4 工程建设监理制

(1)国家推行工程建设监理制度。国务院规定实行强制监理的建设工程的范围。

(2)实行监理的建设工程，由建设单位委托具有相应资质条件的工程监理单位监理。建设单位与其委托的工程监理单位应当订立书面委托监理合同。

(3)建设工程监理应当依照法律、行政法规及有关的技术标准、设计文件和工程承包合同，对承包单位在施工质量、建设工期和建设资金使用等方面，代表建设单位实施监督。工程监理人员认为工程施工不符合工程设计要求、施工技术标准和合同约定的，有权要求建筑施工企业改正；工程监理人员认为工程设计不符合建筑质量标准或合同约定的质量标准要求的，应当报告建设单位，使其要求设计单位改正。

1.5.3.5 合同管理制

建设工程的勘察设计、施工、设备材料采购和工程监理都要依法订立合同。各类合同都要明确质量要求、履约担保和违约处罚条款，违约方要承担相应的法律责任。

1.5.3.6 安全生产责任制

(1)工程安全生产管理必须坚持安全第一、预防为主的方针，建立健全安全生产的责任制度和群防群治制度。

(2)工程设计应当符合国家制定的建筑安全规程和技术规范，保证工程的安全性能。

(3)施工企业在编制施工组织设计时，应当根据工程的特点制定相应的安全技术措施；对专业性较强的工程项目,应当编制专项安全施工组织设计,并采取安全技术措施。

1.5.3.7 工程质量责任制

国家对从事建筑活动的单位推行质量体系认证制度。从事建筑活动的单位根据自愿原则可以向国务院产品质量监督管理部门或者国务院产品质量监督管理部门授权的部门认可的认证机构申请质量体系认证。经认证合格的,由认证机构颁发质量体系认证证书。

1.5.3.8 工程质量保修制

建设工程实行质量保修制度。建设工程承包单位在向建设单位提交工程竣工验收报告时,应当向建设单位出具质量保修书。质量保修书中应当明确建设工程的保修范围、保修期限和保修责任等。例如在正常使用条件下,建设工程的最低保修期限要求如下:

(1)基础设施工程、房屋建筑的地基基础工程和主体结构工程,为设计文件规定的该工程的合理使用年限。

(2)屋面防水工程,有防水要求的卫生间、房间和外墙面的防渗漏,为5年。

(3)供热与供冷系统,为2个采暖期和供冷期。

(4)其他项目的保修期限由发包方与承包方约定。

建设工程的保修期,自竣工验收合格之日起计算。

1.5.3.9 工程竣工验收制

项目建成后必须按国家有关规定进行严格的竣工验收,由验收人员签字负责。项目竣工验收合格后,方可交付使用。对未经验收或验收不合格就交付使用的,要追究项目法定代表人的责任,造成重大损失的,要追究其法律责任。

1.5.3.10 建设工程质量备案制

建设单位应当自工程竣工验收合格之日起15天内,向工程所在地的县级以上地方人民政府建设行政主管部门备案。

建设单位办理工程竣工验收备案应当提交有关文件资料等。

1.5.3.11 建设工程质量终身责任制

(1)国家机关工作人员在建设工程质量监督管理工作中玩忽职守、滥用职权、徇私舞弊,构成犯罪的,依法追究刑事责任;尚不构成犯罪的,依法给予行政处分。

(2)建设、勘察、设计、施工、工程监理单位的工作人员因工作调动、退休等原因离开该单位后,被发现在该单位工作期间违反国家有关建设工程质量管理规定,造成重大工程质量事故的,仍应当依法追究法律责任。

(3)项目工程质量的行政领导责任人,项目法定代表人,勘察、设计、施工、监理等单位的法定代表人,要按各自的职责对其经手的工程质量负终身责任。如发生重大工程质量事故,不管调到哪里工作,担任什么职务,都要追究其相应的行政和法律责任。

1.5.3.12 建设项目法人责任制

建设项目法人对项目的筹建、建设、运行与使用负全面的责任。建设项目除军事工程等特殊情况外,都要按政企分开的原则组成项目法人,实行建设项目法人责任制,由项目法定代表人对工程质量负总责任。项目法定代表人必须具备相应的政治、业务素质和组织能力,具备项目管理工作的实际经验。项目法人单位的人员素质、内部组织机构必须满足工程管理和技术上的要求。

1.5.3.13 项目决策咨询评估制

国家大中型项目和基础设施项目,必须严格实行项目决策咨询评估制度。建设项目可行性研究报告未经有资质的咨询机构和专家的评估论证，有关审批部门不予审批；重大项目的项目建议书也要经过评估论证。咨询机构要对其出具的评估论证意见承担责任。

1.5.3.14　工程设计审查制

工程项目设计在完成初步设计文件后，经政府建设行政主管部门组织工程项目内容所涉及的行业及主管部门依据有关法律法规进行初步设计的会审，会审后由建设行政主管部门下达设计批准文件，之后方可进行施工图设计。施工图设计文件完成后送具备资质的施工图设计审查机构，依据国家设计标准、规范的强制性条款进行审查签证后才能用于工程建设。

1.6　地下建筑工程

1.6.1　地下建筑工程的概念及特点

地下建筑工程是建筑工程的分支。即建造在岩石中、土中或水底以下的建筑工程统称地下建筑工程。它们一般都是以地下建筑物和地下构筑物的形式出现，如图 1.30 所示。

地下建筑工程可按照使用功能进行分类。

(1)工业建筑工程　例如，工厂、电站。

(2)民用建筑工程　例如，人民防空工程、地下商店、地下剧场。

(3)交通运输工程　例如，地下铁道、铁路和公路隧道。

(4)矿山建筑工程　例如，矿井。

(5)水工建筑工程　例如，输水道。

(6)军事工程　例如，指挥所、通信枢纽、军火库。

另外，还有各种公用服务性地下建筑工程。

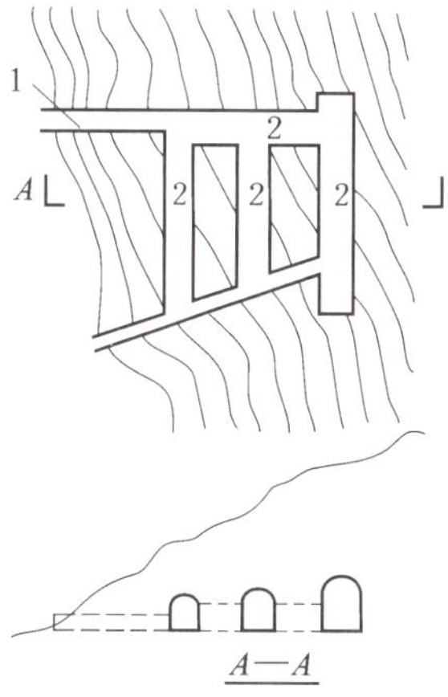

1—出入口；2—洞口

图 1.30　地下建筑工程示意

地下建筑物的优点很多。例如，地下建筑物不受气象条件影响；对地面的工作和活动干扰很少；对环境保护有利；节约地面建筑占地；地下建筑物中气温一般温和而稳定；抗外界的噪声或震动的能力强；隐蔽性和防护性强。但是，地下建筑物也有不少缺点。例如，场地狭小，施工工序多，组织不好则彼此干扰大；地质和水文地质条件复杂，围岩安全稳定性要求严格；在施工时地下采光、通风、除尘等条件差。另外，地下建筑工程的投资较大。

地下建筑物的形式可以多种多样。例如，常用的有隧道式以及和地面建筑物相似的形式。地下建筑物在平面布置上有棋盘式和房间式。另外，还可以建成多层多跨的框架结构。

由于地下建筑物要承受四周岩层和土层传来的压力作用，因此，地下建筑物的横截面最常用圆形、矩形、拱顶直墙、拱顶曲墙、落地拱和穹顶直墙等形式。

地下建筑物因所处的位置与地上建筑物不同，因此，在结构处理上有独特之处。即与岩(土)层接触处必须有衬砌结构。衬砌结构的作用主要是承受岩(土)层和爆炸等静力和动力荷载，防止地下水和潮气的侵入，如图 1.31 所示。

衬砌结构的材料一般为钢筋混凝土或砖、石等圬工材料。衬砌结构的形式，主要考虑地下

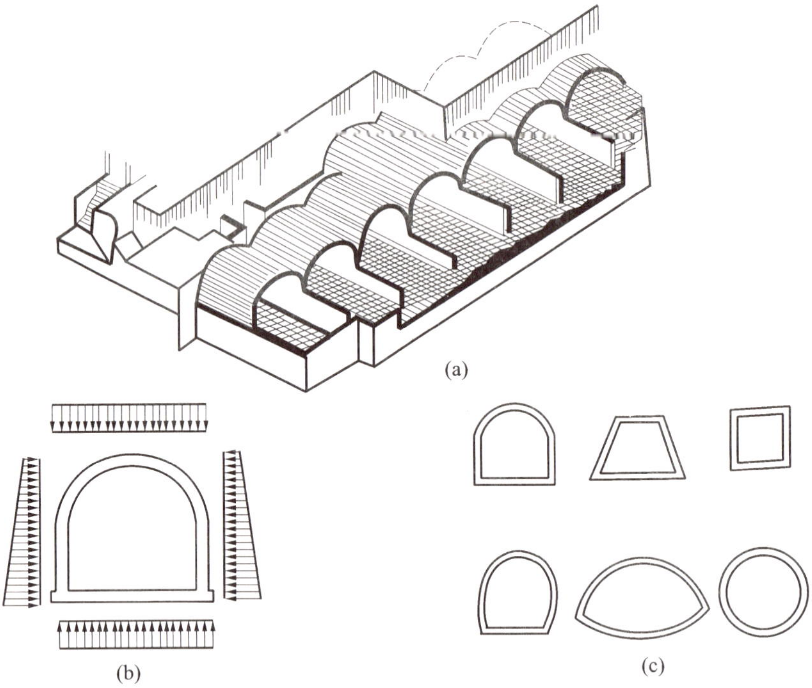

图 1.31　衬砌结构示意

(a)土中衬砌结构(b)衬砌四壁受力(c)常用衬砌形式

建筑物的使用性质、地质水文条件以及施工方法等因素。为了保证衬砌四壁基本处于受压而较少受弯、受拉的受力条件,最适宜的衬砌结构外形介于圆形和蛋形之间。

1.6.2　地下建筑物的应用

综合管廊就是地下城市管道综合走廊。即在城市地下建造一个隧道空间,将电力、通信、燃气、供热、给排水等各种工程管线集于一体,设有专门的检修口、吊装口和监测系统,实施统一规划、统一设计、统一建设和管理,是保障城市运行的重要基础设施和"生命线"。如图 1.32 所示。

图 1.32　地下管道示意图

地铁是铁路运输的一种形式，是指在地下运行为主的城市轨道交通系统，即“地下铁道”或“地下铁”(subway、tube、underground)的简称；此类系统为了配合修筑的环境，并考量建造及营运成本，可能会在城市中心以外地区转成地面或高架路段。地铁是涵盖了城市地区各种地下与地上的路权专有、高密度、高运量的城市轨道交通系统(Metro)，在我国台湾地铁被称为“捷运”(rapid transit)。

除了地下铁以外，也包括高架铁路(elevated railway)或路面上铺设的铁路。因此，地铁是路权专有的、无平交，这也是地铁区别于轻轨交通系统的根本性标志。世界上最早的(也是第一条)地铁是英国伦敦的大都会地铁，始建于 1863 年。

京张高铁八达岭长城站是世界最深、亚洲最大的地下高铁站。它不仅是 2022 年北京冬奥会的重要交通设施之一，也是京包兰快速客运通道的重要组成部分，连接西北和华北。车站最大埋深 102 m，地下建筑面积 3.6 万 m^2，是目前国内埋深最大的高速铁路地下车站；车站主洞数量多、洞型复杂、交叉节点密集，是目前国内最复杂的暗挖洞群车站；车站两端渡线段单洞开挖跨度达 32.7 m，是目前国内单拱跨度最大的暗挖铁路隧道；旅客进出站提升高度 62 m，是目前国内旅客进出站提升高度最大的高速铁路地下车站。

车站设计首次采用叠层进出站通道形式，首次采用环形救援廊道设计，首次采用一次提升长大扶梯及斜行电梯等先进设备，首次采用精准微损伤控制爆破等先进技术，体现了对旅客、环境及文物最大的尊重和保护，运行中的京张高铁模型图如图 1.33 所示。

图 1.33 京张高铁八达岭长城站

1.7 构 筑 物

1.7.1 水池和水塔

香港跑马地地下蓄洪池容量达 6 万 m^3，相当于 24 个标准游泳池，内部结构如图 1.34 所示。蓄洪设施位于跑马地游乐场地下，于 2012 年动工，耗资 10.7 亿港元。这一蓄洪池采用“可调式溢流堰”设计，结合“数据采集与监控”系统，实时监控潮水和箱形暗渠内的水位高低，自动控制溢流堰，即水闸的升降，并配合暗渠内的水位变化，于暴雨期间适时储存上游集水区的部分雨水，以避免暗渠过早或过晚溢流到蓄洪池，从而减少下游地区排水系统的高峰流量，达到工程防洪效果。这是香港工程界第一次采用该技术。

图 1.34　香港跑马地地下蓄洪池

1.7.2　烟囱

烟囱是一种为锅炉、炉子或壁炉的热烟气或烟雾提供通风的结构，如图 1.35 所示。烟囱通常是垂直的，或尽可能接近垂直，以确保气体平稳流动。烟囱内的空间被称为烟道。烟囱通常设置在建筑物、蒸汽机车和船只上。

烟囱的高度影响其通过烟囱效应将烟道气体输送到外部环境的能力。此外，在高海拔地区使用烟囱时污染物扩散可以减少对周围环境的影响。在化学腐蚀性输出的情况下，足够高的烟囱可以允许空气中的化学物质在到达地平面之前部分或完全自我中和。污染物在更大面积上的分散可以降低其浓度并促进符合法规限制。

图 1.35　烟囱

1.7.3　筒仓

筒仓是贮存散装物料的仓库，分为农业筒仓和工业筒仓两大类。农业筒仓用来贮存粮食、饲料等粒状和粉状物料；工业筒仓用以贮存焦炭、水泥、食盐、食糖等散装物料。机械化筒仓的造价一般比机械化房式仓的造价高 1/3 左右，但能缩短物料的装卸流程，降低运行和维修费用，消除繁重的袋装作业，有利于机械化、自动化作业，因此已成为最主要的粮仓形式之一，如图 1.36 所示。

图 1.36　筒仓外形图

1.7.4　冷却塔

冷却塔是用水作为循环冷却剂，从系统中吸收热量排放至大气中，以降低温度的装置。它是利用水与气体流动接触后进行冷热交换产生蒸汽，蒸汽挥发带走热量，即利用蒸发散热、对流传热和辐射传热等原理散去工业上或制冷空调中产生的余热来降低温度的蒸发散热装置，以保证系统的正常运行，装置一般为桶状，如图 1.37 所示。

图 1.37　冷却塔外形图

1.7.5　纪念碑

人民英雄纪念碑位于北京天安门广场中心，是中华人民共和国成立后首个国家级公共艺术工程，也是中国历史上最大的纪念碑，如图 1.38 所示。

图 1.38　人民英雄纪念碑

人民英雄纪念碑通高 37.94 m，正面（北面）碑心是一整块石材，长 14.7 m、宽 2.9 m、厚 1 m、重 60.23 t，镌刻着毛泽东同志于 1955 年 6 月 9 日所题写的“人民英雄永垂不朽”八个金箔大字。背面碑心由 7 块石材构成，内容为毛泽东起草、周恩来书写的 150 字小楷字体碑文。

1.7.6　电视塔

东方明珠广播电视塔是上海的标志性文化景观之一，位于浦东新区陆家嘴，塔高约 468m。该建筑于 1991 年 7 月兴建，1995 年 5 月投入使用，承担上海 6 套无线电视发射业务，地区覆盖半径 80 km。

东方明珠广播电视塔是国家首批 AAAAA 级旅游景区。塔内有太空舱、旋转餐厅、上海城市历史发展陈列馆等景观和设施，1995 年被列入上海十大新景观之一。如图 1.39 所示。

图 1.39　东方明珠广播电视塔

1.8　著名建筑工程简介

1.8.1　木结构建筑

目前我国现存最高的木结构建筑是山西应县木塔(佛宫寺释迦塔),如图1.40所示。此塔建于辽朝清宁二年(1056年),外观5层,夹有4个暗层,实为9层,平面为八角形,底层直径30.27 m,塔高共67.31 m,比例相当敦厚,虽高峻却不失凝重。该结构采用内外两圈木柱网,每层用梁、坊、斗拱组成平面网架,层层重叠而成,坚固异常,平座、塔身、塔檐重叠而上,区隔分明,交代清晰,强调了节奏,丰富了轮廓线,也增加了横向线条,底层的重檐处理更加强了全塔的稳定感。从建成之后到现在已经有900多年了,经受过多次地震的考验,仍然巍然屹立。应县释迦塔与意大利比萨斜塔、巴黎埃菲尔铁塔并称"世界三大奇塔"。2016年,释迦塔获吉尼斯世界纪录认定,为世界最高的木塔。

图1.40　山西应县佛宫寺释迦塔

1.8.2　砌体建筑

灵谷寺无梁殿位于南京市玄武区紫金山钟山风景名胜区的灵谷公园内,是中国历史最悠久、规模最大的砖砌拱券结构殿宇,始建于明洪武十四年(1381年),原为灵谷寺内供奉无量寿佛的无量殿,因整座建筑采用砖砌拱券结构,不设木梁,故又称"无梁殿",是江苏省文物保护单位,如图1.41所示。

图 1.41　南京市灵谷寺无梁殿

无梁殿形制高大，全用砖砌，不用寸钉片木，是中国国内现存同类建筑中时代最早、规模最大者。1931 年，无梁殿改建为国民革命军阵亡将士公墓的祭堂，命名为“正气堂”。无梁殿现被辟为辛亥革命名人蜡像馆。

1.8.3　混凝土建筑

广东国际大厦（英语：Guangdong International Hotel，也称作“广东国际大酒店”），曾为中国最高建筑。它是广州标志性建筑，已入选“第三批中国 20 世纪建筑遗产项目”，如图 1.42 所示。

广东国际大厦是当时国内层数最多、最高的钢筋混凝土结构，也是世界上采用无黏结预应力平板楼盖的最高大楼。大厦主楼的外墙均采用蜂窝铝板和蓝色镀膜玻璃装饰，裙楼墙面则使用光面花岗岩贴砌而成。在设计中采用了受力良好的筒中筒结构，在超高层建筑中首次采用无黏结部分预应力平板楼盖和利用设备层设置加强钢桁架。主楼（63 层）设计曾获 1994 年广东省优秀设计一等奖和国家设计金质奖。

工程施工中综合应用了当时十项先进技术，在超高层建筑施工成套技术和管理方面作了有益的探索，取得了六天一层楼而不必三班倒的施工速度，工程于 1989 年 12 月 28 日完成，比原计划提前 63 天封顶。

图 1.42　广东国际大厦

1.8.4 钢结构建筑

"水晶宫"是英国伦敦一个以钢铁为骨架、玻璃为主要建材的建筑，是 19 世纪的英国建筑奇观之一(图 1.43)。"水晶宫"建成于 1851 年，最初位于伦敦市中心的海德公园内，是万国工业博览会场地。1854 年被迁到伦敦南部，在 1936 年的一场大火中被付之一炬。英国前首相丘吉尔曾表示它的烧毁是"一个时代的终结"。

图 1.43 伦敦"水晶宫"

国家游泳中心又称"水立方"(Water Cube)，位于北京奥林匹克公园内，是北京为 2008 年夏季奥运会修建的主游泳馆，也是 2008 年北京奥运会标志性建筑物之一，于 2003 年年底开工，2007 年年底前完工并投入试运行，接受国际游泳联合会和国际奥林匹克运动委员会的检查和验收。"水立方"是北京奥运会国家游泳中心，它的膜结构堪称世界之最。它是根据细胞排列形式和肥皂泡天然结构设计而成的，这种形态在建筑结构中从来没有出现过，创意十分奇特，如图 1.44 所示。

图 1.44 国家游泳中心——"水立方"

国家体育场("鸟巢")位于北京奥林匹克公园中心区南部，为 2008 年北京奥运会的主体育场。工程总占地面积约 21 万 m^2，场内观众座席约为 91000 个。

整个体育场结构的组件相互支撑，形成网格状的构架，外观看上去就仿若树枝织成的鸟巢，其灰色矿质般的钢网以透明的膜材料覆盖，其中包含着一个土红色的碗状体育场看台。在这里，中国传统文化中镂空的手法、陶瓷的纹路、红色的灿烂与热烈，与现代最先进的钢结构设计完美地相融在一起。整个建筑通过巨型网状结构联系，内部没有一根立柱，看台是一个完整的没有任何遮挡的碗状造型，如同一个巨大的容器，赋予体育场不可思议的戏剧性和无与伦比的震撼力，如图 1.45 所示。

图 1.45　国家体育场——“鸟巢”

1.8.5　钢-混凝土组合结构

金茂大厦(Jinmao Tower)，又称金茂大楼，竣工于 1999 年，位于上海市浦东新区黄浦江畔的陆家嘴金融贸易区，楼高 420.5m，是上海第三高的摩天大楼。大厦于 1994 年开工，1999 年建成，地上共 88 层，若再加上尖塔的楼层共有 93 层，地下 3 层，楼面面积 27 万 8707m^2。如图 1.46 所示。

图 1.46　上海金茂大厦

中国银行大厦是中银香港的总部，位于香港中西区金钟花园道 1 号。大楼地上 70 层，地下 4 层，总建筑面积 12.9 万 m^2。楼高 315 m，若加上顶上两杆的高度共有 367.4 m，建成时为香港最高的建筑物，如图 1.47 所示。

整座大楼采用由八片平面支撑和五根型钢混凝土柱所组成的混合结构——“大型立体支撑体系”，此钢-混凝土结构立体支撑体系，在改进结构性能方面具有独到之处。

深圳赛格广场是目前唯一由中国自行设计和总承包施工的高智能超高层钢管混凝土结构建筑，如图 1.48 所示。位于深圳市交通干道深南中路与华强北路交汇处，由深圳赛格集团投资兴建，是深圳市跨世纪的标志性建筑。总高 355.8 m，总建筑层数为 79 层，地上 75 层，地下 4 层，总建筑面积达 17 万 m^2。

图 1.47 香港中国银行大厦

图 1.48 深圳赛格广场大厦

1.8.6 索-膜结构建筑

1970 年日本大阪万国博览会中的美国馆采用了气承式空气膜结构。这个拟椭圆形、轴线尺寸为 140 m×83.5 m 的展览馆是世界上第一个大跨度的膜结构，而且首次采用了聚氯乙烯(PVC)涂层的玻璃纤维织物，如图 1.49 所示。作为一种真正的现代工程结构，大阪万国博览会的展览馆标志着膜结构时代的开始。自此以后，膜结构在世界范围内得到了迅猛的发展。

图 1.49 大阪万国博览会美国馆

上海体育场这座跨世纪的大型建筑，设计上采用了外环圆形，内环椭圆形，呈波浪式马鞍形的整体结构，尽可能为观众提供最佳的视角。观众席上方采用马鞍形大悬挑钢管空间屋盖结构，覆以乳白色薄膜材料，面积为 3.6 万 m^2，如图 1.50 所示。

图 1.50　上海体育场

思考题和习题

1.1　建筑的含义是什么？什么是建筑物和构筑物？

1.2　建筑产生、发展的历史对你有什么样的启发与教育作用？

1.3　工程和建筑工程的含义是什么？基本属性是什么？建筑工程在国民经济发展中的地位如何？

1.4　构成建筑的三要素是什么？如何正确处理三者之间的关系？

1.5　你怎样看待建筑与风水的关系？

1.6　通过学习和了解著名建筑物和构筑物，你有什么感受和体会？

2 建筑设计

教学目标

通过本章学习，学生能够基本了解建筑设计的内容和建筑设计的程序；了解民用建筑设计的基本要求和设计依据；了解建筑平面设计、剖面设计、立面设计及建筑体型组合的依据、要求、方法；了解工业建筑的特点、类型以及工业建筑平面设计、剖面设计、立面设计的依据、要求、方法等。

2.1 概　　述

建筑设计是指建筑物在建筑、结构、设备等方面的综合性设计工作，是由建筑师来承担和完成的设计工作。

2.1.1 建筑工程设计内容

建筑工程设计包括建筑设计、结构设计和设备设计等内容。

2.1.1.1 建筑设计

建筑设计主要是根据建设单位提供的任务书，在满足总体规划的前提下，对基地环境、建筑功能、材料设备、结构布置、建筑施工、建筑经济和建筑形象等方面作全面的综合分析，提出建筑设计方案，并将此方案绘制成建筑设计施工图。

2.1.1.2 结构设计

结构设计是在建筑设计的基础上选择结构方案，确定结构类型，进行结构计算与结构设计，最后完成结构施工图。

2.1.1.3 设备设计

设备设计包括给水排水、采暖通风、电气照明、通信、燃气、动力等专业的设计，确定其方案类型、设备选型并完成相应的施工图设计。

2.1.2 建筑设计程序

2.1.2.1 设计的准备工作

在进行设计前应做好以下三个方面的工作：

(1)熟悉设计任务书或可行性研究报告

设计任务书或可行性研究报告是建设单位或开发商提供的，作为设计单位的设计依据之一。它的内容包括：建设项目总要求和建设目的，具体使用要求，总投资和单方造价，建设基地状况，供水、供电、采暖、空调等设备方面要求，设计期限等。

(2)收集有关设计资料

设计资料包括气象、基地地形及地质水文、水电等设备管线资料,设计项目的国家有关定额指标等。

(3)调查研究

调查研究的主要内容是建筑物使用要求、材料供应和基地勘测、当地传统的风俗习惯等。

2.1.2.2 设计阶段

建筑工程设计一般分为初步设计和施工图设计两个阶段。大型和重要的民用建筑工程,在初步设计前,应进行设计方案优选。小型和简单的建筑工程,可由方案设计代替初步设计。技术复杂的建设项目,根据主管部门的要求,可以按初步设计、技术设计和施工图设计三个阶段进行。

(1)初步设计阶段

初步设计阶段的任务是提出设计方案。初步设计的内容包括设计说明、设计图纸、主要设备材料用量和工程概算。

①设计说明　设计说明包括工程设计的主要依据、规模、总指标(如总用地面积、总建筑面积、建筑占地面积、概算、水电气能源消耗量、主要建筑材料用量)、建筑防水、卫生标准等。

②设计图纸　设计图纸包括建筑总平面图(用地范围、建筑物在基地上的位置、相对标高、道路绿化布置、指北针等),各层平面图及主要剖面图、立面图(房屋的主要尺寸、房屋的面积、高度、门窗位置、部分室内家具和设备布置)等。常用比例为 1∶50、1∶100、1∶200 或 1∶1000。

③主要设备材料用量和工程概算。

(2)技术设计阶段

技术设计阶段的主要任务是在批准的初步设计的基础上,进一步深化和完善初步设计,为各专业工种之间提供资料,提出要求,最后确定方案。

技术设计的各种图纸和设计文件与初步设计大致相同,但每一部分要求更具体、详细。要求建筑图标注有关的详细尺寸,并编制建筑部分的技术说明。根据结构图绘出房屋的结构布置方案,并附初步设计说明。其他专业也要提供相应的设备图纸及说明书。

(3)施工图设计阶段

施工图设计是建筑设计的最后阶段,它的任务是绘制满足施工要求的全套图纸。

施工图设计的内容为:确定全部工程尺寸和材料,绘制建筑、结构、设备等全部施工图纸,编制工程说明书、结构计算书和工程预算书。

施工设计图纸有:

①设计说明　包括建设地点,建筑规模、建筑面积、抗震设防烈度、人防工程等级,主要结构类型,建筑总图绝对标高与相对标高的关系,建筑室内外各部分装饰做法,用料的说明等。

②总平面图　标明基地上建筑物、道路、绿化等位置的尺寸、标高,注明指北针及风玫瑰图。常用比例为 1∶500、1∶1000 或 1∶2000。

③各层平面图　包括底层平面图(底层平面形状,各房间的平面布置情况,出入口、走廊、楼梯的位置和各种门窗的布置、室内外地面的标高、剖切线、轴线及编号,台阶、散水或明沟花台、花池及雨水管等)、楼层平面图(楼层平面图的图示方法与底层平面图相同,图中表明本层室内及室外的雨篷、遮阳板等)、屋顶平面图(屋顶的形状、屋面排水方向及坡度、檐沟、女儿墙、屋檐线、落水口、上人孔、水箱及其他构筑物的位置和索引符号等)。常用比例为 1∶50、1∶100 或 1∶200。

④立面图　房屋各方向的立面图应绘制齐全,但差异小的可以不画。立面图上画出两端轴线及其编号,建筑物各部分建筑材料与色彩或节点详图索引,标注各剖面图上表示不出的各部位标高和高度,常用比例同平面图。

⑤剖面图　剖面图的剖切位置要选择在层高不同、层数不同,内外空间比较复杂,具有代表性的部位,要注明墙柱轴线及编号,剖视方向可见的所有建筑物配件的内容,标明建筑物配件的高度尺寸、相应标高。常用比例同平面图。

⑥详图　在建筑详图、立面图、剖面图中未能表示清楚的一些局部构造、建筑装饰做法应绘制详图,表明该局部构造尺寸及详细做法。主要有墙身、檐口、楼梯、门窗以及各构件的连接节点和各部分的装饰等详图。常用比例为 1∶1、1∶2、1∶5、1∶10、1∶20 或 1∶50。

⑦各专业工种的施工图　各专业工种的施工图包括基础平面图、楼板及屋顶平面图和详图、结构构造节点详图,以及给排水、电气照明、暖气空调、上下水等设备施工图。

当设计分为两个阶段时,初步设计阶段的任务和内容包括三个阶段中的初步设计和技术设计阶段的任务及内容。

2.2　民用建筑设计

2.2.1　建筑设计的基本要求和设计依据

2.2.1.1　建筑设计的基本要求

建筑设计是建筑工程的“龙头”,是设计中“牵头”的专业,建筑设计的成果反映时代特征,代表一个国家或地区科学技术、社会经济整体发展水平。建造房屋的主要目的是满足人们居住、教育、办公、文化和娱乐等使用要求,满足物质和精神的需求。建筑物首先要保障人身安全,保障人体健康的卫生条件,不影响公众利益,不破坏周围环境,同时还要符合节约能源等基本国策。在安全问题上,建筑防火设计、结构安全设计是主要的,由此造成的后果是集体性的、灾难性的,但建筑本身存在的不安全、不卫生等因素(如设计不当)同样危及人身安全和健康,破坏周围环境。所以建筑设计要符合下列基本要求:

(1)建筑布置应符合城市规划要求;

(2)各项建筑设施应符合安全使用要求;

(3)室内应符合人体健康要求;

(4)各类建筑的使用不影响公众利益和周围环境。

2.2.1.2　建筑设计的依据

建筑设计的主要依据是人体尺度和人体活动所需的空间尺度,家具、设备要求的空间,气象条件和地形、地质、水文及地震烈度。

(1)人体尺度和人体活动所需的空间尺度

建筑物是供人使用的,确定其空间尺度必须满足人体活动所需的空间尺度。门洞、走廊、楼梯的宽度和高度以及家具设备的大小等都与人体尺度有关。

(2)家具、设备要求的空间

在确定建筑物的平面及空间尺寸时,要考虑家具及设备所占用的尺度及人们使用中所需要的活动空间。

(3)气象条件

气象条件是指大气中的温度、日照、雨雪、风向、云雾、风速等现象。建筑物中的保温、隔热、通风、采光、朝向、防水、排水以及建筑物体型组合等均与气象条件有关。在设计前应收集当地气象资料,作为设计依据。

(4)地形、地质、水文及地震烈度

建筑物基地地形的平缓或起伏对建筑物的剖面有较大影响。当地形平缓时,将房屋首层设在同一标高;当地形起伏较大时,将房屋错层建造。

基地的地质构造、土质情况影响地基承载力,对房屋平面组合、结构布置产生影响。

水文条件是指地下水及水位高低。它直接影响建筑物的基础埋深、地下室的防潮防水构造处理。

地震烈度表示震区房屋建筑遭受的地震破坏程度。地震时,各地受到的影响不一样,震中区地震烈度较大,离震中越远则地震烈度越小。地震烈度直接影响建筑物的结构和构造。

2.2.2　建筑平面设计

建筑平面设计是根据建筑的功能要求确定各房间合理的面积、形状,门窗的大小、位置及各部位的尺寸;满足日照、采光、通风、保温、隔热、隔声、防潮、防水、防火、节能等方面的要求;确保平面组合合理,功能分区明确;同时兼顾结构及施工的可行性。

民用建筑设计,按使用性质的不同,各房间可分为使用房间和交通联系房间。

使用房间又可分为主要使用房间和辅助使用房间。主要使用房间是建筑物的主体部分,如住宅中的起居室、卧室,学校中的教室、实验室等。辅助使用房间是为了满足主要使用房间的使用要求而设置的,如住宅中的卫生间、厨房,学校中的厕所、储藏室等。

交通联系房间是指建筑物中的门厅、过厅、走廊、楼梯、电梯等。

2.2.2.1　主要使用房间平面设计

(1)房间的面积、形状及尺寸

房间的面积主要是由房间人数、家具设备及人们活动使用面积、房间的交通面积三方面因素决定的。以中学普通教室为例加以说明。

确定房间的使用人数应根据房间的使用功能和相应的建筑标准确定。规范规定:普通教室不应小于 1.12 m^2/人,如果每班按 50 人计,则教室的使用面积不小于 56 m^2。

房间的使用人数决定着室内家具设备的数量,决定着交通面积的大小。教室中主要家具是指课桌椅、讲台和黑板,学生听课时使用的课桌椅和教师授课时使用的讲台及黑板以及教室中的纵、横向走道要占用足够的面积。它们各自所需的面积可由建筑规范或通过调查研究确定。中学单人课桌尺寸一般为 550 mm×400 mm,课桌椅的排距不宜小于 900 mm。纵向走道宽度均不应小于 550 mm。课桌端部与墙面(或突出墙面的内壁柱及设备管道)的净距均不应小于 120 mm。

房间的形状和尺寸应考虑使用特点、家具的布置方式、采光、通风、音响、结构形式及平面组合方式等。教室的主要功能是教学,并保证学生的视听质量及教师授课与学生的活动空间。建筑设计规范中规定:中学普通教室前排边座的学生与黑板远端形成的水平视角不应小于 30°。教室第一排课桌前沿与黑板的水平距离不宜小于 2000 mm,教室最后一排课桌后沿与黑板的水平距离不宜大于 8500 mm,教室后面应设置宽度不小于 600 mm 的横向走道。根据教室的面积指标及上述各项要求，并考虑建筑结构及模数协调要求，中学普通教室平面尺寸的开间和进深多为 6600 mm×9000 mm 或 6300 mm×9300 mm。图 2.1 为某中学矩形普通教室的尺寸和桌椅布置图。

教室的平面形状在满足视听要求的条件下还可以选用六边形、正方形等几种形状。图 2.2 为教室的平面形状和尺寸。

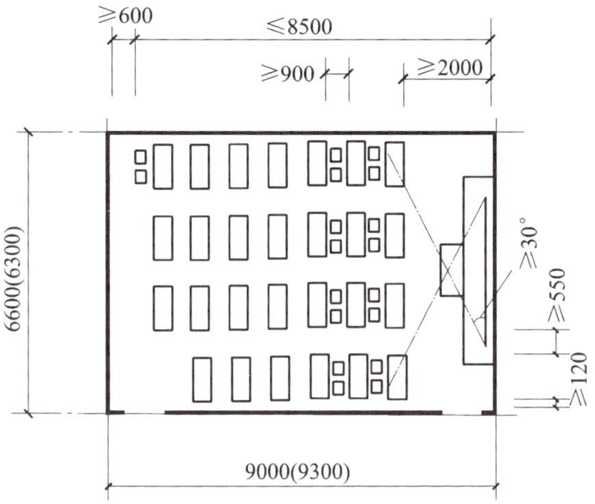

图 2.1　中学矩形普通教室的尺寸和桌椅布置

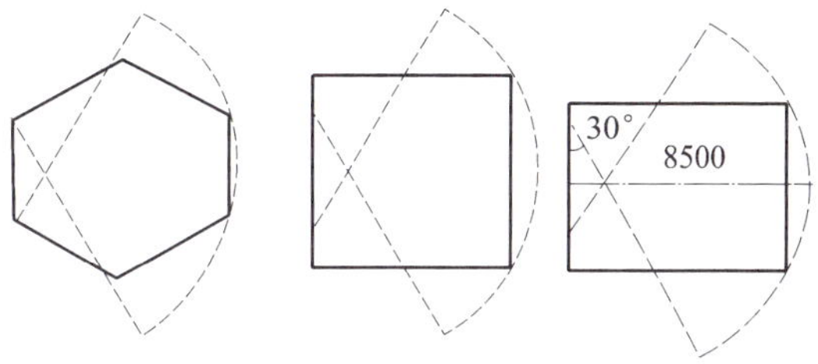

图 2.2　满足视听要求时教室的形状和尺寸

有的公共建筑由于结构、功能、视线、音质、建筑艺术等要求，把房间设计成各种形状，如图 2.3 所示的哈尔滨市黑天鹅电影院和北京市地坛体育馆。

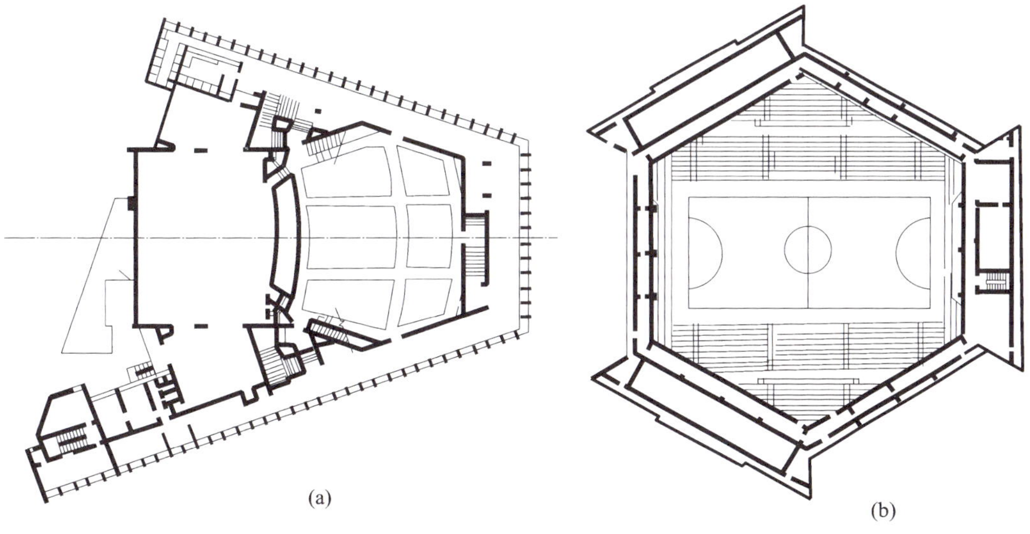

图 2.3　特殊平面形状的房间

(a)哈尔滨市黑天鹅电影院；(b)北京市地坛体育馆

确定房间的形状和尺寸时还应考虑各个房间的关系，尽量减少开间和进深的参数，为实现建筑构配件标准化创造条件。

(2)房间的门窗设置

房间平面设计使用是否周到、方便，门窗的设置是一个重要的影响因素。

①门的设置　门的设置主要是确定门的宽度、数量、位置与开启方式。门的主要作用是供人们出入和联系不同使用空间，同时兼有采光和通风的功能。

门的宽度一般是由人流多少和搬运家具设备时所需要的宽度来确定的。单股人流通行的宽度尺寸为 550 mm，所以门的最小宽度为 600～700 mm，如住宅中的卫生间门等。大多数房间门的宽度考虑到一人携带物品通行，所以门的宽度为 900～1000 mm。《中小学校设计规范》(GB 50099—2011)中规定：中小学建筑中的教室安全出口的门洞宽度不应小于 1000 mm。合班教室的门洞宽度不应小于 1500 mm。

门的数量是由房间人数的多少、面积的大小及安全疏散等要求决定的。防火规范中规定：当一个房间的面积超过 60 m^2，且人数超过 50 人时，至少要设两个门；位于走廊尽端的房间(托儿所、幼儿园除外)内由最远一点到房门口的直线距离不超过 14 m，且人数不超过 80 人时，可设一个向外开启的门，但门的净宽不应小于 1400 mm。

门的位置应根据室内人流活动特点和家具设备布置的要求，要考虑缩短交通路线，使室内有较完整的空间和墙面，有利于组织好采光和穿堂风等。

门的开启方式很多，如平开门、推拉门、折叠门、弹簧门、卷帘门等，在民用建筑中普遍采用的是平开门。平开门分为外平开和内平开两种，对于使用人数较少的房间采用内开式，以免影响走廊的交通；使用人数较多的房间，如会议室、展览室、住宅单元入口门应考虑安全疏散，门的开启方向应开向疏散方向。我国规范规定，对于幼儿园建筑，为保证安全，不宜设弹簧门；影剧院的观众厅疏散门严禁用推拉门、折叠门、转门、卷帘门等，应采用双扇外开门，门的净宽不小于 1.4 m；对于有防风沙、保温要求或人员出入频繁的房间，可以采用转门或弹簧门。当房间门位置比较集中时，要协调好几个门的开启方向，以免开启时发生碰撞。图 2.4 为门的开启方向对房间使用的影响。

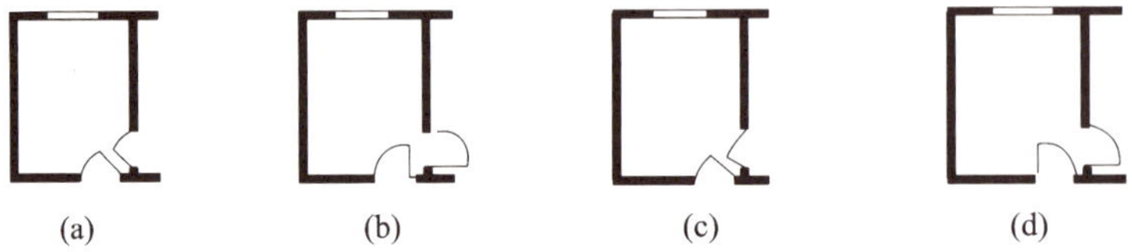

图 2.4　门的开启方向对房间使用的影响

(a)、(b)、(c)不正确；(d)正确

②窗的位置　窗的位置和尺寸的确定主要是考虑房间的采光和通风。窗的采光面积大小是按采光面积比来确定的。采光面积比是指窗的透光面积与房间地板面积之比。不同使用性质的房间采光面积比不同。如学校教室、办公室采光比为 1∶6，门厅、走廊、厕所采光面积比为 1∶10。在设计中要结合具体情况来确定窗的面积，如我国南方炎热地区要考虑通风要求，窗口面积可大些；北方寒冷地区冬季为防止室内热量从窗口散失过多，不宜开大窗。

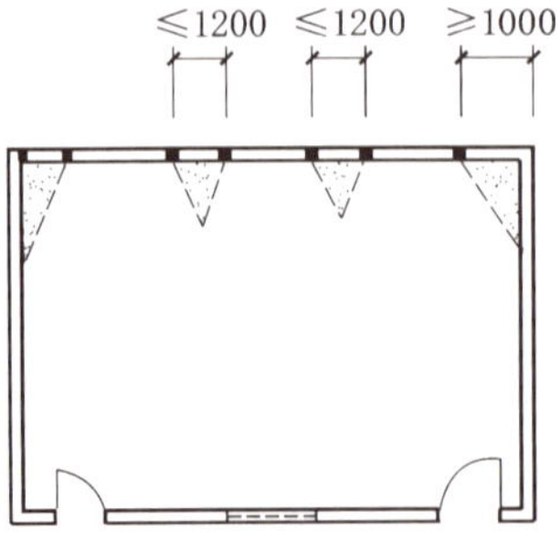

图 2.5　教室侧窗的布置

窗的位置要使进入房间的光线均匀和内部家具、设备布置方便。如学校中教室光线应自学生座位的左侧射入；当教学楼南向为外廊，北向为教室时，应以北向为主要采光面。并且窗间墙的宽度不应大于 1200 mm，以保证室内光线均匀，黑板处窗间墙的宽度要大于 1000 mm，避免黑板上产生眩光。图 2.5 为教室侧窗的布置。窗的位置还要考虑通风的作用，要组织好

室内通风，利用空气压力差通风换气，设计时应将门窗统一布置。

确定窗的位置及尺寸时还要考虑结构和构造的可能性，而且建筑物造型、建筑风格往往也要通过窗的位置和形式加以体现。

2.2.2.2 辅助使用房间平面设计

辅助使用房间的平面设计原理和方法与主要使用房间基本相同，但因它的使用性质特殊，还应考虑辅助房间与基本房间的联系是否方便。辅助房间在使用过程中易产生噪声、不良气味，会对附近使用房间造成影响。辅助使用房间在保证正常使用的情况下，尽量设在建筑物中较差的位置，并合理控制建筑面积、高度、室内装修等标准。

辅助房间一般是指为主要房间提供服务的房间，如厕所、盥洗室、水暖电设备用房、厨房、储藏室等。

2.2.2.3 交通系统的设计

交通系统是指使用房间之间在水平和垂直方向上、房间的内外及内部间的联系部分。交通系统包括门厅、门廊、过厅、走道、楼梯、电梯、坡道等。交通系统的设计应满足路线短捷、明确、方便、适用、安全疏散及有利于建筑造型等要求。

(1)门厅、过厅

门厅是建筑物的主要出入口，是人流集散的交通枢纽。门厅在水平方向连接走道，垂直方向与楼梯或电梯连通。门厅根据建筑性质不同还兼有其他功能。如旅馆门厅有总服务台、小卖部、接待及休息空间；医院门厅常兼有挂号、收费、取药、咨询服务等功能。门厅是人们进入建筑物首先到达的地方，它的空间处理效果将给人们留下深刻的印象。

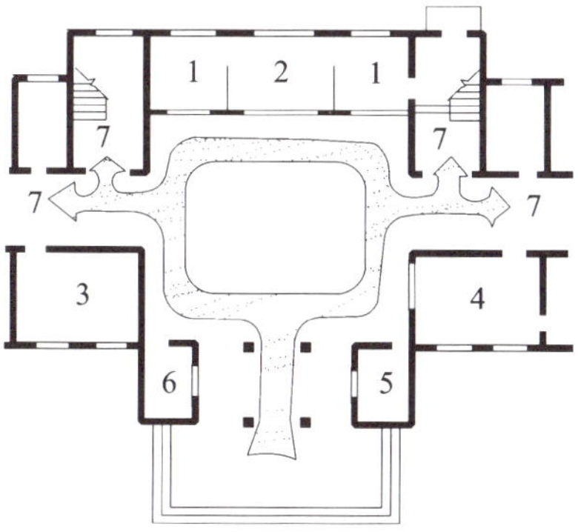

1—收款；2—挂号；3—西药房；
4—中药房；5—咨询；6—门卫；7—就诊区

图 2.6 医院门诊部门厅

①门厅的设计 在建筑设计中首先要将门厅设置在明显的位置上，与交通干线有明确的流向关系，妥善解决好水平交通、垂直交通及各部分功能之间的关系，使交通路线简捷、流畅、明确，互不交叉干扰。图 2.6 为某小型医院门诊部门厅平面示意图，其布置是根据人们就诊的一般顺序，使门厅兼有挂号、取药等功能，同时利用门厅的角落留出排队挂号和取药的位置。为满足安全疏散，公共建筑设计应留有两个以上出入口，其中一个为主要出入口。次要出入口一般经过走廊端部或楼梯间与室外相连。其次由于门厅较大，设计中要解决好门厅面积与层高之间的比例关系，避免空间的压抑感，保证大厅内良好的通风与采光。

②门厅的形式与面积 门厅的布置形式主要有对称布置和非对称布置两种。对称布置的门厅有明确的轴线，导向性强；非对称布置的门厅没有明确的轴线，布置比较灵活。门厅的面积应按建筑物的使用性质、规模和标准综合考虑。

为避免风沙和冷空气进入，门厅对外出口应设置挡风间(门斗)。门斗的最小尺寸和门的开启方式应保证两道门开启时互不干扰。图 2.7 为门斗的布置。

过厅是建筑内部的交通枢纽，同时联系几个走道和楼梯，有时也兼有其他功能，设计要求与门厅相似。

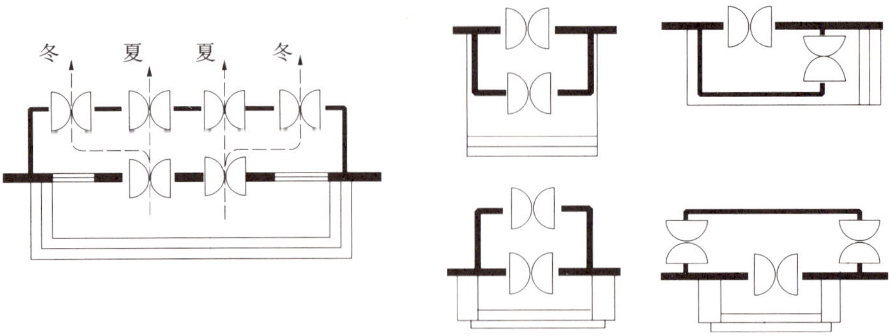

图 2.7　门斗的布置

(2)走道

走道是连接各个房间、门厅及楼梯的水平交通设施。走道的设计主要是确定其宽度、长度及采光问题。

走道宽度的确定应按建筑物的耐火等级、层数和使用人数、安全疏散和空间感受等因素综合考虑。

一般情况下,走道宽度是根据人体尺寸及人体活动所需空间尺寸确定,单股人流走道净宽为 900 mm,双股人流走道净宽为 1100～1200 mm,三股人流走道净宽为 1500～1800 mm。安全疏散走道的宽度不应小于 1100 mm。

走道的长度是根据建筑平面房间的实际需要确定的,应符合防火安全疏散的要求。按走道与楼梯及建筑对外出入口相对位置的不同划分成袋形走道及位于两个对外出口之间的走道。图 2.8 为走道的安全疏散距离。其中,L_1 为位于两个安全出口之间走道的疏散距离,L_2 为袋形走道的疏散距离,它们的长度应符合表 2.1 要求。

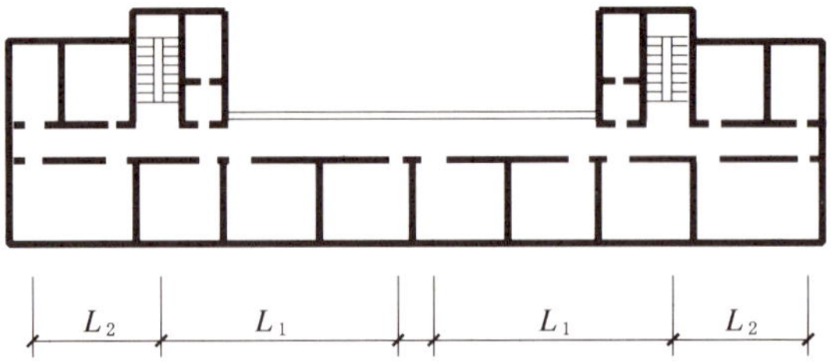

图 2.8　走道的安全疏散距离

表 2.1　房间门至外部出口或封闭楼梯间的最大距离/m

名　　称	位于两个外出口或楼梯间之间的房间①			位于袋形走道两侧或尽端的房间②		
	耐火等级			耐火等级		
	一、二级	三　级	四　级	一、二级	三　级	四　级
托儿所、幼儿园	25	20	—	20	15	—
医院、疗养院	35	30	—	20	15	—
学校	35	30	—	22	20	—
其他民用建筑	40	35	25	22	20	15

注:①非封闭楼梯间时,按本表减少 5 m;

②非封闭楼梯间时,按本表减少 2 m。

走道的采光一般应有直接的天然采光。对于两侧布置房间的走道常用的采光方式有：走道尽端开窗直接采光；利用门厅、过厅、开敞式楼梯间直接采光；利用房间两侧的窗或门上亮子间接采光。

(3)楼梯

楼梯是建筑物中上、下各层的垂直交通设施。合理地选择楼梯的形式与位置、确定楼梯的尺寸对建筑的使用、安全及立面效果有重要影响。

①楼梯的形式与位置 楼梯按使用性质分为主要楼梯、次要楼梯和消防楼梯。主要楼梯设在门厅内明显的位置，或靠近门厅处；次要楼梯常设在次要入口附近。当建筑物内楼梯数量与位置未能满足防火疏散要求时，常在建筑物的端部设室外开敞式疏散楼梯。

楼梯的形式有直跑式、转角式、双分式、双合式、双跑式、三跑式、四跑式、八角式、圆形、螺旋式、弧线形、剪刀式和交叉式等。图2.9为各种楼梯形式。

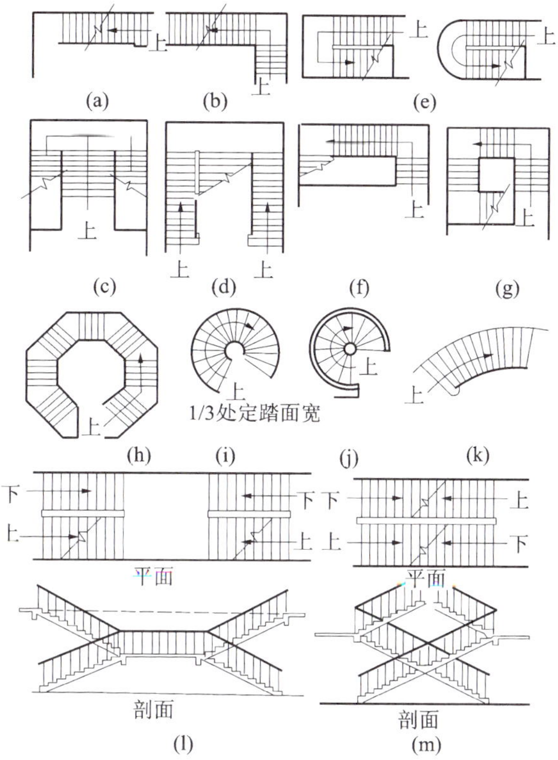

图 2.9 各种楼梯形式

(a)直跑式；(b)转角式；(c)双分式；(d)双合式；(e)双跑式；(f)三跑式；(g)四跑式；(h)八角式；(i)圆形；(j)螺旋式；(k)弧线形；(l)剪刀式；(m)交叉式

②楼梯的尺寸 楼梯的尺寸包括坡度、净空宽度、净空高度、踏步尺寸、扶手高度等。

楼梯的坡度是指楼梯梯段的坡度。它的表示方法有两种：一种是用斜面和水平面所夹角度表示；另一种表示方法是斜面的垂直投影高度与斜面的水平投影长度之比。楼梯的坡度一般为20°～40°。坡度小于20°时，采用坡道形式。坡度大于45°时，必须设置扶手，这种楼梯通常叫作爬梯。

楼梯的宽度包括楼梯梯段的宽度和平台宽度。供日常交通用的楼梯，楼梯梯段净宽应根据建筑物使用特征，一般按每股人流宽为0.55 m+(0～0.15)m的人流股数确定，且不应少于两股人流。楼梯梯段净宽在防火规范中按一股人流宽度为0.55 m计，两股人流宽度1.10 m为疏散楼梯的最小净宽。楼梯梯段改变方向时，平台扶手处的最小宽度不应小于梯段净宽。为了搬运大件物品，有时还要加大平台的宽度。图2.10为加大平台宽度。

楼梯梯段或平台的净宽，是指扶手中心线间的水平距离或墙面至扶手中心线的水平距离。

有儿童经常使用的楼梯井净宽大于200 mm时，必须采取安全措施。

楼梯的净空高度包括楼梯梯段的净高和平台过道处的净高。楼梯平台上部及下部过道处的净高不应小于2 m。楼梯梯段净高不应小于2.20 m。由于建筑空间处理和楼梯做法变化，楼梯平台上部及下部净高不一定与各层净高一致，故规定不应小于2 m。图2.11为梯段净高。楼梯梯段净高为自踏步前缘线量至垂直上方凸出物下缘间的铅垂高度，这个净高应保证人们行走不受影响，一般人的上肢向上伸直不能触及上部构造。

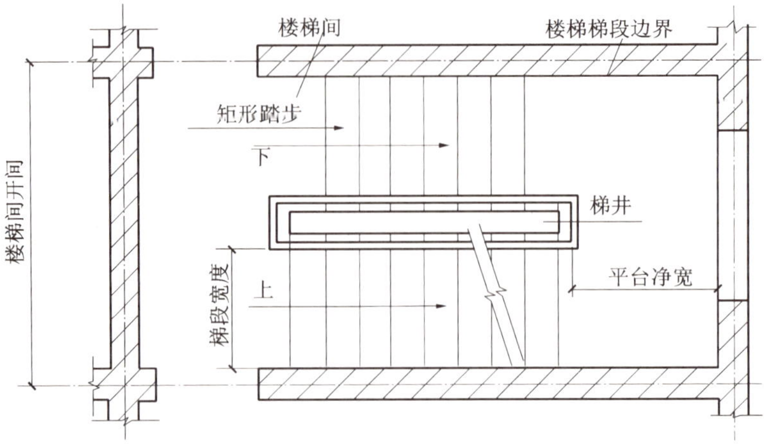

图 2.10　加大平台宽度

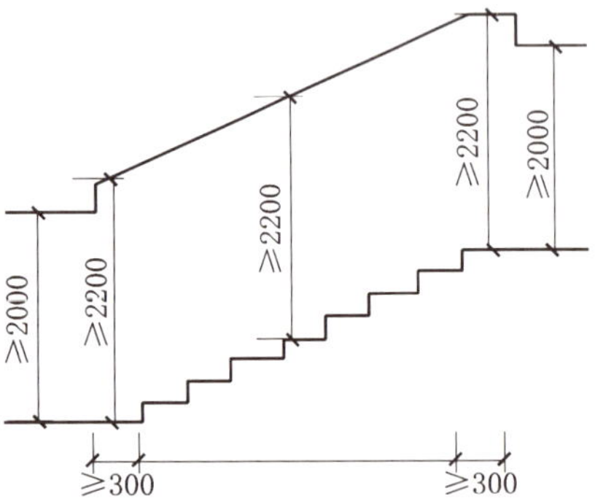

图 2.11　楼梯的净空高度

楼梯的踏步尺寸包括踏步宽度和踏步高度。其中，踏步宽度(g)是指相邻两踏步前缘线之间的水平距离。踏步高度(r)是指相邻两踏步之间的垂直距离。踏步面宽度与人的脚长和人在上、下楼梯时脚与踏步面接触的状态有关。一般楼梯的踏步宽度不宜小于250 mm。踏步高度取决于踏步宽度，这是由于踏步高度与踏步宽度之和与人的踏步长度有关，可按下列经验公式计算：

$$2r+g=600\sim610\ \text{mm} \text{ 或 } r+g=450\ \text{mm}$$

室内楼梯的扶手高度，自踏步前缘线量起不宜小于900 mm，靠楼梯井一侧水平扶手超过500 mm时，其高度不应小于1 m。儿童使用的楼梯扶手不能降低时，可采取在适当高度加一道扶手的做法。

2.2.2.4　建筑平面组合设计

建筑平面组合设计是将建筑物的单一房间平面通过一定的形式连接成一个整体建筑的过程。组合设计对建筑整体功能的发挥、结构方案的选择、技术经济性、形象美观、结合环境和改善环境等都有重要影响。

(1)使用要求对平面组合的影响

在建筑物中有许多房间，单一房间设计均能满足使用要求，如果各房间之间的位置不合理，就会出现功能分区混乱，人流交叉干扰，影响正常使用。

在平面设计时，首先应根据房间的使用要求把它们分类集中，划分成若干个功能区，确定各功能区之间的关系，然后分析功能区内各房间的关系。进行建筑的功能分析时，应考虑以下几方面：

①房间的主次及内外关系　一幢建筑物有许多房间，但各个房间的地位不同，有主有次，在平面组合中应合理安排。在住宅设计中，起居室、卧室是主要房间，厨房、卫生间是次要房间；剧院中的观众厅是主要房间，厕所、休息室属于次要房间。设计中应先考虑主要房间的位置、朝向、采光、通风、交通等要求，次要房间均围绕主要房间布置，为主要房间服务。

建筑中的各类房间与内外的联系程度是不同的。有的以对外联系为主，如商店中的营业厅、饭店中的餐厅应布置在人流来往较多的沿街位置上；有的以对内联系为主，如商店的仓库、饭店中的操作间等，应当使这类房间布置在与之有联系的房间附近。

②房间的使用顺序和交通路线的组织　建筑物中有些房间的使用是有一定顺序的，应按其使用顺序合理组织交通路线，确定房间的位置。例如，图 2.12 为某综合医院门诊部平面图，病人就医的顺序一般为挂号→候诊→诊疗→划价→收费→取药→离开。所以把挂号、划价、收费、取药等房间设在出入口附近。为避免相互干扰和病人交叉传染，儿科和急诊部须单独设出入口。

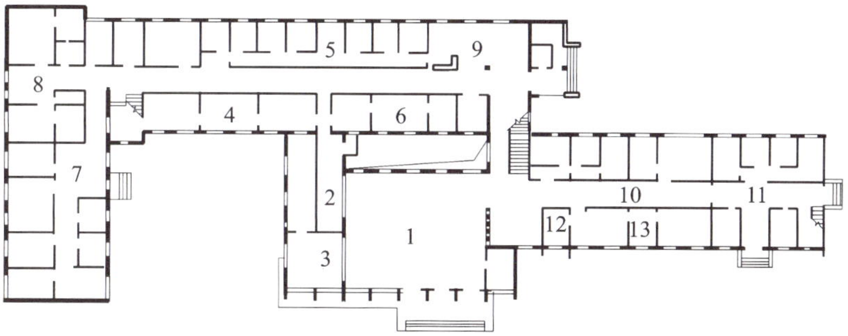

1—门厅；2—挂号、收款处；3—西药房；4—西药库；5—内科；6—化验室；7—急诊部；
8—放射科；9—候诊室；10—中医科；11—儿科；12—中药房；13—中药库

图 2.12　某医院门诊部平面

③各功能区之间的联系和分隔　在建筑平面组合时，根据房间的活动特点和使用性质不同，考虑各房间之间的联系与分隔，将联系密切的房间集中布置，形成功能区，而将使用中避免相互干扰的房间作适当分隔。利用功能分析图可以比较形象地表示出各功能区的划分及相互之间的关系，图 2.13(a)为某中学的功能分区图。

现以中学教学楼为例。教学楼主要由教学区、行政办公区和生活服务用房三部分组成。教学区和行政办公区既要能方便联系，又要避免相互干扰，因此不宜相距过远；生活服务用房应为服务对象的使用提供方便。对于教学区的音乐教室，因它对周围房间干扰较大，应当与教学区及行政办公区分隔，图 2.13(b)、(c)、(d)为教学楼的几种平面组合方式。

(2)结构布置及基地环境对组合的影响

建筑平面组合设计时，要考虑结构布置及基地环境的影响。目前常用的结构类型有砖混结构、框架结构、空间结构等。

根据建筑平面空间组合的情况，确定建筑结构形式，使结构体系传力明确，结构方案简明可行，构件种类较少，施工方便。把建筑开间、进深、高度相同或相近的房间组合在一起，根据梁、板的经济跨度和结构强度、刚度要求选择合理的承重方案。对建筑面积和高度相差较大，相互之间需要分开的，可以将它们集中布置，并通过设置走廊、台阶、错层等方式进行组合。

在多层或高层建筑中，要使上下层之间传力明确，承重墙、柱上下层位置要对正。把大面积的房间设在上层，把使用荷载大的房间设在底层，把层高相同的房间布置在同一层。

在建筑平面组合时，要结合地形、方位、道路走向等确定建筑的布局、层数、体型和位置。

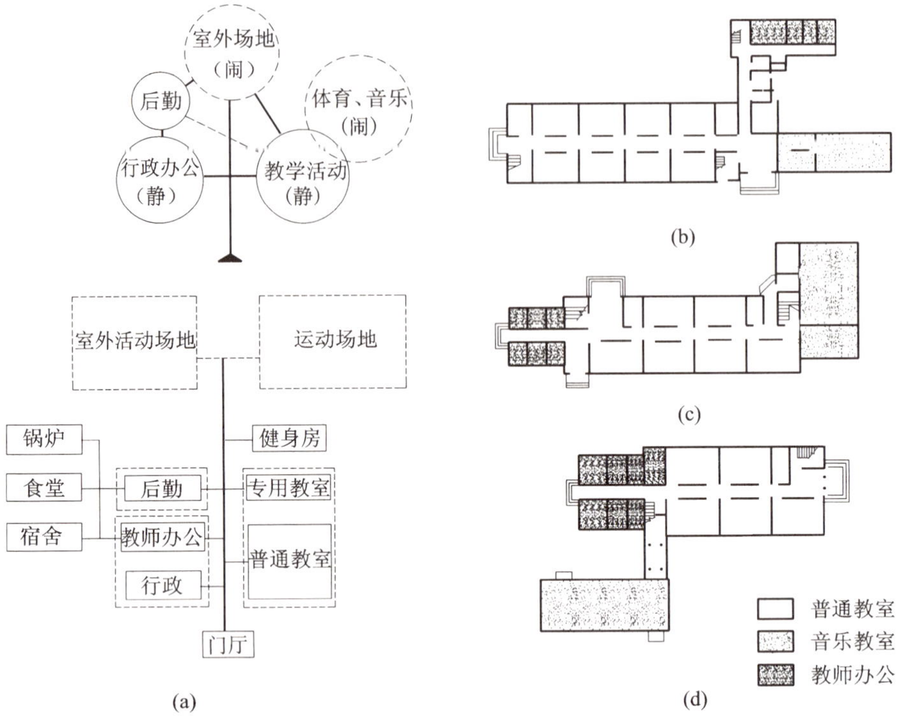

图 2.13　学校建筑的功能分区和平面组合

(a)中学的功能分区;(b)教学楼以门厅分为三部分;

(c)声响较大的教室在教学楼尽端;(d)声响较大的教室在教学楼外单独设置

(3)建筑平面组合的几种形式

常用建筑平面组合的形式主要有以下几种:

①走廊式组合　走廊式组合是利用走廊将房间连接起来,各房间沿走廊一侧或两侧布置。这种组合方式使各房间使用上保持独立性,而各房间又通过走廊联系在一起,保证房间之间不穿套,而且联系方便。走廊两侧布置房间的称为中间走廊式,走廊一侧布置房间的称为单面走廊式,单面走廊式又分为单内廊式和单外廊式。图 2.14 为走廊式组合平面。这种组合方式常用于教学楼、办公楼、医院、旅馆、宿舍等建筑。

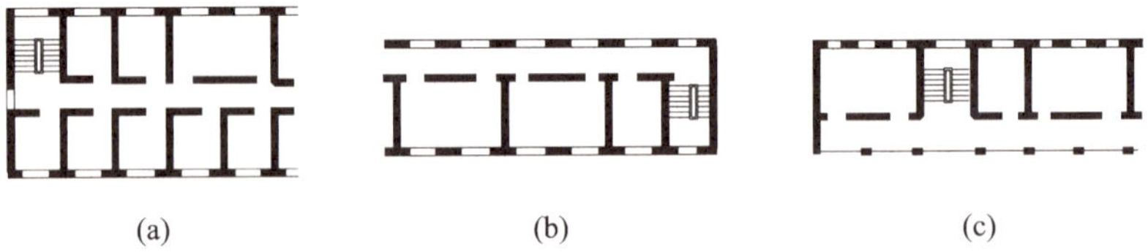

图 2.14　走廊式组合平面

(a)中间走廊;(b)单内廊;(c)单外廊

②套间式组合　套间式组合是将各使用房间穿套,穿套原则按使用上的流线要求而定。这种组合方式使各房间的使用顺序和连续性较强,各房间不需单独分隔,将使用面积和交通面积合为一体,但应该组织好人流路线,避免人流交叉。图 2.15 为某展览馆平面布置。这种组合常用于展览馆、纪念馆等。

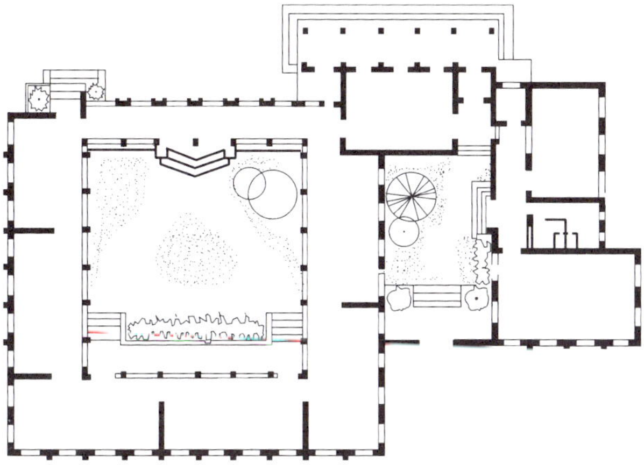

图 2.15 某展览馆平面

③大厅式组合 大厅式组合是以一个大厅为主体,其余各房间均围绕大厅布置。其特点是大厅空间大,人流集中,视听要求高,需人工照明,其他房间面积小,便于自然采光通风,并提供辅助服务。

④单元式组合 单元就是将关系密切的房间组合在一起,成为一个相对独立的整体。其特点是功能分区明确,单元之间有独立性,布置灵活。这种组合方式常在住宅、托幼所、学校建筑中使用。

⑤混合式组合 由于功能上的要求,在建筑平面组合设计中往往是多种组合共存于一幢建筑中,这种组合称为混合式组合。

2.2.3 建筑剖面设计

建筑剖面设计是根据建筑功能要求、规模大小及环境条件等因素确定建筑各组成部分在垂直方向上的布置。剖面设计的主要任务是确定房间的剖面空间的组合设计以及室内空间处理等。

2.2.3.1 房间的剖面形状和建筑各部分高度的确定

(1)房间的剖面形状确定

房间的剖面形状主要是根据房间的使用要求确定的,同时也要考虑结构、材料、施工、采光通风、空间的艺术效果等因素的影响。

不同用途的房间,剖面形状相差较大。如住宅的居室、学校的教室、办公室等剖面形状多为矩形,而影剧院的观众厅、体育馆的比赛大厅等,对剖面形状有特殊要求,如地面要有一定的坡度,顶棚常做成反射声音的折面。

结构形式以及所采用的材料影响建筑剖面的形状。如矩形剖面形式具有结构布置简单、施工方便的特点。有些大跨度建筑屋顶结构多采用空间网架,形成特殊的剖面形状。

当房间的进深较大或使用上有特殊要求时,仅靠侧窗采光和通风不能满足要求时,常需设置各种形式的天窗,形成了不同形状的剖面。

(2)建筑各部分高度的确定

建筑各部分高度主要指房间净高、层高、窗台高度和室内外地面高差等。图 2.16 为建筑物各部分高度。

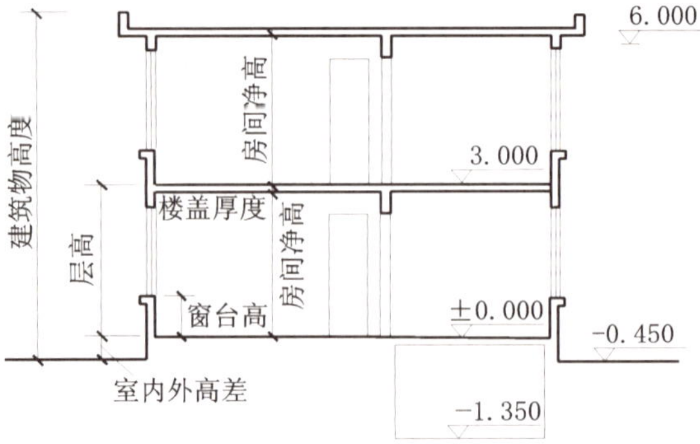

图 2.16　建筑物各部分高度

①房间净高和层高　房间的净高是指楼地面到结构层(梁、板)底面或悬吊顶棚下表面之间的垂直距离。层高是指该层楼底面到上一层楼面之间的垂直距离。

房间的高度是根据使用性质、人体的活动特点、采光、通风、结构层的高度、构造方式、室内空间比例、经济性要求等因素确定的。

房间的净高与人体的活动尺度有关,一般室内最小净高应使人举手接触不到顶棚为宜,应不低于 2.2 m。不同使用性质的房间由于使用家具、设备、人数不同,房间面积大小不同,其净高也不同。住宅中的卧室、起居室净高不小于 2.4 m,层高在 2.8 m 左右;中学教室的净高一般取 3.4 m 左右,层高为 3.6～3.9 m。

房间中光线的照射深度,主要取决于侧窗的高度。进深大的房间,为满足采光要求,常提高侧窗的上沿高度,则使其房间的高度增加。

结构层的高度影响房间的层高。结构层高度指楼板、屋面板、梁和各种屋架占的高度。结构层越大层高越大。

房间高度与房间宽度的比例是否合适,给人的感受是不同的。高而窄的空间使人兴奋,具有严肃感,但过高会使人感到空荡、不亲切;宽而低的房间使人感到宁静、开阔,但过低会使人感到压抑。

②窗台高度　窗台高度主要是依据房间的使用要求、靠窗家具或设备的高度、人体尺寸确定的,如靠窗台的家具(写字台)高度一般为 800 mm。为保证光线充足,常将窗台高度定为 900～1000 mm;幼儿园建筑结合儿童高度,窗台高度常设为 700 mm;展览建筑中的展室,沿墙布置展板,为避免眩光,常设高窗。

③室内外地面高差　为了防止室外雨水流入室内及满足室内防潮要求,底层室内地面应高于室外地面。室内外高差不低于 150 mm,常取 450～600 mm。

2.2.3.2　建筑层数的确定

建筑层数应依据建筑使用性质、基地环境、城市规划、结构类型、建筑防火等级、经济条件等要求确定。

(1)建筑使用性质

不同用途的建筑,对层数的要求不同。如幼儿园建筑,为保证幼儿活动安全方便,层数不超过 3 层;小学教学楼不超过 4 层;中学教学楼不超过 5 层。对于住宅、办公楼、旅馆等建筑采用多层或高层。

(2)结构、材料和施工的要求

建筑物建造时使用的结构类型和材料不同,层数也不同。如:砖混结构常用于6、7层以下的住宅、中小学教学楼、中小型办公楼等;钢筋混凝土框架-剪力墙结构、筒体结构常用于多层或高层建筑;空间结构常用于单层、低层的大跨度建筑,如体育馆、影剧院等。

(3)防火要求

建筑层数应根据建筑的性质和耐火等级来确定。当耐火等级为一、二级时,层数不受限制;为三级时,最多允许建5层;为四级时,允许建2层。

2.2.3.3 建筑剖面空间组合设计

建筑剖面空间组合设计,是在平面组合的基础上,分析建筑物各部分应有的高度、层数及在垂直方向上的空间组合和利用等。

(1)建筑剖面空间组合设计的原则

①依据使用要求组合　建筑设计中,房间所在的层数应依据使用要求确定。对于有较重设备的房间、人员出入较多的房间宜设置在底层;对外联系少、人员少、要求安静、无重设备的房间可放在上部。此外,根据各使用房间之间的联系密疏情况考虑是否布置在同一层。

②依据房间各部分高度组合　合理调整和组织不同高度的空间组合,使建筑各部分房间在垂直方向上协调统一。将高度相同或相近的房间组合在同一层,如教学楼中的普通教室和实验室组合在同一层。对于高度相差较大的房间可根据各个房间实际需要的高度组合成不同等高的剖面形式。

(2)建筑剖面空间组合设计的形式

①单层的组合形式　当人流、货流进出较多,多采用单层的组合形式,如车站、影剧院等。

②多层和高层组合　根据节约用地、城市规划布局及使用要求,建筑设计中多采用多层或高层的组合形式。这种组合交通联系紧凑,垂直方向上通过楼梯将各层连成一体。

③错层的组合形式　由于地形条件限制或使用要求不同,使建筑物内部出现高低差时,可采用错层组合方式。在衔接处设置的高差可采用踏步、楼梯、室外台阶等方式处理。图2.17为利用楼梯、台阶解决层间高差的问题。

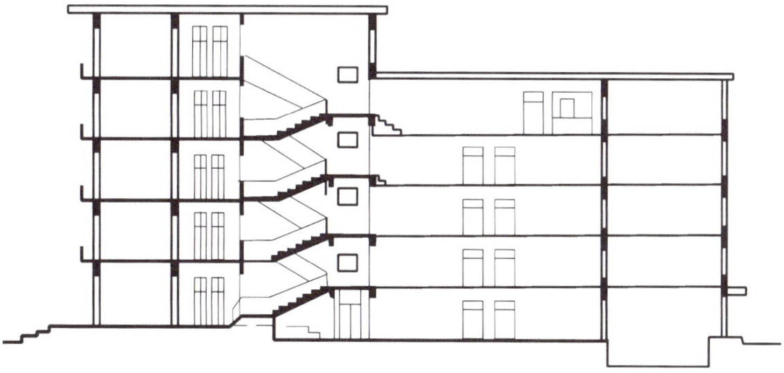

图2.17　用楼梯解决层间高差

2.2.4 建筑体型和立面设计

建筑体型设计主要是对建筑外形总的体量、形状、比例、尺寸等方面的确定,并针对不同类型建筑采用相应的体型组合方式。立面设计主要是对建筑体型的各个方面进行深入刻画和处理，使整个建筑形象趋于完善。

建筑的体型和立面应体现建筑特性，具有时代感，给人以美的感受，同时还要与室内空间、结构形式相结合。

2.2.4.1　建筑体型和立面设计的要求

(1)体型和立面特征要反映建筑功能要求

建筑的外部体型和立面设计应正确地反映建筑的功能特征。如影剧院建筑在体型上常以高耸封闭的舞台部分和宽广的休息厅形成对比；商业建筑常在底层设置大片玻璃面的陈列橱窗和大量人流明显的出入口；住宅建筑内部房间小，剖面变化少，具有进深小、体型简单、窗户和阳台数量多、布置有规律等特点。

(2)要结合材料、结构形式和施工特点

由于结构形式、材料性能、施工方法的不同，建筑会产生不同的外部形象。在设计中应将结构体系与建筑造型有机地结合起来，使建筑造型体现建筑结构特点。如砖混结构，由于墙是承重构件，窗间墙要有一定宽度，因此具有稳定、朴实的外观；框架结构，因墙不承重，有条件开设大面积窗户，常用带状窗，因此具有轻巧、明快的外观；空间结构使建筑的造型与内部空间结合更紧密，显现出建筑造型的千姿百态。材料和施工技术对建筑体型和立面也具有一定的影响，如清水墙、混水墙、贴面砖墙、玻璃幕墙等给人留下不同的感受。

(3)适应基地环境和规划的总体要求

单体建筑是城市建筑群中的一个单元，单体建筑的形象应与周围的建筑及环境保持有机的联系，互相衬托，达到美化环境的目的。同时也要满足城市整体规划的要求。如风景区的建筑，应结合地形的起伏变化，使建筑高低错落、层次分明，与环境融为一体；在山区往往采用错层布置，产生多变的体型；在南方为满足通风要求，常采用遮阳板及镂空花格，形成独特的建筑形象。

(4)符合建筑美学原则

建筑造型设计中的美学原则，是指建筑构图中的一些基本规律，如尺寸、比例、均衡、统一、韵律、对比、变化等，综合运用这些规律来创造美好的建筑形象。

2.2.4.2　建筑体型的组合

建筑的体型是多种多样的，决定建筑体型的主要因素是建筑的内部空间，好的建筑立面都是建立在好的体型的基础上的。

(1)建筑体型的组合方式

建筑体型基本上可归纳为单一体型和组合体型两大类。

单一体型是指整幢房屋基本上是一个比较完整的、简单的几何形体。平面形式多采用正方形、圆形、三角形、多边形、风车形、Y 形等。这种组合给人留下完整、简洁、大方、轮廓明确的印象。

组合体型是由若干个简单体型组合在一起的体型。组合方式主要有对称体型和非对称体型两类。对称体型具有明确的中轴线，组合体的主从关系明确，出入口通常设在中轴线上，这种组合体给人以庄重严谨、匀称和稳定的感觉，如一些纪念性建筑、行政办公建筑通常采用对称体型。非对称体型没有明显的中轴线，体型组合灵活自由，与功能结合紧密，可以把不同规格的房间组合在一起，这种组合给人留下生动、活泼的印象。图 2.18 为组合体型的各种形式。

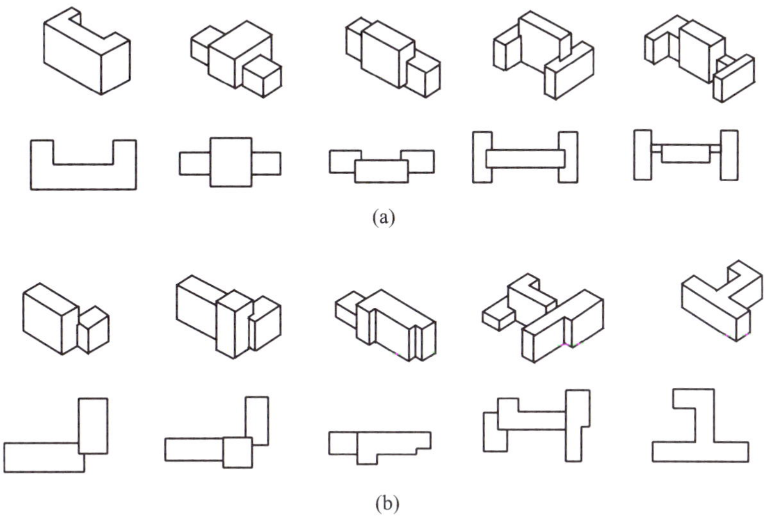

图 2.18 组合体型

(a)对称体型;(b)非对称体型

(2)建筑体型组合的基本要求

①比例适当、整体匀称　组合体型各部分之间的比例适当、整体匀称是建筑组合体型设计的基本要求。由于非对称体型需要在不对称的情况下达到此要求,组合时需要花更多的工夫。

②主次分明、交接明确　建筑体型的组合应按功能的要求,分为主要部分和附属部分。应处理好相互关系,使主次明确、交接清楚。组合体之间的连接要明确、自然,不能模糊不清。图2.19为建筑各体型连接方式。

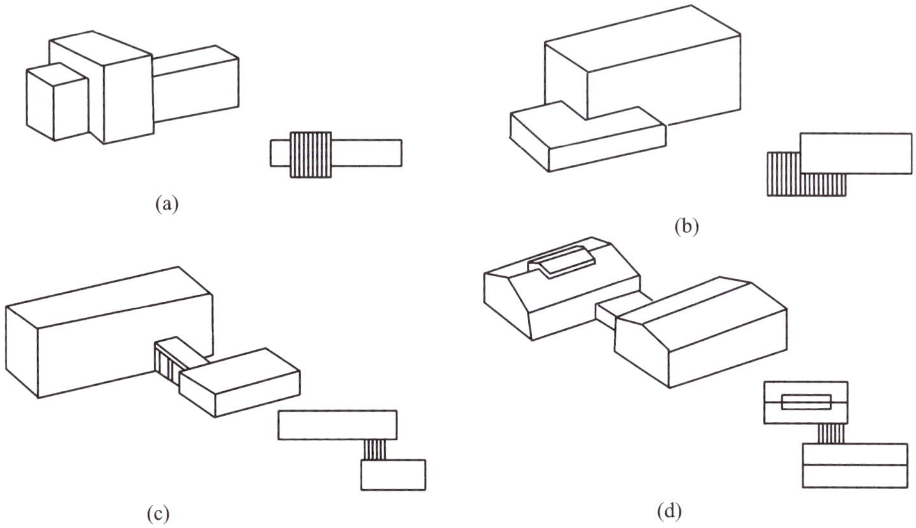

图 2.19 建筑各体型间的连接方式

(a)直接连接;(b)咬接;(c)以走廊连接;(d)以连接体连接

2.2.4.3 建筑的立面设计

建筑立面是建筑物各个墙面的外部形象。立面设计要结合建筑内部空间、使用要求进行。

建筑立面主要由墙面、外露梁柱、门窗、阳台、外廊、檐口、勒脚、台阶、花饰等组成。立面设计的任务是合理确定立面各组成部分的形状、色彩、比例关系、材料质感等，运用节奏、韵律、虚实对比等构图规律设计出完整、美观、反映时代特征的立面。

建筑立面设计的步骤是首先初步确定建筑平面、剖面关系，描绘出各个立面的轮廓，然后分析立面上各部分总的比例关系，如墙面、门窗的处理，最后对重点部位进行细部处理，如建筑入口、门廊、装饰等处理。

形象美观的建筑物，是建筑平、剖、立面图及体型、环境各方面因素有机结合、相互协调的结果。立面设计时要注意以下几方面的处理：

(1)立面的比例、尺寸处理

立面设计中合适的比例关系是立面设计成功的先决条件。恰当的尺寸能反映出建筑的真实情况。

(2)立面虚实处理

建筑立面的虚实对比，经常利用墙面的凸凹起伏及实墙与洞口的比例来实现。如凸出的阳台、雨篷、柱子、挑檐，凹进的门洞、门廊等，形成强烈的明暗、虚实对比。

(3)墙面划分处理

立面设计中通过构件或门窗等有规律地排列和变化，将墙面作不同方向的划分，体现出建筑的不同韵律和节奏。竖向划分建筑立面给人以挺拔、高耸、向上的气氛；横向划分建筑立面给人以亲切、舒展、轻快的感觉。在立面上同时采用横向与竖向两种划分手法称为混合划分。

(4)材料质感和色彩搭配

色彩和质感都是材料的某种属性，合理地选择和搭配材料的质感和色彩，使建筑立面更加丰富多彩。浅色使人感到清新、宁静，暖色使人感到热烈兴奋。光滑的表面使人感到轻巧，粗糙的表面使人感到厚重。

(5)立面重点部位的细部处理

在立面处理中，对重点部位进行细部处理，可以对建筑立面形象起到画龙点睛的作用。如建筑物的主要出入口、台阶、檐口、窗洞、阳台、勒脚、雨篷等。

建筑设计是建筑平面、剖面、立面、体型、环境各方面有机结合、相互协调的结果。在建筑设计中应以开阔的思路、严谨的科学态度创造出功能适用、形象完美的建筑物。

2.3 工业建筑设计

2.3.1 概述

工业建筑是为满足工业生产需要而建造的各种不同用途的建筑物和构筑物的总称。

工业建筑设计的主要任务是按生产工艺的要求，合理确定厂房的平、立、剖面形式；选择承重结构和围护结构方案、材料及构造形式；解决采光、通风、生产环境、卫生条件等问题；创造出坚固适用、技术先进、明朗、简洁、大方的工业建筑。

2.3.1.1 工业建筑的特点

(1)厂房的平面、剖面空间尺寸是由生产工艺要求决定的。

(2)厂房内一般有起重运输设备、机械设备等。

(3)厂房结构会承受较大静荷载、动荷载及撞击荷载等。

(4)厂房在使用过程中会产生大量的热、烟尘、有害气体、有侵蚀性的液体、噪声等。

(5)厂房内有各种工程技术管网。

2.3.1.2 工业建筑的分类

(1)按用途分

按用途分为主要生产厂房、辅助生产厂房、动力用厂房、仓储建筑、运输用建筑等。

(2)按层数分

按层数分为单层厂房、多层厂房、层次混合的厂房。

(3)按生产状况分

按生产状况分为冷加工车间、热加工车间、恒温恒湿车间、洁净车间、其他特殊状况的车间等。

2.3.1.3 工业建筑设计的要求

(1)满足生产工艺流程的要求

厂房设计必须符合生产工艺的要求,满足生产设备和运输设备的布置要求,以及生产工艺对厂房的技术要求。

(2)满足卫生方面的要求

厂房内应具有良好的采光、通风,有可靠的排除余热、湿气和烟尘的措施,具有隔离、净化、消声处理,满足工人卫生和生活上的需要。

(3)满足统一化与工业化要求。

(4)满足生产发展及灵活性要求。

(5)具有良好的建筑外形及内部空间。

2.3.2 单层工业厂房设计

2.3.2.1 单层工业厂房平面设计

单层工业厂房平面设计的主要任务包括工段布置、平面形式确定、内部交通运输组织、柱网选择,以及生活辅助设施的布置等。

(1)工段布置

工业生产种类繁多,每一种生产都有它一定的生产程序,这种程序称为生产工艺流程。生产工艺流程一般是通过水平生产运输来实现的,因此工段的布置反映出工艺流程的顺序。厂房平面组合应按生产工艺流程要求布置。以机械厂金工装配车间为例加以说明。

金工装配车间按工艺要求分为机械加工和装配两个主要生产工段。机械加工工段主要是对金属毛坯进行车、铣、刨、镗、钻、磨等加工,使之成为机械产品中的零件;装配工段主要是对加工好的零件进行总装配使之成为机械产品。它们的平面布置一般有三种形式:

①直线布置　即装配工段布置在机械加工工段的延伸部位,如图 2.20(a)所示。毛坯由厂房一端进入,成品则由另一端运出,生产线为直线形。这种布置使生产线路简捷,连续性好。

②平行布置　即机械加工与装配两工段互相平行布置,如图 2.20(b)所示。从零件加工到装配的生产线是马蹄形。这种布置结构简单,便于扩建,但生产线路长。

③垂直布置　即装配工段布置在与机械加工工段相垂直的横向跨间,如图 2.20(c)所示。零件从加工到装配的运输线路较短捷,但须设越跨运输设备。

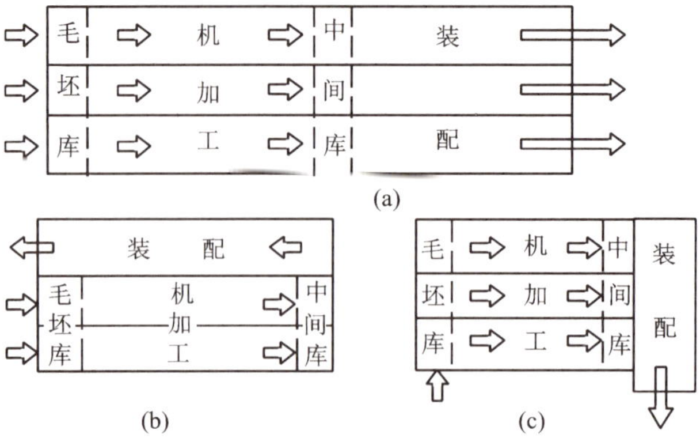

图 2.20 金工装配车间平面组合形式示例

(a)直线布置;(b)平行布置;(c)垂直布置

(2)单层厂房平面轮廓形式

单层厂房的平面轮廓形式常见的有矩形、方形、L 形、T 形和山形等。厂房平面形式的确定应满足生产工艺流程、工段组合、采光通风等要求。

(3)柱网尺寸的确定

单层厂房柱网尺寸主要包括跨度、柱距。柱网尺寸应根据生产设备大小、设备布置方式、加工部件运输、生产操作所需的空间等要求确定。

(4)厂房生活间设计

为满足工人在生产过程中的生产卫生及生活需要,厂房还须设有生活福利用房,一般称为生活间。厂房生活间主要由生产卫生用房和生活用房组成。生产卫生用房包括存衣室、淋浴室、盥洗室、洗衣房等;生活用房包括厕所、休息室、进餐室等。

厂房生活间的设备和设计方法与民用建筑中同类房间有很多相似之处,只是具体人数和使用上有差别。

生活间的布置方式,根据地区气候条件、工厂规模、性质、总体布置和车间的生产卫生特征,以及使用方便、经济合理等因素来确定。常用的有内部式、独立式和毗连式。毗连式布置是指生活间贴建在厂房一侧或一端。

2.3.2.2 厂房剖面设计

单层厂房剖面设计的具体内容是合理选择剖面形式和确定厂房的高度,解决厂房的采光和自然通风等问题。

(1)厂房的剖面形式

厂房的剖面形式与生产工艺车间的采光通风要求、屋面排水方式及厂房的结构形式有关。

(2)厂房高度的确定

单层厂房的高度是指厂房室内地面至屋架或屋面梁下表面的垂直距离。厂房高度应满足生产和运输设备的布置、安装、操作和检修所需的净高,以及满足采光和通风所需的高度。此外,还应符合《厂房建筑模数协调标准》(GB/T 50006—2010)的规定,即柱顶标高、牛腿标高按 3M 数列确定,当牛腿顶面标高大于 7.200 m 时按 6M 数列考虑。

在无吊车设备的厂房中,厂房的高度主要取决于厂房内最高的生产设备及其安装检修所需的净高,一般不低于 4 m。

在有吊车的厂房中，厂房高度包括轨顶高度(地面至轨顶的高度 H_1)、轨顶到小车顶面的距离(即轨上尺寸 H)和小车顶面到屋架下弦的距离(即上方间隙 c_h)三部分之和，图 2.21 为厂房高度的确定。

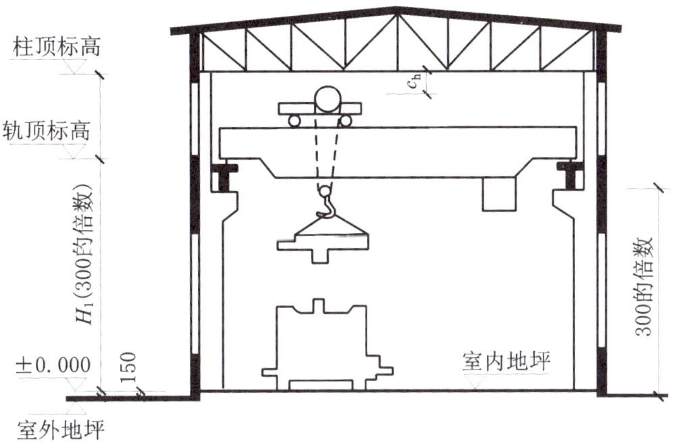

图 2.21 厂房高度的确定

(3)厂房室内外地面标高的确定

为了使厂房内外运输方便，应使厂房室内外高差较小，但为防止雨水侵入，室内外高差常为 100～150 mm，并在室外入口处设坡道。

(4)厂房的采光

厂房的采光有天然采光和人工照明两种。天然采光方式有侧面采光、顶部采光和混合采光三种方式。

①侧面采光　侧面采光通过外墙上的窗口实现。

②顶部采光　顶部采光通过屋顶上的采光口(天窗)来实现。它适用于多跨或跨度较大厂房中部的采光。常用的天窗类型有上升式天窗、下沉式天窗和平天窗等。

③混合采光　混合采光是边跨靠侧窗采光来解决，而中间跨则靠顶部天窗来满足。

2.3.3 多层工业厂房设计

2.3.3.1 多层工业厂房的特点和适用范围

(1)多层工业厂房的特点

多层工业厂房与单层厂房相比，具有以下特点：

①占地面积小，节约用地。

②屋盖构造简单。一般多层厂房宽度比单层厂房小，可采用侧面采光通风，屋顶不需设天窗。

③生产在不同楼层进行，能适应不同生产工艺的要求。

④柱网尺寸小，工艺布置的灵活性受到一定限制。

⑤增加了垂直运输设备，人流、货流组织都比单层厂房复杂。

(2)多层厂房的适用范围

①生产上需要垂直运输的工厂　这类工厂的原材料大部分直接送到顶层，靠自重向布置在下一层的车间传送，并在传送中加工，如面粉厂、啤酒厂等。

②生产上要求在不同楼层操作的工厂　如化工厂、热电站主厂房等。

③工艺上对生产环境有特殊要求的工厂　如电子厂、精密仪器厂等。

④生产设备及产品轻、运输量不大的厂房。

⑤仓储型厂房及设施。

2.3.3.2　多层厂房平面设计

多层厂房的平面设计应满足生产工艺流程的要求，综合考虑与生产有关的荷载、采光、通风、恒温、恒湿、防震等，合理确定厂房的平面形式、柱网布置以及各种生产、生活及交通枢纽用房的位置。

(1)平面布置形式

根据生产性质、特点、要求，一般有以下几种平面形式：

①统间式　统间式布置是厂房内只设承重柱，不设隔墙。适用于各生产工段面积大、联系紧密的车间。图 2.22 为统间式的平面布置。

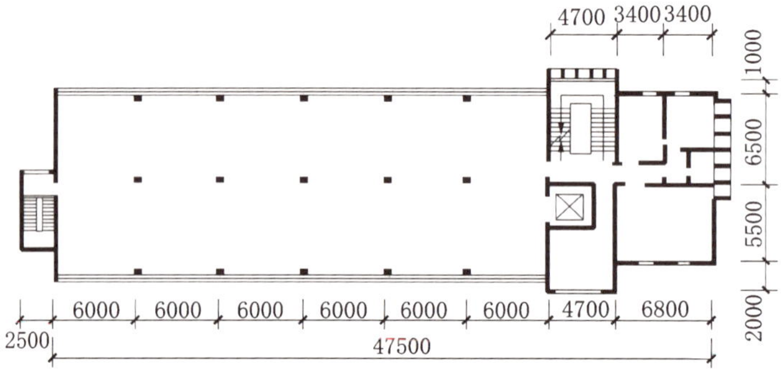

图 2.22　统间式的平面布置

②内廊式　内廊式布置是厂房每层的中间为走廊，在走廊两侧布置并用隔墙分隔各种大小不同的房间。适用于各种生产工段面积不大、联系不多、避免干扰的车间。

③大宽度式　对生产工段面积大、大空间的车间常采用大宽度式布置。适用于恒湿、防尘等技术要求高的车间。图 2.23 为大宽度式的平面布置图。

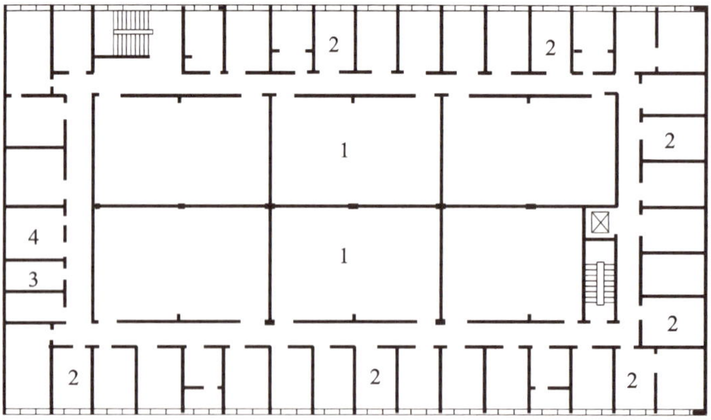

1—生产用房；2—办公、服务性用房；3—管道井；4—仓库

图 2.23　大宽度式的平面布置

(2)柱网布置

多层厂房柱网的确定应考虑生产工艺要求、厂房的平面形状、结构类型、建筑材料及施工

的可行性。柱网的确定应符合《厂房建筑模数协调标准》(GB/T 50006—2010)的规定。其跨度采用扩大模数15M,常用的有6.0 m、9.0 m、10.5 m和12 m。柱距采用6M,常用的有6.0 m、6.6 m和7.2 m等。走廊的跨度应采用扩大模数3M,常用的有2.4 m、2.7 m和3.0 m。

2.3.3.3 多层厂房剖面设计

多层厂房的剖面设计主要是确定厂房的层数、层高和剖面形式等。

(1)层数的确定

多层厂房层数的确定应综合考虑生产工艺、建设场地及其他技术条件。

(2)层高的确定

多层厂房层高应按层高与生产工艺、运输设备、采光通风、管道的布置等要求确定。多层厂房常用的层高为3.6 m、3.9 m、4.2 m、4.5 m、4.8 m、5.4 m、6.0 m、6.6 m和7.2 m等。

思考题和习题

2.1 建筑设计的内容有哪些?

2.2 建筑设计前的准备工作有哪些?

2.3 建筑设计的基本要求有哪些?

2.4 建筑设计的主要依据是什么?

2.5 建筑平面设计的主要任务是什么?

2.6 主要使用房间的平面设计的主要内容是什么?

2.7 辅助房间设计应考虑哪些问题?

2.8 平面空间组合的主要任务有哪些?

2.9 对称体型和非对称体型的特点是什么?

2.10 建筑剖面空间组合设计的要求有哪些?

2.11 建筑体型和立面设计的要求有哪些?

2.12 建筑体型组合的方式及基本要求有哪些?

2.13 建筑立面划分有哪些方式?

2.14 工业建筑设计的要求有哪些?

2.15 单层厂房平面设计的主要任务是什么?

2.16 如何确定单层厂房的高度?

3 民用建筑构造

教学目标

通过本章学习，使学生能够了解民用建筑的构造及组成，了解民用建筑中主要构件(如基础、墙体、楼梯、门窗、楼地层、屋顶)的特点、构造原理、构造方法及要求，从而对民用建筑的基本构成有一个较全面的认识。

3.1 概　　述

3.1.1 民用建筑构造研究的对象及任务

民用建筑构造是指民用建筑中构件与配件的组成，相互结合的方式、方法。民用建筑构造的主要研究对象是民用建筑(房屋)的构造组成，各组成部分的构造原理和构造方法。构造原理研究各组成部分的要求，以及满足这些要求的理论；构造方法则研究在构造原理指导下，用建筑材料和制品构成构件和配件，以及构配件之间的连接方法。

民用建筑构造的任务：一是掌握房屋构造的基本理论，了解房屋各组成部分的要求，弄清各不同构造的理论基础；二是能够根据房屋的使用要求和材料供应情况及施工技术条件，选择合理的构造方案，进行构造设计、绘制，并熟练地识读工程图。

3.1.2 民用建筑的构造组成及作用

一般民用房屋建筑是由基础、墙或柱、楼地层、楼梯、屋盖、门窗等主要部分组成。图 3.1 所示为一幢住宅的构造组成。

基础是房屋最下面的部分，它承受房屋的全部荷载，并把这些荷载传给下面的土层(地基)。

墙或柱是房屋的垂直承重构件，它承受楼地层和屋顶传给它的荷载，并把这些荷载传给基础，墙起承重、围护、分隔建筑空间的作用。

楼地层通常由面层、结构层和顶棚层组成。结构层是楼板层和地坪层的承重部分，承受作用在其上的荷载，并将这些荷载传递至墙、柱或土层。面层即楼面和地面，起到保护结构层、分布荷载、隔声、防水、保温等作用。顶棚层位于楼板的下部，起保护结构层、装饰、安装灯具、铺设管线等作用。

楼梯是房屋建筑中联系上下各层的垂直交通设施。

屋盖在房屋顶部，用以承受各种屋面作用的屋面板、檩条、屋面梁或屋架及支撑系统组成的部件或以拱、网架、薄壳和悬索等大跨空间构件与支承边缘构件所组成的部件的总称。按外形和结构形式可分为平屋盖、坡屋盖、拱形屋盖、悬索屋盖、薄壳屋盖、折板屋盖等。屋盖通常

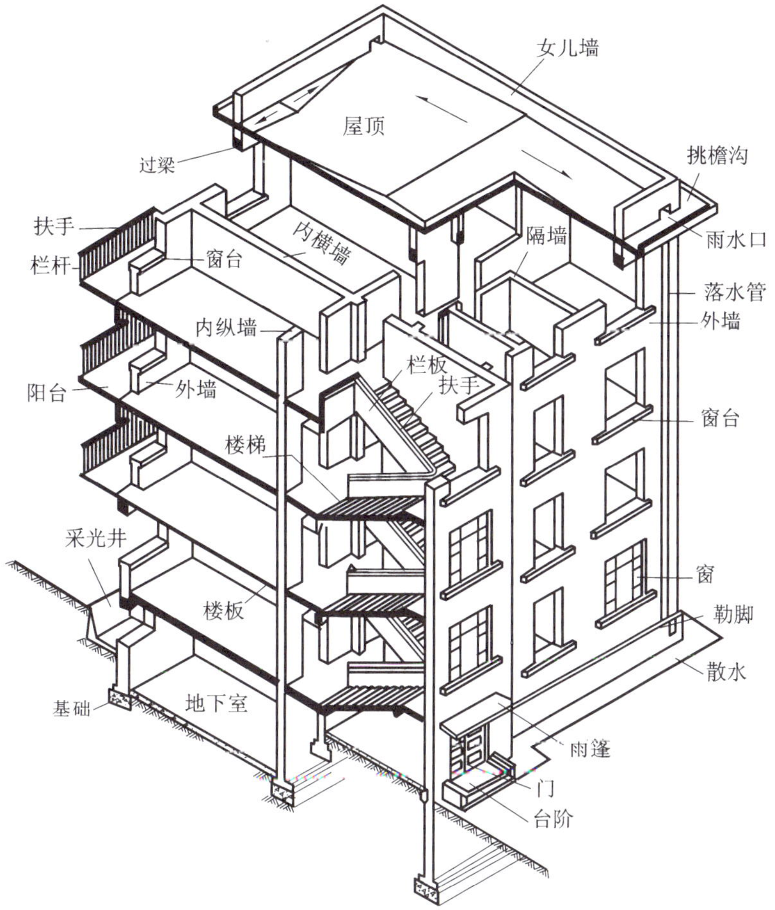

图 3.1 住宅的建筑构成

包括防水层、屋面板、梁、设备管道、顶棚等，屋面板不仅是承重构件，还是分割顶层空间与外部空间的界面。

门是建筑物的出入口，它的作用是供人们通行，并兼有围护、分隔的作用。窗的主要作用是采光、通风、供人眺望。

房屋除上述基本组成外，还有台阶、散水、雨篷、雨水管、明沟、通风道、烟道等。

3.2 影响建筑构造的因素及构造设计原则

3.2.1 影响建筑构造的因素

建筑构造受自然界和人为因素的影响，主要体现在以下四个方面：

(1)房屋结构上的作用

房屋结构上的作用是指使结构产生效应的各种原因的总称，包括直接作用和间接作用。直接作用指直接作用在结构上的荷载；间接作用指使房屋结构产生效应，但不直接以力的形式出现的作用，例如温度变化、材料的收缩和徐变、地基变形、地震等。

(2)自然界的其他影响

房屋要经受日晒、雨水、冰冻、地下水的侵蚀等影响，因而房屋要在相关部位采取保温、隔热、防水、防冻等构造措施。

(3)人为因素

人们从事的各种活动影响房屋的构造，如机械振动、化学腐蚀、爆炸、火灾等。因此房屋在相应的部位要采取防震、耐腐蚀、隔音、防爆、防火等措施。

(4)技术经济条件的影响

建筑构造措施的具体实施必将受到材料、设备、施工方法、经济效益等条件的制约，同一建筑构造可能有不同的构造方案，设计时应综合比较这些方案，尽可能降低材料消耗、能源消耗和劳动力消耗。

3.2.2 房屋构造设计原则

妥善解决各种影响因素，满足房屋的各项使用功能、结构安全，适应工业化、经济合理、形体美观等各项要求。

(1)坚固实用　首先要最大限度地满足建筑房屋功能的要求；其次，合理地确定构造方案，并在具体的构造上保证建筑物的整体刚度和构件之间的连接，做到既实用又安全、稳定。

(2)技术先进　在建筑构造设计时，要结合当时、当地条件，积极推广先进技术，在选择各种高效能材料的同时，还应满足工业化的要求。

(3)经济合理　尽量因地制宜、就地取材、利用工业废料，注意节约资源性材料。

(4)美观大方　建筑结构应尽量做到美观大方，避免虚假装饰。

3.3 基础、地下室及墙构造

3.3.1 地基与基础的关系

基础是指建筑的墙或柱深埋在地下的扩大部分、直接作用于土层上的承重结构，是建筑物的重要组成部分，它承受着建筑物的全部荷载，并将它们传给地基。地基是指基础下面支承建筑总荷载的那部分土层，它不是建筑物的组成部分，只是承受建筑物荷载的土壤层。

地基承受荷载的能力有一定的限度，通常用地基允许承载力(也称地耐力)f 表示，即地基每平方米所承受的最大压力。地基允许承载力与基础底面面积 A 有如下关系：

$$A \geqslant N/f$$

式中　N——建筑物的总荷载。

地基分为天然地基和人工地基两大类。天然地基是指天然土层具有足够的承载力，不需要经人工改良或加固便可以直接在上面建造建筑物的地基；人工地基是指土层的承载力差或上部荷载较大，直接在上面建造房屋时缺乏足够的坚固性、稳定性，必须对土层进行人工加固后才能在上面建造房屋的地基。岩石、碎石土、沙土、粉土和黏性土等地基土，一般均可作为天然地基。而淤泥、人工填土等地基土则采用人工地基。人工地基常采用压实法、换土法、打桩法以及化学加固法等。

3.3.2 基础的要求

基础承受着房屋的全部荷载，因此基础应具有足够的强度，才能稳定地把荷载传给地基，同时基础应满足耐久性要求。如果基础先于上部结构破坏，检查和加固都十分困难，而且还会影响房屋建筑的使用寿命。

3.3.3 基础的埋置深度

由室外设计地面到基础底面的距离，叫作基础的埋置深度。图 3.2 所示为基础的埋置深度。基础的埋深大于 5 m 时，称为深基础。基础埋深不超过 5 m 时，称为浅基础。地基受到压力后有可能把四周的土挤走，使基础失去稳定，同时基础还易受各种侵蚀的影响，遭到破坏，因此基础的埋深一般不小于 0.5 m。

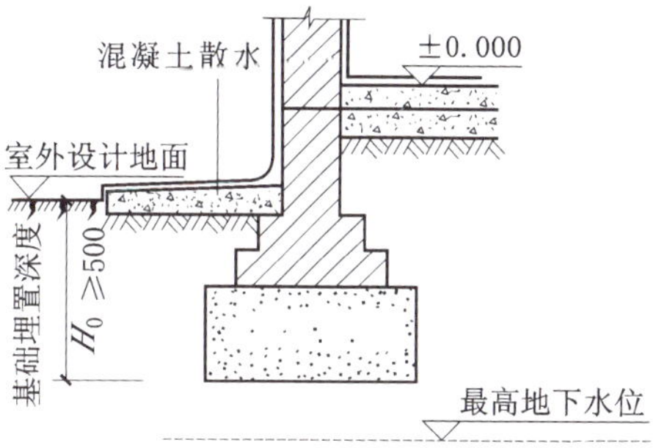

图 3.2 基础的埋置深度

影响基础埋置深度的因素主要包括：

(1)建筑物有无地下室、设备基础和基础的形式及构造等。

(2)作用在地基上的荷载大小和性质。

(3)工程地质和水文地质条件。

基础必须建造在坚实可靠的地基上。地表以下土层呈层状分布，不同土层的特性及受力性能不同。

基础应尽量建造在地下水位以上，以减少特殊防水措施。如果地下水位很高，基础不能埋置在地下水位以上时，应将其埋置在距最低地下水位 200 mm 以下，且不能使基础底面处于地下水位变化的范围之内。

(4)地基土的冻结深度和地基土的湿陷

地基土冻胀时，会使基础隆起，冰冻消融又会使基础下陷，久而久之，基础就会被破坏。基础最好深埋在冰冻线以下 200 mm。湿陷性黄土地基遇水会使基础下沉，因此基础应埋置深一些，避免地表水浸湿。

(5)相邻建筑的基础埋深

基础埋深最好小于原有建筑的基础埋深。当基础深于原有建筑基础时，则新旧基础间的净距一般为相邻基础底面高差的 1～2 倍。

3.3.4 基础的类型与构造

基础的类型、构造与建筑物的上部结构形式、荷载大小、地基的承载力以及它所选用的材料性能有关系。基础按受力特点分，有刚性基础和柔性基础；按其使用材料分，有砖基础、毛石基础、混凝土基础、钢筋混凝土基础等；按构造形式分，有条形基础、独立基础、整片基础和桩基础等。

3.3.4.1 按材料及受力特点分类

(1)刚性基础

刚性基础是指用砖、石、混凝土等抗压强度高而抗拉、抗剪强度很低的刚性材料制成的基础，主要有砖基础、毛石基础、混凝土基础等。根据刚性材料受力及传力特点，刚性基础的受力及传力须控制在材料允许的范围内，这个控制范围可用刚性角表示。刚性角是指基础放宽的引线与墙体垂直线的夹角，用 α 表示，它随基础材料及基础所受荷载的不同而不同。在刚性角控制范围内，基础底面不产生拉应力，不会被破坏，所以刚性基础的底面挑出长度受刚性角的限制。刚性基础常用于荷载不大的建筑，一般用于 2～3 层混合结构的房屋。

(2)非刚性基础

又称柔性基础，是利用混凝土的抗压强度和钢筋的抗拉强度建造的钢筋混凝土基础。这种基础不受刚性角的限制。柔性基础适用于荷载较大的多、高层建筑。

3.3.4.2　按构造形式分类

(1)条形基础

当建筑物上部结构采用墙体承重时，基础常采用连续的条形基础。

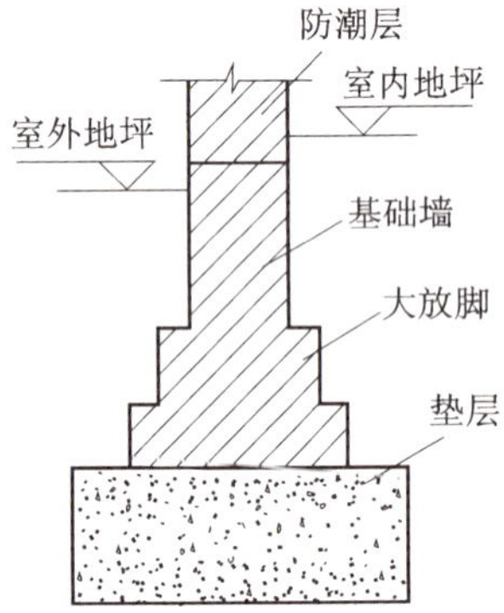

图 3.3　砖基础的构造

①砖基础

砖砌条形基础由垫层、砖砌大放脚、防潮层、基础墙四部分组成，如图 3.3 所示。

基础垫层一般有灰土垫层、碎砖三合土垫层、混凝土垫层等。

基础大放脚在地基反力作用下会产生很大的拉力。当拉力超过基础材料的允许应力时，基础底面将会出现开裂而破坏，因此用抗压强度高而抗拉强度低的砖、石、混凝土等材料建造的基础要限制大放脚。砖基础台阶的宽高比为 1∶1.5 ($\tan\alpha = b/H$)。砖砌条形基础一般多用于地基土质好、五层以下的房屋。

②钢筋混凝土基础

当墙下条形基础的上部荷载较大时，可采用钢筋混凝土条形基础。由于这种基础底部配有钢筋，钢筋的抗拉性能好，不受刚性角的限制。不受刚性角限制的基础也称柔性基础，如图 3.4 所示。

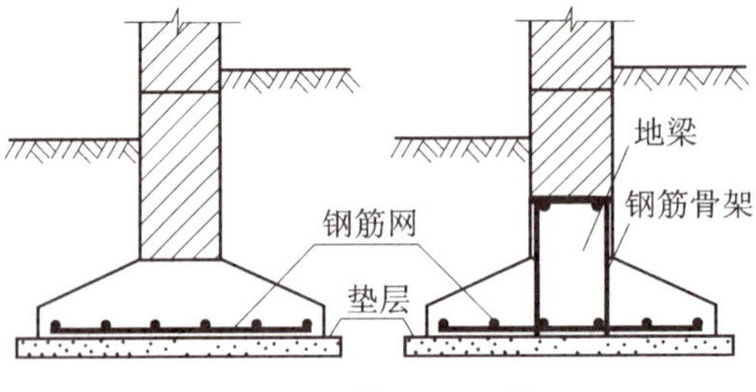

图 3.4　钢筋混凝土基础

(2)独立基础

独立基础一般用于柱子下面，每一根柱子一个基础，往往单独存在，所以称为独立基础。其形式有台阶式、锥形等。

柱下独立基础是指当房屋为骨架承重结构或内骨架承重结构时，承重柱下扩大形成独立基础，常用的断面形式有阶梯形、锥形、杯形等。

墙下独立基础适用于房屋为墙承重结构、基础上层为软土时的情况。其构造方法是在墙下设基础梁支撑墙身，基础梁支承在独立基础上。独立基础穿过软土层，把荷载传给下层的坚硬土。墙下的基础梁可以采用钢筋混凝土梁、钢筋砖梁及砖拱。

(3)整片基础

整片基础包括筏式基础和箱形基础。

当上部结构荷载较大、地基承载力较低时，可选用整片筏式基础，以减少基底压力，降低地基沉降。整片筏式基础按结构形式分为板式结构和梁板式结构两类。当钢筋混凝土基础埋深很大时，为了加强建筑物的刚度，可用钢筋混凝土筑成有底板、顶板和四壁的箱形基础。箱形基础内部可用作地下室。如图 3.5 所示。

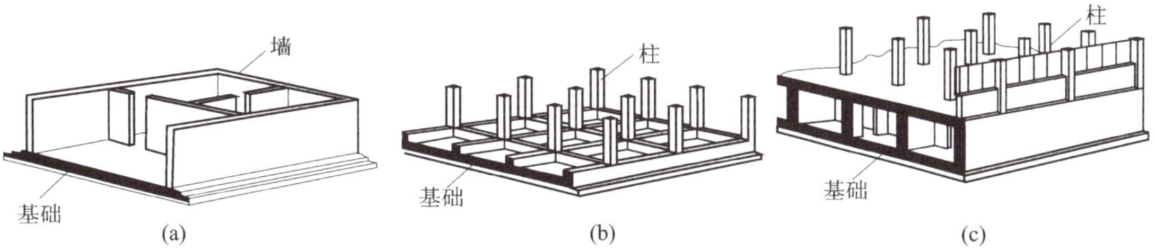

图 3.5　整片基础

(a)板式；(b)梁板式；(c)箱形

(4)桩基础

当建筑物荷载较大，地基的软弱土层厚度在 5 m 以上，基础不能埋在软弱土层内时，可采用桩基础。

桩基础按其受力特点可分为端承桩和摩擦桩两种。端承桩是通过桩端将建筑物的荷载传给坚硬土层，而摩擦桩是通过桩侧表面将部分或全部荷载传递到桩周土层。目前采用最多的是钢筋混凝土桩，包括预制桩和灌注桩两大类。灌注桩又分为沉管灌注桩、钻孔灌注桩和爆扩灌注桩等。

3.3.5　地下室

地下室是建筑物中处于室外地面以下的房间。在房屋底层以下建造地下室，可以提高建筑用地效率。对一些基础埋深很大的高层建筑，可充分利用这一深度来建造地下室，其经济效果和使用效果俱佳。如图 3.6 所示。

3.3.5.1　地下室的分类

地下室的类型按功能分，有普通地下室和防空地下室；按结构材料分，有砖墙结构地下室和混凝土结构地下室；按构造形式分，有全地下室和半地下室。地下室顶板的底面标高高于室外地坪标高的称为半地下室，这类地下室一部分在地面以上，可利用侧墙外的采光井解决采光和通风问题。地下室顶板的底面标高低于室外地坪标高，称为全地下室。

3.3.5.2　地下室的组成

地下室一般由顶板、底板、侧墙、楼梯、门窗、采光井等组成。

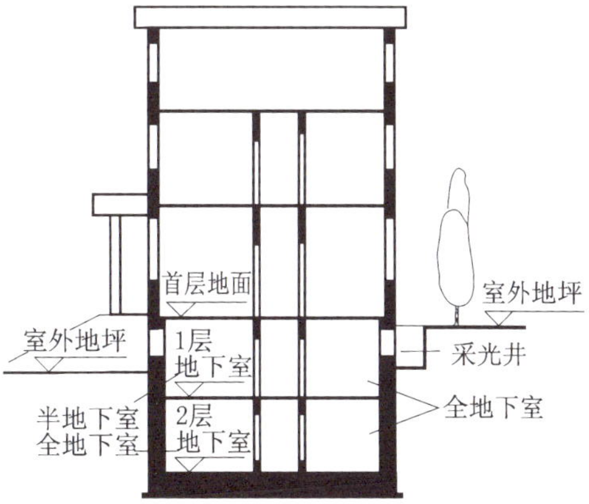

图 3.6　地下室示意图

地下室的顶板采用现浇或预制混凝土楼板，板的厚度按首层使用荷载计算，防空地下室则应按相应的防护等级的荷载计算。

在地下水位高于地下室地面时，地下室的底板不仅承受作用在它上面的垂直荷载，还承受地下水的浮力，因此必须具有足够的强度、刚度、抗渗透和抗浮力的能力。

地下室的外墙不仅承受上部的垂直荷载，还要承受土、地下水及土壤冻结产生的侧压力，因此地下室墙的厚度应按计算确定。

地下室的门窗与地上部分相同。当地下室的窗台低于室外地坪时，为了保证采光和通风，应设采光井。

采光井由侧墙、底板、遮雨设施或铁箅子组成，一般每个窗户设一个，当窗户的距离很近时，也可将采光井连在一起。

地下室的楼梯可与地面部分的楼梯结合设置。一个地下室至少应设两部楼梯通向地面。

3.3.5.3 地下室的防潮和防水

地下室的外墙和底板都深埋在地下，受到土中水和地下水的浸渗，因此，防潮和防水问题是地下室设计中所要解决的一个重要问题。一般可根据地下室的标准和结构形式、水文地质条件等来确定防潮、防水方案。当地下室底板高于地下水位时可做防潮处理。当地下室底板有可能泡在地下水中时应做防潮和防水处理。当地下室底板常年泡在地下水中时，地下室的外墙应做垂直防水处理，底板应做水平防水处理，目前采用的防水措施有卷材防水和混凝土自防水两种。

地下室的外墙和底板都埋在地下，受到土中所含的水和地下水的浸渗，如不采取构造措施，轻则因潮湿引起墙面抹灰脱落、墙面霉变，影响人的健康；重则因渗漏使地下室充水，影响地下室的使用，并降低房屋的耐久性。因而保证地下室不潮湿、不透水是地下室构造设计的重要任务。

(1)地下室的防潮

当设计最高地下水位低于地下室地面，又没有形成滞水的可能时，墙和地坪仅受到土中毛细管水和由地面水下渗而造成的无压水的浸渗，这时只需做防潮处理。地下室防潮层的要求是：砖墙必须采用水泥砂浆砌筑，灰缝必须饱满；在外墙外侧设置垂直防潮层。垂直防潮层是在墙外表面先抹一层 20 mm 厚水泥砂浆找平层，再涂刷一道冷底子油(即稀释沥青)和两道热沥青。防潮层须涂刷至室外散水坡处，然后在防潮层外侧回填低渗透性土壤，如黏土、灰土等，并逐层夯实，底宽 500 mm 左右，以防地表水的影响。此外，地下室所有墙体必须设两道水平防潮层，一道设在地下室地坪之间，一般设置在结构层之间；另一道设在室外地面散水以上 150～200 mm 的位置。

(2)地下室的防水

当设计最高地下水位高于地下室地面时，地下室的底板和部分外墙浸在水中。地下室的外墙受到地下水的侧压力，底板则受到浮力，此时地下室的外墙和底板应做防水处理。通常采用卷材防水和混凝土自防水两类防水措施。

①卷材防水　分为外防水和内防水。当卷材防水层粘贴在结构外表面时称外防水；当卷材防水层粘贴在结构内表面时称内防水。外防水的防水层粘贴在迎水面上，防水效果好；内防水的防水层粘贴在背水面上，防水效果较差，但施工简单、便于修补，常用于修缮工程。

卷材外防水的具体做法是：在混凝土垫层上将油毡满铺整个地下室，在其上浇筑细石混凝土或水泥砂浆保护层，再浇筑钢筋混凝土底板。把由底板留出的油毡从底板包上来，沿墙身由下而上连续搭接、密封粘贴，在设计水位以上 500 mm 处收头。在防水层外要砌半砖厚的保护墙，并沿保护墙长度方向每隔 5～8m 设一通高的垂直断缝。最后在保护墙外 500 mm 范围内回填灰土或炉渣。

水平防水层和垂直防水层在转角部位的交接处必须采用附加层加强，接头设置于转角以外位置避免交接处理不当导致渗漏。防水卷材由底板到墙体、由墙身到板顶的搭接接缝宜分别留在墙体上、顶板上。

②混凝土自防水　当地下室的墙采用混凝土或钢筋混凝土结构时，可连同底板采用防水混凝土，使承重、围护、防水功能三者合一。单就防水方面而言，混凝土自防水比设置卷材防水层造价要低，施工也较为方便。

防水混凝土墙和底板不能过薄，一般墙的厚度应在 250 mm 以上，板的厚度应在 250 mm 以上，否则影响防渗效果。为了防止地下水对混凝土的侵蚀，应在墙外侧抹水泥砂浆并涂刷沥青。

3.3.6 墙体

3.3.6.1 墙体的种类及构造要求

(1)墙体的种类

①按墙体在建筑物中的位置分

按墙体在建筑物中的位置分，有外墙、内墙、窗间墙、窗下墙、女儿墙等。外墙是指房屋四周用以分割室内外空间的围护构件；内墙是指位于房屋内部的用以分割室内空间的隔离构件；窗间墙是指窗与窗或窗与门之间的墙；窗洞下方的墙称为窗下墙；屋顶上高出屋面的墙称为女儿墙。

②按墙体方向分

按墙体方向分，有纵墙和横墙。纵墙是指与房屋长轴方向一致的墙；而横墙则是与房屋短轴方向一致的墙。外横墙习惯上称为山墙。

③按墙体受力情况分

墙体按受力情况可分为承重墙和非承重墙。承重墙是指承受上部结构传来荷载的墙；非承重墙是指不承受上部结构传来荷载的墙。非承重墙又可分为自承重墙、隔墙、填充墙和幕墙等。自承重墙仅承受自身荷载而不承受外来荷载；隔墙主要用作分隔内部空间而不承受外力；填充墙是用于框架结构中的墙体；悬挂骨架外部或楼板间的轻质外墙为幕墙。

④按墙体材料分

按墙体材料分，有砖墙、石墙、混凝土墙、砌块墙、板材墙等。

⑤按墙体构造方式分

按墙体构造方式分，有实体墙、空体墙和组合墙。实体墙是用一种材料所砌成的实心无孔洞的墙体；空体墙也叫空心墙，是用一种材料砌成的具有空腔的墙；组合墙是由两种及两种以上的材料组合而成的墙。墙的种类如图 3.7 所示。

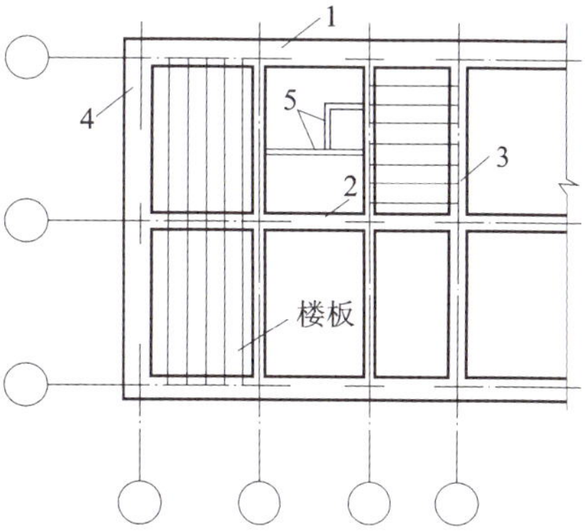

1—纵向承重外墙；2—纵向承重内墙；
3—横向承重内墙；
4—横向自承重外墙(山墙)；5—隔墙

图 3.7　墙的类型

(2)墙体的构造要求

①满足强度和稳定性要求。墙体的强度取决于砌体的材料，其厚度应按计算确定。墙的稳定性与墙的

长度、高度和厚度有关。

②满足热工、隔声、防火、防潮要求。

③满足减轻自重、降低造价、不断采用新材料和新工艺的要求。

墙体除以上基本要求外，对特殊建筑或房间还应满足特殊要求，如防火、防腐蚀、防射线等。

3.3.6.2 砖墙的类型、尺寸及组砌方式

(1)砖墙的类型

砖墙按构造分，有实心砖墙、空斗墙、空心砖墙和复合墙等几种类型。实心砖墙由普通黏土砖或其他实心砖按照一定的方式组砌而成。空斗墙是由实心砖侧砌或平砌与侧砌结合砌成，墙体内部形成较大的空洞。空心砖墙是由空心砖砌筑的墙体。复合墙是指由砖和其他高效保温材料组合形成的墙体。

(2)砖墙的尺寸

普通黏土砖的标准尺寸为 240 mm×115 mm×53 mm，是按长、宽、厚(均包括灰缝)之比为 4∶2∶1 的原则制定的。1 m^3 砌体需要砖 512 块。1 块砖长(240 mm)等于 2 块砖宽加 1 个灰缝(115 mm×2+10 mm)，或等于 4 块砖厚加 3 个灰缝(53 mm×4+9.5 mm×3)。

一般实心砖墙的尺寸按 1 块砖宽加 1 个灰缝(115 mm+10 mm=125 mm)的倍数确定。

①砖墙的厚度

砖墙的厚度一般以砖长为基数来命名，如一砖厚、半砖厚等。当灰缝宽按 10 mm 计算时，砖墙厚度尺寸见表 3.1。

表 3.1 砖墙厚度的尺寸

单位：mm

墙厚名称	1/4 砖	1/2 砖	3/4 砖	1 砖	$1\frac{1}{2}$砖	2 砖	$2\frac{1}{2}$砖
标志尺寸	60	120	180	240	370	490	620
制作尺寸	53	115	178	240	365	490	615

②砖墙的长度和洞口尺寸

砖墙的长度尺寸为以砖宽加灰缝为基数的倍数减去 1 个灰缝宽度。墙中出现洞口时，洞口长度尺寸为以砖宽加灰缝尺寸为基数的倍数加上 1 个灰缝宽度。

③砖墙的高度

砖墙的高度一般应通过结构计算确定。

(3)砖墙的组砌方式

砖墙的组砌方式是指砖在砌体中的排列方式。为使砖墙不出现连续的垂直通缝，提高墙体的稳定性，砖墙的组砌原则是内外搭接，上下错缝，其错缝距离不小于 60 mm。实心砖墙的砌式有全顺式、一顺一丁式、三顺一丁式、两平一侧式与梅花丁式。空斗墙常见的组砌方式有有眠空斗(一斗一眠、二斗一眠)墙与无眠空斗墙等。

3.3.6.3 砖墙的细部构造

(1)勒脚

勒脚是外墙外侧与室外地面接近的部位。勒脚经常受到地面水、檐口滴水的浸溅，同时容易受碰撞，如不采取措施加以防护，就会影响房屋的坚固性、耐久性和美观。常见的构造做法是在勒脚部位将墙体适当加厚或用石材砌筑，还可在外侧抹水泥砂浆、水刷石等面层，或贴天然石材。勒脚的高度一般距室外地坪 500 mm 以上或考虑造型的要求与窗台平齐，如图 3.8 所示。

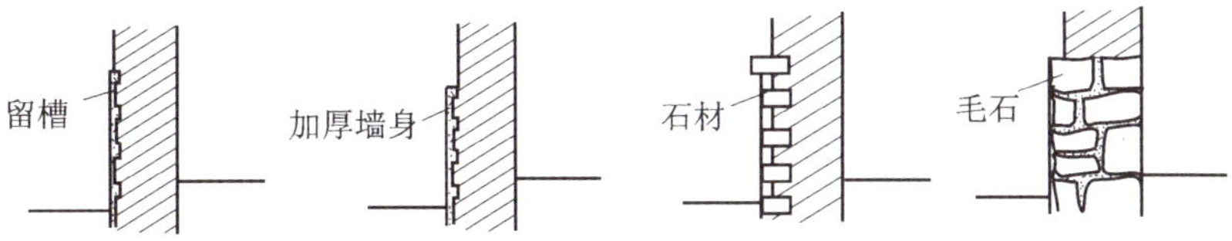

(a) (b) (c) (d)

图 3.8 勒脚构造

(a)抹水泥砂浆或水刷石;(b)加厚墙身并抹灰;(c)镶砌石材;(d)用石材砌筑

(2)散水与排水沟

在房屋的四周室外地面与勒脚相接处,将勒脚附近的地面水排走,须设散水或排水沟。

①散水

散水是将雨水散开到离房屋较远的室外地面上去,是自由排水的形式。散水的构造做法有砖散水、三合土散水、块石散水、混凝土散水、季节性冰冻地区散水等。散水的宽度一般为600~1000 mm,坡度为3%~5%,并应比屋顶檐口宽100~200 mm。

②排水沟

排水沟是将雨水集中排入下水道系统中去,属于有组织的排水形式。排水沟的构造做法有混凝土排水沟、砖砌排水沟、石砌排水沟等。

明沟的截面尺寸视当地雨量而定,一般宽度为150~200 mm,沟深100~300 mm,沟中心线距外墙边的距离与屋檐宽相等,沟底纵坡度为0.5%~1%。

(3)防潮层

为防止土壤中的水分由于毛细孔作用进入墙内,在墙中设置的连续防水层称墙身防潮层。防潮层的构造做法有防水砂浆防潮层、细石混凝土防潮层和油毡防潮层等。防潮层的位置与地面情况有关。当室内地面为实铺构造时,外墙防潮层的位置应设在室外地面以上、首层室内地面混凝土垫层的上下表面之间,一般在室内地面以下60 mm处。内墙两侧地面有高差时,防潮层应分别设在两侧地面以下60 mm处,并在两防潮层间墙靠土一侧加设垂直防潮层。当室内地面采用空铺式木地面时,外墙防潮层的位置应设在室外地面以上、木搁栅垫木之下。

(4)踢脚板及墙裙

①踢脚板

踢脚板是室内地面与墙面相交处的构造处理。踢脚板所用的材料一般与地面材料相同。踢脚板的作用是保护墙面,防止污染墙身。踢脚板的高度一般为100 mm左右。

②墙裙

墙裙是踢脚板的延伸,墙裙的高度为1200~1800 mm,一般建筑多采用水泥砂浆、水磨石或粘贴饰面砖等。

(5)窗台

窗台是窗洞下部的排水构造,它的作用是排除窗外侧流下的雨水和内侧的冷凝水。

外窗台面层应用不透水的材料,并应自窗向外倾斜。窗台外缘应挑出墙面60 mm左右。窗台底面外缘处应做滴水,即做成锐角或半圆凹槽,可使雨水在滴水外侧或滴水斜面边缘滴下而不至于污染外墙面。

内窗台可采用水泥砂浆抹面或预制水磨石及木窗台板等做法。内窗台台面应高于外窗台台面。窗台的构造做法如图3.9所示。

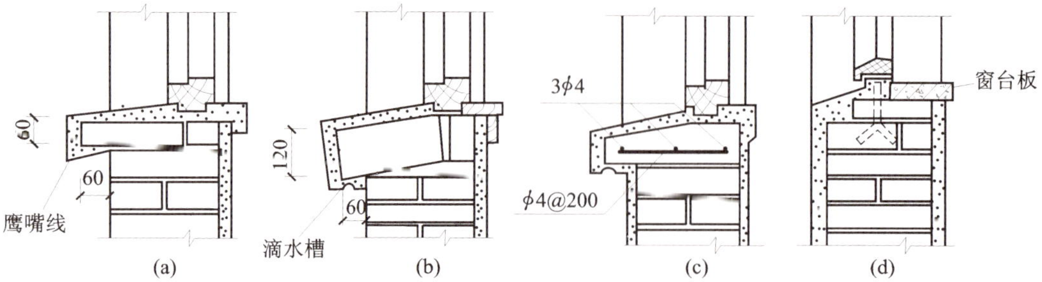

图 3.9　窗台的构造

(a)平砌砖窗台;(b)侧砌砖窗台;(c)混凝土窗台;(d)不悬挑窗台

(6)过梁

墙体上开设洞口时,洞口上部的横梁叫作过梁。过梁的作用是支撑洞口以上的砌体自重和梁、板传来的荷载,并把这些荷载传给洞口两侧的墙体。目前常用的过梁有砖过梁、钢筋砖过梁和钢筋混凝土过梁。

①砖过梁

砖过梁常见的有平拱砖过梁和弧形拱砖过梁两种。砖过梁不用钢筋、节约水泥,但施工麻烦,不宜用于上部有集中荷载、振动荷载较大、地基承载力不均匀的建筑和地震区建筑。

②钢筋砖过梁

钢筋砖过梁是用砖平砌,并在灰缝中加适量钢筋。钢筋砖过梁的跨度不应超过 1.5 m,砂浆强度等级不宜低于 M5.0。其做法是在第一皮砖下的砂浆层内放置钢筋,过梁的高度应经计算确定,一般不少于 5 皮砖,同时不小于洞口跨度的 1/5,钢筋的数量为 120 mm 墙厚不少于 1Φ5,钢筋每边伸入砌体支座内的长度不宜小于 240 mm。

③钢筋混凝土过梁

当洞口跨度超过 2 m,或荷载较大,或有可能产生不均匀沉降的房屋,应采用钢筋混凝土过梁。钢筋混凝土过梁有现浇钢筋混凝土过梁和预制钢筋混凝土过梁两种。

过梁的断面尺寸和配筋由计算确定。过梁的截面宽度与砖墙的厚度相适应,过梁的截面高度与砖皮数尺寸相配合,一般不小于 180 mm,过梁长度为洞口宽度加 500 mm。钢筋混凝土过梁的截面形状有矩形和 L 形两种,由于钢筋混凝土过梁的导热系数比砖砌体的导热系数大,过梁成为墙体中的热桥。在有保温要求的外墙中,为了减少热损失,应采用 L 形过梁。

(7)门垛

门垛的作用是保证墙体的承载力及稳定性。门垛还具有方便门窗框安装的作用。当在墙体转角处或在丁字墙交接处开设门窗洞口时,应设置门垛;当墙体承受集中荷载,强度不能满足要求时,或墙体长度和高度超过一定限度而影响墙身稳定性时,应在墙身适当位置设置壁柱,且壁柱凸出墙面尺寸应符合砖的规格,并根据结构计算。

(8)圈梁

圈梁是沿房屋外墙、内纵承重墙和部分横墙在墙内设置的连续封闭的梁。它的作用是加强房屋的空间刚度和整体性,防止由于地基不均匀沉降、振动荷载等引起的墙体开裂,提高建筑物的抗震能力。

①设置原则

a.砖砌体房屋,当檐口标高为 5～8 m 时,应在檐口标高处设置圈梁一道;檐口标高大于

8 m 时，应增加设置数量。

b. 砌块及料石砌体房屋，当檐口标高为 4～5 m 时，应在檐口标高处设置圈梁一道；檐口标高大于 5 m 时，应增加设置数量。

c. 对有吊车或较大振动设备的单层工业房屋，除檐口或窗顶标高处设置现浇钢筋混凝土圈梁外，尚应增加设置数量。

d. 多层砌体民用房屋，如宿舍、办公楼等，当层数为 3～4 层时，应在檐口标高处设置圈梁一道；当层数超过 4 层时，应在所有纵墙上隔层设置。

e. 多层砌体工业房屋，应每层设置现浇钢筋混凝土圈梁。

f. 建在软土地基上的砌体房屋，除按以上规定设置圈梁外，尚应符合标准《建筑地基基础设计规范》(GB 50007—2011)中的有关规定。

为防止地基的不均匀沉降，以设置在基础顶面和檐口部位的圈梁最为有效。当房屋中部沉降比两端大时，位于基础顶面的圈梁作用较大。当房屋两端沉降较中部大时，位于檐口部位的圈梁作用较大。

②圈梁的构造

a. 圈梁宜连续地设在同一水平面上并应封闭。当圈梁被门窗洞口截断时，应在洞口上方增设截面相同的附加圈梁。

b. 纵横墙交接处的圈梁应有可靠的连接。

c. 钢筋混凝土圈梁的宽度宜与墙厚相同，当墙厚 $h>240$ mm 时，圈梁宽度不宜小于 $\frac{2}{3}h$，圈梁高度不应小于 120 mm。纵向钢筋不应少于 $4\phi10$，绑扎接头的搭接长度按受拉钢筋考虑，箍筋间距不宜大于 300 mm。

d. 当圈梁兼作过梁时，过梁部分的钢筋应按计算单独配置。

e. 采用现浇钢筋混凝土楼(屋)盖的多层砌体结构房屋，当层数超过 5 层时，除在檐口标高处设置一道圈梁外，可隔层设置圈梁，并与楼(屋)面板一起现浇。未设置圈梁的楼面板嵌入墙内的长度不应小于 120 mm，并沿墙长配置不少于 $2\phi10$ 的纵向钢筋。

(9)构造柱

构造柱是指夹在墙体中沿高度设置的钢筋混凝土小柱。砌体结构设置构造柱后，可增强房屋的整体工作性能，提高墙体抵抗变形的能力，并使墙体在受震开裂后能裂而不倒。

①构造柱的设置

a. 构造柱设置部位，一般情况下应符合表 3.2 的要求。

表 3.2 砖房构造柱设置要求

<table>
<tr><th colspan="4">不同抗震烈度的房屋层数</th><th colspan="2" rowspan="2">设置部位</th></tr>
<tr><th>6 度</th><th>7 度</th><th>8 度</th><th>9 度</th></tr>
<tr><td>四、五</td><td>三、四</td><td>二、三</td><td></td><td rowspan="3">外墙四角；错层部位横墙与外纵墙交界处；大房间内外墙交接处；较大洞口两侧</td><td>7、8 度时，楼梯、电梯间的四角；隔 15 m 或单元横墙与外纵墙交接处</td></tr>
<tr><td>六、七</td><td>五</td><td>四</td><td>三</td><td>隔开间横墙(轴线)与外墙交接处，山墙与内纵墙交接处；7～9 度时，楼梯、电梯间的四角</td></tr>
<tr><td>八</td><td>六、七</td><td>五、六</td><td>三、四</td><td>内墙(轴线)与外墙交接处，内墙的局部较小墙垛处；7～9 度时，楼梯、电梯间的四角；9 度时内纵墙与横墙(轴线)交接处</td></tr>
</table>

b. 外廊式和单面走廊的多层房屋，应根据房屋增加一层后的层数，按表 3.2 的要求设置构造柱。单面走廊两侧的纵墙均应按外墙处理。

c. 教学楼、医院等横墙较少的房屋，应根据房屋增加一层后的层数，按表 3.2 的要求设置构造柱。当教学楼、医院等横墙较少的房屋为外廊式或单面走廊式时，应按要求设置构造柱，但 6 度不超过四层、7 度不超过三层和 8 度不超过两层时，应按 b 增加两层后的层数对待。

②构造柱的截面尺寸及配筋

构造柱最小截面可采用 240 mm×180 mm，纵向钢筋宜采用 4ϕ12，箍筋间距不宜大于 250 mm，且在柱上、下端宜适当加密；7 度时超过六层、8 度时超过五层和 9 度时，构造柱纵向钢筋宜采用 4ϕ14，箍筋间距不应大于 200 mm；房屋四角的构造柱可适当加大截面及配筋。

③构造柱的连接

a. 构造柱与墙连接处应砌成马牙槎，并应沿墙高每隔 500 mm 设 2ϕ6 拉结钢筋，每边伸入墙内不宜小于 1000 mm。

b. 构造柱与圈梁连接处，构造柱的纵筋应穿过圈梁，保证构造柱纵筋上下贯通。

c. 构造柱可不单独设置基础，但应伸入室外地面下 500 mm，或与埋深小于 500 mm 的基础圈梁相连。

(10)变形缝

房屋受到外界各种因素的影响，会产生变形、开裂，甚至破坏。为防止房屋破坏，常将房屋分成几个独立变形的部分，使各部分能独立变形，互不影响，各部分之间的缝隙称为变形缝。

变形缝包括伸缩缝、沉降缝和防震缝。伸缩缝是防止因温度影响而产生破坏的变形缝。沉降缝是防止因荷载差异、结构类型差异、地基承载力差异等，导致房屋不均匀沉降而破坏的变形缝。防震缝是防止因地震作用导致房屋破坏的变形缝。变形缝的设置原则应符合国家规范的规定。

①伸缩缝

伸缩缝的设置应从基础的顶面开始，墙体、楼地层、屋顶均应设置。伸缩缝的间距与结构类型和对结构的约束有关。伸缩缝的宽度为 20～40 mm，墙体在伸缩缝处断开。为避免风、雨对室内的影响和避免伸缩缝过多传热，伸缩缝可砌成错口式或企口式，如图 3.10 所示。缝内填充沥青麻丝或玻璃棉毡等有弹性的纤维保温材料，以使缝在因温度变化而伸缩时仍能填充缝隙。缝的外墙面上用铁皮、镀锌薄钢板、彩色薄钢板、铝皮等覆盖，内墙面用木制盖缝条或有一定装饰效果的金属调节盖板来装修。

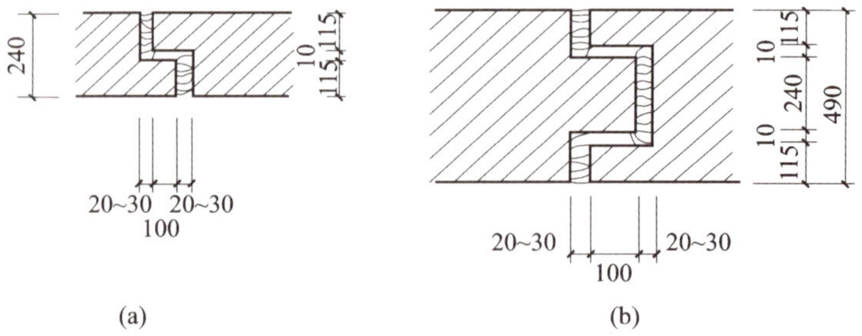

图 3.10 墙体伸缩缝的缝型

(a)错口式；(b)企口式

②沉降缝

沉降缝是在房屋适当位置设置的垂直缝隙，把房屋划分为若干个刚度一致的单元，使相邻单元可以自由沉降而不影响房屋整体。沉降缝应包括基础在内，从屋顶到基础全部构件均须分开。沉降缝可以兼起伸缩缝的作用，但伸缩缝不能代替沉降缝。沉降缝的宽度随地基情况和建筑物的高度而不同，地基越软弱，建筑物越高，缝宽越大。沉降缝的构造与伸缩缝的构造基本相同，由于沉降缝要保证缝两侧的墙体能自由沉降，所以盖缝的金属调节片必须保证在水平方向和垂直方向均能自由变形。墙体沉降缝构造如图 3.11 所示。

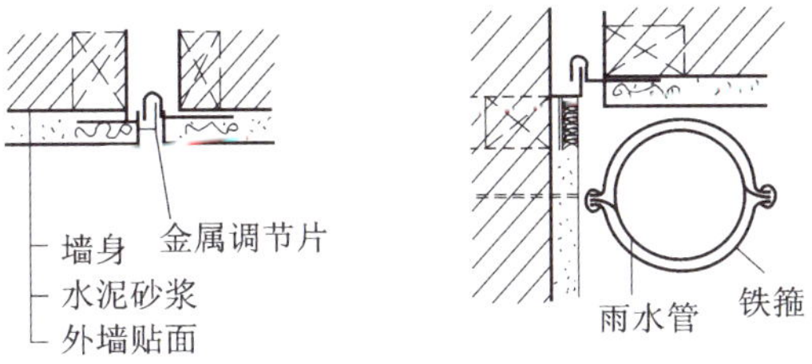

图 3.11 墙体沉降缝的构造

③防震缝

防震缝应沿房屋基础顶面以上全部结构布置，缝的两侧均应设置墙体，基础因埋在土中可不设缝。防震缝宽可采用 50～100 mm。地震设防地区房屋的伸缩缝和沉降缝应符合防震缝的要求。防震缝构造要求与伸缩缝相似。

3.3.6.4 隔墙

隔墙是把房屋内部分割成若干房间或空间的墙。隔墙是不承重墙体。对隔墙的要求是质量轻、厚度小、隔声且耐火、耐湿、便于拆装等。

隔墙按构造方式可分为块材式隔墙、立筋式隔墙和板材式隔墙三种。

(1)块材式隔墙

块材式隔墙是指用普通砖、空心砖、加气混凝土砌块等块材砌筑的墙。

砌筑砂浆的强度等级一般不低于 M2.5。半砖隔墙的高度大于 3 m、长度大于 5 m 时，须采取加固措施。即沿高度方向每隔 10～15 皮砖放Φ6 钢筋 1～2 根，并使其与承重墙拉结。在隔墙顶部与楼板相接处，用立砖斜砌，或留出 30 mm 的缝隙并抹灰封口。隔墙上设门时，须用预埋铁件或木砖将门框拉结牢固。

(2)立筋式隔墙

立筋式隔墙也称为立柱式、龙骨式隔墙，它是以木材、钢材或其他材料构成骨架，把面层钉结、涂抹或粘贴在骨架上形成的隔墙。面层有抹灰面层和人造板面层。常用的骨架有木骨架、型钢骨架、轻钢骨架、铝合金骨架和石膏骨架。

3.3.6.5 墙面装修

墙面装修是指墙体工程完工之后，为满足使用功能、耐久性及美观等要求，在墙面做的修饰层。

(1)墙面装修的作用和分类

墙面装修的作用是保护墙体、改善墙的物理性能和使房屋美观。

墙面装修按其所处的部位不同可分为室外装修和室内装修两类。墙面装修按所用的材料和施工方法不同可分为抹灰、贴面、涂刷、裱糊和铺钉五类。

(2)墙面装修的构造

①抹灰类

抹灰类墙面是指用石灰砂浆、水泥砂浆、水泥石灰砂浆、聚合物水泥砂浆、膨胀珍珠岩水泥砂浆,以及麻刀灰、纸浆灰、石膏灰等作为饰面层的装修做法。标准较高的抹灰分为底层、中层、面层。一般标准的装修由底层和面层构成。底层抹灰的作用是与墙体表面黏结和初步找平;中层抹灰的作用是进一步找平和弥补底层砂浆的干缩裂缝;面层抹灰的作用是装饰,故应平整、均匀。

②涂刷类

涂刷类墙面是指利用各种涂料涂敷于基层表面,形成完整牢固的膜层,起到保护墙体和美化外观的一种饰面做法。

涂刷类装饰的材料一般是外墙用水泥浆、溶剂型涂料、乳液涂料、硅酸盐无机涂料等,内墙用石灰浆、大白浆、可赛银、乳胶漆、油漆和水溶性涂料等。

③贴面类

贴面类墙面是指利用各种天然石材或人造板、块,通过绑挂或直接粘贴于基层表面的饰面做法。常用的贴面材料有大理石板、花岗岩板、水磨石板、瓷砖、面砖等。

④裱糊类

裱糊类墙面是将各种装饰性墙纸、墙布等裱糊在墙上的一种饰面做法。常用的裱糊材料有塑料壁纸、织物壁纸、无纺贴壁纸、玻璃纤维壁布等。

⑤铺钉类

铺钉类墙面是指利用天然板条或各种人造薄板,借助于钉、胶粘等固定方式对墙面进行的饰面做法。铺钉类墙面装修的材料有木板、塑料饰面板、富丽板、镜面板、不锈钢板等。铺钉类墙面装饰的做法是先在墙面上干铺油毡一层,再钉木骨架,将面板钉在或粘贴在骨架上。

3.4　楼板层与地面构造

楼板层包括楼板、顶棚和面层三部分,地面包括底层地面和楼层地面。

3.4.1　楼板

楼板将房屋沿垂直方向分隔为若干层,将楼层的使用荷载及其自重通过楼板传递给墙或柱等构件,然后再传给基础,所以楼板必须有足够的强度和刚度。

楼板按使用的材料不同分为木楼板、砖拱楼板、钢筋混凝土楼板和钢楼板等。目前广泛使用的楼板是钢筋混凝土楼板。

钢筋混凝土楼板按施工方法分为现浇钢筋混凝土楼板和预制钢筋混凝土楼板两种。现浇钢筋混凝土楼板是指在施工现场架设模板、绑扎钢筋和浇筑混凝土,经养护达到一定强度后拆除模板而成的楼板。这种楼板的施工工序多,劳动强度大。它的优点是楼板整体性、耐久性、抗震性好,刚度大。

3.4.1.1　现浇钢筋混凝土楼板

常用的现浇钢筋混凝土楼板按结构类型分为板式楼板、梁板式楼板和无梁楼板三种。

(1)板式楼板

当承重墙的间距不大时,将楼板的两端直接支撑在墙体上,而不设梁和柱。受力和传力途径:楼板上的荷载→楼板→墙体。优点:楼板底面平整,施工方便,建筑物净高与层高差异小。它适用于墙体承重建筑中跨度较小的房间和走廊,如居住建筑中的走廊、厨房、厕所等。

(2)梁板式楼板

当房间的跨度较大,楼板承受的弯矩也较大时,如仍采用平板式楼板必然要加大板的厚度和增加板内所配置的钢筋。此时,可在楼板下设梁来增加板的支点,从而减小板跨。这种由板和梁组成的楼板称为梁板式楼板。

梁板式楼板一般由板、次梁、主梁组成。板支承在次梁上,次梁支承在主梁上,主梁支承在墙或柱上,次梁的间距即为板的跨度,如图 3.12 所示。当房间的形状近似方形时,可采用井式楼板。井式楼板是梁板式楼板的特殊形式,即主梁与次梁的截面相等。受力和传力途径:楼板上的荷载→板→梁→墙体或柱。优点:减小大尺寸房间楼板的跨度,使楼板结构受力和传力更加合理。

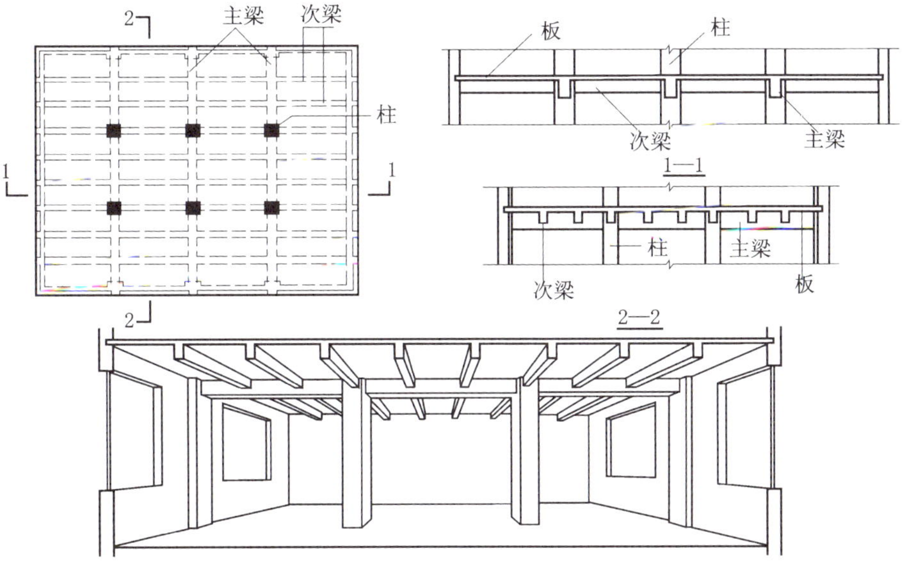

图 3.12 梁板式楼板

(3)无梁楼板

无梁楼板是将板直接支承在墙或柱上而不设梁的楼板。为减小板在柱顶处的剪力,常以柱顶加柱帽和托板等形式来增大柱的支承面积。

(4)钢衬板组合楼板

钢衬板组合楼板是利用凹凸相间的压型薄钢板做衬板,与混凝土现浇筑在一起支承在钢梁上构成的整体型楼板。优点:由于压型钢板既可作为现浇混凝土的永久性模板,同时板上的肋条也能与混凝土共同工作,可简化施工程序,加快施工速度,而且刚度大、整体性好,还方便敷设电力或通信管线。适用于需有较大空间的高、多层建筑及大跨度工业厂房中。钢衬板组合楼板由钢梁、压型钢板和现浇混凝土三部分组成。钢衬板之间、钢衬板与钢梁之间的连接,通常采用焊接、自攻螺栓连接、膨胀铆钉固接和压边咬接等方式。

3.4.1.2 装配式钢筋混凝土楼板

预制装配式钢筋混凝土楼板的板和梁是在工厂或现场预制而成的，然后用人工或机械安装到房屋上去。这种楼板可以节省模板，改善工人的劳动条件，减少施工现场作业，并加快施工进度，但整体性较差，并需一定的起重安装设备。

预制钢筋混凝土楼板按结构的应力状况，可分为普通钢筋混凝土楼板和预应力钢筋混凝土楼板两种。与非预应力构件相比，预应力构件具有较高的抗裂强度和刚度，并可节约钢材30%～50%，节约混凝土10%～30%，使自重减轻、造价降低。

预制钢筋混凝土楼板的类型有实心平板、槽形板和空心板等。

3.4.1.3 装配整体式钢筋混凝土楼板

装配整体式钢筋混凝土楼板是一种预制装配和现浇相结合的楼板类型，是将楼板中的部分构件预制，然后在现场安装，再以整体浇筑其余部分的方法连接而成的楼板。它兼有现浇楼板及装配式楼板的优点。

常用的装配式楼板有叠合楼板和密肋填充块楼板两种。

(1)叠合楼板

在预制板吊装就位后，再现浇一层钢筋混凝土与预制板结合成整体，称为叠合式楼板。预制板部分通常采用预应力或非预应力薄板，其表面通常做刻槽处理或露出较规则的三角形结合钢筋，适用于住宅、宾馆、学校、办公楼、医院等建筑。

(2)密肋填充块楼板

密肋填充块楼板的密肋有现浇和预制两种。前者是在填充块之间现浇密肋小梁和面板，其填充块有空心砖、轻质块或玻璃钢壳等；后者的密肋常见的有预制倒T形小梁、带骨架心板等。这种板充分利用不同材料的性能，适用于不同跨度和不规则的平面，并有利于节约模板。

3.4.2 顶棚构造

顶棚也称天棚、天花板。在单层房屋中，顶棚位于屋顶承重结构层的下面；在多层和高层房屋中，顶棚除位于屋顶承重结构下面外，还位于各层楼板的下面。顶棚按构造方式不同分为直接式顶棚和悬吊式顶棚两种类型。

(1)直接式顶棚

直接式顶棚是指在楼板下做装饰面层的顶棚。顶棚表面应光洁，有较好的反光性，以改善室内的照度。直接式顶棚构造简单，施工方便，造价较低。

顶棚抹灰的做法是：将楼板底面的缝隙用水泥砂浆嵌平，用水泥砂浆抹底层，用水泥石灰砂浆或纸筋石灰浆罩面。如果楼板采用整间预制大楼板时，因底面平整、没有缝隙，可不抹灰，而直接在板底上喷浆。

(2)悬吊式顶棚

一些房间或走廊有较高的隔声要求或视觉要求，要求顶棚底面平整，或者沿楼板底面敷设管道、电线，这些管线又不宜外露时，可以做悬吊式顶棚，也称吊顶。

吊顶由龙骨和面板组成。龙骨用来固定面板并承受荷载，它由主龙骨和次龙骨组成。主龙骨一般单向布置并通过吊筋与楼板连接，多采用轻钢龙骨和铝合金龙骨，按其截面形状可以分为V形、T形、H形龙骨；次龙骨固定在主龙骨上。面板可直接搁置在龙骨上，或用自攻螺丝固定在龙骨上。面板材料有胶合板、纤维板、刨花板、石膏板、膨胀珍珠岩装饰吸声板、铝合金吊板、不锈钢吊板、埃特板等。图 3.13 所示为 T 形金属龙骨吊顶构造。

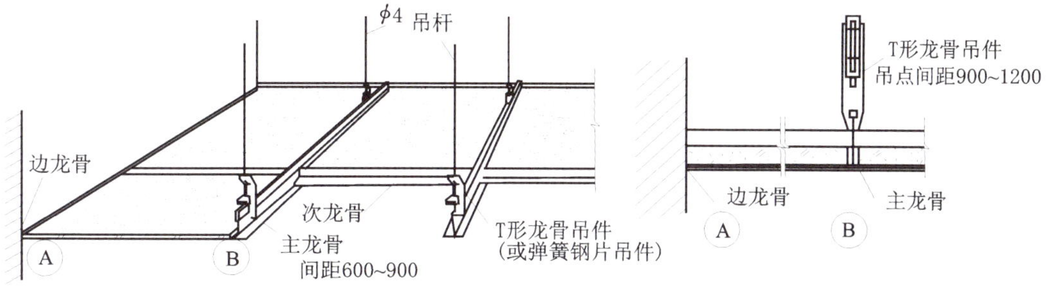

图 3.13　T 形金属龙骨吊顶构造

近几年，开敞式顶棚也颇为流行，顶棚面板不完全封闭，具有既遮又透的感觉，减少了吊顶的压抑感。

3.4.3　楼地面构造

人们在房屋内要和地面直接接触，所以对地面质量的好坏、材料选择和构造处理是否合理应特别重视。对地面的性能要求有坚固、隔热、隔声、防水、防潮、耐磨等。

3.4.3.1　地面的组成

底层地面的基本构造层次为面层、垫层和地基。楼层地面的基本构造层次为面层和楼板。有特殊要求的地面要增设构造层，如结合层、找平层、防水层、防潮层、保温（隔热）层、隔声层等。地面组成如图 3.14 所示。

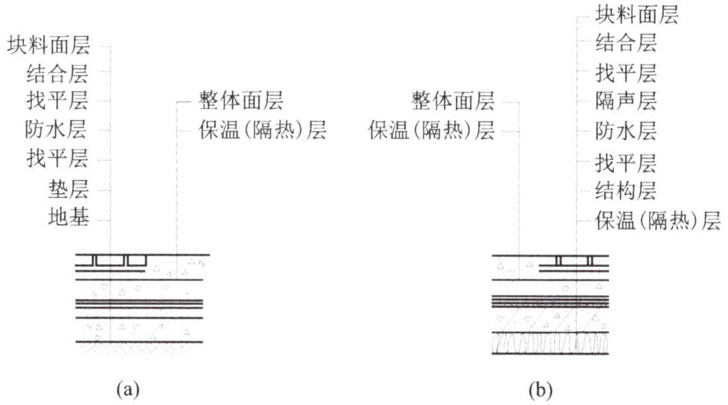

图 3.14　地面组成示意图

（a）底层地面组成；（b）楼层地面组成

（1）面层

地面的名称是按面层材料确定的。面层按材料和施工方法不同，可分为整体面层、块料面层、木地面、卷材类地面等。

整体面层有水泥砂浆面层、细石混凝土面层、水磨石面层等。块料面层有瓷砖、缸砖、大理石、花岗岩等。木地面是由木板铺钉或黏合而成的地面。卷材类地面是用成卷的铺材铺贴而成，如塑料地毯、橡胶地毯以及其他各式地毯等。

(2)结合层

结合层是块料层与下层的结合体，用来固定块料面层或垫砌面层。结合层按材料分，有胶凝材料和松散材料两大类。胶凝材料有黏结剂、水泥砂浆、沥青等；松散材料有砂、炉渣等。

(3)找平层

找平层是在垫层或楼板上起找平作用的构造层，用于上层对下层有平整要求的地面。找平层常用 1∶3 水泥砂浆来找平。

(4)防水层

防水层一般是防止地面上的液体透过面层，防止地下水通过地面渗入室内的构造层。常用沥青粘贴一层或几层卷材构成，也可用防水涂料或防水砂浆构成。

(5)防潮层

防潮层是防止地基中所含水分因毛细作用透过地面的构造层。

(6)保温(隔热)层

保温(隔热)层用于下层房间有温差的楼层地面或保温地面。

(7)隔声层

隔声层是隔绝楼层地面撞击声的构造层。

(8)垫层

垫层是承受面层传来的地面荷载并传给基层的构造层，分为刚性和柔性两种。刚性垫层有足够的强度，如混凝土垫层、碎砖三合土垫层等；柔性垫层由松散的材料组成，如砂、碎石等。

3.4.3.2 地面的构造

(1)常用地面构造

①水泥砂浆地面　水泥砂浆地面构造简单，强度高，耐磨、防水性好，但热工性能较差。水泥砂浆地面做法如图 3.15 所示。

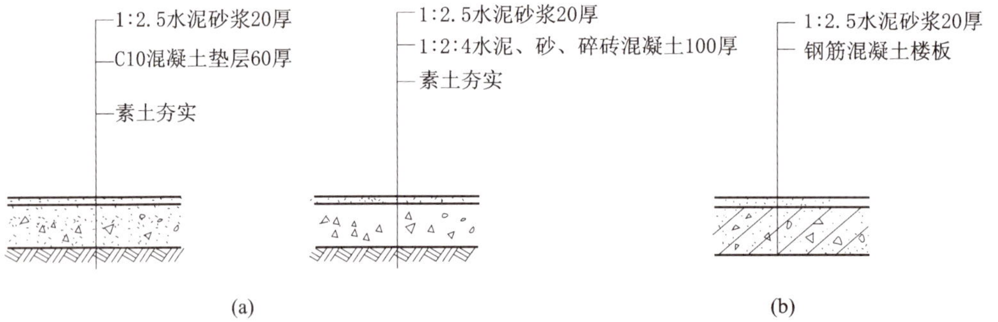

图 3.15　水泥砂浆地面

(a)底层地面组成；(b)楼层地面组成

②现浇水磨石地面　面层用大理石等中等硬度石料的石屑与水泥拌和，浇抹硬结后经磨光而成。水磨石地面具有耐磨、耐久、耐腐蚀和不渗水等特点，它磨光打蜡后具有与天然石材相似的光滑度，不易染尘，易于清洁。现浇水磨石地面构造做法如图 3.16 所示。

③缸砖、陶瓷锦砖、大理石、花岗岩地面砖地面　用缸砖、陶瓷锦砖、大理石、花岗岩等铺设的块材地面是指在基层上找平，在洒水润湿的基层上刷素水泥浆一道，并用 15～20 mm 厚 1∶2～1∶4 干硬性水泥砂浆铺平拍实，砖块间灰缝宽度约为 3 mm。

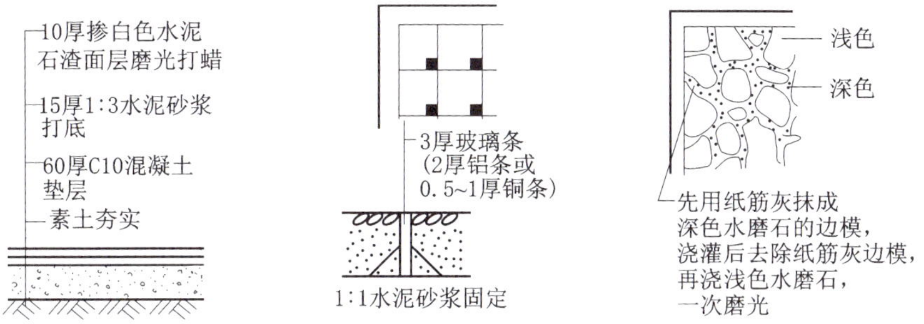

图 3.16 水磨石地面

④半硬质塑料地面 半硬质塑料地面是在其塑料板背面、地面找平层表面满涂黏合剂，待不黏手时粘贴，养护 24 h。塑料地面具有耐磨、绝缘性好、吸水性小和一定的弹性等特点，但塑料地面容易因老化而失去光泽。

⑤木地面 木地面常用的构造方式有实铺式、空铺式和粘贴式三种。实铺地面是在结构层上设置木龙骨，在木龙骨上钉木地板的地面。木龙骨断面一般为 50 mm×50 mm，每隔 800 mm 左右设横撑一道。木地面有单层和双层两种做法。双层木地面是用 20 mm 厚的普通木板与龙骨成 45°方向铺钉，面层用硬木拼花地板。粘贴式木地面是采用石油沥青、环氧树脂、聚氨酯、聚醋酸乙烯等胶结材料将木地板粘贴在找平层上。为了防潮，可在找平层上涂热沥青一道。

⑥涂料地面 涂料地面是为了改善水泥地面和混凝土地面易开裂、易起尘、不美观等使用上和装饰上的不足而对地面用涂料进行涂刷、涂刮等表面处理的一种地面。

传统的地面涂料，如地板漆等，与水泥地面黏结性差，易磨损、易脱落，现已逐渐被人工合成的高分子材料所代替。

常见的涂料包括水乳型、水溶型和溶剂型涂料。这些涂料与水泥地面黏结力强，具有耐磨、耐酸、耐碱、抗冲力、防水、无毒、施工方便、价格低廉等优点，适合于一般建筑水泥地面的装修。

(2)地面变形构造

地面变形缝一般对应于建筑的变形缝部位设置。整体面层地面和刚性垫层地面在变形缝中填充沥青玛瑞脂或加盖金属板、塑料板等。对沥青类材料的整体面层地面、块料面层地面，可以只在混凝土垫层或楼板中设变形缝。铺在柔性垫层上的块料面层地面可不设变形缝。

(3)踢脚板构造

地面与墙面交接处的垂直部位，在构造上通常按地面的延伸部分来处理，这一部分被称为踢脚线，也称踢脚板。踢脚板具有保护墙面，防止墙面因受外界的碰撞而损坏，或在清洗地面时，起到防止污染墙面的作用。

3.4.4 雨篷

雨篷是房屋入口处遮雨、保护外门的构件。雨篷常做成悬挑式，悬挑长度一般为 1～1.5 m。为防止倾覆，把雨篷板与入口处过梁浇筑在一起。雨篷的排水口可以设在前面或两侧。雨篷上表面应用防水砂浆向排水口做 1%的坡度，以便排除雨篷上的雨水。

3.5 楼梯及阳台构造

在房屋中，楼梯、电梯、自动扶梯、坡道是联系上下各层的垂直交通设施。对于同一层地面有高差或室内外有高差时，要设置台阶联系同一层中不同标高的地面，台阶也是楼梯的一种特殊形式。

3.5.1 楼梯的组成

楼梯一般由楼梯梯段、平台和中间平台、栏杆或栏板三部分组成，如图 3.17 所示。

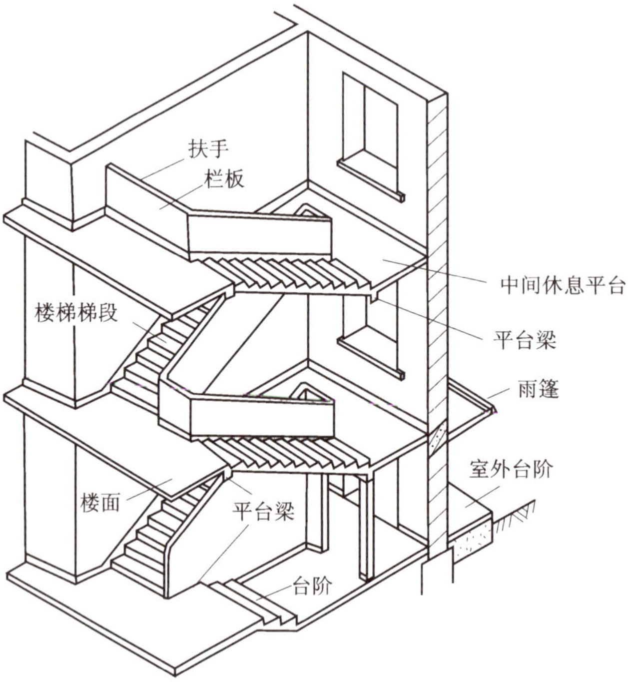

图 3.17 楼梯的组成

3.5.1.1 楼梯梯段

楼梯梯段由踏步组成。踏步的水平面称为踏面；踏步的垂直面称为踢面。当人们连续上楼梯时易疲劳，每个楼梯梯段的踏步数量一般不超过 18 级。考虑到人们行走时的习惯，楼梯梯段的踏步数也不应少于 3 级。

3.5.1.2 平台和中间平台

平台是指连接楼地面与楼梯梯段端部的水平构件，也称为楼层平台。平台面标高与该层楼面标高相同。中间平台是位于两层楼地面之间连接梯段的水平构件，也称为中间休息平台，其主要作用是减少疲劳，转换梯段方向。

3.5.1.3 栏杆或栏板

为保证人们在楼梯上行走的安全，在楼梯梯段及平台边缘处应安装栏杆或栏板，在栏杆或栏板的上部设置扶手。扶手也可附设于墙上，称为靠墙扶手。

3.5.2 钢筋混凝土楼梯

钢筋混凝土楼梯具有强度高、刚度大、耐久、耐火等特性，并且在施工、造型和造价等方面有较多的优点，所以被广泛采用。

钢筋混凝土楼梯按不同的施工方法分为现浇钢筋混凝土楼梯和预制装配式钢筋混凝土楼梯两种。

3.5.2.1 现浇钢筋混凝土楼梯

现浇钢筋混凝土楼梯，按楼梯梯段的传力特点分为板式楼梯和梁板式楼梯两种，如图3.18所示。

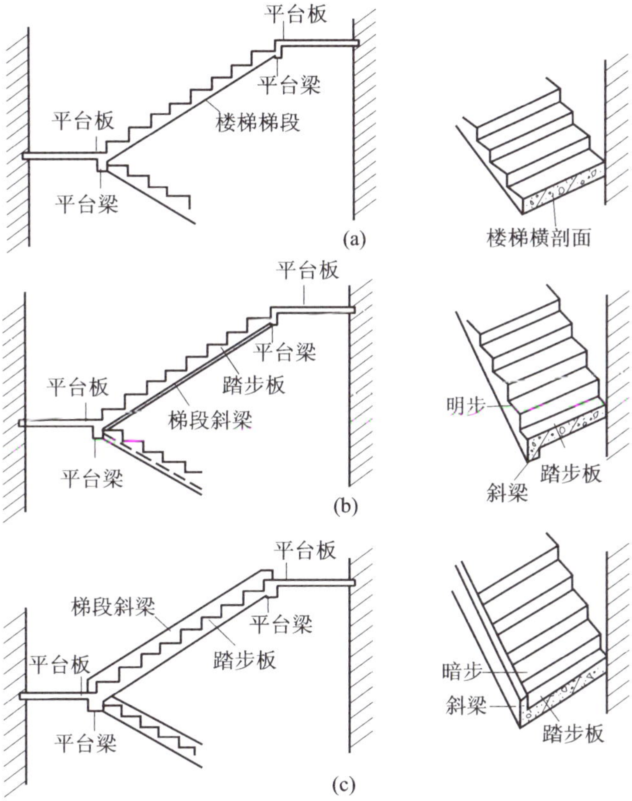

图 3.18 板式楼梯和梁板式楼梯

(a)板式楼梯；(b)梁板式楼梯梁在下面；(c)梁板式楼梯梁在上面

(1)板式楼梯

板式楼梯是将楼梯梯段搁置在平台梁上，楼梯梯段相当于一块斜放的板，平台梁之间的距离即为板的跨度，如图3.18(a)所示。板式楼梯结构简单、底面平整、施工方便，但自重较大，耗用材料多，适用于楼梯梯段跨度及荷载较小的楼梯。梯段的传力途径：梯段板上的全部荷载→梯段板→两端的平台梁→墙或梁或柱→基础。

(2)梁板式楼梯

梁板式楼梯是指楼梯梯段由板与梁组成，板承受荷载后传给梯段斜梁，再由梯段斜梁把荷载传给平台梁。楼梯梯段梁间的距离即为板的跨度。根据楼梯梯段梁的位置不同，有明步和暗步两种。明步楼梯是将斜梁设置在踏步板之下，如图 3.18(b)所示。暗步楼梯是指斜梁和踏步板的下表面取平，如图 3.18(c)所示。梁板式楼梯受力合理，比较经济，适用于各种长度的楼梯。

3.5.2.2　预制装配式钢筋混凝土楼梯

预制装配式钢筋混凝土楼梯是将组成楼梯的各种构件在预制厂或施工现场进行预制，再在现场进行安装。

预制装配式钢筋混凝土楼梯按楼梯构件的合并程度分为小型构件装配式、中型构件装配式和大型构件装配式楼梯。

(1)小型构件装配式楼梯

小型构件装配式楼梯是将各组成部分划分为若干构件，分别预制，然后进行装配。小型构件装配式楼梯按构造方式不同有梁承式、墙承式和悬挑式三种。

①梁承式楼梯　由斜梁和踏步构成楼梯梯段，由平台梁和平台板构成平台。踏步搁置在斜梁上面，斜梁搁置在平台梁上，平台梁搁置在楼梯间的墙上，平台板搁置在平台梁上或楼梯间的纵墙和横墙上。

预制踏步可以做成一字形、L 形和三角形；斜梁可以做成矩形、L 形和锯齿形。

②墙承式楼梯　是把预制踏步板搁置在两道墙上，构成楼梯梯段。从受力上讲，踏步简支在墙体上。

③悬挑式楼梯　是将 L 形或一字形踏步板的一端砌在楼梯间的侧墙内，另一端悬挑，并安装栏杆。由于悬挑式楼梯抗震性能较差，在地震区不可采用。

(2)大中型预制装配式楼梯

大中型预制装配式楼梯是将整个楼梯梯段做成一个构件，平台梁和平台板合为一个构件，由预制厂生产并在施工现场组装而成。大中型预制装配式楼梯的楼梯梯段按其构造形式分为板式和梁板式两种类型。

3.5.3　楼梯的细部构造

3.5.3.1　踏步面层

楼梯踏步面层应耐磨、光滑、美观、便于清洁。踏步面层的材料常与门厅或走廊的楼地面材料一致。常用的面层材料有水泥砂浆面层、水磨石面层、缸砖面层、大理石或人造石面层。

3.5.3.2　踏口处理

踏步表面光滑，容易让人滑倒，故踏步应有防滑措施。一般楼梯常在与踢面接近的踏面边缘(称为踏口)设置防滑条或防滑槽。防滑条要求高出面层 3～6 mm，宽 10～20 mm。防滑条的材料有水泥铁屑、水泥金刚砂、马赛克及铜条、铝条等。

3.5.3.3　栏杆和栏板

栏杆或栏板是楼梯的安全设施，设置在楼梯或平台临空的一侧。

栏杆多用方钢、圆钢、扁钢等型材焊接成各种图案，既起防护作用又有装饰效果。栏杆高度不小于 0.9 m，一般为 1.0～1.1 m 高。垂直栏杆的净距离不应大于 110 mm，栏杆的构造如图 3.19 所示。

栏板是不透空构件，常用砖砌筑，还可用预制或现浇钢筋混凝土板做成。

楼梯与栏杆的连接方式是：在所需部位预埋铁件或预留孔洞，将栏杆焊在楼梯梯段的预埋铁件上或插入楼梯梯段的预留孔洞内，然后用细石混凝土固定，如图 3.20 所示。

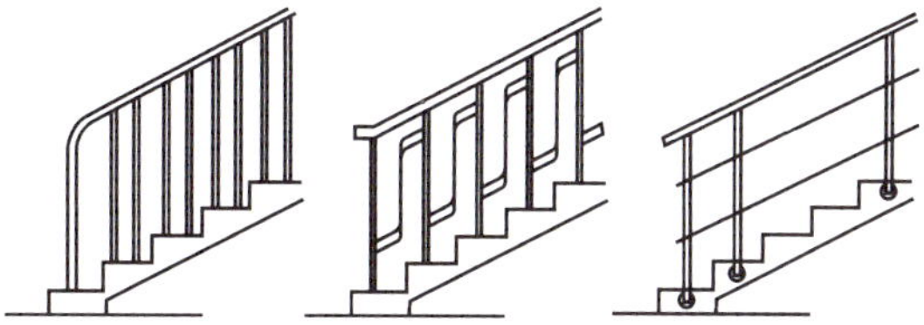

图 3.19　金属栏杆

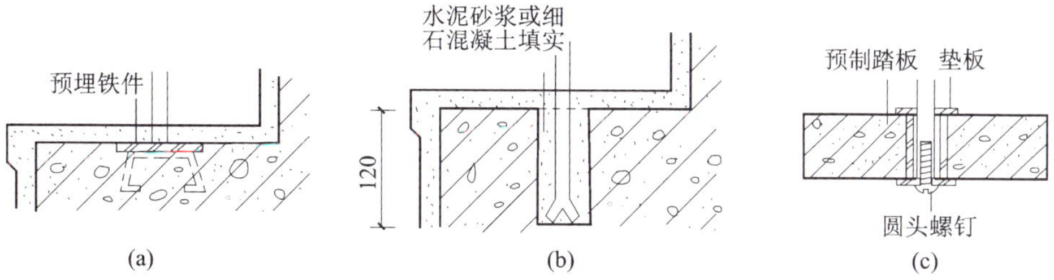

图 3.20　栏杆与梯段的连接

(a)预埋铁件焊接;(b)预留孔洞插接;(c)螺栓连接

3.5.3.4　扶手

栏杆或栏板的上部都要设扶手。扶手可用硬木制作或采用钢管、塑料制品,在栏板上缘抹水泥砂浆或做成水磨石等,如图 3.21 所示。

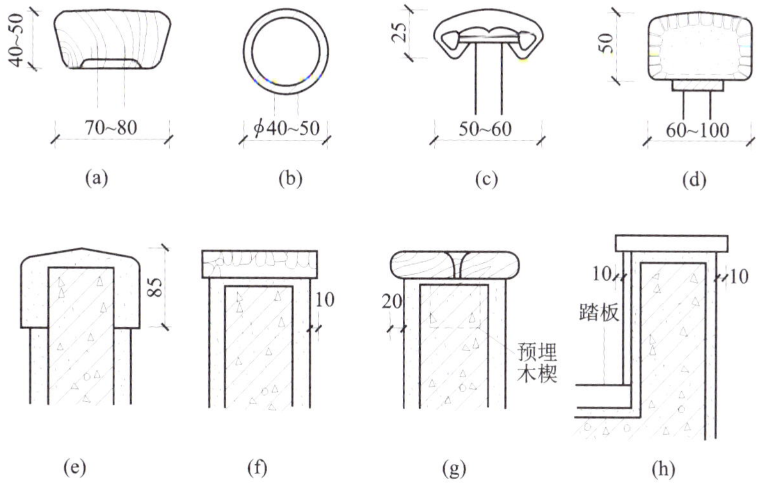

图 3.21　栏板扶手

(a)木扶手;(b)金属管扶手;(c)聚氯乙烯扶手;(d)水磨石扶手;(e)水泥砂浆或水磨石扶手;
(f)水磨石预制板扶手;(g)木板扶手;(h)水磨石预制板或大理石贴面

3.5.4　台阶与坡道

台阶与坡道是建筑物出入口处连接室内外不同标高地面的构造。当有车辆通行或室内外高差较小时应采用坡道,或将台阶和坡道组合在一起。

3.5.4.1　台阶

台阶由踏步和平台组成,有室内和室外台阶之分。室外台阶应比门每边宽出 500 mm 左右。台阶踏步宽度不大于 300 mm,踏步高度不宜大于 150 mm,踏步数不少于 2 级。

台阶的形式有单面踏步式、三面踏步式、单面踏步带方形石、坡道、踏步与坡道结合等，如图 3.22 所示。

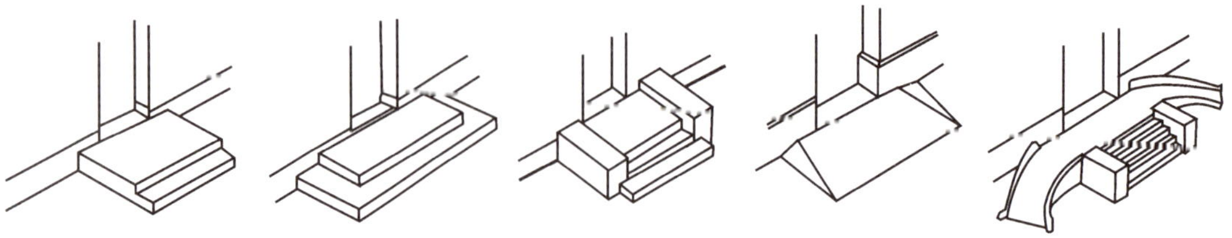

(a) (b) (c) (d) (e)

图 3.22 台阶的形式

(a)单面踏步式；(b)三面踏步式；(c)单面踏步带方形石；(d)坡道；(e)踏步与坡道结合

台阶的构造有面层和垫层两大部分。面层可采用地面面层的材料，如水泥砂浆、天然石材、缸砖等。垫层可采用混凝土材料，北方季节性冰冻地区可在混凝土垫层下加做砂垫层。

3.5.4.2 坡道的构造

坡道有室内坡道和室外坡道之分。室外坡道的坡度不宜大于 1∶10，室内坡道的坡度不大于 1∶8，无障碍坡道的坡度为 1∶12。

坡道的构造与地面相似，为保证人和车辆的安全，可将坡道做成锯齿形或设防滑条。如图 3.23 所示。

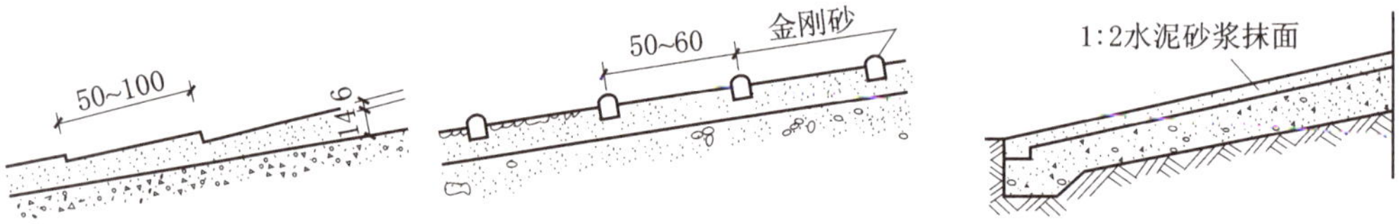

(a) (b) (c)

图 3.23 坡道的构造

(a)锯齿形坡道；(b)水磨石坡道；(c)混凝土面坡道

3.5.5 电梯与自动扶梯

3.5.5.1 电梯

电梯主要设置在多层和高层建筑中。在一些层数不多但建筑等级较高（如宾馆）或有特殊要求（如医院）的公共建筑中，也应设置电梯。

(1)电梯的分类

电梯按使用性能分，有客梯、货梯、消防电梯、观光电梯等；按电梯行驶速度分，有高速电梯（速度大于 2 m/s）、中速电梯（速度小于或等于 2 m/s）和低速电梯（速度小于或等于 1.5 m/s）等。

(2)电梯的组成

电梯由机房、井道和轿厢三大部分组成。轿厢是直接载人、运货的厢体，其规格依额定起重量不同而定。电梯井道根据用途有不同的平面形式。作为电梯运行的通道，其内部除有轿厢外，还安有组成电梯的相关部件，如导轨、平衡重、缓冲器等。为防止火灾事故中火焰及烟气的蔓延，井道壁应符合相关防火规范的要求，多为钢筋混凝土井壁或框架填充墙壁，井道出入口的门套应同电梯厅统一装修。机房通常设在井道的顶部，有时也设在底层井道旁，放置有关电器部件。

3.5.5.2　自动扶梯

自动扶梯适用于交通、大型商场、科教展览等人流较密集的建筑中，由电动机械牵引，梯级踏步连同扶手同步运动，机房设在地面以下或悬在楼梯下面。自动扶梯可以正、逆运行。

3.5.6　阳台

阳台是多层建筑中与房间相连的室外平台，它提供了一个室外活动的小空间，人们可以在阳台上休息、眺望、做家务等。阳台按与外墙的相对位置，可分为凸阳台、凹阳台、半凸阳台及转角阳台，如图 3.24 所示。

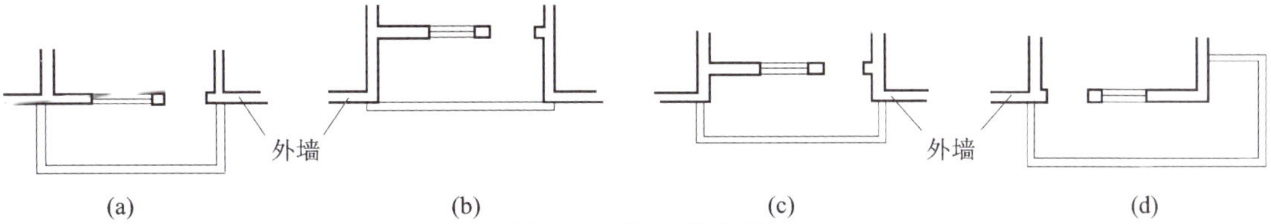

图 3.24　阳台的类型

(a)凸阳台；(b)凹阳台；(c)半凸阳台；(d)转角阳台

(1)阳台的结构布置

阳台的结构布置方式有墙承式、挑梁式和挑板式。

墙承式是将阳台板直接搁置在墙上，其板型和跨度与房间楼板一致，多用于凹阳台。

挑梁式是在阳台两端伸出挑梁，阳台板搁置在挑梁上。挑梁压入墙内的长度一般为挑梁长度的 1.5 倍左右。

挑板式是将阳台板悬挑，一种做法是将阳台板和墙梁现浇在一起，通过梁上部的墙体或楼板来平衡阳台，以防阳台倾覆。另一种做法是将房间楼板直接向外悬挑形成阳台板。悬挑阳台的挑出长度一般为 1.0～1.5 m。

(2)阳台栏杆与栏板

阳台栏杆与栏板是阳台的安全围护构件，应坚固、安全、美观、耐用。栏杆扶手高度不低于 1.05 m，高层建筑不低于 1.1 m。栏杆和栏板按材料可分为金属栏杆、钢筋混凝土栏板与栏杆、砖砌栏板与栏杆。栏杆和栏板的图案由建筑设计确定。

(3)阳台的排水处理

为防止阳台的雨水流入室内，阳台的地面一般应比室内地面低 20～50 mm。并在阳台一侧或两侧地面做出 1%的坡度，以便将雨水排除。排水口一般埋设 ϕ50 mm 的钢管或硬质塑料管，外挑长度不小于 60 mm，以防雨水落到下面的阳台上。为避免阳台排水影响建筑物的立面形象，阳台的排水口可与雨水管或室内排水管相连。

3.6　屋顶的构造

3.6.1　概述

3.6.1.1　屋顶的作用及设计要求

屋顶是房屋最上层起承重和覆盖作用的构件。它的作用主要有三个：一是防御自然界的风、雨、雪、太阳辐射热和冬季低温等的影响；二是承受自重及风、沙、雨、雪等荷载及施工或屋顶检修人员的活荷载；三是屋顶作为建筑物的重要组成部分，对建筑形象的美观起着重要的作用。

屋顶设计必须满足坚固、耐久、防水、排水、保温(隔热)、抵御侵蚀等要求。同时，还应做到自重轻、构造简单、施工方便、便于就地取材等。在这些要求中，防水、排水最为重要。

3.6.1.2 屋面的坡度

屋顶的防水和排水取决于屋顶材料和构造处理。防水是指屋面材料所具有的一定抗渗透能力，或采用不透水材料使屋顶不漏水。排水是使屋面雨水能迅速排除而不积水，以减少渗漏的可能性。

为了排除屋面上的雨水，屋顶表面应有一定的坡度，而坡度的大小又取决于屋面材料的防水性能。采用油毡、镀锌铁皮等单块面积大、接缝少的屋面材料时，屋面坡度可以小一些；采用黏土瓦、小青瓦等单块面积小、接缝多的屋面材料时，坡度就必须大一些。

屋面坡度常用斜面的垂直投影高度与水平投影长度之比来表示，如 1∶2、1∶10 等；较大的坡度也可用角度表示，如 30°、45°等；较小的坡度常用百分率表示，如 2%、3%等。

3.6.1.3 屋面的形式

由于屋面材料和承重结构形式不同，屋顶有多种类型。按屋顶的坡度和外形分，有平屋顶、坡屋顶和其他形式屋顶，如图 3.25 所示。

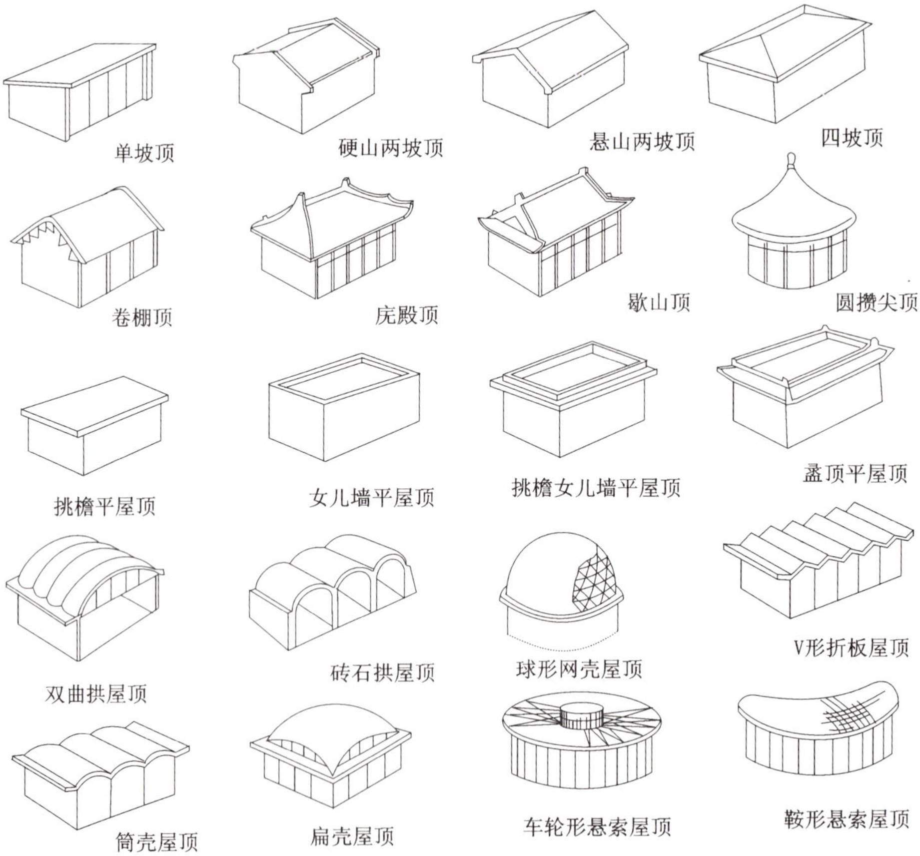

图 3.25 屋顶的类型

3.6.2 平屋顶的构造

屋面坡度小于5%的屋顶称为平屋顶。平屋顶的坡度通常为2%～3%。平屋顶与坡屋顶相比具有结构简单、施工方便等优点，但平屋顶排水慢，易产生渗漏现象。

3.6.2.1 平屋顶的构成

平屋顶包括结构层、找坡层、隔热层(保温层)、找平层、结合层、附加防水层、保护层。在北纬40°以北地区，室内空气湿度大于75%或其他地区室内空气湿度常年大于80%时，保温屋面应设隔汽层。

(1)结构层

屋顶的结构层主要采用钢筋混凝土现浇板或钢筋混凝土预制板。

(2)找坡层

屋顶坡度的形成可选择材料找坡或结构找坡。

①材料找坡　亦称垫置找坡。它是在水平的屋面板上利用材料做成不同的厚度以形成坡度。找坡材料多用炉渣等轻质材料加水泥或石灰形成。

②结构找坡　亦称搁置找坡。它是将屋面板搁置在有一定倾斜度的梁或墙上，以形成屋面的坡度。

(3)保温层

保温层常设置在承重结构层与防水层之间。常用的材料有聚苯乙烯泡沫塑料板、水泥珍珠岩、水泥蛭石、加气混凝土板等。

(4)找平层

找平层设置在结构层或保温层上面，常用15～30 mm厚的1∶2.5～1∶3水泥砂浆做找平层，或用C15的细石混凝土做找平层。另外，也可用1∶8的沥青砂浆做找平层。

(5)结合层

当采用水泥砂浆及细石混凝土做找平层时，为了保证防水层与找平层能更好地黏结，采用沥青为基材的防水层，在施工前应在找平层上涂刷冷底子油做基层处理(用汽油稀释沥青)。当采用高分子防水层时，可用专用基层处理剂。

(6)防水层

防水层有刚性防水层、柔性防水层和涂料类防水层三种。

①刚性防水层　它是用防水砂浆抹面或用细石混凝土现浇而成的整体防水层。水泥砂浆防水层采用1∶2或1∶3的水泥砂浆，掺入水泥用量3%～5%的防水剂抹两道而成。细石混凝土防水层用强度等级不低于C20的细石混凝土，厚度不小于40 mm，并应配置直径为4～6 mm、间距为100～200 mm的双向钢筋网片。细石混凝土中宜掺膨胀剂(UEA)、减水剂、防水剂等，其构造如图3.26所示。

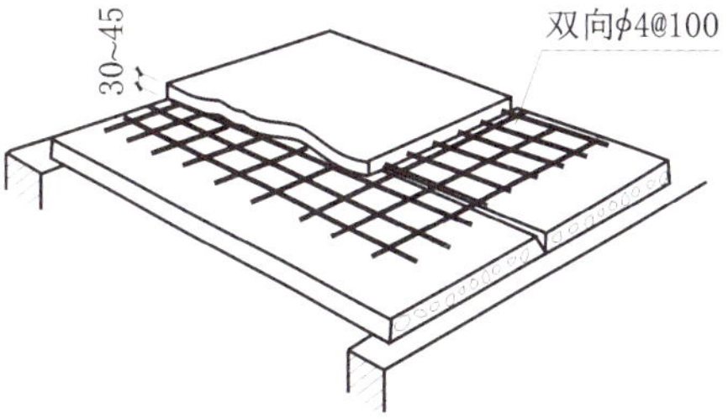

图3.26　细石混凝土防水层

细石混凝土防水层还可以采用浮筑防水层的构造做法。即在结构层上用砂浆找平，再用沥青、废机油或石灰水涂刷形成隔离层，再在隔离层上做刚性防水层，也可以采用纸筋灰、麻刀灰、低强度等级砂浆及干铺卷材或松散材料形成隔离层，保证细石混凝土防水层热胀冷缩时，可以自由伸缩,防止其开裂。

为了防止刚性防水层产生无规律裂缝,在刚性防水层中应设置分格缝,分格缝通常设在结构层的支座处,分格缝纵横向距离不宜大于 6 m。

②柔性防水层　柔性防水层又称卷材防水层,是将防水卷材与黏结剂结合,形成连续的大面积的构造层来防水的屋顶。常用的防水卷材有沥青类的石油沥青油毡、焦油沥青油毡,高聚物改性沥青类的 SBS 改性沥青卷材、APP 改性沥青卷材,合成高分子类的三元乙丙丁基橡胶卷材、聚氯乙烯卷材等。黏结剂应与使用的防水卷材材料相匹配,如石油沥青油毡用玛𤧛脂黏结剂,氯丁橡胶防水卷材可用 CY-409 液黏结,高聚物改性沥青卷材可以热熔、自粘等。柔性防水屋面的构造如图 3.27 所示。

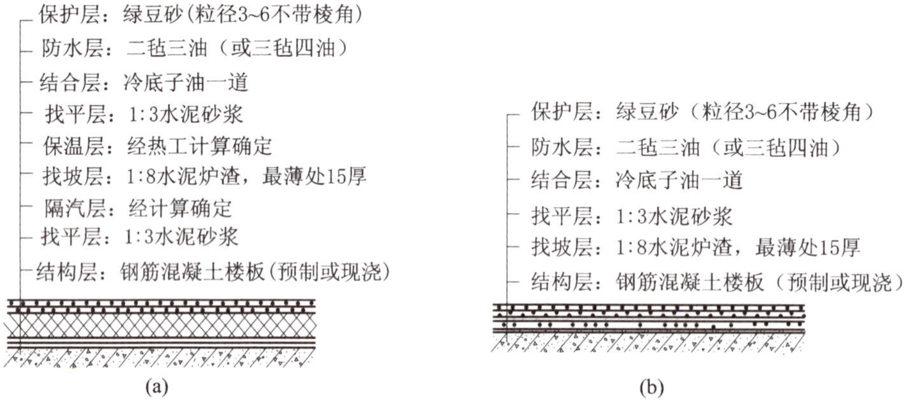

图 3.27　柔性防水屋面构造

(a)柔性防水保温屋面;(b)柔性防水非保温屋面

③涂料类防水层　指用可塑性和黏结力较强的高分子防水涂料直接涂刷在屋面基层上,形成不透水的薄膜层来达到防水的目的。防水涂料有水乳型橡胶沥青涂料、水乳型氯丁橡胶沥青涂料、氯丁胶乳沥青涂料、聚氨酯防水涂膜等。其做法是在平整干燥的基层上多次涂刷防水材料,直至厚度达到 1.2 mm 以上。在成膜后撒细砂做保护层,或加入适量银粉、颜料做着色保护涂料。

④密封材料　用于密封的材料主要有沥青玛𤧛脂、焦油沥青玛𤧛脂、改性石油沥青、改性焦油沥青、聚氨酯类物质、丙基酸类物质等。

(7)附加防水层

附加防水层用以加强屋面节点防水薄弱部位,对沥青类防水层可以增加一毡一油,对高聚物改性沥青卷材防水层宜采用防水涂膜增强层做附加防水层。

(8)保护层

对沥青类防水层,用玛𤧛脂黏结绿豆砂或冷玛𤧛脂黏结块状材料做保护层;对高聚物改性沥青及合成高分子类防水层,可用铝箔面层、彩砂及涂料等做保护层。

(9)隔汽层

卷材屋面的基层必须干燥,否则其所含水分在太阳辐射热的作用下将汽化膨胀,会使卷材形成鼓泡,鼓泡严重时将导致卷材破裂。在工程实践中,除设法控制基层材料的含水量和设置隔汽层外,还应采取相应的构造措施,使防水层下形成的蒸汽有一个较大的扩散场所。例如,第一层卷材与基层间采取点状或条状粘贴的做法,保留蒸汽扩散流动的间隙,或将蒸汽集中排除。

3.6.2.2 平屋顶的排水方式

为保证屋顶流水畅通，须进行排水组织设计。首先选择排水坡度，然后确定排水方式并做好排水组织。

平屋顶的排水方式有无组织排水和有组织排水两大类。

(1)无组织排水

无组织排水是指屋面的雨水由檐口自由滴落到室外地面，因不用天沟、雨水管导流，又称自由落水。

无组织排水方式要求屋檐必须挑出外墙面，以防屋面雨水顺外墙面漫流而浇湿和污染墙体。该排水方式构造简单、造价低廉。但当建筑物较高时，不宜采取自由落水方式。

(2)有组织排水

当房屋较高或年降雨量较大时，应采用有组织排水，以避免雨水自由下落对墙面造成冲刷和污染。

有组织排水是设置与屋面排水方向垂直的纵向天沟，将雨水汇集起来，汇集的雨水经过雨水口和雨水管有组织地排到地面或排入下水系统。有组织排水可分为外排水和内排水。

内排水用于多跨房屋、高层建筑，有特殊需要时可以采用内排水。内排水的雨水由屋面天沟汇集，经雨水口和室内雨水管排入下水系统。如图 3.28(a)、(b)所示。

外排水是常用的排水方式，一般将屋面做成四坡水，沿房屋四周做外檐沟，或沿四周做女儿墙，女儿墙与屋面相交形成内檐沟，将屋面雨水汇集，雨水经雨水口和室外雨水管排至地面。屋面也可以做成两坡水，此时沿屋面纵向形成檐沟或做女儿墙形成檐沟。为了避免雨水沿山墙方向溢出，山墙处也要设女儿墙或设挑檐。檐沟底面应向雨水口方向做出不小于 5‰的纵向坡度，檐沟的坡度也不宜大于 1%，以避免檐沟过深。外排水方式如图 3.28(c)、(d)所示。

雨水口的数量一般根据屋面集水面积、不同直径雨水管的排水能力计算确定，保证排水通畅，做到防水与排水相结合。在工程实践中，雨水口的适用间距为 10～15 m。对有高低跨的屋面，当高跨雨水须排向低跨时，在高跨雨水管出水口的低跨非上人屋面上应做 1000 mm×1000 mm×30 mm 的 C20 细石混凝土板，保证低跨屋面不被雨水冲刷破坏。

3.6.2.3 平屋顶的细部构造

(1)泛水

屋面防水层与垂直墙面相交处的构造处理称为泛水。如女儿墙、出屋面的水箱室、楼梯、烟囱等与屋面防水层相交部位均须做泛水。泛水做法一般是将卷材压入凹槽，用水泥钉将压条固定后再用密封材料嵌填，外抹水泥砂浆。图 3.29 为平屋顶泛水构造。

(2)檐口

檐口包括自由落水檐口、挑檐沟檐口、女儿墙内檐沟檐口和女儿墙外檐沟檐口等类型。

檐口卷材收头在沟帮顶部，由于卷材铺贴较厚，转弯处不服帖，易发生翘边脱落，故压条用水泥钉钉压，并用密封材料密封。

(3)变形缝

平屋顶变形缝的构造处理原则是既不能影响屋面的变形，又要防止雨水从变形缝处渗入室内。图 3.30 为变形缝构造举例。

(4)雨水口

雨水口有水平雨水口(设在天沟、檐沟底部)和垂直雨水口(设在女儿墙上)两种。雨水口

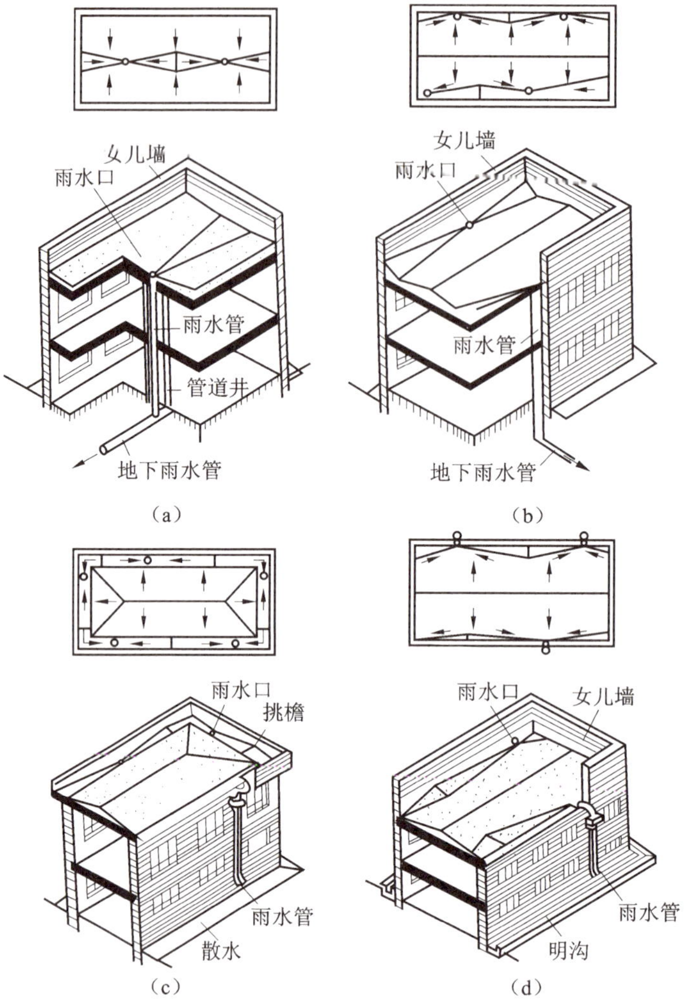

图 3.28 有组织排水

(a)、(b)内排水;(c)、(d)外排水

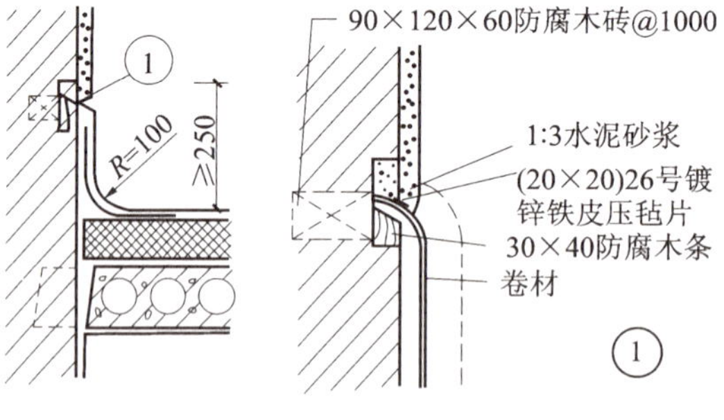

图 3.29 平屋顶泛水构造

采用铸铁或塑料制品的漏斗形定型配件,上设格栅罩。雨水口周围直径 500 mm 范围内坡度不应小于 5%,并应用防水涂料或密封材料涂封,其厚度不应小于 2 mm。水平雨水口与基层接触处应留宽 20 mm、深 20 mm 的凹槽,嵌填密封材料。

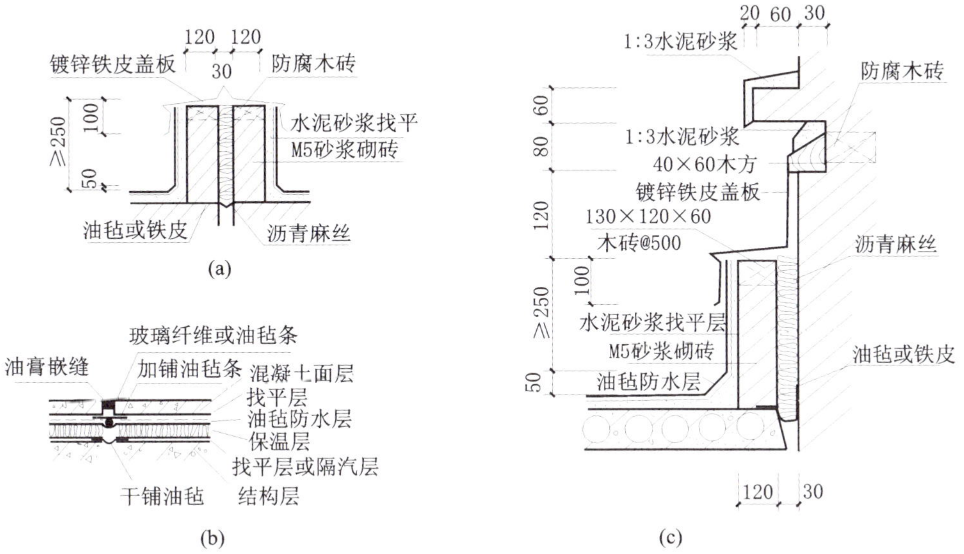

图 3.30 屋面变形缝构造

(a)不上人屋面变形缝;(b)上人屋面变形缝;(c)不等高屋面变形缝

3.6.2.4 平屋顶的保温与隔热

(1)平屋顶的保温

在寒冷地区,为防止冬季室内热量通过屋顶向外散失,一般须设保温层,即在结构层上铺一定厚度的保温材料。常用的保温材料有膨胀珍珠岩、膨胀蛭石、泡沫塑料类、微孔混凝土和炉渣等。设计时根据建筑的使用要求、屋面的结构形式等选用保温材料,并经热工计算确定保温层的厚度。

(2)平屋顶的隔热

为保证建筑物室内有良好的学习、工作和生活环境,在我国南方地区,建筑物必须采用屋顶隔热措施。常采用的构造做法有实体材料隔热屋面、架空隔热屋面、蓄水隔热屋面、种植隔热屋面等。

3.6.3 坡屋顶的构造

屋面坡度大于5%时的屋面叫作坡屋顶。

3.6.3.1 坡屋顶的组成

坡屋顶主要由承重结构层和屋面两部分组成。必要时还应增设保温层、隔热层及顶棚等,如图3.31所示。

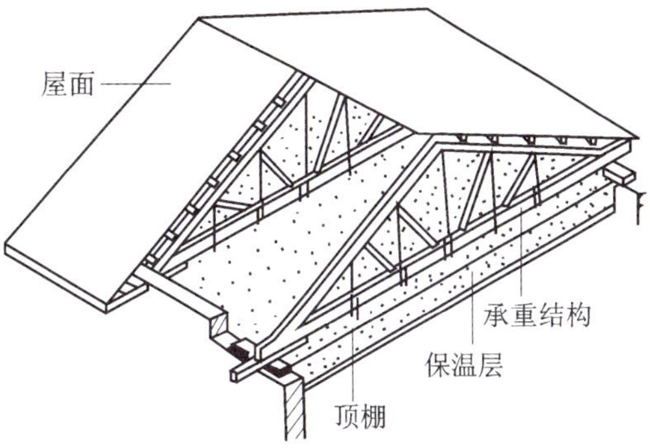

图 3.31 坡屋顶构造

3.6.3.2 坡屋顶承重结构

坡屋顶的承重结构方式有砖墙承重、屋架承重、钢筋混凝土梁板承重三种。

(1)砖墙承重

砖墙承重又叫硬山搁檩,是将房屋的内外横

墙砌成尖顶状，在上面直接搁置檩条来支承屋面的荷载。适用于开间较小的房屋。

(2)屋架承重

屋顶上搁置屋架，用来搁置檩条以支承屋面荷载。通常屋架搁置在房屋的纵向外墙或柱上，使房屋有一个较大的使用空间。屋架的形式较多，有三角形、梯形、矩形、多边形等。屋架承重结构如图 3.31 所示。

(3)钢筋混凝土梁板承重

钢筋混凝土梁板承重结构层按施工方法有两种：一种是现浇钢筋混凝土梁和屋面板；另一种是预制钢筋混凝土屋面板直接搁置在山墙或屋架上。

3.6.3.3 坡屋顶的屋面构造

(1)平瓦屋顶

当坡屋顶的屋面由檩条、椽子、屋面板、防水材料、顺水条、挂瓦条、平瓦等层次组成时，叫作平瓦屋面。其中，当檩条间距较小(一般小于 800 mm)时，可直接在檩条上铺设屋面板，而不使用椽子，如图 3.32 所示。

常用的平瓦屋面做法有三种：

①冷摊瓦屋面　它是在檩木上搁置椽子，再在椽子上直接铺钉挂瓦条后挂瓦，如图 3.33 所示。

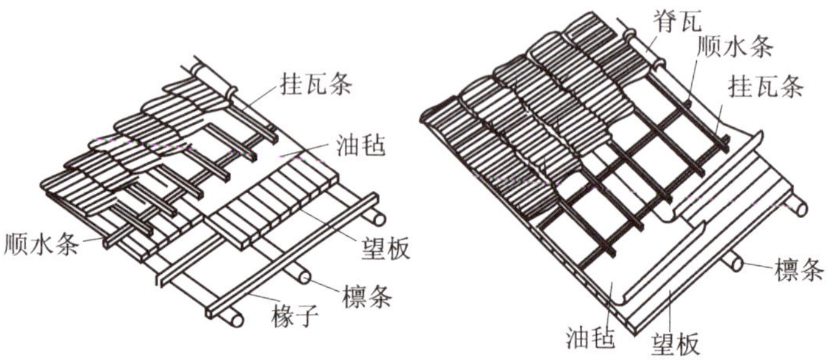

图 3.32　平瓦屋顶的一般构造

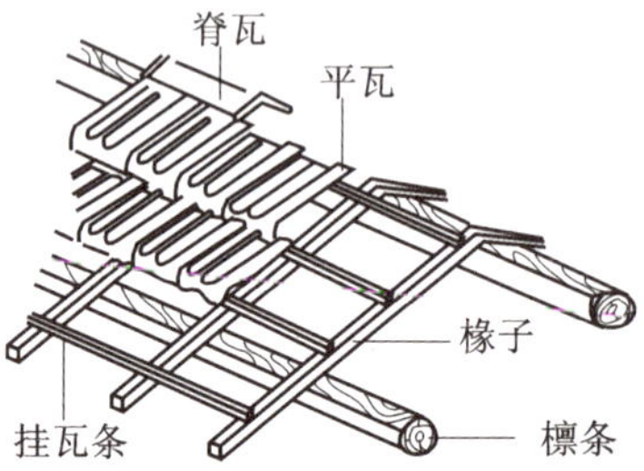

图 3.33　冷摊瓦屋面构造

②屋面板平瓦屋面　它是在檩条或椽子上钉屋面板，屋面板的厚度为 15～25 mm，板上铺一层卷材，其搭接宽度不宜小于 100 mm，并用顺水条将卷材钉在屋面板上，顺水条的间距为 500 mm，再在顺水条上铺钉挂瓦条后挂瓦。

③钢筋混凝土挂瓦板平瓦屋面　将钢筋混凝土挂瓦板搁置在横墙或屋架上，用以替代檩条、椽子、屋面板和挂瓦条。

(2)现浇钢筋混凝土梁板屋面防水构造

现浇钢筋混凝土梁板坡屋面的构造组成有瓦材及瓦材铺设层、找平层、保温隔热层、卷材或涂膜防水层和隔汽层等。

3.6.3.4 坡屋顶的保温隔热

(1)坡屋顶的保温

有屋面层保温和顶棚层保温两种做法。屋面层保温的保温层可设在屋面层中、檩条之间和檩条之下等部位；对于顶棚层保温，保温层设在吊顶棚上，可兼起保温、隔热的双重作用。保温材料同平屋顶，应根据需要加以选择。

对于顶棚层保温，应在顶棚板上、保温层下铺一层油毡作隔汽层，且还应组织屋顶通风，其作用与平屋顶中的隔汽层和透气层相同。

(2)坡屋顶的隔热

一般是在坡屋顶中设进风口和出气口,利用屋顶内外的热压差和迎风面的风压差组织空气对流,形成屋顶的自然通风,以减少传入室内的辐射热而达到隔热降温的目的。进风口一般设在檐墙、屋檐或室内顶棚上;出气口最好设在屋脊处,以增大高差,加速空气流通。

3.7　门与窗的构造

门与窗是房屋的围护构件,对建筑的造型和立面处理以及室内装饰效果有重要的影响。对门窗的构造要求是坚固耐久、开启方便、关闭密封、美观大方和便于清洁。

3.7.1　门窗的分类

3.7.1.1　按材料分类

(1)木门窗

木门窗制作方便,价格低,密封性较好,但耐久性差,易变形,维护费用高,消耗大量木材资源,因而常用于室内门窗。目前我国限制木质门窗的使用。

(2)钢门窗

钢门窗强度高,防火性较强,采光率高,但密封性、耐腐蚀性能和保温性能差。

(3)铝合金门窗

铝合金门窗造型美观,密闭性良好,但成本高。

(4)塑钢门窗

塑钢门窗具有良好的气密性和水密性,隔音效果好,能耐受各种恶劣的气候,能耐受各种化学腐蚀,使用寿命长,无须定期维护,近年来已被广泛采用。

(5)铝塑复合门窗

铝塑复合门窗是由单独的铝型材和塑料型材经过辊压机辊压复合到一起的门窗。铝塑复合门窗集铝合金、塑钢产品优点于一体,弥补二者材质的不足,是保温、节能效果、气密性、水密性、隔音性、抗压性能好的门窗,属于21世纪绿色门窗,具有广阔的发展前景。

3.7.1.2　按开启方式分类

(1)按门的开启方式分

门按开启方式分,有平开门、弹簧门、推拉门、折叠门、转门、卷帘门等,如图3.34所示。

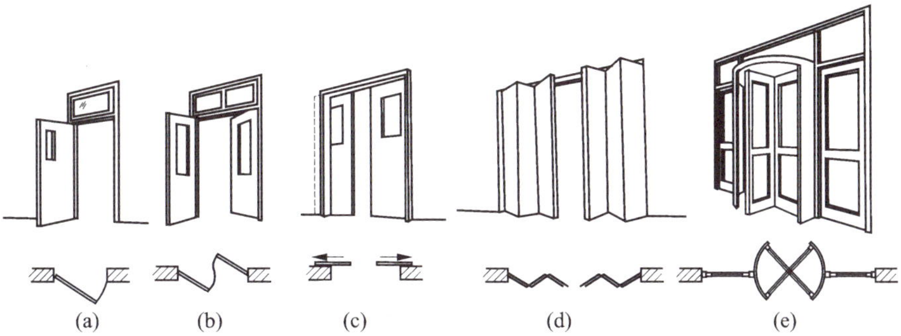

图3.34　门的开启方式

(a)平开门;(b)弹簧门;(c)推拉门;(d)折叠门;(e)转门

(2)按窗的开启方式分

窗按开启方式可分为平开窗、悬窗、立转窗、推拉窗、固定窗、百叶窗、滑轴窗、折叠窗等，如图 3.35 所示。

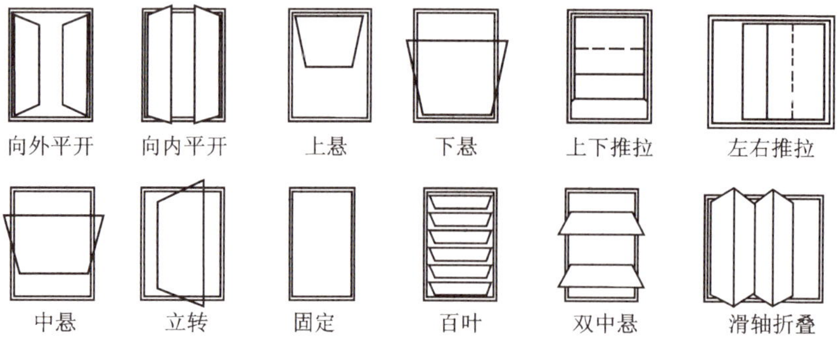

图 3.35　窗的开启方式

3.7.2　木门窗的构造

3.7.2.1　木门的构造

木门一般由门框、门扇、亮子、五金构件等组成，有的还有贴脸板、筒子板部分。

(1)门框

门框由两根边框和上槛、下槛、中槛组成。高度较小的门没有中槛。门一般不设下槛，但有保温、防风、防水和隔音要求的门应设下槛。

(2)门扇

门的名称是由门扇的名称决定的，门扇的名称反映了它的构造。门扇一般由上冒头、下冒头、中冒头、边缘、门心板、玻璃等组成。常用的木门门扇有镶板门、夹板门、镶玻璃门、纱门、百叶门等。

镶板门由骨架和门心板组成。骨架由上冒头、下冒头和两根边梃组成，有时有中冒头。骨架中镶填门心板，门心板可采用多层胶合板、硬质纤维板等材料。当把门心板换成玻璃时，即为玻璃门。

夹板门门扇是用小规格木料做成骨架，在骨架两面粘贴胶合板、纤维板等人造板。

3.7.2.2　平开木窗

平开木窗由窗框、窗扇、五金零件组成，根据不同要求还有贴脸板、窗台板、窗帘盒等附件，如图 3.36 所示。

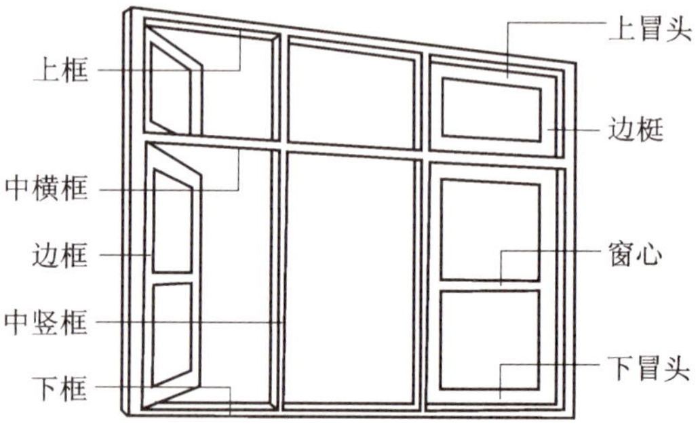

图 3.36　木窗的组成

3.7.3　塑钢门窗的构造

塑钢门窗是以改性聚氯乙烯(PVC)为主要原料制成的空腹多腔异型材，经焊接加工制成的门窗。为了增加门窗的强度及刚度，在型材中空腹腔内加入钢制型材加强筋，形成塑钢结构，所以称为塑钢门窗。塑钢门窗具有传热系数低、耐弱酸碱、不需油漆等优点，并有良好的气密性、水密性、隔音性能，是国家住房城乡建设部推荐的节能产品。

3.7.3.1 塑钢门窗的类型

塑钢门窗按开启方式分，有平开门窗、推拉门窗、上提窗、悬窗、立转门窗等多种形式。按构造层次分，有单层玻璃门窗、双层玻璃门窗等。按其框料截面宽度分有45、50、58、60、70、80和85系列等。

3.7.3.2 塑钢门窗的构造

塑钢门窗是由各种不同断面的PVC塑料中空异型材组装而成。中空型材按功能分主要有主导型材和辅助异型材。主导型材是窗框和窗扇，辅助异型材是玻璃压条、扇封边、纱扇、拼接型材、披水板、连接件、密封条等。

(1)型材截面形式

异型材品种与几何形状是决定塑钢门窗开启方式的根本因素。组成一个品种的门窗需要多种不同断面形状的异型材。

推拉门窗框型材有2～3条平行轨道或沟槽，其截面为U形或E形，门窗扇型材呈H形或B形；平开门窗框型材的截面为L形，门窗扇型材的截面形状是对称的，为T形或Z形，其中一侧翼缘紧靠窗框，另一侧翼缘使用玻璃卡条安装玻璃。

(2)组装

塑钢门窗框与扇之间用框扇密封条密封，推拉门窗用密封毛刷条密封，平开门窗用空心或空心带尾的"O"形(橡胶)密封条。

门窗所用的加强型钢及紧固件的表面应经防锈处理，加强型钢壁厚度应不小于1.2 mm，装配时每根构件中装配螺钉数量不少于3个，其间距应小于或等于500 mm。

塑钢门窗玻璃的安装是在门窗扇异型材一侧嵌入密封条(K形条)，并在玻璃的四周安放橡塑垫块，待玻璃安装就位后，再将已镶好的密封的玻璃压条嵌装固定压紧，玻璃压条装配后，四角用氯丁腻子粘紧。

当采用组合门窗时，安装节点在拼装时每个防腐特制螺钉按图要求配上密封垫圈，根据各系列的型材选用不同的竖拼条。组合门窗拼装节点如图3.37所示。

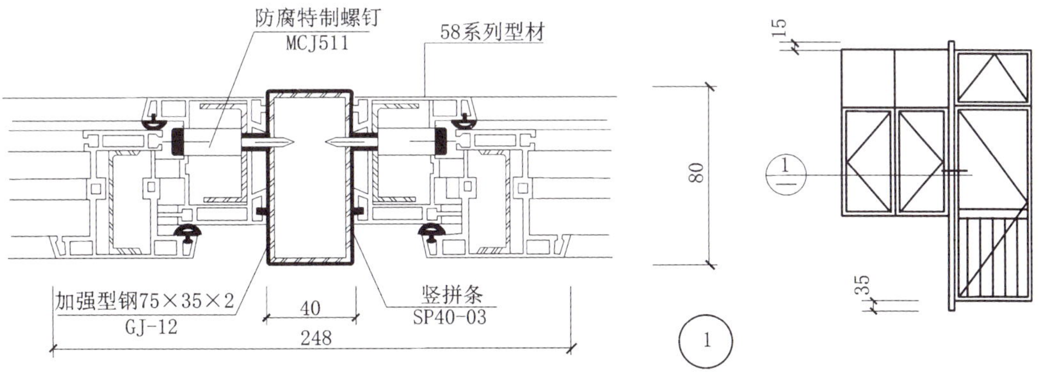

图3.37 组合门窗拼装节点

双扇外平开窗是我国建筑的传统窗型，但塑钢平开窗的窗扇自重较大，整扇窗开启后处于悬臂状态，易下垂或脱落。而塑钢推拉窗立面简洁，安全性高，五金配件简便，成本低，虽密封、通风不如平开窗，但仍是目前塑钢窗的主流。推拉窗下框应开设排水孔，以排除下框槽内的积水。

(3)塑钢门窗框与墙体的安装

塑钢门窗框与墙体的安装采用后塞口法。门窗框与墙体的连接固定有直接固定和连接铁件固定两种方法。

直接固定法是用木螺钉直接穿过门窗框型材与墙体内木砖连接,或用塑料膨胀螺钉直接穿过门窗框将其固定在墙体或地面上。

连接铁件固定法是门窗框通过铁件与墙体连接,将固定铁件的一端用自攻螺钉安在门窗框上,另一端用射钉或塑料膨胀螺钉固定在墙体上。

塑钢门窗与墙体之间必须是弹性连接,以确保塑钢门窗热胀冷缩时留有余地,一般采用在门窗框与墙体之间的缝隙处分层填入油毡卷或泡沫塑料,再用 1∶2 水泥砂浆或麻刀白灰嵌实,用嵌缝膏进行密封处理。

思考题和习题

3.1　民用房屋是由哪些主要部分组成的?各部分的作用是什么?

3.2　影响房屋构造的主要因素有哪些?

3.3　什么是基础?什么是地基?

3.4　基础有哪些构造类型?

3.5　什么是刚性基础?什么是柔性基础?

3.6　地下室是由哪几部分组成的?

3.7　防潮层的位置及构造要求如何?防潮层的做法有哪几种?

3.8　构造柱的作用是什么?构造柱的设置要求有哪些?

3.9　变形缝的种类有哪几种?伸缩缝、沉降缝、防震缝在构造上有哪些相同处和不同处?

3.10　建筑上对隔墙的要求有哪些?常用建筑隔墙的构造做法有哪些?

3.11　顶棚的构造方法有哪几种?直接式顶棚的构造要求有哪些?

3.12　地面由哪些层次组成?各层次的作用是什么?对地面的要求是什么?

3.13　阳台栏杆或栏板的作用是什么?

3.14　雨篷的构造要求有哪些?

3.15　窗的主要作用有哪些?窗有哪些开启方式?

3.16　简述平开木窗的构造组成及构造防雨措施。

3.17　楼梯各组成部分的作用是什么?楼梯的坡度是根据什么确定的?

3.18　屋顶是由哪几部分组成的?它们的作用是什么?

3.19　在有组织排水方式中,雨水管的间距如何确定?

3.20　常用的坡屋顶有哪几种?各有哪些做法?

3.21　如何解决坡屋顶保温与隔热问题?

4　建筑工程材料

教学目标

通过本章学习，使学生能够对主要建筑工程材料（包括砌筑材料、气硬性胶凝材料、水泥、混凝土、建筑钢材、木材和建筑功能材料）的基本性质有一个基本了解，从而在以后的工程实际中能够合理选择与应用建筑材料。

4.1　建筑工程材料的基本性质

4.1.1　建筑工程材料的分类

建筑工程材料是建筑结构物中使用的各种材料及制品，它是一切建筑工程的物质基础。正确选择和合理使用建筑材料，对建筑结构物的安全、实用、美观、耐久以及降低造价都有重要意义。掌握各种建筑工程材料的性能及其适用范围，选择最合适的品种，是工程技术人员的主要任务。

建筑工程材料有不同的分类方法。按建筑工程材料的用途分类，可分为结构材料、墙体材料、屋面材料、地面材料、饰面材料以及其他用途的材料等；按材料的功能分类，可分为承重和非承重材料、保温和隔热材料、吸声和隔声材料、防水材料、装饰材料等；按化学成分分类，可分为无机材料、有机材料和复合材料，如表 4.1 所示。

表 4.1　建筑工程材料按化学成分分类

<table>
<tr><td rowspan="13">建筑工程材料</td><td rowspan="7">无机材料</td><td rowspan="2">金属材料</td><td colspan="2">黑色金属：钢、铁等</td></tr>
<tr><td colspan="2">有色金属：铝、铜等及其合金</td></tr>
<tr><td rowspan="5">非金属材料</td><td colspan="2">天然石材：砂、石及石材制品</td></tr>
<tr><td colspan="2">烧结与熔融制品：砖、瓦、陶瓷、玻璃等</td></tr>
<tr><td rowspan="2">胶凝材料</td><td>水硬性胶凝材料：各种水泥等</td></tr>
<tr><td>气硬性胶凝材料：石灰、石膏、水玻璃、菱苦土等</td></tr>
<tr><td colspan="2">混凝土及砂浆等</td></tr>
<tr><td rowspan="3">有机材料</td><td colspan="3">植物材料：木材、竹材及其制品等</td></tr>
<tr><td colspan="3">合成高分子材料：塑料、涂料、胶黏剂、密封材料等</td></tr>
<tr><td colspan="3">沥青材料：石油沥青、煤沥青及其制品等</td></tr>
<tr><td rowspan="3">复合材料</td><td>无机非金属材料与金属材料复合</td><td colspan="2">钢筋混凝土、钢纤维混凝土等</td></tr>
<tr><td>无机非金属材料与有机材料复合</td><td colspan="2">聚合物混凝土、沥青混凝土、玻璃纤维增强塑料（玻璃钢）等</td></tr>
<tr><td>金属材料与有机材料复合</td><td colspan="2">塑钢、轻质金属夹心板等</td></tr>
</table>

4.1.2 建筑工程材料的标准化

目前,我国绝大多数建筑材料都有相应的技术标准,包括产品规格、分类、技术要求、验收规则、代号与标志、运输与贮存及抽样方法等。

建筑材料生产企业必须按照标准生产,并控制其质量。建筑材料使用部门则按照标准选用、设计、施工,并按标准验收产品。

我国的建筑材料标准分为国家标准、行业标准、地方标准和企业标准。国家标准是全国通用标准,是国家指令性文件,各级生产、设计、施工等部门都必须严格遵照执行。按要求执行的程度分为强制性标准和推荐标准(以"/T"表示)。

建筑材料有关的标准及其代号主要有:国家标准 GB;建筑工程国家标准 GBJ;住房城乡建设部行业标准 JGJ;建筑工业行业标准 JG;国家建筑材料工业协会标准 JC;地方标准 DB;企业标准 Q 等。

标准的表示方法由标准名称、部门代号、标准编号、批准年份四部分组成。如《低合金高强度结构钢》(GB/T 1591—2018)、《通用硅酸盐水泥》(GB 175—2023)等。

工程中使用的建筑材料除必须满足产品标准外,有时还必须满足有关的设计规范、施工及验收规范(或规程)等的规定。这些规范对建筑材料的选用、使用、质量要求及验收等还有专门的规定(其中有些规范或规程的规定与建筑材料产品标准的要求相同)。如混凝土用砂、石,除满足《建设用砂》(GB/T 14684—2022)、《建设用卵石、碎石》(GB/T 14685—2022)外,还须满足《普通混凝土用砂、石质量及检验方法标准》(JGJ 52—2006)的规定。又如各防水材料除满足其产品质量要求外,当用于屋面工程时还须满足《屋面工程技术规范》(GB 50345—2012)的规定。

工程中还可能采用国际标准和其他先进国家的技术标准,例如 ISO——国际标准,ANS——美国国家标准,ASTM——美国材料与试验学会标准,JIS——日本工业标准,BS——英国标准,NF——法国标准,DIN——德国工业标准。

4.1.3 建筑工程材料的基本物理性质

建筑工程采用的各种材料种类繁多,表现的性质也各不相同,归纳起来有物理性质、力学性质和化学性质等。建筑工程材料可以用其基本状态参数表达出它的某些性质。

4.1.3.1 不同状态下材料的密度

(1)密度

材料在绝对密实状态下(材料内部不含任何孔隙),单位体积的质量称为材料的密度。材料的密度大小取决于材料的组成与材料的微观结构。当材料的组成与微观结构一定时,材料的密度为常数。

除钢、铝合金、玻璃等外,大多数建筑材料均含有一定数量的孔隙。为测得含孔材料的绝对密实体积,须将材料磨细成细粉末,使材料内部的所有孔隙外露(即全部成为开口孔隙),用排开液体的方法来测定。

(2)表观密度

材料在自然状态下,单位体积的质量称为材料的表观密度。

材料在自然状态下的体积又称表观体积,对于规则形状的材料,直接测定外观尺寸即可;

对于不规则形状的材料，则须在材料表面涂蜡后(封闭开口孔隙)用排水法测定。当材料的孔隙内含有水分时，其质量和体积均发生变化，故在测定表观密度时，必须注明材料的含水情况。通常，材料的表观密度是指在气干状态(长期在空气中干燥)下测得的表观密度。在烘干状态下测得的表观密度称为干表观密度。

材料表观密度的大小不仅与材料的微观结构和组成有关，还与其宏观结构特征及含水状况等有关。因此，材料在不同的环境状态下，表观密度的大小可能不同。

(3)堆积密度

散粒材料或粉末状材料在自然堆积状态下，单位体积的质量称为材料的堆积密度。材料的堆积密度与材料的表观密度、含水率、堆积的紧密程度等有关。

测定材料的堆积密度时，材料的质量可以是任意含水状态下的，但须说明材料的含水率。通常所指的堆积密度是在气干状态下测得的，称为气干堆积密度，简称堆积密度。材料在绝干状态时的堆积密度，称为绝干堆积密度。

堆积密度还可分为松散堆积密度和振实堆积密度，后者是在给定的装填条件下，通过一定规律振动或轻敲后测得的密度。这种分类反映了装填条件对堆积密度的影响，因为不同的装填条件会导致颗粒之间不同的排列紧密程度，从而影响堆积密度的数值。

在建筑工程中，计算材料用量、构件自重、配料及确定堆放空间时经常要用到材料的密度、表观密度和堆积密度等(表 4.2)。

表 4.2 常用建筑工程材料的密度、表观密度和堆积密度值

材料	密度/(g/cm^3)	表观密度/(kg/m^3)	堆积密度/(kg/m^3)
石灰石	2.6～2.8	2000～2600	
花岗岩	2.6～2.9	2500～2850	
碎石或卵石	2.6～2.9		1400～1700
砂	2.6		1450～1650
黏土	2.6		1600～1800
普通黏土砖	2.5～2.7	1500～1800	
黏土空心砖	2.5～2.7	800～1100	
水泥	3.1		1200～1300
普通混凝土	2.6～2.8	2300～2500	
轻集料混凝土	2.6	2500～2600	800～1900
钢材	7.85	7850	
木材	1.55	400～800	
泡沫塑料	1.0～2.6	10～50	
普通玻璃	2.5～2.6		
建筑陶瓷	2.5～2.7	1800～2500	

4.1.3.2 材料的密实度、孔隙率和空隙率

(1)密实度

材料体积(自然状态)内被固体物质充实的程度称为材料的密实度。密实度反映材料的密实程度,其值越大,材料越密实。

(2)孔隙率

孔隙率是指材料内部孔隙体积占材料在自然状态下体积的百分率,可分为总孔隙率(简称孔隙率)、开口孔隙率和闭口孔隙率。

①总孔隙率　材料内部所有孔隙的体积占材料在自然状态下体积的百分率称为材料的孔隙率。

②开口孔隙率　材料内部开口孔隙的体积占材料在自然状态下体积的百分率称为材料的开口孔隙率。

③闭口孔隙率　材料内部闭口孔隙的体积占材料在自然状态下体积的百分率称为材料的闭口孔隙率。

(3)空隙率

散粒材料在堆积状态下,颗粒间空隙的体积占堆积体积的百分率称为空隙率。空隙率的大小反映了散粒材料颗粒间相互填充的密实程度。在配制混凝土时,空隙率可作为控制混凝土骨料级配与计算砂率的重要依据。可以通过压实或振实的方法获得较小的空隙率,以满足工程的需要。

例如,在配制混凝土、砂浆等材料时,为节约水泥等胶凝材料,改善材料的性能,宜选用空隙率小的砂石。

4.1.3.3 材料与水有关的性质

(1)亲水性和憎水性

水分子与不同固体材料表面之间相互作用的情况不同。当固体材料与水接触时,在材料、水和空气三相交叉点处沿水滴表面作切线,此切线与材料和水接触面的夹角 θ 称为润湿角。润湿角越小,浸润性越好。如果润湿角为零,则表示该材料完全被水浸湿。一般认为,当 $\theta \leqslant 90°$ 时,水分子之间的内聚力小于水分子与材料之间的相互吸引力,这种材料称为亲水材料。当 $\theta > 90°$ 时,水分子之间的内聚力大于水分子与材料之间的相互吸引力,材料表面不会被水浸润,这种材料称为憎水材料。

(2)吸水性

材料在水中吸入水分的能力称为吸水性。材料的吸水性用吸水率表示。

材料的吸水率大小不仅与材料的亲水性或憎水性有关,而且与孔隙率的大小及孔隙特征有关,材料中的孔隙细微而连通,其吸水率较大;材料中的孔隙粗大而封闭,其吸水率较低。各种材料的吸水率相差较大。例如,普通混凝土的吸水率为 2%～3%,黏土砖的吸水率为 8%～20%。

材料吸水后,表观密度和导热性增大,强度降低,体积膨胀且易受冰冻破坏。因此,吸水率大对材料性质是不利的。

(3)吸湿性

材料在潮湿的空气中吸收水分的性质称为材料的吸湿性。材料吸湿性的大小用含水率表示。含水率是指材料内部所含水的质量占材料干燥质量的百分率。材料含水会增大表观密度

和导热性，降低强度，增加体积且易受冰冻破坏。例如，木材的吸湿性较大，这不仅增加其质量，而且还会降低材料的强度。保温材料吸湿性大将降低其保温隔热的性能，故对保温材料应采取有效的防潮措施。

(4)耐水性

材料抵抗水破坏的能力称为耐水性。材料的耐水性通常用软化系数表示，即材料在吸水饱和状态下的抗压强度与材料在干燥状态下的抗压强度之比。软化系数的大小表明材料浸水后强度降低的程度。一般情况下，材料随含水量的增加，其强度都有不同程度的降低，软化系数的范围一般在 0～1 之间波动。通常工程中软化系数大于 0.85 的材料可看作是耐水材料，可以用于水中或潮湿环境中的重要结构。

(5)抗渗性

材料抵抗压力水(或其他液体)渗透的性质称为材料的抗渗性。材料的抗渗性一般用抗渗系数表示。抗渗系数越小，表示材料的抗渗性越差。有些材料(如混凝土、砂浆等)的抗渗性也常用抗渗等级来表示。抗渗等级是材料在标准试验方法下，用规定的试件进行透水试验，由试件在透水前所能承受的最大水压力来确定的。抗渗等级愈高，材料的抗渗性愈好。

材料的抗渗性与材料的孔隙率和孔隙特征有关。孔隙率低而且是封闭孔隙的材料具有较高的抗渗性。水的渗透会对材料的性质和使用带来不利的影响，尤其当材料处于压力水中时。材料的抗渗性是决定其工程使用寿命的重要因素。因此，对于地下建筑及水工构筑物，因常受到压力水的作用，故要求材料具有好的抗渗性；对于防水材料，则要求具有更高的抗渗性。

(6)抗冻性

材料在水饱和状态下，能够经受多次冻融循环作用而不被破坏，强度也不严重降低的性质，称为材料的抗冻性。材料的抗冻性用抗冻等级表示。即以规定的试件，在规定的试验条件下，测得其强度降低不超过规定值，并无明显损坏和剥落时所能经受的冻融循环次数，以此作为抗冻等级。例如混凝土抗冻等级 F50，表示混凝土所能承受的最大冻融循环次数为 50 次，强度下降不超过 25%，质量损失不超过 5%。

材料的抗冻性主要与孔隙率、孔隙特性、抵抗胀裂的强度等有关，工程中常从这些方面改善材料的抗冻性。材料强度越高，抗冻性越好；孔隙率小、封闭孔隙含量多的材料，抗冻性好。冬季室外温度低于－15℃的地区，其主要工程材料必须进行抗冻性试验。

抗冻性良好的材料，对于抵抗大气温度变化、干湿交替等风化的能力较强。所以，材料的抗冻性常作为评估材料耐久性好坏的一项指标。

4.1.3.4 材料的基本力学性质

材料的力学性质是指材料在外力作用下，抵抗破坏能力和变形能力的性质。它是建筑工程材料最重要的技术性质。

(1)强度和变形

材料在外力(荷载)作用下破坏时所能承受的最大应力称为材料的强度。材料受外力作用时，其内部产生应力。外力增加，应力相应增大，直至材料内部质点间结合力不足以抵抗所承受的外力时，材料即发生破坏。材料破坏时，应力达到极限值，这个极限应力即为材料的强度。根据所受外力作用形式不同，材料的强度分为抗拉强度、抗压强度、抗弯强度和抗剪强度等。

材料在外力作用下产生变形，当外力撤除后能完全恢复到原始状态的性质称为材料的弹性。这种可恢复的变形称为弹性变形。衡量材料抵抗变形能力的指标是弹性模量。弹性模量越大，材料越不容易变形，即材料的刚度好。另外，材料在外力作用下产生变形，当外力撤除后有部分变形不能恢复，这种性质称为材料的塑性。这种不能恢复的变形称为塑性变形。在实际工程中，完全弹性变形的材料是不存在的，大多数材料的变形既有弹性变形，也有塑性变形。例如建筑钢材在受力不大的情况下，仅产生弹性变形；当受力超过一定值后产生塑性变形。再比如混凝土在受力时弹性变形和塑性变形同时发生，当取消外力后，弹性变形可以恢复，而塑性变形则不能恢复。

(2)硬度和耐磨性

材料的硬度是指材料表面抵抗硬物压入或刻划的能力，目前广泛使用的测定硬度的方法是压入法。耐磨性是指材料表面抵抗磨损的能力。耐磨性几乎和材料的所有性能都有关系，如硬度、晶体结构的晶体互溶性、温度、塑性和韧性、强度、夹杂物等冶金缺陷以及表面粗糙度。在不同磨耗机理条件下，为提高耐磨性对材料性能亦有不同要求。在建筑工程中，对于用作踏步、台阶、地面、路面等的材料，一般都应具备较高的耐磨性。

(3)脆性和韧性

材料在外力作用下，当外力达到一定数值时，材料发生突然破坏，且破坏时无明显的塑性变形，这种性质称为材料的脆性。具有这种性质的材料称为脆性材料。一般地说，脆性材料的抗压强度远远高于其抗拉强度，它对承受振动和冲击作用是极为不利的。土木工程材料中的砖、石、陶瓷、玻璃和铸铁等属于脆性材料。

材料在冲击或振动荷载作用下，能吸收较大的能量，产生较大的变形而不破坏的性质，称为材料的韧性。具有这种性质的材料称为韧性材料。材料的韧性是用冲击试验来检验的，因而又称为冲击韧性，它用材料受荷载作用达到破坏时所吸收的能量来表示。韧性材料抵抗冲击荷载和振动作用的能力强，可用于桥梁、吊车梁等承受冲击荷载的结构和有抗震要求的结构。钢材、木材等属于韧性材料。

4.1.3.5　材料的耐久性和装饰性

(1)耐久性

材料的耐久性是指用于建筑工程的材料，在各种环境因素长期作用下保持其原有性质的能力。

材料在建筑物使用过程中，除内在原因使其组成、构造发生变化以外，还要长期受到使用条件及各种自然因素的作用，例如物理作用、化学作用、机械作用和生物作用等。

材料的耐久性是一项综合性质，各种材料耐久性的具体内容因其组成和结构不同而异，例如，金属材料主要因化学作用被腐蚀，无机非金属材料(如砖、石材、混凝土等)主要受大气的物理作用而被破坏，木材、竹材等植物纤维材料常因昆虫、菌类的蛀蚀而腐朽破坏，沥青和高分子材料在阳光、空气及辐射的作用下会逐渐变得硬脆、老化而破坏。因此，选用材料时必须考虑其耐久性因素，这对于节约建筑材料及保证建筑物长期正常使用、减少维修费用、延长使用寿命等都具有十分重要的意义。

(2)装饰性

建筑是技术与艺术相结合的产物，而建筑艺术的发挥，除建筑设计外，在很大程度上取决于建筑材料的装饰性。

材料的装饰性体现在可通过材料的色彩、透明性、光泽、表面质感和形状尺寸等装饰功能达到美化建筑物的目的。

4.1.3.6 材料的环境协调性

材料的环境协调性是指材料在生产、使用和废弃全生命周期中要有较低的环境负荷，包括生产中废物的利用、减少“三废”的产生，使用中减少对环境的污染，废弃时有较高的可回收率。具有优良环境协调性的材料对资源和能源消耗少，对生态和环境污染小，再生利用率高，可降解和可循环利用，而且要求从材料制造、使用、废弃直至再生利用的整个生命周期中，都必须具有与环境的协调共存性。

研究开发环境协调性建筑材料是21世纪建筑材料发展的重要课题。例如，利用工业废料、建筑垃圾等生产各种材料，研制新型保温隔热材料、绿色装饰装修材料、新型墙体材料、自密实混凝土、透水透气性混凝土、绿化混凝土、水中生物适应型混凝土以及高强度、高性能、高耐久性材料等。

4.2 砌筑材料

砌筑材料较多被用作墙体材料。砖、砌块及石材等是砌体结构的主要砌筑材料，多用于建筑物或构筑物中承受竖向荷载作用的墙、柱、拱、桥墩、基础等受压构件和结构中。

4.2.1 砌墙砖

砌墙砖是指以黏土、工业废料及其他地方资源为主要原料，按不同工艺制成的，在建筑上用来砌筑墙体的块状材料。砌墙砖一般指长度不超过365 mm、宽度不超过240 mm、高度不超过115 mm的砌筑用小型块材。砌墙砖按制作工艺分为烧结砖和非烧结砖（也称免烧砖）；按孔洞率和孔洞特征不同分为普通砖、多孔砖、空心砖；按所用原料不同可分为黏土砖、煤矸石砖、页岩砖、粉煤灰砖和炉渣砖等。

4.2.1.1 烧结普通砖

根据《烧结普通砖》(GB/T 5101—2017)规定，采用黏土、页岩、煤矸石、粉煤灰、建筑渣土、淤泥（江河湖淤泥）、污泥等为主要原料，经成型、焙烧而成的主要用于建筑物承重部位的普通砖，称为烧结普通砖。

烧结普通砖按主要原料分为黏土砖(N)、页岩砖(Y)、煤矸石砖(M)、粉煤灰砖(F)、建筑渣土砖(Z)、淤泥砖(U)、污泥砖(W)和固体废弃物砖(G)。采用两种原材料，掺配比质量大于50%以上的为主要原材料；采用3种或3种以上原材料，掺配比质量最大者为主要原材料；污泥掺量达到30%以上的可称为污泥砖。

烧结普通砖外形为直角六面体，其公称尺寸为：长240 mm、宽115 mm、高53 mm。烧结普通砖的强度等级分为MU30、MU25、MU20、MU15和MU10五级。MU表示砌体中的块体(masonry unity)，后面的数值表示烧结普通砖的强度大小，单位为MPa。

烧结普通砖具有一定的强度及良好的绝热性、耐久性，且原料广泛，工艺简单，是传统的墙体材料，主要用于砌筑建筑的内外墙、柱、拱、烟囱和窑炉。在砌体中配制钢筋或钢丝网形成配筋砌体，可代替钢筋混凝土柱和过梁等构件。

由于烧结普通砖能耗高，烧砖毁田，污染环境，且烧结普通砖自重大，尺寸小，砌筑速度慢，施工效率低。因此，我国对实心黏土砖的生产、使用有严格限制。

4.2.1.2 烧结多孔砖和空心砖

在土木工程中，采用烧结多孔砖和空心砖代替普通砖，可减轻建筑物自重、节约黏土、提高施工效率并能改善墙体的保温、隔声性能。因此，推广使用多孔砖和空心砖是加快我国墙体材料改革的重要措施。烧结多孔砖和空心砖的主要原材料、生产工艺与烧结普通砖相同，但由于坯体有孔洞，增加了成型的难度，因此对原材料的可塑性要求较高。

烧结多孔砖是经过焙烧而成的孔洞率大于28%、砖内矩形孔洞宽度不大于13 mm、孔多而小的烧结砖。烧结多孔砖的单孔尺寸小，孔的数量多且分布均匀，具有较高的强度。烧结多孔砖主要用于六层以下的承重墙体，也可用作框架结构的填充墙。根据《烧结多孔砖和多孔砌块》(GB/T 13544—2011)，抗压强度等级分为MU30、MU25、MU20、MU15和MU10五级。砖的密度等级分为1000、1100、1200、1300四个等级。

烧结空心砖是经过焙烧而成的孔洞率大于40%的烧结砖。烧结空心砖孔洞尺寸大，孔洞率高，质量轻，具有良好的保温隔热性能，但强度较低，主要用于非承重填充墙和轻质墙体材料使用。根据《烧结空心砖和空心砌块》(GB/T 13545—2014)，抗压强度等级分为MU10、MU7.5、MU5.0和MU3.5四级，密度等级分为800、900、1000、1100四个等级。

4.2.1.3 蒸养(压)砖

蒸养(压)砖也称非烧结砖，是以石灰和含硅材料(砂子、粉煤灰、煤矸石、炉渣和页岩等)加水拌和，经压制成型、蒸汽养护或蒸压养护而成。生产这类砖可以大量利用工业废弃物，减少环境污染，无须占用农田，且可常年稳定生产。因此，这类砖将是我国墙体材料的主要发展方向之一。

根据原料的来源可以将非烧结砖分为灰砂砖、粉煤灰砖和炉渣砖等，它们均是水硬性材料，在潮湿环境中使用时强度不会降低。

(1)蒸压灰砂实心砖

蒸压灰砂实心砖是以石灰和砂为主要原料，经坯料制备、压制成型、蒸压养护而成的实心砖，简称灰砂砖。根据《蒸压灰砂实心砖和实心砌块》(GB/T 11945—2019)，蒸压灰砂砖的强度等级有MU30、MU25、MU20、MU15和MU10五级，蒸压砖吸水率不应大于12%。

(2)蒸压粉煤灰砖

蒸压粉煤灰砖是以粉煤灰、生石灰为主要原料，可掺加适量石膏等外加剂和其他集料，经坯料制备、压制成型、高压蒸汽养护而成的实心砖，简称粉煤灰砖。灰砂砖和粉煤灰砖的规格尺寸与普通烧结砖相同。根据《蒸压粉煤灰砖》(JC/T 239—2014)，蒸压粉煤灰砖的强度等级有MU30、MU25、MU20、MU15和MU10。

(3)炉渣砖

炉渣砖是以炉渣(水泥、电石渣)为主要原料，掺入适量石灰、石膏，经混合、压制成型、蒸养或蒸压养护而成的实心炉渣砖。炉渣砖主要用于一般建筑物的墙体和基础部位。根据《炉渣砖》(JC/T 525—2007)，炉渣砖强度等级有MU25、MU20、MU15。

4.2.2 墙用砌块

4.2.2.1 蒸压加气混凝土砌块

蒸压加气混凝土是以硅质材料(砂、粉煤灰、粒化高炉矿渣等)和钙质材料(水泥、石灰等)为主要原材料，掺加发气剂及其他调节材料，通过配料、浇筑、发气静停、切割、蒸压养护等工序制成的多孔轻质硅酸盐建筑制品，蒸压加气混凝土用于墙体砌筑的矩形块材称为蒸压加气混凝土砌块。

蒸压加气混凝土砌块具有质量轻（约为普通黏土砖的1/3）、保温隔热性好、易加工、施工方便、劳动生产率高等优点，主要用于低层建筑的承重墙、框架结构的填充墙及其他非承重墙，也可作为保温隔热材料用于复合墙板和屋面结构中。蒸压加气混凝土砌块不得用于建筑基础和处于浸水、高湿和有化学侵蚀的环境中的建筑部位，也不能用于承重制品表面温度高于80℃的建筑部位。

根据《蒸压加气混凝土砌块》（GB 11968—2020）规定，砌块按照尺寸偏差分为Ⅰ型和Ⅱ型。Ⅰ型适用于薄灰缝砌筑，Ⅱ型适用于厚灰缝砌筑；按抗压强度分为A1.5、A2.0、A2.5、A3.5、A5.0五个级别，强度级别为A1.5、A2.0的砌块适用于建筑保温；按干密度分为B03、B04、B05、B06、B07五个级别，干密度为B03、B04的砌块适用于建筑保温。

4.2.2.2　普通混凝土小型砌块

普通混凝土小型砌块是以水泥、矿物掺合料、砂、石、水为原材料，经搅拌、振动成型、养护等工序制成的小型砌块，包括空心砌块和实心砌块。

根据《普通混凝土小型砌块》（GB 8239—2014）规定，砌块按空心率分为空心砌块（空心率不小于25%，代号：H）和实心砌块（空心率小于25%，代号：S）；砌块按使用时砌筑墙体的结构和受力状况，分为承重结构用砌块（代号：L，简称承重砌块）、非承重结构用砌块（代号：N，简称非承重砌块）。按照砌块的抗压强度分级，如表4.3所示。

表4.3　普通混凝土小型砌块的强度等级（MU）

砌块种类	承重砌块（L）	非承重砌块（N）
空心砌块（H）	7.5、10.0、15.0、20.0、25.0	5.0、7.5、10.0
实心砌块（S）	15.0、20.0、25.0、30.0、35.0、40.0	10.0、15.0、20.0

普通混凝土小型砌块作为烧结砖的替代材料，可用于各类建筑的内、外墙，可用于承重墙，也可用于非承重墙。在砌块的空洞内浇筑配筋芯柱，能提高墙体的承载力和建筑物的延性。

4.2.2.3　轻集料混凝土小型空心砌块

轻集料混凝土是用轻集料、轻砂（或普通砂）、水泥和水等原材料配制而成的干表观密度不大于1950 kg/m^{3}的混凝土。采用轻集料混凝土制成的小型空心砌块称为轻集料混凝土小型空心砌块。轻集料有陶粒、煤渣、煤矸石、火山渣、浮石等。

根据《轻集料混凝土小型空心砌块》（GB/T 15229—2011）规定，砌块按干表观密度分为：700、800、900、1000、1100、1200、1300、1400八个等级，除自燃煤矸石掺量不小于砌块质量35%的砌块外，其他砌块的最大密度等级为1200。砌块强度等级分为：MU2.5、MU3.5、MU5.0、MU7.5、MU10.0五级。

轻集料混凝土小型空心砌块可用于建筑物的承重墙体和非承重墙体，也可用于既承重又保温或专门保温的墙体，特别适合高层建筑的填充墙和内隔墙。

4.2.2.4　粉煤灰砌块

根据《粉煤灰砌块》（JC 238—1991）规定，粉煤灰砌块是以粉煤灰、石灰、石膏和骨料等为原料，加水搅拌、振动成型、蒸汽养护而成的。粉煤灰砌块的形状为直角六面体。粉煤灰砌块主要用于一般建筑物的墙体和基础。但由于粉煤灰砌块的干缩值较大，变形大于同强度等级的水泥混凝土制品，因此不宜用于长期受高温影响的承重墙，也不宜用于有酸性介质侵蚀的部位。

4.2.3　石材

石材可分为天然石材和人工石材。天然石材是指从天然岩体中开采出来的，并经加工成块状或板状材料的总称。建筑工程常用的天然石材有下面几种：

4.2.3.1　石灰岩

石灰岩的主要成分为碳酸钙或白云石，密度为 960～2500 kg/m^3，抗压强度为 22～140 MPa，耐用年限为 20～40 年。石灰岩质地较硬，易于琢磨，多用于建筑物的基础、墙身、台阶等处，还是制造水泥的主要材料。

4.2.3.2　砂岩

砂岩的主要成分为二氧化硅和石英颗粒等，密度为 2200～2500 kg/m^3，抗压强度为 48～140 MPa，耐用年限为 20～180 年。砂岩的品质好坏随黏结物质的种类而异，多用于基础、墙身、台阶、纪念碑及其他装饰处。

4.2.3.3　大理石

大理石由石灰岩或白云岩变质而成，密度为 2600～2700 kg/m^3，抗压强度为 70～120 MPa，耐用年限为 40～100 年。大理石颜色多样，纹理美丽、自然，易于雕琢磨光，主要用于建筑装饰工程。

4.2.3.4　花岗岩

花岗岩是岩浆岩中分布最广的一种岩石，其主要造岩矿物有石英、长石、云母和少量暗色矿物。

花岗岩坚硬致密，抗压强度高，在 120～250 MPa 之间；表观密度为 2600～2700 kg/m^3；耐磨性好，耐久性高，使用年限可达数十年至数百年。

在建筑工程中，花岗岩是用得最多的一种岩石。因其质地致密、坚硬耐磨、美观而豪华，被公认是高级的建筑结构材料和装饰材料。花岗岩可用于基础、勒脚、柱和室内外墙面等，是室内外的高级装饰、装修材料。

4.3　气硬性胶凝材料

在建筑上凡是经过一系列物理、化学作用，能够将散状材料或块状材料黏结成整体的材料统称为胶凝材料。按化学成分分，胶凝材料有有机胶凝材料和无机胶凝材料。有机胶凝材料包括各种沥青、树脂、橡胶等。无机胶凝材料按硬化条件分为气硬性胶凝材料和水硬性胶凝材料。气硬性胶凝材料只能在空气中凝结硬化，即在空气中保持和发展其强度，但气硬性胶凝材料的耐水性差，不宜用于潮湿环境。常用的气硬性胶凝材料有石灰、石膏、水玻璃和菱苦土等。

4.3.1　石灰

石灰是一种古老的建筑工程材料。因其原料来源广泛，生产工艺简单，成本低廉，目前仍被广泛用于建筑工程中。

4.3.1.1　石灰的生成

生产石灰所用的原料是主要含碳酸钙的天然岩石，常用的是石灰石和白垩等。石灰一般是天然岩石在立窑中进行煅烧而成。煅烧后生成生石灰，其主要成分为氧化钙(CaO)。

4.3.1.2　石灰的熟化和硬化

(1)石灰的熟化

石灰的熟化又称消解，它是生石灰(CaO)与水作用生成熟石灰[$Ca(OH)_2$]的过程。在熟化过程中放出大量的热，体积迅速增加1～2.5倍。建筑工程中常用经熟化后的熟石灰，如石灰膏等。

(2)石灰的硬化

石灰的硬化包括干燥硬化和碳化硬化。

①干燥硬化　干燥硬化是石灰浆体在干燥过程中毛细孔隙失水。由于水的表面张力的作用，毛细孔隙中的水面呈弯月面，从而产生毛细管压力，使得 $Ca(OH)_2$ 颗粒间的接触紧密，产生一定的强度。干燥过程中因水分的蒸发，$Ca(OH)_2$ 也会在过饱和溶液中结晶，但结晶数量很少，产生的强度很低。若再遇水，因毛细管压力消失，$Ca(OH)_2$ 颗粒间紧密程度降低，且 $Ca(OH)_2$ 微溶于水，强度丧失。

②碳化硬化　碳化硬化是 $Ca(OH)_2$ 与空气中的 CO_2 化合生成 $CaCO_3$ 晶体。生成的 $CaCO_3$ 具有相当高的强度。由于空气中 CO_2 的浓度很低，因此碳化过程极为缓慢。当石灰浆体含水量过少，处于干燥状态时，碳化反应几乎停止。石灰浆体含水量多时孔隙中几乎充满水，CO_2 气体难以渗透，碳化作用仅在表面进行，生成的 $CaCO_3$ 达到一定厚度时，阻碍 CO_2 向内渗透，同时也阻碍内部水分向外蒸发，从而减慢了碳化速度。

从石灰浆体的硬化过程可以看出，石灰浆体硬化速度慢，硬化后强度低，耐水性差。

4.3.1.3　石灰的性质和应用

(1)石灰的性质

①保水性、可塑性好　石灰熟化生成的 $Ca(OH)_2$ 颗粒极其细小，比表面积(材料的总表面积与其质量的比值)很大，使得氢氧化钙颗粒表面吸附有一层较厚的水膜，即石灰的保水性好。由于颗粒间的水膜较厚，颗粒间的滑移较易进行，即可塑性好。这一性质常被用来改善水泥砂浆的保水性。

②凝结硬化慢、强度低　石灰的凝结硬化很慢，且硬化后的强度很低。如石灰砂浆28 d抗压强度只有0.2～0.5 MPa。

③耐水性差　潮湿环境中石灰浆体不会产生凝结硬化。硬化后的石灰浆体的主要成分为 $Ca(OH)_2$ 和少量的 $CaCO_3$。由于 $Ca(OH)_2$ 可微溶于水，所以石灰的耐水性很差。

④干燥收缩大　$Ca(OH)_2$ 颗粒吸附的大量水分在凝结硬化过程中不断蒸发，并产生很大的毛细管压力，使石灰浆体因产生很大的收缩而开裂，因此石灰除用于粉刷墙面外一般不宜单独使用。

(2)石灰的应用

①利用熟化石灰制成石灰砂浆或水泥石灰混合砂浆，用于抹灰和砌筑。

②以石灰与石英砂、粉煤灰、矿渣等为主要原料，生产人造石材，如硅酸盐混凝土及其制品等。

③熟化后的石灰与黏土拌和成灰土或石灰土。若再加砂或石屑、炉渣等形成三合土。广

泛用于建筑工程的基础和道路的垫层或基层。

④磨细生石灰、纤维状填料(如玻璃纤维)或轻质骨料加水搅拌成型为坯体,然后再通入CO_2进行人工碳化(12～24 h)形成一种轻质板材,这种板材可作为非承重的内隔墙板以及天花板等。

另外,生石灰块及生石灰粉宜在干燥条件下运输和贮存,且应注意防潮、防水。

4.3.2 石膏

石膏是以$CaSO_4$为主要成分的常用气硬性胶凝材料。

4.3.2.1 石膏的生成

生产石膏的原料主要是含$CaSO_4$的天然石膏(又称生石膏)或含$CaSO_4$的化工副产品和废渣等。其化学式为$CaSO_4 \cdot 2H_2O$,也称二水石膏。石膏的生产过程主要包括破碎、加热与磨细等工序。

4.3.2.2 石膏的主要品种

当生产石膏的原材料质量不同以及燃烧过程中压力与温度不同时,可以得到不同品种的石膏。

(1)建筑石膏

将天然$CaSO_4 \cdot 2H_2O$在石膏炒锅或沸腾炉内燃烧且温度控制在107～170℃范围时,$CaSO_4 \cdot 2H_2O$脱水为呈细小晶体的β型$CaSO_4 \cdot 0.5H_2O$,再经磨细制得。建筑石膏呈白色或白灰色粉末,多用于建筑工程中的抹灰、粉刷、砌筑砂浆及生产各种石膏制品。

(2)模型石膏

模型石膏的主要成分也是β型$CaSO_4 \cdot 0.5H_2O$,但杂质少、色白,主要用于陶瓷制坯工艺的成型和装饰浮雕等。

(3)高强石膏

将$CaSO_4 \cdot 2H_2O$在密闭的压蒸釜内(124℃、0.13 MPa压力)蒸炼脱水成为半水石膏,又称α型半水石膏,再经磨细制得。与β型半水石膏相比,α型半水石膏的晶体粗大且密实,达到一定稠度所需的用水量小,且只有建筑石膏的一半。因此这种石膏硬化后结构密实、强度较高,硬化7 d时的强度可达15～40 MPa。高强石膏主要用于要求较高的抹灰工程、装饰制品和石膏板。另外,掺入防水剂还可制成高强度防水石膏和无收缩的黏结剂等。

(4)粉刷石膏

粉刷石膏是天然$CaSO_4 \cdot 2H_2O$或废石膏经适当工艺所得到的粉状生成物。当配适量的缓凝剂、保水剂等化学外加剂后制成抹灰用胶结料。

石膏的品种虽很多,但在建筑中应用最多的是建筑石膏。

4.3.2.3 建筑石膏的性质

(1)凝结硬化时间短;

(2)凝结硬化时体积微膨胀;

(3)孔隙率大;

(4)保温性和吸声性好;

(5)强度较低

(6)具有一定的调湿性

由于石膏制品内部的大量毛细孔隙对空气中的水蒸气具有较强的吸附能力，所以对室内的空气湿度有一定的调节作用。

(7)防火性好

建筑石膏制品的导热系数小、传热慢。在遇到火灾时，$CaSO_4 \cdot 2H_2O$ 中的结晶水蒸发，吸收热量，并在表面形成蒸汽幕和脱水物隔热层，可在一定时间内阻止火势的蔓延，起到良好的防火效果。

(8)耐水性、抗渗性、抗冻性差

建筑石膏制品孔隙率大，且 $CaSO_4 \cdot 2H_2O$ 可微溶于水，遇水后强度大大降低，建筑石膏是不耐水的材料。

4.3.2.4 建筑石膏的应用

(1)作室内抹灰和粉刷材料用。

(2)制作石膏板。

石膏板具有轻质、隔热保温、吸声、防火、尺寸稳定及施工方便等性能，在建筑中得到广泛的应用，是一种很有发展前途的新型建筑材料。例如，纸面石膏板、纤维石膏板、装饰石膏板、空心石膏板以及各种装饰型和吸声型板等。

建筑石膏在存储中应注意防雨、防潮，存储期一般不宜超过三个月。

4.4 水 泥

水泥加水拌和后，经过物理、化学反应过程能由可塑性浆体变为坚硬的石状体，它不仅能在空气中硬化，而且在水中能更好地硬化，保持并继续增长其强度，所以水泥属于水硬性胶凝材料。水泥是配制各种混凝土、钢筋混凝土和预应力混凝土建筑结构和构件的最基本的组成材料之一，因此，水泥是建筑工程中用量最大、使用最广的建筑材料。

水泥的品种很多，按用途和性能分类，有通用水泥、专用水泥和特性水泥三大类。通用水泥是指用于一般土木建筑工程的水泥，如硅酸盐水泥、普通硅酸盐水泥、矿渣硅酸盐水泥、火山灰质硅酸盐水泥、粉煤灰硅酸盐水泥等；专用水泥是适应专门用途的水泥，如低热水泥、砌筑水泥、道路水泥等；而特性水泥是指具有比较突出的某种性能的水泥，如快硬硅酸盐水泥、膨胀水泥、抗硫酸盐水泥等。水泥按组成的成分分类，主要有硅酸盐水泥、铝酸盐水泥、硫铝酸盐水泥、铁铝酸盐水泥等。

4.4.1 通用硅酸盐水泥

通用硅酸盐水泥是以硅酸盐水泥熟料和适量石膏及规定的混合材料制成的水硬性胶凝材料。按混合材料的品种和掺量分为硅酸盐水泥、普通硅酸盐水泥、矿渣硅酸盐水泥、火山灰质硅酸盐水泥、粉煤灰硅酸盐水泥和复合硅酸盐水泥。国家标准《通用硅酸盐水泥》(GB 175—2007)对其组分材料和技术要求等作出了相关的规定。

4.4.1.1 硅酸盐水泥

硅酸盐水泥是通用硅酸盐水泥的基本品种，其他品种的通用硅酸盐水泥都是在它的基础上加入一定量的混合材料制成的。根据《通用硅酸盐水泥》(GB 175—2023)规定，凡由硅酸盐水泥熟料、0～5%石灰石或粒化高炉矿渣/矿渣粉、适量石膏磨细制成的水硬性胶凝材料，称为硅酸盐水泥(即国外通称的波特兰水泥)。硅酸盐水泥分为两种类型,不掺加混合材料的为Ⅰ型硅酸盐水泥,代号为P·Ⅰ;掺加不超过水泥质量5%的石灰石或粒化高炉矿渣/矿渣粉的为Ⅱ型硅酸盐水泥,代号为P·Ⅱ。

(1)硅酸盐水泥的生产

生产硅酸盐水泥的原料主要是石灰质原料和黏土质原料。石灰质原料可采用石灰石、白垩、石灰质凝灰岩等提供氧化钙。黏土质原料可采用黏土、页岩等,主要提供氧化硅、氧化铝及少量的氧化铁。有时还需配入辅助原料,如铁矿石、砂岩等。

生产硅酸盐水泥的工艺可简单概括为"两磨一烧",具体步骤是:将上述原料按适当的比例混合、磨细制成生料,生料均化后送入窑中煅烧至部分熔融形成熟料,熟料与适量石膏共同磨细,即得到Ⅰ型硅酸盐水泥。若将熟料、石膏、不超过水泥质量5%的石灰石或粒化高炉矿渣/矿渣粉共同磨细,即可得到Ⅱ型硅酸盐水泥。

(2)硅酸盐水泥熟料组成

硅酸盐水泥熟料是由主要含 CaO、SiO_2、Al_2O_3、Fe_2O_3 的原料,按照适当比例磨成细粉,送至窑中煅烧至部分熔融,得到的以硅酸钙为主要矿物成分的水硬性胶凝物质。

硅酸盐水泥熟料的主要矿物组成是:硅酸三钙($3CaO \cdot SiO_2$)、硅酸二钙($2CaO \cdot SiO_2$)、铝酸三钙($3CaO \cdot Al_2O_3$)和铁铝酸四钙($4CaO \cdot Al_2O_3 \cdot Fe_2O_3$),其中硅酸钙矿物含量(质量分数)不小于66%,$CaO$ 和 SiO_2 的质量比不小于2.0。硅酸盐水泥熟料除以上四种主要矿物组成外,还有少量的未反应的氧化钙、氧化镁、硫酸盐及硫化物等,其总含量一般不超过水泥质量的10%。

硅酸盐水泥各熟料矿物特性不同,因此可通过调整原材料的配料比例,来改变熟料矿物组成的相对含量,制得不同性能的水泥。如提高硅酸三钙含量,可制成高强水泥;提高硅酸三钙和铝酸三钙含量,可制得快硬水泥;降低硅酸三钙和铝酸三钙含量、提高硅酸二钙含量,可制得中、低热水泥。

(3)硅酸盐水泥的凝结和硬化

水泥加水拌和后成为可塑的水泥浆,由于水泥的水化作用,水泥浆逐渐变稠失去流动性和可塑性而未具有强度的过程,称为水泥的凝结。随后产生强度逐渐发展成为坚硬的人造石的过程,称为水泥的硬化。凝结和硬化是人为划分的两个阶段,实际上是一个连续而复杂的物理化学变化过程。

硅酸盐水泥颗粒与水接触,水泥熟料矿物立即与水发生水化反应,生成水化产物并放出一定热量。充分水化的水泥浆体中,主要水化产物是水化硅酸钙($3CaO \cdot SiO_2 \cdot 3H_2O$)、氢氧化钙[$Ca(OH)_2$]、水化铁酸钙($CaO \cdot Fe_2O_3 \cdot H_2O$)和水化铝酸钙($3CaO \cdot Al_2O_3 \cdot 6H_2O$)。另外还有水化铝酸钙与石膏反应生成的高硫型水化硫铝酸钙(又称钙矾石),它是难溶于水的针状晶体,沉淀在水泥颗粒表面,阻止了水分的进入,降低了水泥的水化速度,延缓了水泥的凝结时间。在水化产物中,水化硅酸钙所占比例最大,为70%以上;氢氧化钙次之,占20%左右。其中水化硅酸钙、水化铁酸钙为胶凝体,具有强度作用;而氢氧化钙、水化铝酸钙、钙矾石皆为晶体,会使水泥石在外界条件下变得疏松,导致水泥石强度下降,是影响硅酸盐水泥耐久性的主要因素。

影响水泥凝结硬化的因素很多,例如,水泥矿物成分的含量、水泥颗粒细度、水灰比、石膏含量、温度与湿度、龄期等。

(4)硅酸盐水泥的特性和应用

①凝结硬化快、强度高 硅酸盐水泥凝结硬化速度快，早期强度和后期强度都较高，尤其适用于对早期强度有较高要求的工程，也适用于重要结构的高强度混凝土和预应力混凝土工程等。

②水化热大、抗冻性好 硅酸盐水泥中硫酸三钙和铝酸三钙的含量高，水化时放出的热量大，有利于冬季施工，但不宜用于大体积混凝土工程。硅酸盐水泥硬化后的水泥石结构密实，抗冻性好，适用于严寒地区和抗冻性要求高的工程。

③干缩小、耐磨性好 硅酸盐水泥硬化时干缩小，不易产生干缩裂缝，可用于环境干燥的工程。由于干缩小，表面不易起粉尘，因此耐磨性好，可用于道路与地面工程。

④耐腐蚀性差 硅酸盐水泥石中有较多的氢氧化钙，耐软水和耐化学腐蚀性差，故硅酸盐水泥不宜用于经常与流动的淡水接触和有压力水作用的工程，也不适用于受海水、矿物水等作用的工程。

⑤耐热性差 硅酸盐水泥石在温度超过 250℃时水化产物开始脱水，体积产生收缩，强度开始下降。当受热温度超过 600℃时，水泥石由于体积膨胀而造成破坏。因此，硅酸盐水泥不宜用于耐热要求高的工程。

⑥抗碳化性好 水泥石中的氢氧化钙与空气中的二氧化碳和水作用生成碳酸钙的过程为碳化，碳化会引起水泥石内部的碱度降低。当水泥石的碱度降低时，钢筋混凝土中的钢筋便失去钝化保护膜而锈蚀。硅酸盐水泥在水化后，水泥石中含有较多的氢氧化钙，碳化时水泥的碱度下降少，对钢筋的保护作用增强，可用于重要的钢筋混凝土结构及二氧化碳浓度较高的环境中。

4.4.1.2 其他通用硅酸盐水泥

其他品种的通用硅酸盐水泥通常是在硅酸盐水泥的基础上掺加一定量的混合材料制成的，常用的有普通硅酸盐水泥、矿渣硅酸盐水泥、火山灰质硅酸盐水泥、粉煤灰硅酸盐水泥和复合硅酸盐水泥。

(1)混合材料

混合材料是指在磨制水泥时加入的各种矿物材料，可分为活性混合材料和非活性混合材料两种。

①活性混合材料

活性混合材料是指能与水泥熟料的水化产物 $Ca(OH)_2$ 等发生化学反应，并形成水硬性胶凝材料的矿物质材料。常用的活性混合材料有以下几种：

a. 粒化高炉矿渣/矿渣粉 粒化高炉矿渣是高炉炼铁所得的以硅酸钙和铝酸钙为主要成分的熔融物，经急速冷却而成的颗粒。由于急速冷却，粒化高炉矿渣呈玻璃体，玻璃体结构中的活性 SiO_2 和活性 Al_2O_3 与水化产物 $Ca(OH)_2$、水等作用形成新的水化产物而产生胶凝作用。矿渣粉是以粒化高炉矿渣为主要原料，可掺加少量天然石膏，磨制成一定细度的粉体。

b. 火山灰质混合材料 火山灰质混合材料的品种很多，天然矿物材料有火山灰、凝灰岩、浮石、硅藻土等；工业废渣和人工制造的有自燃煤矸石、煤渣、烧黏土、硅灰等。此类材料的活性成分也是活性 SiO_2 和活性 Al_2O_3，其潜在水硬性原理同粒化高炉矿渣。

c. 粉煤灰混合材料 粉煤灰是火力发电厂用收尘器从烟道中收集的灰粉，主要成分是活性 SiO_2 和活性 Al_2O_3，其潜在水硬性原理同粒化高炉矿渣。

②非活性混合材料

非活性混合材料是指掺入水泥后，主要起填充作用而又不损害水泥性能的矿物材料，常用的品种有磨细石英砂、石灰石、炉灰等。非活性混合材料的主要作用是改善水泥的某些性能，如调节水泥强度等级、增加水泥产量、降低水化热等。

(2)普通硅酸盐水泥

凡由硅酸盐水泥熟料、6%～20%混合材料、适量石膏磨细制成的水硬性胶凝材料，称为普通硅酸盐水泥，简称普通水泥，代号为P·O。掺活性混合材料时，其最大掺量不得超过20%，其中允许用不超过水泥质量5%的窑灰或不超过水泥质量8%的非活性混合材料来代替。

普通硅酸盐水泥中所掺入的混合材料较少，绝大部分仍为硅酸盐水泥熟料，其成分与硅酸盐水泥相近，因而其性能和应用与同强度等级的硅酸盐水泥也极为相近；但毕竟所掺混合材料稍多一些，因而与硅酸盐水泥相比，早期硬化速度稍慢，抗冻性与耐磨性能也略差。它被广泛用于各种混凝土或钢筋混凝土工程，是我国主要水泥品种之一。

(3)矿渣硅酸盐水泥

由硅酸盐水泥熟料、粒化高炉矿渣/矿渣粉、适量石膏磨细制成的水硬性胶凝材料称为矿渣硅酸盐水泥，简称矿渣水泥，代号为P·S，分A、B两种类型。其中P·S·A型水泥中粒化高炉矿渣/矿渣粉的掺加量按质量分数计为21%～50%；P·S·B型水泥中粒化高炉矿渣/矿渣粉的掺加量按质量分数计为51%～70%。允许用石灰石、火山灰质混合材料中的一种代替矿渣，但代替量不得超过水泥质量的8%，替代后P·S·A型水泥中粒化高炉矿渣/矿渣粉含量不得小于水泥质量的21%，替代后P·S·B型水泥中粒化高炉矿渣/矿渣粉含量不得小于水泥质量的51%。矿渣硅酸盐水泥的性能如下所示：

①早期强度发展慢，后期强度增长快　不适用于早期强度要求较高的工程，如现浇混凝土楼板、梁、柱等。

②耐热性好　因矿渣本身有一定的耐高温性，且硬化后水泥石中的氢氧化钙含量少，所以矿渣水泥适于高温环境。如轧钢、铸造高温车间的高温窑炉基础等。

③水化热小　可以用于大体积混凝土工程。

④耐腐蚀性好　可用于海港、水工等受硫酸盐和软水腐蚀的混凝土工程。

⑤硬化时对温度、湿度敏感性强　特别适用于蒸汽养护的混凝土预制构件。

⑥抗碳化能力差　一般不用于热处理车间的修建。

⑦抗冻性差　不宜用于严寒地区，特别是严寒地区水位经常变动的部位。

(4)火山灰质硅酸盐水泥、粉煤灰硅酸盐水泥、复合硅酸盐水泥

火山灰质硅酸盐水泥代号为P·P，其中含有质量分数为21%～40%的火山灰质混合材料；粉煤灰硅酸盐水泥代号为P·F，其中含有质量分数为21%～40%的粉煤灰；复合硅酸盐水泥代号为P·C，其中含有由粒化高炉矿渣/矿渣粉、粉煤灰、火山灰质混合材料、石灰石和砂岩中的三种(含)以上材料组成的混合材料，混合材料质量分数为21%～50%，其中石灰石含量(质量分数)不应大于水泥质量的15%。

这三种水泥与矿渣硅酸盐水泥的性质和应用有很多共同点，如早期强度发展慢，后期强度增长快；水化热小；耐腐蚀性好；温、湿度敏感性强；抗碳化能力差；抗冻性差等。但由于每种水泥所加入混合材料的种类和掺加量不同，因此也各有其特点。

①火山灰质硅酸盐水泥抗渗性好。因为火山灰颗粒较细，比表面积大，可使水泥石结构密

实。又因在潮湿环境下使用时，水化过程中产生较多的水化硅酸钙，可增加结构的致密程度，因此火山灰质硅酸盐水泥适用于有抗渗要求的混凝土工程。但在干燥、高温的环境中，与空气中的二氧化碳反应使水泥中硅酸钙分解成碳酸钙和氧化硅，易产生“起粉”现象，不宜用于干燥环境中的工程，也不宜用于有抗冻和耐磨要求的混凝土工程。

②粉煤灰硅酸盐水泥干缩较小，抗裂性高。粉煤灰颗粒多呈球形玻璃体结构，比较稳定，表面又相当致密，吸水性小，不易水化，因而粉煤灰硅酸盐水泥干缩较小，抗裂性高，用其配制的混凝土和易性好，但其早期强度较其他掺混合材料的水泥低。所以，粉煤灰硅酸盐水泥适用于承受荷载较迟的工程，尤其适用于大体积水利工程。

③复合硅酸盐水泥综合性质较好。复合硅酸盐水泥由于使用了复合混合材料，改变了水泥石的微观结构，促进水泥熟料的水化，其早期强度大于同强度等级的矿渣硅酸盐水泥、粉煤灰硅酸盐水泥、火山灰质硅酸盐水泥。因而复合硅酸盐水泥的用途较硅酸盐水泥、矿渣硅酸盐水泥等更为广泛，是一种大力发展的新型水泥。

4.4.1.3 通用硅酸盐水泥的技术要求

根据国家标准《通用硅酸盐水泥》(GB 175—2023)规定，对水泥的技术性质要求如下：

(1)化学要求　化学指标应符合《通用硅酸盐水泥》(GB 175—2023)中7.1节相关的规定。

(2)水泥中水溶性铬(Ⅵ)应符合GB 31893的要求

(3)碱含量　水泥中碱含量以$w(Na_2O)+0.658w(K_2O)$计算值表示。当用户要求提供低碱水泥时，水泥中碱含量由买卖双方协商确定。

(4)凝结时间　水泥凝结时间是指水泥从开始加水拌和到失去流动性所需要的时间，分为初凝时间和终凝时间。初凝时间为水泥从开始加水拌和起至水泥浆开始失去可塑性所需要的时间；终凝时间是从水泥开始加水拌和起至水泥浆完全失去可塑性并开始产生强度所需的时间。水泥的凝结时间是以标准稠度的水泥净浆在规定温度和湿度下，用凝结时间测定仪测定的，试验中必须采用标准稠度的水泥净浆。水泥的凝结时间对施工有重要实际意义，其初凝时间不宜过早，以便在施工中有足够的时间完成混凝土或砂浆的搅拌、运输、浇捣和砌筑等操作；终凝时间不宜过迟，以使水泥能尽快硬化和产生强度，进而缩短施工工期。

硅酸盐水泥的初凝时间不应小于45 min，终凝时间不应大于390 min。普通硅酸盐水泥、矿渣硅酸盐水泥、火山灰质硅酸盐水泥、粉煤灰硅酸盐水泥和复合硅酸盐水泥的初凝时间不应小于45 min，终凝时间不应大于600 min。水泥初凝时间不符合要求的为废品，终凝时间不符合要求的为不合格品。

(5)体积安定性　水泥体积安定性是指水泥在凝结硬化过程中体积变化的均匀性。当水泥浆体在硬化过程中体积发生不均匀变化时，会导致水泥制品膨胀、翘曲、产生裂缝等，即所谓体积安定性不良。水泥体积安定性不符合要求的为废品。根据规范要求，水泥应满足沸煮法(GB/T 1346—2011)合格与压蒸法(GB/T 750—1992)合格要求。

(6)强度及强度等级　水泥的强度是水泥的重要技术指标，是评定水泥强度等级的依据。硅酸盐水泥和普通硅酸盐水泥的强度等级分为42.5、42.5R、52.5、52.5R、62.5、62.5R六个；矿渣硅酸盐水泥、粉煤灰硅酸盐水泥、火山灰质硅酸盐水泥的强度等级分为32.5、32.5R、42.5、42.5R、52.5、52.5R六个；复合硅酸盐水泥的强度等级分为42.5、42.5R、52.5、52.5R四个；各龄期的强度值不得低于表4.4中规定的数值。

表 4.4　通用硅酸盐水泥不同龄期强度要求(GB 175—2023)

强度等级	抗压强度/MPa		抗折强度/MPa	
	3 d	28 d	3 d	28 d
32.5	≥12.0	≥32.5	≥3.0	≥5.5
32.5R	≥17.0		≥4.0	
42.5	≥17.0	≥42.5	≥4.0	≥6.5
42.5R	≥22.0		≥4.5	
52.5	≥22.0	≥52.5	≥4.5	≥7.0
52.5R	≥27.0		≥5.0	
62.5	≥27.0	≥62.5	≥5.0	≥8.0
62.5R	≥32.0		≥5.5	

(7)细度　水泥的细度是指水泥颗粒的粗细程度。水泥细度对水泥的性质影响很大。水泥颗粒越细,水化时与水接触的表面积越大,水化反应速度快,凝结硬化快,早期强度高。但水泥颗粒过细,磨制过程能耗大,成本高,且用水量增加,硬化后水泥石中的毛细孔多,干缩大,后期强度低。因此,水泥颗粒粗细应适中,一般水泥颗粒粗细在 7～200 μm(0.007～0.2 mm)范围内。

硅酸盐水泥的细度用比表面积表示,应不低于 300 m^2/kg 且不高于 400 m^2/kg。普通硅酸盐水泥、矿渣硅酸盐水泥、粉煤灰硅酸盐水泥、火山灰质硅酸盐水泥、复合硅酸盐水泥的细度以 45 μm 方孔筛筛余(GB/T 1345—2005)表示,应不低于 5%。当买方有特殊需求时,由买卖双方协商确定。

(8)标准稠度及标准稠度用水量　水泥净浆标准稠度是对水泥净浆以标准方法拌制、测试并达到规定的可塑性程度时的稠度。水泥净浆标准稠度用水量是指水泥净浆达到标准稠度时所需的加水量,常以水和水泥质量之比的百分数表示。各种水泥的矿物成分、细度不同,拌和成标准稠度时的用水量也各不相同,水泥的标准稠度用水量一般为 24%～33%。测定硅酸盐水泥凝结时间和体积安定性时必须采用标准稠度的水泥浆。

(9)水化热　水化热是指水泥在水化过程中放出的热量。水泥的水化热大部分在 3～7 d 内放出,7 d 内放出的热量可达总热量的 80%左右。水化热较大的水泥有利于冬季施工,但对大体积混凝土不利。

(10)密度和堆积密度　硅酸盐水泥的密度主要取决于熟料矿物组成,一般为 3.05～3.20 g/cm^3。硅酸盐水泥的堆积密度除与矿物组成和细度有关外,主要取决于水泥堆积时的紧密程度,疏松堆积时为 1000～1100 kg/m^3,紧密堆积时可达 1600 kg/m^3。在混凝土配合比设计中,通常取水泥的密度为 3.1 g/cm^3,堆积密度为 1300 kg/m^3。

4.4.1.4　通用硅酸盐水泥的选用

目前,硅酸盐水泥、普通硅酸盐水泥、矿渣硅酸盐水泥、火山灰质硅酸盐水泥、粉煤灰硅酸盐水泥和复合硅酸盐水泥是我国广泛使用的六种水泥,称为通用硅酸盐水泥。在实际工程中,应根据工程特点、所处环境和施工条件等,结合各种水泥的不同特性来合理选择水泥品种。

4.4.2 其他品种水泥

4.4.2.1 铝酸盐水泥

铝酸盐水泥又称高铝水泥。以钙质和铝质材料为主要原料，用适当比例配制成生料，经高温煅烧至完全或部分熔融，并经冷却得到以铝酸钙为主要矿物组成的铝酸盐水泥熟料，由铝酸盐水泥熟料磨细制成的水硬性胶凝材料称为铝酸盐水泥，代号 CA。

(1)铝酸盐水泥的类型

根据国家标准《铝酸盐水泥》(GB/T 201—2015)，铝酸盐水泥按 Al_2O_3 含量(质量分数)分为 CA50、CA60、CA70、CA80 四个品种，各品种作如下规定：

①CA50　$50\% \leqslant w(Al_2O_3) < 60\%$，该品种根据强度分为 CA50-Ⅰ、CA50-Ⅱ、CA50-Ⅲ和 CA50-Ⅳ；

②CA60　$60\% \leqslant w(Al_2O_3) < 68\%$，该品种根据主要矿物组成分为 CA60-Ⅰ(以铝酸一钙为主)和 CA60-Ⅱ(以铝酸二钙为主)；

③CA70　$68\% \leqslant w(Al_2O_3) < 77\%$；

④CA80　$w(Al_2O_3) \geqslant 77\%$。

(2)铝酸盐水泥的技术指标

①细度

比表面积不小于 300 m^2/kg 或 45 μm 筛的筛余量不大于 20%。有争议时以比表面积为准。

②水泥胶砂凝结时间

CA50、CA70 和 CA80 的初凝时间不得早于 30 min，终凝时间不得迟于 360 min；CA60-Ⅰ的初凝时间不得早于 30 min，终凝时间不得迟于 360 min；CA60-Ⅱ的初凝时间不得早于 60 min，终凝时间不得迟于 1080 min。

③强度

各类型铝酸盐水泥各龄期的强度值不得低于表 4.5 中规定的数值。

表 4.5 铝酸盐水泥胶砂强度

类型		抗压强度/MPa				抗折强度/MPa			
		6 h	1 d	3 d	28 d	6 h	1 d	3 d	28 d
CA50	CA50-Ⅰ	≥20	≥40	≥50	—	≥3	≥5.5	≥6.5	—
	CA50-Ⅱ		≥50	≥60	—		≥6.5	≥7.5	—
	CA50-Ⅲ		≥60	≥70	—		≥7.5	≥8.5	—
	CA50-Ⅳ		≥70	≥80	—		≥8.5	≥9.5	—
CA60	CA60-Ⅰ	—	≥65	≥85	—	—	≥7.0	≥10.0	—
	CA60-Ⅱ	—	≥20	≥45	≥85	—	≥2.0	≥5.0	≥10.0
CA70		—	≥30	≥40	—	—	≥5.0	≥6.0	—
CA80		—	≥25	≥30	—	—	≥4.0	≥5.0	—

(3)铝酸盐水泥的特性与应用

铝酸盐水泥具有快凝、早强、高强、低收缩、耐热性好和耐硫酸盐腐蚀性强等特点，适用于抢修工程、冬季施工的工程和耐高温工程，还可以用来配制耐热混凝土、耐硫酸盐混凝土等。但铝酸盐水泥的水化热大、耐碱性差，不宜用于大体积混凝土。

4.4.2.2 快凝快硬硫铝酸盐水泥

根据《快凝快硬硫铝酸盐水泥》(JC/T 2282—2014)规定，以适当成分的生料经煅烧所得以无水硫铝酸钙和硅酸二钙为主要矿物成分的水泥熟料，掺加适量的石膏、石灰石(掺加量质量百分比≤15%)共同磨细制成的，具有凝结快、早期强度发展快特点的水硬性胶凝材料，简称双快水泥，代号 QR·SAC。双快水泥的物理性能：强度方面，根据 28 d 抗压强度分为 32.5、42.5 和 52.5 三个等级；细度方面，要求比表面积不小于 400 m^2/kg；初凝时间不早于 3 min，终凝时间不迟于 12 min。1 d 自由膨胀率不小于 0.01%，3 d 自由膨胀率不小于 0.04%，28 d 自由膨胀率在 0.06%～0.20%之间。

快硬硫铝酸盐水泥具有快硬、早期强度高、低温性能好、微膨胀性和耐腐蚀性等特点，因此宜用于紧急抢修工程、国防工程、冬季施工工程、抗震要求较高工程和填灌构件接头以及管道接缝等，也可以用于制作玻璃纤维增强水泥制品和一般建筑工程。但由于其配制的混凝土碱度较低，使用时应注意钢筋的锈蚀问题；其耐碳化性能较差，随着时间推移，碳化现象变得显著，可能导致制品表层粉化，影响工程的安全性及耐久性；其主要水化产物高硫型水化硫铝酸钙在 150 ℃以上开始脱水，强度大幅降低，耐热性较差；因快速凝固和硬化特性，在大规模浇筑时，浇筑体中心温度可能急剧上升，使得水化热过度集中，进而因内外温差过大产生热裂，因此不宜用于大体积混凝土工程。

4.4.2.3 快硬高铁硫铝酸盐水泥

根据《快硬高铁硫铝酸盐水泥》(JC/T 933—2019)规定，由高铁硫铝酸盐熟料和适量石膏、石灰石(掺加量质量百分比≤15%)共同磨细制成的，早期强度高的水硬性胶凝材料，代号 R·FAC。高铁硫铝酸盐熟料是以无水硫铝酸钙、硅酸二钙和铁铝酸钙为主要的矿物成分，其中氧化铝(Al_2O_3)含量不应小于 24.0%，氧化铁(Fe_2O_3)含量不应小于 5.0%。该种水泥的物理性能：强度方面，按照 3 d 抗压强度分为 42.5、52.5、62.5 和 72.5 四个等级；细度方面，要求比表面积不小于 350 m^2/kg 或 45 μm 筛的筛余量不大于 25.0%；初凝时间不早于 25 min，终凝时间不迟于 180 min。

快硬高铁硫铝酸盐水泥是一种具有快硬、高强、高抗渗、高抗冻、耐腐蚀等优异性能的水硬性胶凝材料，由于其快硬高强的特性，能够在短时间内提供足够的强度，满足紧急抢修和快速施工的要求，如道路抢修、桥梁加固、建筑物的应急修复等。此外，其具有良好的低温性能，在低温环境下能保持较好的水化反应和强度发展，可用于冬季施工的工程。优异的耐海水腐蚀性使其在海洋工程中得到广泛应用，如港口码头建设、海上风电基础、海洋平台等。在使用时，应注意避免与硅酸盐水泥、石灰等能析出氢氧化钙的胶凝物质混合，以免影响其性能。施工过程中，混凝土的拌合量应控制在 20 min 内用完，拌合水应使用饮用水，pH 值为 7±0.5，期间应不间断搅拌。成型后 3～6 h 内应自然养护，不得给水，3～6 h 后必须及时给水潮湿养护，温度为 15～25 ℃，当超过 25 ℃时应采用降温措施，养护期不少于 3 d。

4.4.2.4 快速施工用海工硫铝酸盐水泥

根据《快速施工用海工硫铝酸盐水泥》(GB/T 39712—2020)规定，由硫铝酸盐水泥熟料和适量石膏、两种(含两种)以上混合材料以及外加剂共同磨细制成的，具有高早期强度、高抗海水侵蚀能力的用于海洋结构工程的水硬性胶凝材料，代号 M·R·SAC。其中，熟料和石膏的组分质量分数为85.0%～95.0%，混合材料（由粒化高炉矿渣、硅灰和石灰石中的两种或者三种材料组成，当选用的组分材料包含石灰石时，石灰石掺量不超过水泥质量的5.0%）占比为5.0%～15.0%。

水泥物理性能：强度方面，按照28 d抗压强度分为52.5和62.5两个等级；水泥的氯离子含量（质量分数）不应大于0.06%；细度方面，要求比表面积不小于450 m^2/kg；初凝时间不早于10 min，终凝时间不应迟于120 min。除常规混凝土的技术要求外，海洋环境快速施工用海工硫铝酸盐水泥的28 d氯离子扩散系数应不大于0.75×10^{-12} m^2/s；28 d抗海水侵蚀系数不小于1.00；28 d磨耗量不大于3.00 kg/m^2。

快速施工用海工硫铝酸盐水泥是为海洋工程量身定制的特种水泥。其快凝快硬的特性可大幅缩短施工周期，无论是用于海洋平台基础建设、港口码头建设还是用于跨海大桥建设，都能在紧急情况下迅速发挥作用，确保工程安全稳定且让施工更快进入下一阶段。这种水泥早期强度高，几个小时内即可达到较高强度水平，满足海洋工程对早期承载能力的要求；水泥胶凝的结构致密，抗渗性能出色，能有效阻止海水渗透，保护内部钢筋不被腐蚀；高抗冻性使其在寒冷海洋环境中也能保持良好性能，不易出现冻融破坏；对海洋环境中的腐蚀性介质有很强抵抗能力，适用于长期接触海水的工程结构，延长工程使用寿命。

在应用领域方面，广泛用于海洋工程建设，如海洋平台基础、港口码头防波堤和面板、跨海大桥桥墩和箱梁等部位施工；在海洋工程维修与抢修中，能迅速修复损坏或故障部位，减少工程损失；还可在海洋资源开发中为海底管道铺设和海洋钻井平台建设提供可靠基础设施。施工时需注意配合比设计，根据工程具体要求和海洋环境特点确定合理比例。严格控制施工工艺，如搅拌时间、浇筑温度和振捣力度等，避免出现混凝土质量问题。鉴于其快凝快硬特点，要合理安排施工进度。此外，虽早期强度发展迅速，但仍需适当养护，可采用覆盖保湿材料、喷洒养护剂等方法，防止海水侵蚀。

4.4.2.5 道路硅酸盐水泥

根据《道路硅酸盐水泥》（GB/T 13693—2017）规定，由道路硅酸盐水泥熟料、0～10%活性混合材料和适量石膏共同磨细制成的水硬性胶凝材料，称为道路硅酸盐水泥，代号P·R。道路硅酸盐水泥熟料中，铝酸三钙（$3CaO\cdot Al_2O_3$，C_3A）的含量不得大于5.0%，铁铝酸四钙（$4CaO\cdot Al_2O_3\cdot Fe_2O_3$，$C_4AF$）的含量不得低15.0%，游离氧化钙的含量不应大于1.0%。混合材料应为粉煤灰、粒化高炉矿渣、粒化电炉磷渣、钢渣、粒化高炉矿渣粉或钢渣粉。水泥粉磨时允许加入助磨剂，其加入量不应超过水泥质量的0.5%。

水泥的物理性能：强度方面，按照28 d抗折强度分为7.5和8.5两个等级；细度方面，要求比表面积为300～450 m^2/kg；初凝时间不早于90 min，终凝时间不应迟于720 min；28 d干缩率不大于0.10%，28 d磨耗量不大于3.00 kg/m^2；体积安定性用沸煮法检验必须合格。

道路硅酸盐水泥是专门用于道路建设的特种水泥，具有以下特性：抗折强度高，早期强度发展快，能缩短施工周期，使道路在较短时间内开放交通；耐磨性好，可承受车辆频繁行驶和摩擦，延长道路使用寿命，比普通硅酸盐水泥耐磨性提高30%以上；抗冻性强，能在寒冷地区经受住循环冻融考验，保持强度和稳定性，经多次冻融循环后路面损坏程度远小于普通硅酸盐水泥路面；干缩性小，可减少路面裂缝产生，提升道路平整度和行车舒适性，裂缝数量可比普通水泥路面减少50%以上，能够减少路面维修费用，延长道路使用年限。道路水泥适用于公路路面、机场跑道、人流量较多的广场等工程。

4.4.2.6 抗硫酸盐硅酸盐水泥

根据《抗硫酸盐硅酸盐水泥》(GB/T 748—2023)规定，由适当成分的硅酸盐水泥熟料，加入适量石膏，磨细制成的可抵抗中等质量浓度硫酸根离子(≤2500 mg/L)侵蚀的水硬性材料，称为中抗硫酸盐硅酸盐水泥，简称中抗硫酸盐水泥，代号 P·MSR；可抵抗较高质量浓度硫酸根离子(>2500 mg/L 且≤8000 mg/L)侵蚀的水硬性材料，称为高抗硫酸盐硅酸盐水泥，简称高抗硫酸盐水泥，代号 P·HSR。

化学成分要求：氧化镁(MgO)的质量分数含量不大于 5.0%；三氧化硫(SO_3)的质量分数含量不大于 2.5%；硅酸三钙质量分数含量要求，中抗硫酸盐水泥≤55.0%，高抗硫酸盐水泥≤50.0%；铝酸三钙质量分数含量要求，中抗硫酸盐水泥≤5.0%，高抗硫酸盐水泥≤3.0%。

水泥的物理性能：强度方面，中抗硫酸盐水泥和高抗硫酸盐水泥按照 28 d 抗压强度等级为 42.5；细度方面，要求比表面积不小于 280 m^2/kg；初凝时间不早于 45 min，终凝时间不应迟于 600 min；体积安定性用沸煮法检验必须合格；中抗硫酸盐水泥 14 d 线膨胀率不大于 0.060%，高抗硫酸盐水泥 14 d 线膨胀率不大于 0.040%；放射性比活度应同时满足内照射指数 I_{Ra} 不大于 1.0、外照射指数 I_r 不大于 1.0。

在抗硫酸盐水泥中，由于限制了水泥熟料中硅酸三钙和铝酸三钙的含量，使水泥的水化热较低，水化铝酸钙的含量较少，抗硫酸盐侵蚀的能力较强，适用于一般受硫酸盐侵蚀的海港、水利、地下、引水、隧道、道路和桥梁基础等大体积混凝土工程。

4.4.2.7 膨胀水泥和自应力水泥

膨胀水泥和自应力水泥在凝结硬化时产生适量的膨胀，能消除收缩产生的不利影响。在钢筋混凝土中应用膨胀水泥，由于混凝土的膨胀使钢筋产生一定的拉应力，混凝土受到相应的压应力，这种压应力能使混凝土的微裂缝减少，同时还能抵消一部分由于外界因素产生的拉应力，提高混凝土的抗拉强度。因这种预先具有的压应力来自水泥的水化，所以称为自应力，并以"自应力值"表示混凝土中的压应力大小。根据水泥的自应力值大小，可以将水泥分为两类：一类为自应力值不小于 2.0 MPa 的自应力水泥；另一类为自应力值小于 2.0 MPa 的膨胀水泥。

膨胀水泥和自应力水泥按其主要成分可分为硅酸盐型(以硅酸盐水泥熟料为主，外加铝酸盐水泥和天然二水石膏配制而成)、铝酸盐型(以铝酸盐水泥熟料为主，外加石膏配制而成)、硫铝酸盐型(以无水硫铝酸盐和硅酸二钙为主要成分，加石膏配制而成)和铁铝酸盐型(以铁相、无水硫铝酸钙和硅酸二钙为主要成分，加石膏配制而成)，这些水泥的膨胀作用机理是水泥在水化过程中形成大量的钙矾石而产生体积膨胀。

膨胀水泥膨胀性较低，在限制膨胀时产生的压应力能大致抵消干缩引起的拉应力，主要用于减少和防止混凝土的干缩裂缝。膨胀水泥主要用于收缩补偿混凝土工程、防渗混凝土工程(屋顶防渗、水池等)、结构的加固、构件接缝、接头的灌浆、固定设备的机座及地脚螺栓等。自应力水泥的膨胀值较大，在限制膨胀的条件下(配有钢筋时)，由于水泥石的膨胀，使混凝土受到压应力的作用，达到预应力的目的。自应力水泥一般用于预应力混凝土、压力管及配件等。

4.5 混 凝 土

混凝土是用胶凝材料将粗、细骨料(集料)聚集在一起形成坚硬整体，并具有强度和其他性能的复合材料。混凝土是建筑工程中用途最广、用量最大的建筑材料之一。随着科学技术的发展,人类改造自然的能力和规模日益增大,对混凝土材料也提出了一系列新的要求,因此,混凝土材料有着广阔的发展前途。

混凝土材料具有下列特点:原材料丰富,能就地取材,生产成本低;耐久性好,适用性强,无论水下、海洋以及炎热、寒冷的环境均可使用;具有良好的可塑性,且性能可以人为调节;维修工作量小,拆旧费用低;作为基材,组合或复合其他材料的能力强;有利于有效地利用工业废渣。

水泥混凝土是以水泥为结合料,将矿物材料胶结成为具有一定力学性质的一种复合材料的总称。普通水泥混凝土是以水泥为结合料,用普通砂石为集料并以水为原材料,按专门设计的配合比经搅拌、成型、养护而得到的复合材料。

4.5.1 普通水泥混凝土组成材料的技术要求

普通水泥混凝土(简称混凝土)是由水泥、砂、石和水等组成,组成材料的好坏直接影响混凝土的质量。

4.5.1.1 水泥

水泥是混凝土的胶凝材料,混凝土的性能很大程度上取决于水泥的质量。配制混凝土时,常用的水泥有六大品种(详见第 4.4 节),在特殊情况下,还可采用特种水泥。另外,水泥强度等级应与混凝土设计强度等级相适宜。根据经验,对于一般强度等级的混凝土,水泥强度等级宜为混凝土强度等级的 1.5～2.0 倍。配制强度等级较高的混凝土时,水泥强度等级可为混凝土强度等级的 70%～150%。

配制混凝土时,水泥品种的选择应根据工程性质、部位、施工条件、环境状况等,按各品种水泥的特性作出合理的选择。在满足工程要求的前提下,应选用价格较低的水泥品种,以降低工程造价。

4.5.1.2 细集料(砂)

根据《建设用砂》(GB/T 14684—2022)规定:(1)天然砂是指在自然条件下原始产生破碎、风化、分选、运移、堆/沉积,形成的粒径小于 4.75 mm 的岩石颗粒,包括:河砂、湖砂、山砂、净化处理的海砂,但不包括软质、风化的颗粒;(2)机制砂是指以岩石、卵石、矿山废石和尾矿等为原料,经除土处理,由机械粉碎、整形、筛分、粉控等工艺制成的,级配、粒形和石粉含量满足要求且粒径小于 4.75 mm 的颗粒,机制砂不包括软质、风化的颗粒;(3)混合砂是指由机制砂和天然砂按照一定比例混合而成的砂。

砂的粗细颗粒应合理搭配,不同颗粒等级的搭配称为颗粒级配。砂的粗细程度还可以用细度模数 M_x 表示。砂按细度模数分为粗砂、中砂、细砂和特细砂,M_x 在 3.7～3.1 为粗砂,M_x 在 3.0～2.3 为中砂,M_x 在 2.2～1.6 为细砂,M_x 在 1.5～0.7 为特细砂;细度模数越大,表示砂越粗。砂的细度模数只能反映颗粒的粗细程度,不能反映颗粒的级配情况。细度模数相同而级配不同的砂,可以配制出性质不同的混凝土。所以,考虑砂的颗粒分布情况时必须同时用细度模数和级配两项指标,才能真正反映砂的全部性质。

建设用砂按颗粒级配、含泥量(石粉含量)、亚甲蓝(MB)值、泥块含量、有害物质、坚固性、压碎指标、片状颗粒含量技术要求分为Ⅰ类、Ⅱ类和Ⅲ类。除特细砂外,砂的表观密度不小于 2500 kg/m^3;砂的松散堆积密度不小于 1400 kg/m^3;砂的空隙率不大于 44%。

4.5.1.3　粗集料(石子)

粒径大于 4.75 mm 的集料为粗集料，通常为石子。根据《建设用卵石、碎石》(GB/T 14685—2022)规定，建设用石分卵石和碎石两类，由天然岩石、卵石或矿山废石经破碎、筛分等机械加工而成的，粒径大于 4.75 mm 的岩石颗粒称为碎石；在自然条件作用下岩石产生破碎、风化、分选、运移、堆/沉积，而形成的粒径大于 4.75 mm 的岩石颗粒称为卵石。

碎石多棱角，表面粗糙，与水泥浆黏结好。卵石表面圆滑，无棱角，与水泥浆黏结差。在水泥和水用量相同时，用碎石配制的混凝土强度高，但流动性差，而用卵石配制的混凝土流动性好，但强度较低。

由于粗集料是混凝土的主要组分之一，因此对其有一定的质量要求。

(1)强度、坚固性

卵石、碎石在外界物理化学因素作用下应具备足够的强度和抗碎裂的能力。为保证混凝土的耐久性，用于混凝土的粗集料应具有足够的坚固性和抵抗自然因素的风化能力。通常要求石子的强度高于混凝土强度的 1.5 倍。另外，粗集料在气候、环境变化或其他物理因素作用下还须有抵抗碎裂的能力。

(2)颗粒级配

为保证混凝土的密实性，尽量节约水泥用量，要求粗集料颗粒搭配比例适当，使集料之间的空隙最小，以减少填充空隙和包裹颗粒所需水泥浆的数量。所以，粗集料颗粒级配的好坏直接影响混凝土的技术性质和经济效果。

(3)有害杂质含量

粗集料中常含有一些有害物质，例如有机质、黏土、淤泥、云母、硫酸盐、硫化物和氯盐等，这些有害物质将对混凝土的凝结、硬化、耐久性以及对钢筋等都有不良影响，所以粗集料中的有害物质含量要加以控制。

粗集料的质量应同时满足《建设用卵石、碎石》(GB/T 14685—2022)和《普通混凝土用砂、石质量及检验方法标准》(JGJ 52—2006)的要求。建设用石按卵石含泥量(碎石泥粉含量)，泥块含量，针、片状颗粒含量，不规则颗粒含量，硫化物及硫酸盐含量，坚固性，压碎指标，连续级配松散堆积空隙率，吸水率技术要求分为Ⅰ类、Ⅱ类、Ⅲ类。Ⅰ类宜用于强度等级大于 C60 的混凝土；Ⅱ类宜用于强度等级 C30～C60 及有抗冻、抗渗或其他要求的混凝土；Ⅲ类宜用于强度等级小于 C30 的混凝土。

4.5.1.4　混凝土用水

混凝土用水分为混凝土拌合用水和混凝土养护用水，包括饮用水、地表水、地下水、再生水、混凝土企业设备刷洗水和海水等。混凝土用水的基本质量要求是：不影响混凝土的凝结和硬化；无损于混凝土的强度发展和耐久性，不加快钢筋的锈蚀；不引起预应力钢筋脆断；不污染混凝土表面等。水质应符合《混凝土用水标准》(JGJ 63—2006)的规定。

凡能饮用的水和清洁的天然水，都可用于混凝土拌制和养护。海水不得拌制钢筋混凝土、预应力混凝土及有饰面要求的混凝土；工业废水须经适当处理后经过检验，符合混凝土用水标准的要求才能使用；对于设计使用年限为 100 年的结构混凝土，氯离子含量不得超过 500 mg/L；对于使用钢丝或热处理钢筋的预应力混凝土，氯离子含量不得超过 350 mg/L。

4.5.1.5　混凝土外加剂、掺合料

随着现代土木工程以及建筑工程的发展，混凝土材料在土木工程领域中的应用不断增加，

传统的混凝土向高性能、多功能、智能化混凝土方向发展已成为必然的趋势。混凝土除基本的四种组分外，第五组分（化学外加剂）与第六组分的研究和应用已经成为现代混凝土技术进展的核心。因此，应予以足够的重视。

(1)外加剂

混凝上外加剂目前被称为混凝土的第五种组分。混凝土外加剂在混凝土拌制过程中掺入量一般不大于水泥质量的5%，是用于改善混凝土性能的材料。例如，提高强度、改善工作性、提高耐久性以及节约水泥等。混凝土外加剂的种类繁多，按其主要功能归纳起来可分为四类：一是改善混凝土拌合物流变性能的外加剂，例如各种减水剂、引气剂和泵送剂等；二是调节混凝土凝结时间、硬化性能的外加剂，例如缓凝剂、早强剂和速凝剂等；三是改善混凝土耐久性的外加剂，例如引气剂、防水剂和阻锈剂等；四是改善混凝土其他性能的外加剂，例如加气剂、膨胀剂、防冻剂、着色剂、防水剂等。

混凝土常用的外加剂有减水剂、引气剂、缓凝剂和早强剂。

①减水剂　在混凝土坍落度基本相同的条件下，能减少拌合用水的外加剂。

②引气剂　掺入混凝土中，经搅拌能引入大量分布均匀的微小气泡，以改善混凝土拌合物的工作性，并在硬化后仍能保留微小气泡，以改善混凝土抗冻性的外加剂。

③缓凝剂　延缓混凝土凝结时间，并对其后期强度无不良影响的外加剂。

④早强剂　提高混凝土早期强度，并对后期强度无显著影响的外加剂。

(2)掺合料

混凝土第六组分是指除水泥、水、砂、石及化学外加剂之外的，用于节约水泥、改善混凝土性能、调节混凝土强度等级或增加其功能或赋予其智能的成分。常用的第六组分是天然或人造的矿物材料，统称混凝土掺合料。常用的矿物掺合料主要品种有粉煤灰、硅灰、粒化高炉矿渣粉等。

①粉煤灰　粉煤灰是从燃烧煤粉的锅炉烟气中收集到的细粉末，其颗粒多呈球形，表面光滑。粉煤灰分为高钙（氧化钙含量大于10%）粉煤灰和低钙（氧化钙含量小于10%）粉煤灰。低钙粉煤灰来源广泛，具有火山灰的活性，是当前国内外用量最大、使用范围最广的混凝土掺合料。国家标准《用于水泥和混凝土中的粉煤灰》(GB/T 1596—2017)根据粉煤灰的技术指标不同，将用于拌制砂浆和混凝土中的粉煤灰分为Ⅰ级、Ⅱ级、Ⅲ级三个等级，水泥活性混合材料用粉煤灰不分等级。

粉煤灰作为混凝土掺合料有两个方面的作用：一是节约水泥（一般可节约水泥10%～15%），有显著的经济效益；二是改善和提高混凝土的一些技术性质。例如，改善混凝土的工作性、可泵性；降低水化热，是大体积混凝土的主要掺合料；提高混凝土的抗硫酸盐性能；提高混凝土的抗渗性以及抑制碱-集料反应等。目前，粉煤灰混凝土已被广泛应用于土木、水利建筑工程以及预制混凝土制品和构件等方面。

②硅灰　硅灰又称硅粉或硅烟灰，是从生产硅铁合金或硅钢等所排放的烟气中收集到的颗粒极细的烟尘，颜色呈浅灰到深灰。硅灰的颗粒是微细的玻璃球体，其粒径为水泥颗粒粒径的1/50～1/100。硅灰有很高的火山灰活性，是配制高强混凝土和高性能混凝土的主要掺合料之一。硅灰作为混凝土掺合料，主要作用有：改善混凝土拌合物的黏聚性和保水性，提高混凝土强度，改善混凝土孔结构，提高混凝土抗渗性、抗冻性及抗腐蚀性，抑制碱-集料反应等。目前在国内外常利用掺入硅灰可配制出抗压强度达100 MPa以上的超高强混凝土。

③粒化高炉矿渣粉　粒化高炉矿渣粉是将粒化高炉矿渣经干燥、磨细达到相当细度且符合相应活性指数的粉状材料。作为混凝土的掺合料，粒化高炉矿渣粉可等量替代水泥用量，而且还能显著地改善混凝土的综合性能，例如，改善混凝土拌合物的工作性；降低水热升温；提高混凝土的抗腐蚀能力和耐久性；增加混凝土的后期强度等。

4.5.2　普通水泥混凝土的技术性质

水泥混凝土的技术性质主要包括新拌混凝土的工作性、硬化后混凝土的力学性质和耐久性。

4.5.2.1　新拌水泥混凝土的工作性

工作性又称和易性，是指混凝土拌合物易于施工操作（拌和、运输、浇筑、振捣等）并获得质量均匀、成型密实的性能。混凝土拌合物的和易性直接影响混凝土施工的难易程度，同时对硬化后混凝土的强度、耐久性、外观完好性及内部结构都有重要影响，是混凝土的重要性能之一。混凝土拌合物的工作性是一项综合技术性能，包括流动性、黏聚性和保水性三方面的含义。

（1）流动性

流动性是指新拌混凝土在自重及施工振捣的作用下能产生流动，并均匀密实地填满模板的性能。流动性的大小反映拌合物的稀稠，它关系到施工振捣的难易程度和浇筑的质量。流动性好的混凝土操作方便，易于捣实、成型。

（2）黏聚性

黏聚性是指混凝土拌合物组成材料之间具有一定的黏聚力，在混凝土运输和振捣过程中不致产生粗集料下沉、细集料和水泥浆上浮的分层离析现象。黏聚性反映混凝土拌合物的均匀性。若混凝土拌合物黏聚性不好，混凝土中骨料与水泥浆容易分离，造成混凝土不均匀，振捣后会出现蜂窝、空洞等现象。

（3）保水性

保水性是指混凝土拌合物在施工过程中具有一定的保水能力，不会产生严重的泌水现象。保水性反映混凝土拌合物的稳定性。混凝土拌合物在施工过程中若保水性不足，水分会逐渐析出至混凝土拌合物的表面（此现象称为泌水），同时在混凝土内部容易形成泌水通道，影响混凝土的密实性，降低混凝土的强度和耐久性。

（4）新拌混凝土工作性的测定

对普通混凝土拌合物性能，国家标准《普通混凝土拌合物性能试验方法标准》（GB/T 50080—2016）给出了详细的试验测定方法，其中包括：坍落度试验及坍落度经时损失试验，扩展度试验及扩展度经时损失试验，维勃稠度试验，倒置坍落度筒排空试验，间隙通过性试验，漏斗试验，扩展时间试验，凝结时间试验，泌水试验，压力泌水试验，表观密度试验，含气量试验，均匀性试验，抗离析试验，温度试验以及绝热升温试验。

（5）影响工作性的主要因素

①水泥浆的数量和水灰比　混凝土拌合物的流动性是水泥浆所赋予的，因此，在水灰比不变的情况下，单位体积拌合物内水泥浆越多，拌合物的流动性就越大。但水泥浆过多时会出现流浆现象；水泥浆过少则集料之间缺少黏结物质，容易使拌合物发生离析和崩坍。

②水泥浆的稠度　水泥浆的稠度取决于水灰比。在固定用水量的条件下，水灰比小（水泥用量多）时，会使水泥浆变稠，拌合物流动性小。若加大水灰比（减少水泥用量），可使水泥浆变

稀，流动性增大，但会使拌合物产生流浆离析，严重影响混凝土的强度。因此，应合理地选择水灰比。

③砂率　砂率是指混凝土中砂(或称细集料)用量占砂石(或称粗集料)总用量的质量百分数。砂率反映粗、细集料的相对比例，它影响混凝土骨料的空隙和总表面积。当水泥浆用量一定时，砂率过大则集料的总表面积增大，包裹砂子的水泥浆层变薄，砂粒间的摩阻加大，拌合物的流动性减小。砂率过小时虽然表面积减小，但由于砂浆量不足，水泥砂浆除填充石子空隙外，包裹在石子表面的水泥砂浆层薄，拌合物的流动性变小。砂量不足也会导致离析、泌水现象，影响工作性。因此，合理的砂率是在水泥浆用量一定时，既能使新拌混凝土获得良好流动性又不产生离析、泌水的砂率。

④水泥的品种和集料的性质　水泥对拌合物工作性的影响主要是水泥的品种及其细度。水泥品种不同，达到标准稠度需水量也不同，所以不同品种水泥配制成的混凝土拌合物具有不同的工作性。在其他条件相同时需水量大的水泥比需水量小的水泥配制出的混凝土拌合物流动性要小，但黏聚性和保水性要好。例如，普通水泥的混凝土拌合物比矿渣水泥和火山灰水泥的工作性好。矿渣水泥拌合物的流动性虽大，但黏聚性差，易泌水、离析；火山灰水泥流动性小，但黏聚性最好。

集料对混凝土拌合物工作性的影响主要包含集料级配、颗粒形状、表面特征和粒径。级配良好的集料，拌合物流动性大，黏聚性与保水性较好；表面光滑的集料，拌合物流动性较大；集料的粒径增大，总表面积减小，拌合物流动性增大。

⑤外加剂　在混凝土拌合物中加入适量的外加剂，可在不增加用水量和水泥用量的情况下，有效地改善混凝土拌合物的工作性。例如，加入减水剂可明显提高拌合物的流动性等。

⑥环境条件的影响　影响混凝土拌合物和易性的环境因素主要有温度、湿度、时间等。混凝土拌合物从搅拌至捣实的这段时间里，温度的升高会加速水泥的水化及水分的蒸发损失，导致拌合物坍落度减小。同样，风速和湿度因素也会影响拌合物水分的蒸发率，从而影响坍落度。在不同环境条件下，要保证拌合物具有一定的工作性，必须采取相应的改善措施。如在夏季施工时，为保证混凝土具有一定的流动性，应适当增加拌合物的用水量。

另外，搅拌混凝土的方法和搅拌时的投料顺序等都会影响混凝土的工作性。

4.5.2.2 硬化后混凝土的力学性质

硬化后混凝土的力学性质主要包括强度和变形两方面。

(1)强度

水泥混凝土作为建筑结构材料时，强度是最主要的技术性质。混凝土在抗拉、抗压、抗弯以及抗剪强度中，抗压强度最大。因此，混凝土主要用来承受压力作用，其抗压强度是建筑结构设计的主要参数，也是评定混凝土质量等级的指标。

①混凝土立方体抗压强度　我国以立方体抗压强度作为混凝土强度的特征值。按照标准的制作方法制成边长为 150 mm 的立方体试件，在标准养护条件(温度 20℃±3℃，相对湿度 90%以上或置于水中)下，养护至 28 d 龄期，按照标准试验方法测定抗压强度，测得的抗压强度称为混凝土立方体抗压强度，简称混凝土抗压强度。

混凝土立方体抗压强度标准值是指按照标准方法制作养护的边长为 150 mm 的立方体试件，在 28 d 龄期，用标准试验方法测得的具有 95%保证率的立方体抗压强度。

②混凝土强度等级　混凝土强度等级是根据立方体抗压强度标准值来确定。强度等级用

符号 C 和立方体抗压强度标准值表示。例如，“C40”表示混凝土立方体抗压强度标准值为 40 MPa。

国家标准《混凝土结构设计标准》(GB/T 50010—2010)规定，普通混凝土按立方体抗压强度标准值划分为 C20、C25、C30、C35、C40、C45、C50、C55、C60、C65、C70、C75 和 C80 十三个强度等级。

③混凝土轴心抗压强度　确定混凝土强度等级时采用立方体试件，但实际上钢筋混凝土结构形式极少是立方体，大部分是棱柱体或圆柱体。为使测得的混凝土强度接近混凝土结构的实际受力情况，在钢筋混凝土结构计算中，计算轴心受压构件时，都是采用混凝土的轴心抗压强度作为依据。混凝土轴心抗压强度标准值可以通过与混凝土立方体抗压强度标准值换算得到。

④混凝土轴心抗拉强度　混凝土在直接受拉时，很小的变形就会引起开裂，它在断裂前没有残余变形，是一种脆性破坏。混凝土的抗拉强度只有抗压强度的 1/20～1/10，且随着混凝土强度等级的提高，比值有所降低。因此，混凝土在工作时一般不依靠其抗拉强度，但抗拉强度对于混凝土开裂现象有重要意义。在结构设计中，抗拉强度是确定混凝土抗裂度的重要指标。

另外，混凝土的抗折强度一般用于水泥混凝土道路路面或机场路面，即以抗折强度(或称抗弯拉强度)为主要强度指标，而以抗压强度为参考强度指标。

(2)影响混凝土抗压强度的因素

①水泥强度等级和水灰比　水泥强度等级和水灰比是影响混凝土强度的主要因素。在配合比相同的条件下，水泥强度等级越高，制成的混凝上强度也越高。当选用的水泥品种相同时，混凝土强度主要取决于水灰比的大小。因为水泥水化时所需的结合水一般只占水泥质量的 10%～25%，但在配制混凝土拌合物时，为了获得必要的流动性，常需要较多的水(占水泥质量的 40%～70%)，即采用较大的水灰比。当混凝土硬化后，多余的水分就残留在混凝土中，水分蒸发后形成气孔，使混凝土的密实度和强度降低，因此，在水泥强度等级相同的情况下，水灰比越小，水泥混凝土强度越高。

②养护温度和湿度　混凝土拌合物浇捣完毕后，必须保持适宜的温度和湿度，使水泥充分水化，以保证混凝土强度不断提高。一般情况下，水泥水化和混凝土强度发展的速度随环境温度的高低而增减。

混凝土浇筑后，须有较长时间在潮湿环境中养护。当湿度适宜时，水泥水化才能得以顺利进行，使混凝土强度得到充分发展；如果湿度不够，混凝土会失水干燥，影响水泥水化的正常进行，甚至停止水化，这不仅严重降低混凝土的强度，而且还会因水泥水化作用未能完成而影响混凝土的耐久性。

③龄期　混凝土在正常养护条件(一定的温度和湿度)下，强度随龄期的增长而提高，初期增长较快，后期增长较缓慢。在空气中养护时，其强度后期有所下降。此外，在标准养护条件下，混凝土的强度与其龄期的对数大致成正比。

④集料　集料自身的强度一般都比水泥石的强度高，所以不会直接影响混凝土的强度。假如集料的强度较低，则用其配制的混凝土强度也较低。集料表面粗糙时，与水泥石的黏结力较大，达到同样流动性时需水量大，随着水灰比增大，强度降低。

此外，混凝土试件尺寸、试验时加载速度以及试件表面平整度等对混凝土试件强度也会有一定的影响。

因此，拌制混凝土时，可通过采用高强度等级水泥或特种水泥、采用较小的水灰比、增加混凝土的密实度、采用机械搅拌和机械振捣、加强养护以及掺加外加剂等措施来提高混凝土的强度。

(3)变形

硬化后水泥混凝土的变形，包括非荷载作用下的化学变形、干湿变形和温度变形以及荷载作用下的弹塑性变形和徐变。

①非荷载作用变形

a. 化学变形。混凝土拌合物因水泥水化产物的体积比反应前物质的总体积要小，因而产生收缩，称为化学收缩。这种收缩随龄期增长而增加，40 d 以后渐趋稳定。化学收缩是不能恢复的，一般对结构没有什么影响。

b. 干湿变形。干湿变形主要表现为干缩湿胀。混凝土在干燥空气中硬化时，随着水分的逐渐蒸发，体积也将逐渐发生收缩。在水中或潮湿条件下养护时，混凝土的干缩将随之减少或略发生膨胀。混凝土收缩值比膨胀值较大。混凝土的干缩往往是表面较大，常在表面产生细微裂缝，当干缩变形受到约束时，常会引起构件的翘曲或开裂，影响混凝土的耐久性。因此，应通过调节集料级配、增大粗集料的粒径、减少水泥浆用量、降低水灰比、适当选择水泥品种，或者采用振动捣实、早期养护等措施来减小混凝土的干缩。

c. 温度变形。混凝土同样具有热胀冷缩的性质。温度变化引起的热胀冷缩对大体积及大面积混凝土工程非常不利。水泥水化初期放出的大量热量难以散发，浇筑后大体积混凝土内部温度较外部温度高，使内部混凝土产生显著的体积膨胀，而外部混凝土却随气温降低而冷却收缩，内部膨胀和外部收缩互相制约，将产生很多应力。当外部混凝土所受的拉应力超过混凝土的极限抗拉强度时即将产生裂缝。因此，对于大体积混凝土工程，应设法降低混凝土的发热量，例如，采用低水化热水泥、减少水泥用量、采用人工降温或者设置伸缩缝、在结构物内配置温度钢筋等。

②荷载作用变形

混凝土是一种弹塑性体，在短期荷载作用下，既能产生可以恢复的弹性变形，又能产生不可恢复的塑性变形，其应变随着应力的增加而增长，应力和应变的关系不是直线而是曲线。

另外，混凝土在长期荷载作用下，随时间的延长而增加的变形称为徐变，又称蠕变。混凝土产生徐变的原因是水泥石中的胶凝体在长期荷载作用下的黏性流动，并向毛细孔中移动的结果，以及胶凝体内的吸附水在荷载作用下向毛细孔迁移的结果。徐变能消除混凝土内的应力集中，使应力较均匀地重新分布，降低结构的受力，减少大体积混凝土的温度应力。但徐变会使结构构件的变形增大，会引起预应力混凝土中的预应力损失。

影响混凝土徐变的因素很多。水泥用量越多，水灰比越大，徐变越大；外加荷载越大，受荷载作用的时间越早，徐变越大。而混凝土养护时温度越高、湿度越大，水泥水化越充分，徐变越小；集料的弹性模量越大，混凝土徐变越小。

4.5.2.3 硬化混凝土的耐久性

建筑工程结构或构件所用的混凝土应具备耐久性能，即要求混凝土在长期使用环境条件的作用下，能够抵抗内外不利因素的影响，保持其良好的使用性能，它是一个综合性概念。混凝土良好的耐久性能对延长结构使用寿命、减少维修费用、提高经济效益等都具有重要意义。混凝土耐久性的指标主要有抗冻性、抗渗性和抗腐蚀性等。

(1)混凝土的抗冻性

混凝土的抗冻性是指混凝土含水时抵抗冻融循环作用而不破坏的能力。混凝土的抗冻性用抗冻等级表示。混凝土的抗冻等级是以龄期 28 d 的试件在吸水饱和后,承受反复冻融循环,以试件抗压强度下降不超过 25%而且质量损失率不超过 5%时的循环次数来确定的。混凝土的抗冻等级分为 F25、F50、F100、F150、F200、F250、F300 七个等级。其中,数字表示混凝土能承受的最大冻融循环次数,如 F100 表示混凝土能够承受的反复冻融循环次数不小于 100 次。抗冻等级大于或等于 F50 的混凝土称为抗冻混凝土。

混凝土的抗冻等级应根据工程所处环境,按有关规范选择。严寒气候条件、冬季冻融交替次数多、处于水位变化区的外部混凝土,以及钢筋混凝土结构或薄壁结构、承受动荷载的结构,均应选用较高抗冻等级的混凝土。

提高混凝土抗冻性的主要措施有:严格控制水灰比,提高混凝土密实度;掺用引气剂、减水剂或引气减水剂,改善孔隙结构;加强早期养护或掺入防冻剂,防止混凝土受冻。

(2)混凝土的抗渗性

抗渗性是指混凝土抵抗水、油等液体在压力作用下渗透的能力。抗渗性是混凝土耐久性的一项重要指标,它直接影响混凝土的抗冻性、抗侵蚀性等其他耐久性。

混凝土的抗渗性用抗渗等级表示。抗渗等级是以 28 d 龄期的标准混凝土抗渗试件,按规定的试验方法,以一组 6 个标准试件中 4 个试件未出现渗水时的最大水压力(MPa)表示。混凝土的抗渗等级共有 P4、P6、P8、P10、P12 五个等级,它们分别表示混凝土能抵抗 0.4 MPa、0.6 MPa、0.8 MPa、1.0 MPa、1.2 MPa 的水压力而不被渗透。抗渗等级大于或等于 P6 的混凝土称为抗渗混凝土。

混凝土的抗渗性主要与其密实程度以及内部孔隙的大小和构造有关,因此,可通过降低水灰比、采用减水剂、掺加引气剂等措施来提高密实度和改善孔隙结构,以增强混凝土的抗渗性。

(3)混凝土的抗腐蚀性

环境介质对混凝土的化学腐蚀主要是对水泥石的侵蚀,例如流水、硫酸盐、酸、碱等对水泥石的侵蚀作用。

混凝土的抗腐蚀性与所选用水泥的品种、混凝土的密实程度和孔隙特征有关,所以,提高混凝土抗腐蚀性的措施主要是合理选择水泥品种、降低水灰比、提高密实度和改善孔隙结构。

(4)混凝土的碱-集料反应

水泥混凝土中水泥的碱(K_2O 或 Na_2O)与某些活性集料发生化学反应,可引起混凝土产生膨胀、开裂甚至破坏,碱-集料化学反应称为碱-集料反应。含有这种碱活性矿物的集料称为碱活性集料。碱-集料反应会引起混凝土明显的体积膨胀和开裂,改变混凝土的微结构,使混凝土的强度、弹性模量等力学性能明显下降,而且碱-集料反应一旦发生,很难修补和挽救,对混凝土的危害很大。

混凝土的碱-集料反应必须同时具备三个条件:混凝土中碱含量高、集料中含有活性 SiO_2 和处于潮湿的环境。防止碱-集料反应的措施有:采用低碱水泥,降低混凝土中的碱含量;对集料进行检测,不使用含活性 SiO_2 的集料;掺加矿物细粉掺合料,如磨细矿渣、粉煤灰、硅灰等;掺用引气剂、减小水灰比,使混凝土密实;混凝土表面采用防水或隔离措施。

(5)混凝土的碳化

混凝土的碳化是指环境中的 CO_2 和水泥石中的 $Ca(OH)_2$ 反应,生成碳酸钙和水,从而使混凝土中的碱度降低(中性化)的现象。

混凝土的碳化使得混凝土中的钢筋因失去碱性的保护而锈蚀,而且碳化收缩还会引起混凝土产生微细裂缝,降低混凝土的强度。此外应注意:碳化对混凝土也有有利的影响,碳化时生成的碳酸钙可填充水泥石的孔隙,提高密实度,对有害介质的侵入有一定的缓冲作用。

(6)混凝土的耐磨性

受磨损、磨耗作用的表层混凝土(如受挟砂高速水流冲刷的混凝土及道路路面混凝土等),要求有较高的抗磨性。混凝土的抗磨性不仅与混凝土强度有关,而且与原材料的特性及配合比有关。选用坚硬耐磨的集料、高强度等级的硅酸盐水泥配制成水泥浆含量较少的高强度混凝土,经振捣密实,并使表面平整光滑,混凝土将获得较高的抗磨性。作为高级路面的水泥混凝土,必须具有抵抗车辆轮胎磨耗和磨光的性能。大型桥梁的墩台用水泥混凝土也要具有抵抗湍流空蚀的能力。

4.5.3　几种特种混凝土介绍

4.5.3.1　高强混凝土

目前,一般把强度等级为 C60 及其以上的混凝土称为高强混凝土;强度等级超过 C100 的混凝土称为超高强混凝土。随着土木工程的快速发展,一般强度的混凝土已远远不能满足工程的需要,研究和制备较高强度的混凝土已势在必行。提高工程结构混凝土的强度既是混凝土技术发展的重要方向,也是节约能源、资源的重要技术措施之一,已成为当今世界各国土木工程界普遍重视的课题。

高强混凝土最大的优点是抗压强度高,一般为普通强度混凝土的 4～6 倍,故可减小构件的截面尺寸,减轻自重,最适宜用于高层建筑和大跨度工程。高强混凝土的密实性能好,抗渗、抗冻性能均优于普通混凝土,大量用于海洋和港口工程,它们耐海水侵蚀和海浪冲刷的能力大大优于普通混凝土,可以提高工程使用寿命。

4.5.3.2　高性能混凝土

混凝土作为主要的结构材料,其耐久性的重要程度并不亚于强度和其他性能。很多混凝土建筑工程发生开裂破坏甚至崩塌,往往不是因为强度不足,而是因为耐久性不够。

与普通混凝土相比,高性能混凝土在配制时有其特殊的要求:必须掺入与水泥具有相容性的高效减水剂,以降低水灰比;必须掺入一定活性的磨细掺合料,例如硅灰、磨细矿渣、优质粉煤灰等;选用合适的集料,特别是粗集料。

4.5.3.3　泵送混凝土

泵送混凝土是利用混凝土输送泵泵压的作用,将预拌混凝土沿管道实行垂直及水平方向输送的混凝土。用泵输送混凝土拌合物,可一次连续完成水平和垂直运输,生产效率高,节约劳动力,特别适合于高层建筑、大体积混凝土以及工地狭窄和有障碍的施工现场。随着社会发展和人口的迅速膨胀,建筑物逐步向高层化发展,传统的混凝土运输方式已远远满足不了现代施工工艺及质量要求,这促使了混凝土泵送技术的快速发展,使泵送混凝土有着广阔的发展前景。

泵送混凝土的可泵性取决于混凝土拌合物的和易性。泵送混凝土除了满足设计要求的强度外,还需要满足泵送工艺所需的流动性、不离析、少泌水的要求,因此,泵送混凝土对原材料的要求较严格,对配合比要求较高。另外,泵送混凝土还要求严密组织施工,避免因较长时间的间歇造成堵塞，以保证混凝土连续进行输送。泵送混凝土的坍落度损失是施工中要解决的重要问题。如果从搅拌到浇筑的时间较长，气温较高，或者出现混凝土早期不正常的稠化凝结，必须采取措施解决混凝土坍落度的过快损失。工程中可采取以下措施减缓坍落度损失：在炎热季节采取措施降低集料温度和拌和水温；在干燥条件下，采取措施防止水分过快蒸发；掺加粉煤灰等矿物掺合料；在采用高效减水剂的同时，掺加缓凝剂或引气剂。

泵送混凝土一般不在施工现场拌制，不仅节省了施工场地，而且减少了搅拌混凝土的粉尘污染；再加上泵送混凝土是通过管道封闭运输，又减少了混凝土运输过程中的污染，更有利于实现施工现场文明和整洁的要求。泵送混凝土以其显著的特点在土木工程中大量应用。

4.5.3.4 喷射混凝土

喷射混凝土是借助喷射机械，将速凝混凝土喷向岩石或结构物表面，使岩石或结构物得以加强和保护。喷射混凝土是由喷射水泥砂浆发展起来的，它主要用于矿山、竖井平巷、交通隧道、水工涵洞等地下建筑物和混凝土支护或喷锚支护；地下水池、油罐、大型管道的抗渗混凝土施工；各种工业炉衬的快速修补；混凝土构筑物的浇筑与修补等。

喷射混凝土一般不用模板，它可在 1～3 min 内开始初凝，4～10 min 达到终凝，抗压强度是普通混凝土的 70%左右，因此有加快施工进度、强度增长快、密实性良好、施工准备简单、适应性较强等特点，但也有施工厚度不易掌握、回弹量较大、表面不平整、劳动条件较差等缺点。

另外，钢纤维喷射混凝土是一种由喷射混凝土发展起来的，采用喷射施工的典型的复合材料。钢纤维混凝土中不仅含有抗压强度高的混凝土（作为基体材料），而且含有抗裂性极好和弹性模量高的钢纤维材料，这种复合材料能充分发挥各自的优势。掺加钢纤维的目的是改善喷射混凝土的性能，如混凝土的抗拉强度、抗弯强度、抗冲击强度、抗裂性和韧性等。

4.5.3.5 膨胀混凝土

普通硅酸盐水泥在自然条件下硬化，具有一定的干缩性，收缩值随水泥的品种、熟料的矿物组成、水泥细度、石膏的掺入量、水灰比、养护条件、使用环境而变化。混凝土内部由于收缩会产生微裂纹，不仅破坏混凝土结构的整体性，而且影响混凝土的力学性能和耐久性，甚至造成侵蚀介质侵入混凝土内部，腐蚀混凝土和钢筋。

为改变普通混凝土硬化收缩的不足，通过改变或加入其他化学成分，改变水化的物化机理，使其在硬化中膨胀。配制膨胀混凝土一般有两种途径，即利用膨胀水泥或者掺加膨胀剂。

4.5.3.6 流态混凝土

在预拌的坍落度为 80～120 mm 的基体混凝土中，在浇筑之前掺入适量的流化剂，经过 1～5 min 的搅拌，使混凝土的坍落度增大至 200～220 mm，能像水一样地流动，这种混凝土称为流态混凝土，在美国、英国、加拿大等国称为超塑性混凝土或流动混凝土，在德国和日本称为流动混凝土。

流态混凝土是在 1971 年首先由德国研制出来的，后来迅速推广到美、英、日等工业发达的国家。从 20 世纪 70 年代开始，应用规模日渐扩大，目前已在大体积混凝土和泵送混凝土中大量应用。

流态混凝土一方面具有水泥用量较多、坍落度较大的大流动性混凝土的施工性能，便于泵送运输和浇筑，另一方面又可以得到近似于坍落度 50～100 mm 的塑性混凝土的性能，既能满足施工要求，又改善了混凝土的质量，因而受到广泛的重视。

4.5.3.7 纤维混凝土

纤维混凝土又称纤维增强混凝土(简称 FRC),它是以水泥净浆、砂浆或混凝土作为基材,以非连续的短纤维或连续的长纤维作为增强材料,均匀地掺合在混凝土中而形成的复合材料。由于普通水泥混凝土具有显著的脆性,尤其是高强混凝土的脆性更加突出,这会为其应用带来许多问题。如混凝土抵抗各种变形的能力也很差,抵抗动荷载的能力很差,很容易由于这些弱点而产生明显的开裂甚至破坏。当在混凝土中掺加了纤维后,可以通过纤维的阻裂、增韧和增强作用而显著提高混凝土抵抗各种变形和动荷载的能力,使其成为具有一定韧性的复合材料。

在土木工程中应用较多的是钢纤维增强混凝土、玻璃纤维增强混凝土、聚丙烯纤维增强混凝土,以及碳纤维增强混凝土等。制造纤维混凝土时主要使用具有一定长径比(即纤维的长度与直径的比值)的短纤维,但有时也使用长纤维(如玻璃纤维无捻粗纱、聚丙烯纤化薄膜)或纤维制品(如玻璃纤维网格布、玻璃纤维毡)。与普通混凝土相比,纤维混凝土具有较高的抗拉与抗弯极限强度,其抗拉极限强度可提高 30%～50%,尤以韧性提高的幅度最大。

目前纤维混凝土在结构工程、支护工程、管道工程、地下结构及路面、桥梁、飞机跑道等领域得到了比较广泛的应用。

4.5.3.8 粉煤灰混凝土

粉煤灰混凝土是指以一定量粉煤灰取代部分水泥配制而成的混凝土。

粉煤灰混凝土是在现代混凝土技术新潮流中发展起来的一种经济的改性混凝土。用粉煤灰作掺合料生产粉煤灰混凝土,一是可节约水泥 10%～15%,带来显著的经济效益。二是可以改善或提高混凝土的技术性能,如改善拌合物的工作性、可泵性和抹面性;降低大体积混凝土内部水化热,减少温度应力和裂缝;提高混凝土的抗侵蚀性和抑制碱-集料反应等。三是利用粉煤灰,可以减轻粉煤灰对环境的污染,带来一定的环保效益和社会效益。

4.5.3.9 轻集料混凝土

用轻粗集料、轻细集料(或普通砂)和水泥配制的混凝土,其干表观密度不大于 1900 kg/m^3 者,称为轻集料混凝土。当粗、细集料均为轻集料时,称为全轻混凝土;当细集料为普通砂时,称为砂轻混凝土。

轻集料混凝土由于其轻集料具有颗粒表观密度小、总表面积大、易于吸水等特点,所以其拌合物适用的流动范围比较窄,过大的流动性会使轻集料上浮、离析;过小的流动性则会使捣实困难,流动性的大小主要取决于用水量。另外,轻集料混凝土的工作性也受砂率的影响,其砂率一般比普通混凝土的砂率略大。对于轻集料混凝土,与普通混凝土相比,采用轻集料会导致混凝土强度下降,并且集料用量越多,强度降低值越大,其表观密度也越小。

轻集料混凝土的表观密度小、自重轻、保温隔热性好,特别适用于高层、大跨度建筑和有保温要求的工程,在土木工程中可用于保温、结构保温和结构承重三方面。

4.5.3.10 大体积混凝土

《大体积混凝土施工标准》(GB 50496—2018)规定:混凝土结构物实体最小尺寸不小于 1 m 的大体量混凝土,或预计会因混凝土中胶凝材料水化引起的温度变化和收缩而导致有害裂缝产生的混凝土,称为大体积混凝土。大体积混凝土结构物是指大坝、反应堆体、高层建筑深基础底板及其他重力底座结构物等,这些结构物都是依靠其结构形状、质量和强度来承受荷载的,因此,为了保证混凝土构筑物能够满足设计条件和经久的稳定性要求,混凝土必须具备耐久性好、水密性大和足够的强度,以满足使用单位的质量要求。大体积混凝土所选用的材料、配合比和施工方法等，应与大体积构筑物规模相适应，并且应是最经济的。

大体积混凝土的最主要特点是，以大区段为单位进行施工，施工体积厚大。由此所带来的问题是水泥的水化热引起的温度上升高，冷却时易发生裂缝。为了防止裂缝的发生，必须采取切合实际的措施，例如，使用低水化热的水泥（如矿渣硅酸盐水泥）和粉煤灰的同时，应用单位水泥用量少的配合比，控制一次灌注高度和浇筑速度以及采用人工冷却控制温度等。

4.5.3.11　钢管混凝土

钢和混凝土两种材料取长补短，能取得良好的技术经济效果，钢管混凝土就是其中的一种。钢管在土木工程中应用不久，钢管混凝土结构就开始得到应用。1879 年英国赛文铁路桥采用了钢管混凝土桥墩。1907 年美国首次给出了圆管混凝土柱的安全承载能力公式，此后圆形钢管混凝土柱在一些单层和多层房屋建筑中得以应用。我国于 20 世纪 50 年代末开始进行钢-混凝土组合结构的研究，例如，60 年代在北京地铁车站中就采用了钢管混凝土柱。

对于钢管混凝土，一方面因钢管的“套箍”作用使得混凝土在径向变形受到约束而处于三向受力状态，其承载力大大提高。同时，钢管的“套箍”作用还能大大提高混凝土的塑性性能，使得混凝土尤其是高强混凝土脆性的弱点得到弥补。另一方面，混凝土填充在钢管之内，增强了钢管管壁的稳定性和刚度，使结构的整体稳定性大幅度提高。因此，钢管混凝土材料主要应用于以受压为主的构件中。钢管本身又可作为模板，施工时基本不需要模板和支架。由于钢管内填充了混凝土，在高温情况下，与空钢管相比，其软化温度极大地提高，而在急骤降温（如消防冲水）时又不会像钢筋混凝土结构那样爆裂。因此，其防火性能比钢结构和钢筋混凝土结构更加优越。另外，钢管混凝土结构还具有较好的耐冲击能力和动力性能。

与普通钢筋混凝土结构相比，钢管混凝土结构的用钢量会有所增加，但施工用钢量可相应减少。在承载力条件相同时，混凝土用量、构件自重和构件的截面面积均可减少约 50%。在高层建筑中，钢管混凝土结构的造价与普通钢筋混凝土结构相近，但解决了“胖柱”的问题，从而增加了建筑的有效面积，加快了施工进度，有较好的综合效益。在大跨度拱桥中，钢管混凝土解决了材料高强度和施工无支架两大难题，因而其跨越能力较之钢筋混凝土具有更大的优越性。

4.5.3.12　防辐射混凝土

防辐射混凝土又称屏蔽混凝土、防射线混凝土，是指对 γ 射线、X 射线或中子辐射具有屏蔽能力，不易被放射线穿透的混凝土。

防辐射混凝土是用增加混凝土密度的方法来提高对 X 射线和 γ 射线的屏蔽能力。为了提高混凝土的密度，防辐射混凝土一般都采用重集料（如含铁质矿石、重晶石以及铁砂、钢段等）。防辐射混凝土的密度一般在 3500 kg/m^3 以上；以钢段为集料制作的混凝土，密度可高达 5500 kg/m^3。防辐射混凝土各组成材料间的密度相差较大，为了防止在施工过程中发生离析并能获得良好的密实效果，一般在浇筑时要求采用灌浆法等特殊措施。

防辐射混凝土主要用于原子能反应堆、粒子加速器以及工业、农业和科研部门的放射性同位素设备的防护。

4.6　建筑砂浆

砂浆是建筑工程中用量大、用途广的建筑材料。它一方面用于砌体的承重结构，例如基础、墙体等；另一方面也用于建筑物内外表面的抹灰，例如墙面、地面和顶棚等的装饰。砂浆是由胶凝材料、细集料和水等材料按适当比例配制而成。细集料多采用天然砂，胶凝材料一般为水泥、石灰等。

砂浆按用途可分为砌筑砂浆、抹灰砂浆、装饰砂浆和特种砂浆等；也可按胶凝材料的不同分为水泥砂浆、石灰砂浆、混合砂浆等。砂浆与混凝土相比，除集料大小不同外，强度也比混凝土低很多，一般只有 2.5～10 MPa。

4.6.1　砂浆的性质

4.6.1.1　和易性

砂浆的和易性是指新拌砂浆是否便于施工并保证质量的综合性质。即砂浆便于施工操作，比较容易在砖石、砌块等表面上铺砌成均匀、连续的薄层，且与底面紧密地黏结。砂浆的和易性可根据其流动性和保水性综合评定。

(1)流动性

砂浆的流动性或称稠度，用沉入度表示。沉入度愈大，说明砂浆流动性愈高。影响流动性的因素有用水量、胶凝材料的种类和用量，细集料种类、颗粒形状、粗细程度和级配等。

(2)保水性

砂浆的保水性可用分层度(mm)表示。一般在测定时将拌和好的砂浆装入内径为 150 mm、高 300 mm 的圆桶内，测定其沉入度。静止 30min 以后，去掉上面 200 mm 厚的砂浆，剩余部分重新搅拌，再测沉入度。前后两次沉入度之差的毫米数就是分层度。分层度越大，表明砂浆的分层离析现象越严重，保水性越差。保水性差的砂浆，在砌筑时因砖石、砌块吸水，使砂浆在短时间内变得干稠，难以铺摊成均匀而薄的砂浆层，使砖石、砌块之间的砂浆不饱满，降低砌体强度。砂浆的分层度一般应控制在 10～30 mm 之间，砌筑砂浆的分层度不得大于 30 mm。砂浆的保水性主要取决于新拌砂浆组分中微细颗粒的含量。例如，胶凝材料用量少，将使保水性降低。故实际工程中常掺入石灰膏、粉煤灰、黏土或微沫剂等来提高砂浆的保水性。保水性好的砂浆，其分层度应为 10 mm。分层度过低时，虽然保水性很强，上下无分层现象，但这种砂浆干缩较大，影响黏结力，不宜作抹面砂浆。

4.6.1.2　强度

砂浆硬化后要与砖石、砌块等黏结成整体性的砌体，它在砌体中起传递荷载的作用，并与砌体一起经受周围介质的物理化学作用，因而砂浆应具有一定的黏结强度、抗压强度和耐久性。其中，砂浆的黏结强度和耐久性随抗压强度的增大而提高。因此，工程实际中通常以抗压强度作为砂浆的主要技术指标。砂浆的强度等级由边长为 70.7 mm 的立方体试块，一组 6 块，在标准养护条件下，用标准试验方法测得 28 d 龄期的抗压强度值(MPa)来确定。砂浆的强度等级是按砂浆的抗压强度平均值划分的，共分为 M2.5、M5.0、M7.5、M10、M15、M20 六个等级，如 M10 表示砂浆的抗压强度为 10 MPa。

4.6.2　常用砂浆

建筑工程中常用的砂浆有砌筑砂浆和抹灰砂浆。

4.6.2.1　砌筑砂浆

砌筑砂浆是将砖石、砌块等砌体材料黏结成为整体(砌体)的砂浆。砌筑砂浆起着黏结砌体材料和传递荷载的作用，同时砂浆填满了块材之间的缝隙，还能提高砌体保温、隔声的性能。

砌筑砂浆除要具有良好的和易性外，硬化后还应有一定的强度、黏结力及耐久性。

砌筑砂浆中的胶凝材料主要是水泥，细集料宜选用中砂。有时为改善砂浆的和易性，通常加入无机的细粉掺合料，例如石灰膏或黏土膏。此外，还可以加入有机的微沫剂（如引气剂等）来改善砂浆的和易性。常用的微沫剂为松香热聚物。

砌筑砂浆除水泥砂浆外，还有水泥混合砂浆。即加入适量掺合料（如石灰膏、黏土膏等）用以改善保水性的砂浆，有时简称为混合砂浆。

4.6.2.2 抹灰砂浆

抹灰砂浆又称抹面砂浆，是指涂抹在建筑物或构件表面的砂浆。抹灰砂浆有保护结构基层免遭侵蚀、增加美观的作用，有的还有保温、隔热等其他功能。

抹灰砂浆按其功能的不同可分为普通抹灰砂浆、装饰抹灰砂浆和具有特殊功能的抹灰砂浆。

与砌筑砂浆相比，抹灰砂浆对强度要求不高，但要求砂浆具有良好的和易性，容易抹成均匀平整的薄层，与基层有足够的黏结力，以保证其在施工或长期自重或环境因素作用下不脱落、不开裂，且不丧失其主要功能。

4.6.3 特种砂浆

在建筑工程中，为满足某种特殊功能需要的砂浆，称为特种砂浆。

4.6.3.1 防水砂浆

用作防水层的砂浆，称为防水砂浆。用防水砂浆做成的防水层也叫刚性防水层，适用于不受振动和具有一定刚度的混凝土或砖石砌体表面，广泛应用于地下建筑和蓄水池等的防水。其施工方法有两种：一是喷浆法，即利用高压枪将砂浆以 100 m/s 的高速喷向建筑物表面，砂浆被高压空气强烈压实后，密实度增大，抗渗性好。另一种是人工多层抹压法，即将砂浆分几层抹压，以减少内部毛细连通孔，增大密实性，达到防水效果。

防水砂浆中水泥与砂之比一般不宜大于 1∶2.5；水灰比应为 0.5～0.6；稠度不大于 80 mm。水泥宜选用 32.5 级以上的普通水泥；砂子应选用中砂。防水砂浆由在水泥砂浆中掺入适量防水剂制得，也可采用膨胀剂、有机硅憎水剂、聚合物等配制。防水剂的掺量一般为水泥质量的 3%～5%，常用的防水剂有氯化物、金属盐类、金属皂类、硅酸钠类、有机硅类等。常用的聚合物有天然橡胶胶乳、合成橡胶胶乳、树脂乳液、水溶性聚合物等。

防水砂浆的防水效果在很大程度上取决于施工质量，在施工中必须保证砂浆的密实性，否则难以获得理想的防水效果。防水砂浆拌和时，先把一定量的防水剂溶于拌合水中，再与事先拌匀的水泥、砂混合料拌和均匀，形成砂浆拌合物。刚性防水层应采用多层抹压的施工工艺，一般分为四层或五层施工。涂料时，每层约为 5 mm，一、三层可用防水水泥净浆，二、四、五层可用防水水泥砂浆，每层在初凝前用木抹子压实一遍，最后一层要压光。抹完后要加强养护，防止脱水过快造成干裂。

4.6.3.2 绝热砂浆

绝热砂浆是由水泥等胶凝材料与膨胀珍珠岩、膨胀蛭石、陶粒砂等轻质多孔集料按一定比例配制成的砂浆。常用的绝热砂浆有水泥膨胀珍珠岩砂浆、水泥膨胀蛭石砂浆、水泥石灰膨胀蛭石砂浆等。绝热砂浆质量轻，具有良好的保温隔热性能，导热系数为 0.07～0.10W/(m·K)，可用于屋面、墙体、冷库、供热管道的保温隔热层。如在绝热砂浆中掺入或在绝热砂浆表面喷涂憎水剂，会进一步提高保温隔热效果。

4.6.3.3 吸声砂浆

用水泥、石膏、砂、锯末等可配制成吸声砂浆。也可在石灰砂浆、石膏砂浆中掺入玻璃纤维、矿物棉等松软纤维材料制成吸声砂浆。另外，由轻质多孔骨料制成的绝热砂浆也具有吸声性能。吸声砂浆用于有吸声要求的室内墙壁和顶棚的抹灰。

4.6.3.4 耐酸砂浆

通常作为防护层用于耐酸地面和耐酸容器的内壁。例如，在用水玻璃和氟硅酸钠配制的耐酸涂料中掺入适量石英岩、花岗岩、铸石等制成的粉及细骨料可拌制成耐酸砂浆。

4.6.3.5 防辐射砂浆

防辐射砂浆是在水泥中掺入重晶石粉和重晶石砂配制成的具有防X射线的砂浆。其配合比一般为：水泥：重晶石粉：重晶石砂＝1：0.25：(4～5)。在水泥砂浆中掺加硼砂、硼酸等可配制成具有防中子辐射能力的砂浆，用于射线防护工程。

4.6.3.6 聚合物砂浆

聚合物砂浆是在水泥砂浆中加入有机聚合物乳液配制而成的砂浆。常用的聚合物乳液有氯丁胶乳液、丁苯橡胶乳液、丙烯酸树脂乳液等。聚合物砂浆具有黏结力强、干缩小、脆性低、耐腐蚀性好等特性，主要用于修补和防护工程。

4.7 建筑钢材

金属材料是一种或两种以上的金属元素或金属元素与某些非金属元素组成的合金的总称。金属材料一般分为黑色金属和有色金属两大类。黑色金属是以铁元素为主要成分的金属及其合金，钢和铁都是铁碳合金。有色金属是除黑色金属以外的其他金属，如铝、铅、锌、铜、锡等金属及其合金。

建筑工程上用的钢材包括各类钢结构用的型钢（如圆钢、角钢、槽钢和工字钢等）、钢板和钢筋混凝土用的钢筋、钢丝等。钢材强度高、品质均匀，具有一定的弹性和塑性变形能力，能够承受冲击、振动等荷载作用；钢材的加工性能良好，可以进行各种机械加工，可以通过切割、铆接或焊接等方式的连接进行现场装配。因此，钢材是最重要的土木工程材料之一，特别是在高层和超高层建筑物中作为主要的结构材料，可以获得大跨度、高承载力的承重构件。钢材也有易锈蚀和防火性差等缺点，因此在工程中的应用受到一定的限制。

4.7.1 钢的冶炼和分类

4.7.1.1 钢的冶炼

钢是指以铁为主要元素，含碳量一般在2.06%以下，并含有某些其他元素的铁碳合金。钢的生产分为两步：一是铁矿石经过冶炼形成铁水，这一过程叫作炼铁；二是铁经过精炼形成钢，这一过程叫作炼钢。钢在强度、韧性等方面都比铁有了较大幅度的提高，在建筑工程中大量使用的都是钢材。

4.7.1.2 钢的分类

钢的种类很多，性质各异，分类方法也有很多。

(1)按化学成分分类

①碳素钢　含碳量为0.02%～2.06%的铁碳合金称为碳素钢，也称为碳钢。碳素钢根据

含碳量的高低分为低碳钢（含碳量小于0.25%）、中碳钢（含碳量0.25%～0.6%）和高碳钢（含碳量大于0.6%）。低碳钢主要用于建筑工程，中碳钢多用于机械零件，高碳钢用于工具、刀具等。

②合金钢　在碳素钢的基础上加入一种或多种合金元素（如锰、硅、钒、钛等），以使钢材获得某些特殊性能，则称为合金钢。根据合金元素的含量可分为低合金钢（合金元素总含量小于5%）、中合金钢（合金元素总含量为5%～10%）和高合金钢（合金元素总含量大于10%）。

（2）按脱氧程度分类

在炼钢过程中，为了除去碳和杂质，必须供给足够的氧气，需加入硅铁、锰铁或铝锭等脱氧剂进行精炼。按脱氧程度不同，可将钢分为：

①沸腾钢（代号F）　沸腾钢是脱氧不完全的钢。浇铸后，在冷却凝固过程中，钢液中残留的氧化亚铁与碳化合后，生成的一氧化碳气体大量外逸，造成钢液激烈"沸腾"，故称沸腾钢。这种钢的成分分布不均，密实度较差，因而影响钢的质量。但其成本较低，可广泛用于一般建筑结构中。

②镇静钢（代号Z）　镇静钢是脱氧完全的钢。注入锭模冷却凝固时，钢液比较纯净，液面平静。镇静钢的质量优于沸腾钢，但成本较高，故只用于承受冲击荷载或其他重要的结构中。

③半镇静钢（代号b）　半镇静钢的脱氧程度和材质介于沸腾钢和镇静钢之间。

④特殊镇静钢（代号TZ）　特殊镇静钢比镇静钢的脱氧更充分彻底。特殊镇静钢的质量最好，适用于特别重要的结构工程。

（3）按用途分类

根据用途不同，钢可分为结构钢、工具钢和特殊性能钢。建筑工程上常用的钢材是碳素钢中的低碳钢（普通碳素结构钢）和合金钢中的低合金钢（低合金结构钢）。

（4）按钢的品质分类

主要依据钢中含有害杂质的多少进行分类，一般分为普通钢、优质钢、高级优质钢和特级优质钢。

4.7.2　建筑用钢材的主要技术性能

4.7.2.1　力学性能

钢材的力学性能又叫机械性能，它是钢材最重要的使用性能。建筑用钢材主要承受拉、压、弯曲、冲击等外力的作用，在这些力的作用下，既要求钢材有一定的强度和硬度，也要求钢材有一定的塑性和韧性。

（1）强度

测定钢材强度的主要方法是拉伸试验，在钢材受拉产生应力的同时，相应产生应变。应力和应变的关系反映出钢材的主要力学特征。建筑用钢材的强度指标主要有弹性极限、屈服强度、抗拉强度（极限强度）和钢材在交变荷载作用下的疲劳强度，其中最重要的强度指标是屈服强度和抗拉强度。在结构设计中，要求构件在弹性范围内工作，即使少量的塑性变形也应力求避免，所以规定以钢材的屈服强度作为设计应力的依据，这是因为钢筋屈服后将产生很大塑性变形，且卸载后这部分变形不可恢复，这会使钢筋混凝土构件产生很大的变形和不可闭合的裂缝。

抗拉强度在结构设计中不能直接使用，但抗拉强度是钢材抵抗断裂破坏能力的一个主要指标。另外，屈服强度和抗拉强度的比值(简称屈强比)具有重要意义。屈强比愈小，则结构构件的可靠性愈大，愈安全，愈不易因结构局部突然超载而发生破坏。但屈强比过小则用钢量多，不经济，不能充分发挥钢材的强度水平。一般屈强比在0.60～0.75之间为宜。

(2)弹性模量

钢材在受拉力之初，应力和应变的变化关系成正比，其比值为常数，这个常数叫作弹性模量。弹性模量反映了钢材抵抗弹性变形的能力，即材料的刚度，它是钢材在静力荷载作用下计算结构变形的一个主要指标。弹性模量愈大，抵抗弹性变形的能力愈强。在一定荷载作用下，弹性模量愈大，材料的弹性变形愈小。土木工程中常用的碳素结构钢 Q235 的弹性模量为$(2.0\sim2.1)\times10^5$ MPa。

(3)塑性

塑性表示钢材在外力作用下产生塑性变形而不破坏的能力。衡量钢材塑性的指标通常用伸长率和断面收缩率表示。

钢材受力发生塑性变形后，伸长率和断面收缩率愈大，表明钢材塑性愈好。钢材在塑性破坏前有明显的变形和变形持续时间长，便于结构或构件进行维修和补救。

(4)冲击韧性

冲击韧性是指钢材抵抗冲击荷载的能力。冲击韧性指标用冲击韧性值的大小衡量。其值越大，表明钢材在断裂时所吸收的能量越多，则冲击韧性越好。此外，钢的冲击韧性受温度的影响较大，冲击韧性随温度的下降而减小，当降到一定温度范围时其值急剧下降，从而可使钢材出现脆性断裂，这种性质称为钢的冷脆性。所以，在负温下使用的钢材，特别是承受动荷载的重要结构，必须要检验其低温下的冲击韧性指标。

(5)耐疲劳性

钢材在交变荷载反复作用下可以在远低于屈服极限的应力作用下被破坏，这种破坏称为疲劳破坏。一般把钢材在荷载交变1.0×10^7次不破坏的最大应力定义为疲劳强度或疲劳极限。

(6)硬度

硬度是衡量钢材软硬程度的一个指标。它表示钢材表面局部体积内抵抗变形或破裂的能力，也指抵抗其他更硬的物体压入钢材表面的能力。测定钢材硬度的方法有布氏法、洛氏法和维氏硬度，较常用的是布氏法。

4.7.2.2 工艺性能

钢材的工艺性能是指钢材在各种加工过程中所表现的性能。

(1)冷弯性能

钢材的冷弯性能是指钢材在常温下承受弯曲变形的能力，是建筑钢材的重要工艺性能。通过冷弯试验可以检验钢材处于不利的弯曲变形下的塑性，并能揭示钢材是否存在内部组织不均匀、内应力和夹杂物等缺陷。

(2)焊接性能

焊接是通过局部加热使钢材达到塑性或熔融状态，从而将钢材连接成钢构件的过程。钢材在焊接过程中，由于局部高温的作用，会在焊缝及其附近形成过热区，使内部晶体组织发生变化，容易在焊缝周围产生硬脆倾向，降低焊件质量。焊接性能良好的钢材，焊接后的焊头牢固，硬脆倾向小，仍能保持与原有钢材相近的性质。

(3)钢材的冷加工和热处理

①钢材的冷加工　将钢材于常温下进行冷拉、冷拔、冷轧，使其产生塑性变形，从而提高强度、节约钢材，称为钢材的冷加工强化。钢材经冷加工后，屈服强度提高，塑性、韧性和弹性模量则降低。

②钢材的热处理　热处理是将钢材按一定规则加热、保温和冷却，以改变其内部组织，从而获得需要的性能的一种工艺过程。热处理的方法有正火、退火、淬火和回火。

4.7.3　建筑用钢

建筑工程结构使用的钢材主要是碳素结构钢、低合金高强度结构钢和优质碳素结构钢三类。

4.7.3.1　碳素结构钢

碳素结构钢是碳素钢中的一类，主要用于加工各种型钢、钢筋和钢丝，适用于一般结构和工程。碳素结构钢的牌号表示方法是由代表屈服强度的拼音字母 Q、屈服强度数值(MPa)、质量等级符号(A、B、C、D)、脱氧程度(F 代表沸腾钢、b 代表半镇静钢、Z 代表镇静钢、TZ 代表特殊镇静钢)等四个部分按顺序组成。现行标准《碳素结构钢》(GB/T 700—2006)规定，碳素结构钢的牌号有 Q195、Q215、Q235 和 Q275 四种。碳素结构钢冶炼方便、成本较低、力学性能稳定、塑性好，目前在建筑工程应用中占据相当大的比例。

4.7.3.2　低合金高强度结构钢

它是在碳素结构钢的基础上加入适量合金元素冶炼而形成的钢种。加入合金元素是为了改善钢材的塑性和韧性，提高钢材的强度。通常加入的合金元素有锰、硅、钒、钛、镍和铜等。低合金高强度结构钢牌号的表示方法和碳素结构钢基本相同，只是质量等级有五个，即 B、C、D、E 和 F 级。《低合金高强度结构钢》(GB/T 1591—2018)规定，低合金高强度结构钢按屈服点的数值(单位 MPa)划分为 Q355、Q390、Q420、Q460、Q500、Q550、Q620、Q690 八个牌号。低合金高强度结构钢除强度高以外，其塑性和韧性良好，硬度高，耐磨性好，耐腐蚀性能强和耐低温性能好。因此，建筑工程中应用低合金结构钢可以减轻结构自重、节约钢材、增加使用寿命、经久耐用，特别适用于高层建筑和大跨度结构。

4.7.3.3　优质碳素结构钢

相比普通碳素结构钢，优质碳素结构钢的化学成分控制更加严格，有害杂质(如硫、磷)含量较低，且通常含有较高的锰、硅等合金元素以提高钢的强度、韧性和淬透性等性能。优质碳素结构钢力学性能更加优良，强度、硬度、韧性等指标较高，并具有较好的可加工性和焊接性能，经过适当的热处理后，可以获得更高的强度和更好的韧性。优质碳素结构钢的牌号采用两位数字表示，这两位数字表示钢中平均含碳量的万分之几。例如，45 钢表示平均含碳量为 0.45%的优质碳素结构钢。优质碳素结构钢主要用于制造重要的机械零件、工具和模具等，适用于对性能要求较高的场合，如汽车、机床、工程机械等领域。同样由于其生产工艺复杂，化学成分控制严格，性能优良，价格相对较高。

4.7.4　钢筋混凝土用钢材

钢筋混凝土结构和构件用钢筋按照化学成分的不同主要有碳素结构钢和低合金结构钢两类。按照生产加工工艺的不同分为热轧钢筋、冷加工钢筋、热处理钢筋、钢丝和钢绞线等。另外，钢筋按其轧制外形的不同分为光圆钢筋和带肋钢筋两种。

根据国家标准《钢筋混凝土用钢 第 1 部分：热轧光圆钢筋》(GB/T 1499.1—2024)规定，热轧光圆钢筋的牌号用 HPB300 表示，钢用氧气转炉、电炉冶炼；公称直径范围为 6～25 mm，可用作中、小型钢筋混凝土结构的主要受力钢筋。

根据国家标准《钢筋混凝土用钢 第 2 部分：热轧带肋钢筋》(GB/T 1499.2—2024)的规定，对于普通热轧钢筋主要 HRB400、HRB500、HRB600 以及 HRB400E、HRB500E 五种牌号组成，其中字母“E”是“地震”的英文(earthquake)首位字母；在热轧过程中，通过控轧和控冷工艺成形的细晶粒钢筋，其晶粒度为 9 级或更细，对于细晶粒热轧钢筋主要有 HRBF400、HRBF500 以及 HRBF400E、HRBF500E 四种牌号，其中 HRB 后加的字母 F 为“细”的英文(fine)首字母。钢采用转炉或电弧炉冶炼，必要时采用炉外精炼。钢筋的公称直径范围为 6～45 mm。

根据国家标准《冷轧带肋钢筋》(GB 13788—2024)的规定，冷轧带肋钢筋分为 CRB550、CRB600H、CRB650、CRB800、CRB800H 五个牌号。CRB550、CRB600H 为普通钢筋混凝土用钢筋，CRB650、CRB800、CRB800H 为预应力混凝土用钢筋。C、R、B、H 分别为冷轧(cold rolled)、带肋(ribbed)、钢筋(bars)、高延性(high elongation)四个词的英文首位字母，数字代表抗拉强度特征值。

热处理钢筋具有较高的综合力学性能，除具有很高的强度外，还具有高韧性和高黏结力及塑性降低小等优点，特别适用于预应力混凝土构件的配筋。钢丝主要用作桥梁、吊车梁、电杆、大口径管道等预应力混凝土构件中的预应力筋。钢绞线是以数根优质碳素钢钢丝经绞捻后消除内应力制成的，适用于大型建筑、公路或铁路桥梁、吊车梁等大跨度预应力混凝土构件中的预应力筋，广泛地应用于大跨度、重荷载的结构工程中。

4.7.5 钢材的腐蚀和防护

在我国钢结构采用的钢材品种主要为热轧型钢、冷弯薄壁型钢、热轧或冷轧钢板和钢管等。其钢材按化学成分的不同主要有碳素结构钢和低合金结构钢两类。其中热轧型钢有角钢、L 型钢、工字钢、槽钢和 H 型钢等。冷轧型钢是用厚度 1.5～6 mm 薄钢板或钢带经冷轧(弯)或模压而成。钢管有热轧无缝钢管和焊接钢管两种。建筑结构使用的钢板按照轧制方式分为热轧钢板和冷轧钢板两类。另外，钢板表面轧有防滑凸纹叫作花纹钢板。

钢材在使用过程中，经常与环境中的介质接触，由于环境的作用，其中的铁与介质产生化学反应，逐步被破坏，导致钢材腐蚀，俗称钢材锈蚀。钢材的腐蚀使钢材性能下降，结构或构件的使用寿命缩短，甚至会出现工程事故。

钢材的腐蚀根据其与环境介质的作用分为化学腐蚀和电化学腐蚀两类。化学腐蚀是钢材在常温和高温时发生的氧化或硫化作用，而电化学腐蚀是在钢材表面产生电池作用的腐蚀。

对于钢材的这两类腐蚀，可采用在钢材中加入合金元素(如铬、镍、锡、钛、铜等)使钢材合金化，提高其抗腐蚀的能力。用耐腐蚀性强的金属以电镀或喷镀的方法覆盖在钢材表面，提高钢材的耐腐蚀性，例如镀铬、镀镍、镀锌等。在钢材表面用非金属材料覆盖作为保护膜，使其与环境隔离，避免或减缓腐蚀，例如喷涂涂料、搪瓷和塑料等。最常用的方法是在钢材表面刷防腐、防锈油漆。例如，钢材表面经除锈后，先刷底漆，然后刷面漆进行保护。

4.7.6 钢材的耐热性和防火性

钢材属于不燃性材料，但这并不表明钢材能够抵抗火灾。在高温时，钢材的性能会发生很大的变化。温度在 200 ℃以内，可以认为钢材的性能基本不变；超过 300 ℃以后，屈服强度和抗拉强度开始急剧下降，应变急剧增大；到达 600 ℃时钢材开始失去承载能力。耐火试验和火灾案例表明：以失去支持能力为标准，无保护层时钢屋架和钢柱的耐火极限只有 0.25 h，而裸露钢梁的耐火极限仅为 0.15 h。所以，没有防火保护层的钢结构是不耐火的。对于钢结构，尤其是可能经历高温环境的钢结构，应做必要的防火处理。

钢结构防火的基本原理是采用绝热或吸热材料，阻隔火焰和热量，推迟钢结构的升温速度。常用的防火方法以包覆法为主，即以防火涂料、不燃性板材或混凝土和砂浆将钢构件包裹起来。

4.8 木 材

4.8.1 木材的特点

木材应用于建筑的历史非常悠久。我国在木材建筑技术和木材装饰艺术上都有很高的水平和独特的风格。木材作为建筑和装饰材料具有许多特点，例如，轻质高强，弹性、韧性好，能承受冲击和振动作用；具有较好的隔热、保温性能；纹理美观、色调温和、风格典雅，极具装饰性；便于加工，可制成各种形状的产品等；绝缘性好。此外，由于木材受生长的自然条件限制，所以也存在不少的缺陷。例如，构造不均匀，呈现各向异性；湿胀干缩性大，处理不当易产生翘曲和开裂；因天然缺陷大，利用率较低；耐火性差，易引起火灾，并且容易被腐蚀、虫蛀。木材在建筑工程中可用作承重构件（如屋架、梁和柱等），也可用于建筑配件的门窗、墙裙、暖气罩和施工时用的脚手架、模板等。

4.8.2 建筑工程用木材

根据国家标准《木结构通用规范》(GB 55005—2021)的规定，木结构应采用具有明确材质等级或强度等级的方木、原木、锯材或工程木产品。锯材包括方材、板材、规格材和进口结构材；工程木产品系指层板胶合木、正交层板胶合木、结构胶合板和定向木片板等木基结构板材以及旋切胶合木等结构复合木材。

4.8.3 木材的性质

木材的性质通常用含水率、湿胀与干缩、强度以及装饰性表示。

4.8.3.1 含水率

木材含水率是指木材中所含水的质量占其烘干质量的百分比。木结构构件应采用较干的木材制作，能够相当程度上减小因木材干缩造成的松弛变形和裂缝危害，对保证工程质量作用很大。随着加工工艺、加工技术的发展，对木材的含水率要求会产生新的变化。

新砍伐的树木称为生材，其含水率一般为 70%～80%。烘干后木材的含水率为 4%～12%。木材中含水率的大小影响木材的强度和胀缩性。木材含水率随所处环境的温度、湿度的改变而变化。当木材长时间处于一定温度和湿度的空气中，其水分的蒸发和吸收趋于平衡，木材含水率相对稳定，此时的含水率称为平衡含水率。木材平衡含水率随周围空气温、湿度的变化而变化。各地区、各季节木材的平衡含水率常不相同，我国南方约为 18%，北方约为 12%，长江流域一般为 15%。

4.8.3.2 湿胀与干缩

木材具有显著的湿胀干缩性。木材的湿胀干缩性将影响其实际使用，干缩会使木材翘曲开裂、接榫松弛、拼缝不严，湿胀则造成木材凸起。为了避免这种不良情况，在木材加工前必须进行干燥处理，使木材的含水率比使用地区平衡含水率低 2%～3%。

4.8.3.3 强度

结构用木材的强度设计值应通过强度标准值和抗力分项系数确定，并应计入荷载持续作用时间对木材强度的影响；抗力分项系数应根据目标可靠度指标和木材强度变异系数进行确定。

木结构的强度设计指标包括：抗弯强度、顺纹抗压强度、顺纹抗拉强度、顺纹抗剪强度和横纹抗压强度等。

木材具有的一个显著特点就是在荷载的长期作用下强度会降低，因此荷载持续作用时间对木材的强度影响较大，在确定各种结构用木材强度设计值 f_d 时，必须考虑荷载持续时间影响系数 K_{Q3}。木材的强度设计值公式为 $f_d=f_k K_{Q3}/\gamma_R$，其中：f_k 为木材强度标准值，γ_R 为木材的抗力分项系数。

4.8.3.4 装饰性

良好的装饰性使木材具有很高的使用价值。木材装饰性主要体现在木材的色泽、纹理和花纹上。

此外，在木材应用方面人们除利用初级产品，如圆条、原木和锯材之外，还利用木材制作加工出很多人造板材。

(1)胶合板(三夹板、五夹板和七夹板)

常用于门面、隔断、吊顶和墙裙等室内高级装修。

(2)纤维板

常用于壁板、门板、地板、家具以及用作吸声和绝热材料。

(3)刨花板、木丝板和木屑板

主要用作绝热和吸声材料或者装饰面材和隔墙材。

(4)细木工板

一种夹心板，集实木板和胶合板的优点于一身，作为装饰构造材料，用于门板、壁板等。

(5)复合地板

目前家居装修中广泛采用的复合地板是一种多层叠压木地板，其表面光滑美观，坚实耐磨，不变形和干裂，不沾污及褪色，无须打蜡，耐久性较好，易清洁，铺设方便。因板材薄，故铺设在室内原有地面上时，无须对门做任何改动。复合地板适用于客厅、起居室、卧室等地面铺装。

木材是一种再生资源。对于像我国这样一个木材资源并不丰富的国家来讲，在现代建筑工程中如何保护人类生态环境，保护森林、节约木材，合理利用木材资源已经成为当务之急。目前国家已禁止普通门窗、承重构件、模板、脚手架等使用普通木材，代之为铝合金门窗、塑钢门窗、钢筋混凝土构件、钢模板、竹模板、钢脚手架等。

4.9　建筑功能材料

建筑功能材料是满足建筑物某些特殊功能需要的材料。例如，绝热、吸声、隔声、防水、防火和装饰等。这些特殊要求有时很难用建筑结构材料来实现，而需要采用特殊的功能材料来实现，以满足人们对建筑物多样化使用功能的需求。

4.9.1　绝热材料

建筑上将主要起保温、绝热作用，且导热系数不大于0.23W/(m·K)的材料统称为绝热材料。绝热材料包括保温材料和隔热材料。绝热材料主要用于屋面、墙体、地面、管道等的隔热与保温，以减少建筑物的采暖和空调能耗，并保证室内温度适宜于人们工作、学习和生活。绝热材料的基本结构特征是轻质多孔。

在实际应用时，由于大多数绝热材料的抗压强度都很低，常把绝热材料和承重材料复合使用。另外，大多数绝热材料的孔隙率较大，吸湿性较强，而绝热材料吸收水分后会严重降低绝热效果，故绝热材料在使用时应注意防潮、防水，需在表层设置防水层或隔汽层。

绝热材料按其化学组成不同分为无机、有机和复合材料三大类。无机绝热材料一般用矿物质原料制成，呈散粒状、纤维状和多孔状构造，可制成板、片、卷材或套管等形式的制品；有机绝热材料是用有机材料制成的，一般吸湿性大、不耐久、不耐高温，只能用于低温结构。

4.9.1.1　膨胀珍珠岩及其制品

膨胀珍珠岩是以天然珍珠岩颗粒为原料，经高温加热后使其自身膨胀而形成多孔轻质颗粒。膨胀珍珠岩的堆积密度为40～300 kg/m^3，是良好的保温、吸声与防火材料。膨胀珍珠岩除可用作填充材料外，还可与水泥、水玻璃、沥青等结合制成膨胀珍珠岩绝热制品，广泛应用于屋面、墙体、管道及设备的保温工程中。

4.9.1.2　膨胀蛭石及其制品

天然蛭石是含水的矿物，经过晾干、破碎、煅烧可产生5～10倍的膨胀，从而形成蜂窝状的内部结构。膨胀蛭石的堆积密度为80～200 kg/m^3，导热系数为0.046～0.07W/(m·K)，具有很强的保温隔热性能。在屋面保温工程中常常用散粒状膨胀蛭石，在墙体、楼板和地面保温工程中常采用水泥或水玻璃黏结的各种膨胀蛭石制品，还可制成膨胀蛭石轻集料混凝土墙板等轻质构件应用于建筑工程中。

4.9.1.3　矿物棉及其制品

矿物棉是以无机矿物（矿渣、岩石、砂等）和辅助材料为主要原料，经高温熔融成为液体，再经高速离心或喷吹等工艺制成的棉丝状无机纤维。按所用原料可分为岩棉和矿渣棉（简称矿棉）两大类。矿物棉的表观密度通常为50～200 kg/m^3，制品的表观密度约为80 kg/m^3。其表观密度越小，保温性越好；而表观密度越大，则强度越高。工程中常根据保温性和强度的综合要求来选择不同密度等级的矿物棉及制品。

矿物棉质量轻、耐高温、防蛀、耐腐蚀性好，具有良好的保温、吸声、防火性能。矿物棉可制作成各种板材、毡、管、壳等制品，如装饰吸声板、防火保温板、管道保温毡、屋面保温层等，广泛应用于建筑物墙体和屋面的保温隔热与设备、管道的保温隔热等。

4.9.1.4 玻璃棉及其制品

玻璃棉是玻璃纤维的特例，它是利用玻璃液吹制或甩制成的絮状短粗纤维相互缠绕、交叉，形成整体状态下的均匀微细多孔材料。其纤维直径约为 0.02 mm，表观密度为 10～120 kg/m^3，是一种质量很轻的保温、隔声和吸声材料。玻璃棉主要应用于要求保温、隔声和吸声效果较高的天棚、墙体等，也可用于管道绝热和低温保冷工程。

4.9.1.5 泡沫塑料

泡沫塑料属有机绝热材料，是以各种有机树脂为主要原料生产的超轻质高强保温材料，工程中常用的有聚苯乙烯、聚氯乙烯、聚乙烯、聚氨酯、环氧树脂等泡沫塑料。泡沫塑料保温材料的特点是质量轻（表观密度多为 20～50 kg/m^3）、绝热性好、耐低温性好、吸水率小、可加工性好。泡沫塑料在建筑工程中主要用于墙体保温、管材保温或板材的夹心层、水泥泡沫塑料复合板材或保温砖等。

4.9.2 吸声材料

建筑结构中将主要起吸声作用，且吸声系数不小于 0.2 的材料称为吸声材料。吸声材料主要用于大中型会议室、教室、报告厅、礼堂、播音室、影剧院等的内墙壁、吊顶等。吸声材料主要分为多孔吸声材料、柔性吸声材料（具有封闭孔隙和一定弹性的材料，如聚氯乙烯泡沫塑料等）。对材料进行构造上的处理也可获得较好的吸声性，如穿孔吸声结构（穿有一定尺寸孔隙的薄板，其后设有空气层或多孔材料）、微穿孔吸声结构（穿有小于 1 mm 孔隙的薄板）及薄板吸声结构（薄板后设有空气层的结构）。其中多孔吸声材料是最重要和用量最大的吸声材料。

多孔吸声材料的主要特征是轻质、多孔，且以较细小的开口孔隙或连通孔隙为主。当材料表面的孔隙为封闭孔隙时，或在多孔吸声材料表面喷涂涂料后，材料的吸声性将大幅度下降。增加材料的厚度可增加对低频声音的吸收效果，但对吸收高频声音的效果不佳。

建筑上对吸声材料的主要要求是有较高的吸声系数，同时还要求材料具有一定的强度、耐水性、耐候性、装饰性、防水性、耐火性、耐腐蚀性等。多数吸声材料的强度低、吸水率大，使用时应予以重视。

常用的吸声材料有石膏装饰吸声板、软质纤维装饰吸声板、硬质纤维装饰吸声板、铝塑装饰吸声板、聚苯乙烯泡沫塑料装饰吸声板、硅钙装饰吸声板、膨胀珍珠岩装饰吸声板、矿物棉装饰吸声板、玻璃棉装饰吸声板、金属装饰吸声板以及水泥木丝板、水泥刨花板、帘幕和穿孔胶合板等。

4.9.3 装饰材料

建筑工程中将主要起装饰和装修作用的材料称为建筑装饰材料。建筑装饰材料主要用于建筑物的内外墙面、地面、吊顶、室内环境等的装饰和装修，另外还起到保护建筑物、延长建筑物使用寿命的作用。

建筑工程中使用的装饰材料除具有适宜的颜色、光泽、线条与花纹图案、质感，即装饰性之外，还应具有一定的强度、硬度、阻燃性、耐火性、耐候性、耐水性、抗冻性、耐污染性、耐腐蚀性等，有时还要具有一定的吸声性、隔声性和隔热保温性。

常用的建筑装饰材料种类有人造石材（一般指人造大理石和人造花岗岩）、陶瓷制品（一般指外墙面砖、釉面内墙砖、地砖、陶瓷锦砖、玻璃瓦和卫生陶瓷等）、玻璃制品（一般指普通平板玻璃、磨砂玻璃、压花玻璃、钢化玻璃、夹丝玻璃、吸热玻璃和玻璃锦砖等）、装饰混凝土（一般指彩色混凝土、清水装饰混凝土和露骨料装饰混凝土等)、装饰砂浆(一般指彩色砂浆、水磨石、水刷石、斩假石和干粘石等)、金属装饰材料(一般指铝合金装饰板、不锈钢装饰板和彩色压型钢板等)、装饰涂料(一般指油漆涂料、内墙涂料、外墙涂料、地面涂料以及特殊涂料等)。另外还有塑料装饰材料。

4.9.4 防水材料

防水材料是保证房屋建筑免受雨水、地下水与其他水分侵蚀、渗透的重要材料,是建筑工程中不可缺少的建筑材料。近几年我国防水材料由传统的沥青基防水材料逐渐向高聚物改性防水材料和合成高分子防水材料方向发展。新型防水材料克服了传统材料温度适应性差、耐老化时间短、抗拉强度低、使用寿命短等缺陷,使防水材料由低档向中高档、成品化、系列化方向发展。根据外观形态,防水材料可分为防水卷材、防水涂料和密封材料等。

4.9.4.1 防水卷材

防水卷材是屋面工程和地下工程防水材料的重要品种之一。根据其组成不同可分为沥青防水卷材、高聚物改性沥青防水卷材和合成高分子防水卷材。

(1)沥青防水卷材

沥青是一种呈黑色或黑褐色的有机胶结材料。沥青具有良好的憎水性、防腐性和牢固的黏结性能,是重要的防水材料。而以沥青为防水基材,以原纸、织物、纤维等为胎基,用不同矿物粉料、粒料或合成高分子薄膜、金属膜作为隔离材料所制成的可卷曲的片状防水材料,即为沥青防水卷材。常用的沥青防水卷材有石油沥青纸胎油毡、石油沥青玻璃布油毡、铝箔胎沥青油毡、石油沥青玻纤胎油毡等。

(2)高聚物改性沥青防水卷材

高聚物改性沥青防水卷材相对于传统的石油沥青纸胎油毡而言,即在沥青中添加适当的高聚物改性剂,改善沥青防水卷材温度稳定性差、延伸率低的缺陷。它具有高温不流淌、低温不脆裂、拉伸强度较高和延伸率较大的特点。典型的改性沥青防水卷材品种有 SBS 改性沥青卷材和 APP 改性沥青卷材。SBS 改性沥青卷材既有弹性,又有塑性,耐低温性能好,适用于土木工程中的各类防水、防潮工程,尤其适用于寒冷地区和结构变形频繁的建筑物防水;APP 改性沥青卷材为塑性材料,有良好的化学稳定性,耐紫外线和耐老化性优良,因而可有效改善石油沥青的耐热性能和感温性,适用于土木工程中的各类防水、防潮工程,尤其适用于高温或有强烈太阳辐射地区的建筑物防水。

(3)合成高分子防水卷材

合成高分子防水卷材是以橡胶、合成树脂或两者的共混体为基础,加入适量的助剂和填充料,经过特定工序所制成的防水材料。合成高分子防水卷材具有拉伸强度高、延伸率大、弹性好、高低温特性好、防水性能优异等特点,目前多用于高级宾馆、游泳池、厂房等要求防水性能良好的屋面、地下工程等。

常用的合成高分子防水卷材产品有树脂基防水卷材(聚乙烯、聚氯乙烯、氯化聚乙烯等)、橡胶基防水卷材(三元乙丙橡胶、氯丁橡胶等)和树脂-橡胶共混防水卷材三大类。其中又可分为加筋增强型与非加筋增强型两种。

4.9.4.2 防水涂料

防水涂料是在常温下呈黏稠状态的物质,将其涂抹在基体表面可形成的具有一定弹性的连续薄膜，使基层表面与水隔绝，起到防水、防潮的作用。防水涂料具有明显的特点。例如，适宜在复杂表面处形成完整的防水膜；形成防水膜的自重轻，适宜于在薄壳屋面做防水层；施工时可冷施工，速度快，操作简便，容易修补等。

防水涂料根据成膜物质不同可分为沥青基防水涂料、高聚物防水涂料和合成高分子防水涂料。例如，以沥青为成膜物质的石灰乳化沥青涂料、水性石棉沥青防水涂料和高聚物改性沥青防水涂料等；以合成橡胶或合成树脂为主要成膜物质的合成高分子防水涂料。有时可根据涂料介质不同，分为溶剂型、水乳型和反应型三类。

4.9.4.3 建筑密封材料

建筑密封材料是指填充于建筑物的接缝、变形缝、裂缝、门窗框、玻璃幕墙材料周边或其他结构连接处，起到水密、气密作用的材料。建筑密封材料是重要的建筑功能材料之一。建筑密封材料应具有弹性及耐久性，能长期经受拉伸与压缩或振动的疲劳性能；黏结性能优良，能与基层保持长期牢固的黏附性；具有良好的耐温、耐候性能和防水密封性能等特点。

建筑密封材料的品种很多，目前常用的密封材料有沥青嵌缝油膏、聚氯乙烯接缝膏、氯丁橡胶油膏、丙烯酸酯密封膏、聚氨酯密封膏、硅酮密封膏等。沥青嵌缝油膏广泛应用于预制屋面板的接缝及各种大型墙板拼缝处的防水密封，也可用作伸缩缝、沉降缝等变形缝的嵌缝密封材料；聚氯乙烯接缝膏适用于各种屋面嵌缝、大型墙板嵌缝和表面涂布（作为防水层）；氯丁橡胶油膏适用于屋面及墙板的嵌缝；丙烯酸酯密封膏应用范围广泛，可用于混凝土、玻璃、陶瓷、金属等材料的嵌缝防水以及用作钢窗、铝合金窗的玻璃腻子等；聚氨酯密封膏最适宜用于大型工程及建筑渗漏的处理，如机场跑道、高速公路、体育场馆等；硅酮密封膏多用于玻璃安装及各类材质幕墙的安装与接缝处理。

思考题和习题

4.1 材料的脆性和韧性各有什么特点？

4.2 砌筑材料的作用是什么？结合所在地区实际情况，简单说明我国禁止使用黏土砖的意义。

4.3 常用的石材宜用在建筑工程的哪些部位？

4.4 建筑石膏与石灰相比较，具有哪些优点？

4.5 我国常用水泥的基本材料组成各是什么？

4.6 硅酸盐水泥中为什么要掺加混合材料？混合材料的种类有哪些？作用是什么？

4.7 混凝土在耐久性方面的要求有哪些？

4.8 建筑砂浆有哪些性质？

4.9 钢的主要冶炼方法有哪些？

4.10 建筑工程中常采用哪两类钢种？

4.11 钢筋混凝土和预应力混凝土的钢筋和钢丝有哪些品种？

4.12 钢材为什么会腐蚀？如何防治？

4.13 钢材的耐热性和防火性如何？

4.14 木结构选材有哪些要求？

4.15 什么是建筑功能材料？为什么在建筑工程上要使用建筑功能材料？

4.16 高分子防水卷材和传统的沥青防水卷材相比，有哪些特点？

4.17 绝热材料、吸声材料在使用时应注意什么？

4.18 建筑密封材料有哪些特点？主要用于什么场合？

5　建筑施工

教学目标

通过本章学习，使学生能对主要分部工程施工（包括桩基工程、基坑工程、砌体工程、脚手架工程、模板工程和混凝土工程）的分类、施工方法和施工要求有一个基本了解，能够对高层建筑的施工方法、施工设备、新型建筑材料施工有一个初步的认识，从而能对建筑工程的施工过程及施工要点有较全面的了解。

建筑施工一般包括施工技术与施工组织两大部分。

施工技术是以各工种工程，如土方工程、桩基础工程、混凝土结构工程、结构安装工程、装饰工程等一系列工程的施工技术为研究对象，以施工方案为核心，结合具体施工对象的特点，选择最合理的施工方案，决定最有效的施工技术措施。

施工组织是以科学编制一个工程的施工组织设计为研究对象，编制出指导施工的施工组织设计，合理地使用人力与物力、空间和时间，着眼于各工种工程施工中关键工序的安排，使之有组织、有秩序地进行。

概括起来，建筑施工主要研究其工艺过程、施工方法、施工技术、施工机械的选用、工程材料的加工、劳动力的组织、施工现场管理、场地平面布置，以及施工各阶段的相互关系、相互配合等问题；其目的是以最少的资源消耗取得最大的投资效益，以最优的施工组织达到最优的工程质量和工程进度，并达到安全施工的要求。

建筑施工是所有建设工程施工的统称，主要包括房屋建筑工程、交通土建工程、桥梁工程、水利水电工程和地下工程等多类施工。由于工程类别不同，对施工的要求也有所不同，但它们之间在施工方法、施工原理等方面有相同之处，甚至有时还采用同一施工规范，所以它们之间既有区别又有联系。本章仅对建筑结构施工的主要内容进行阐述。

5.1　建筑施工技术

5.1.1　基础与基坑工程

5.1.1.1　桩基工程

预制桩是在工厂或施工现场制成的各种材料、各种形式的桩（如木桩、混凝土方桩、预应力混凝土管桩、钢桩等），用沉桩设备将桩打入、压入或振入土中。我国建筑施工领域采用较多的预制桩主要是混凝土预制桩和钢桩两大类。混凝土预制桩能承受较大的荷载，坚固耐久、施工速度快，是我国广泛应用的桩型之一，但其施工对周围环境影响较大，常用的有混凝土实心方桩和预应力混凝土空心管桩。我国采用的钢桩主要是钢管桩和H型钢桩两种，都在工厂生产完成后运至工地使用。混凝土预制桩形式如图 5.1 所示。

图 5.1 混凝土预制桩

灌注桩具有施工时无振动、无挤土、噪声小、宜在城市建筑物密集地区使用等优点，在施工中得到较为广泛的应用。根据成孔工艺的不同，灌注桩可以分为干作业成孔灌注桩、泥浆护壁成孔灌注桩和人工挖孔灌注桩等。灌注桩按其成孔方法不同，可分为钻孔灌注桩、沉管灌注桩、人工挖孔灌注桩、爆扩灌注桩等。

人工挖孔灌注桩的成孔施工程序是：场地整平→放线、定桩位→挖第一节桩孔土方→支模浇筑第一节混凝土护壁→在护壁上二次投测标高及桩位十字轴线→安装活动井盖、垂直运输架、起重卷扬机或电动葫芦、活底吊土桶、排水、通风、照明设施等→第二节桩身挖土→清理桩孔四壁，校核桩孔垂直度和直径→拆上节模板，支第二节模板，浇筑第二节混凝土护壁→重复第二节挖土、支模、浇筑混凝土护壁工序，循环作业直至设计深度→进行扩底(当需扩底时)→清理虚土、排除积水，检查尺寸和持力层→吊放钢筋笼就位→浇筑桩身混凝土。

钻孔灌注桩施工如图 5.2 所示。

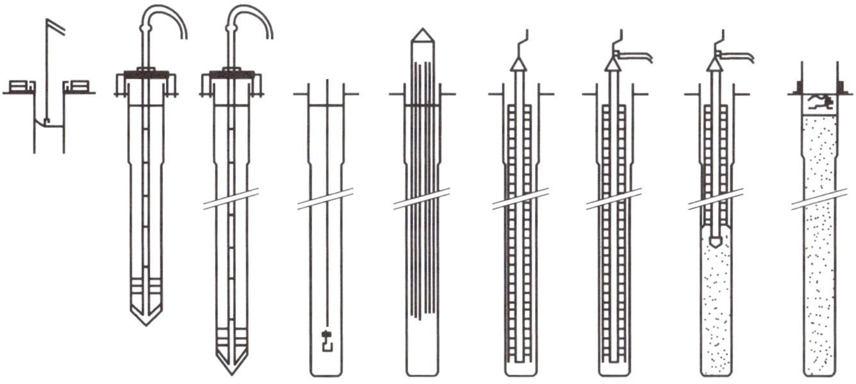

图 5.2 钻孔灌注桩施工示意图

(a)埋设护筒；(b)安装钻机；(c)第一次清孔；(d)测定孔壁；(e)吊放钢筋笼；(f)插入导管；(g)第二次清孔；(h)灌注水下混凝土、拔出导管；(i)拔出护筒

5.1.1.2 基坑工程

集水井降水法一般适用于降水深度较小，且土层为粗粒土层或渗水量小的黏土土层。当基坑(槽)挖到接近地下水位时，沿基坑(槽)底四周或中央开挖具有一定坡度的排水沟。沟底

比挖土面低 0.5 m 以上，并根据地下水量的大小，每隔 20～40 m 设置集水井，集水井底面低于挖土面 1～2 m，使水顺着排水沟流入集水井中，然后用水泵抽出涌入集水井中的水，即可在基坑（槽）底面继续挖土。当基坑（槽）底接近排水沟底时，再加深排水沟和集水井的深度，如此反复循环，直到基坑（槽）挖到所需的深度为止。集水井降水法适用于地下水量不大，土质较好的情况，遇流砂时不宜使用。集水井降水如图 5.3 所示。

井点降水是人工降低地下水位的一种方法，故又称“井点降水法”。在基坑开挖前，在基坑四周埋设一定数量的滤水管（井），利用抽水设备抽水使所挖的土始终保持干燥状态的方法，如图 5.4 所示。所采用的井点类型有：轻型井点、喷射井点、电渗井点、管井井点、深井井点等。

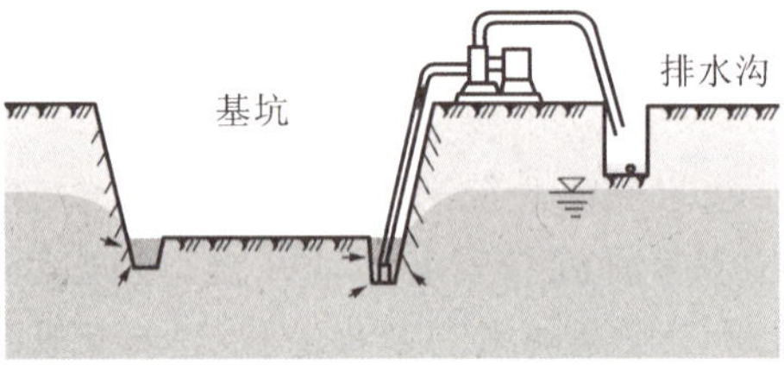

图 5.3 集水井降水示意图

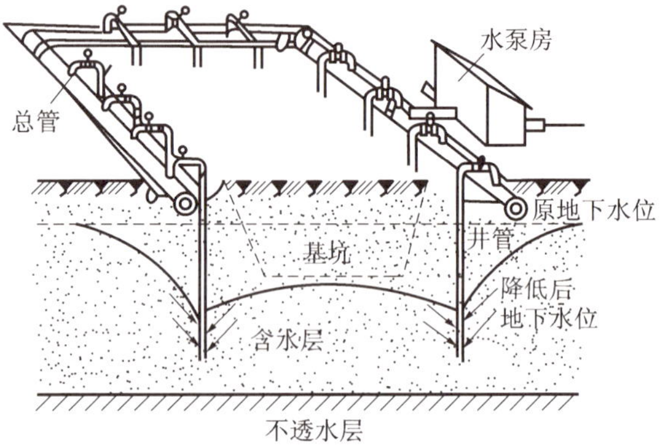

图 5.4 井点降水

5.1.2 砌体与脚手架工程

砌体工程是指砖、石和各类砌块的砌筑。由于砌体结构取材方便，造价低廉，施工工艺简单，又是我国传统建筑施工工艺，故仍大量采用。其不足之处是自重大，需手工操作，工效低，占用土地资源。现阶段许多地区采用工业废料和天然材料制作中、小型砌块以代替普通黏土砖。

5.1.2.1 砂浆的制备与使用

砂浆的配合比应经试验确定，试配砂浆时，应按设计强度等级提高 15%。施工中如用水泥砂浆代替同强度等级的水泥混合砂浆砌筑砌体时，因水泥砂浆和易性差，砌体强度有所下降（一般考虑下降 15%），因此，应提高水泥砂浆的配制强度（一般提高一级）方可满足设计要求。水泥砂浆中掺入微沫剂（简称微沫砂浆）时，砌体抗压强度较水泥混合砂浆砌体降低 10%，故用微沫砂浆代替水泥混合砂浆使用时，微沫砂浆的配制强度也应提高一级。

5.1.2.2 砖砌体施工

（1）砖砌体的组砌要求与形式

砖砌体的组砌要求：上下错缝，内外搭接，以保证砌体的整体性；同时组砌要有规律，少砍砖，以提高砌筑效率，节约材料。

砖在砌筑时有三种不同的放置方式，分别称为：①“顺”，指砖的长边沿墙的轴线平放砌筑；②“丁”，指砖的长边与墙的轴线垂直平放砌筑；③“侧”，指砖的长边沿墙的轴线侧放砌筑。

砖墙的主要组砌形式有：

①一顺一丁砌法　它是指一皮中全部顺砖与一皮中全部丁砖相互间隔砌成，上下皮间的竖缝相互错开 1/4 砖长，如图 5.5(a)所示。这种砌筑方法效率较高，但当砖的规格不一致时，

竖缝就难以整齐。

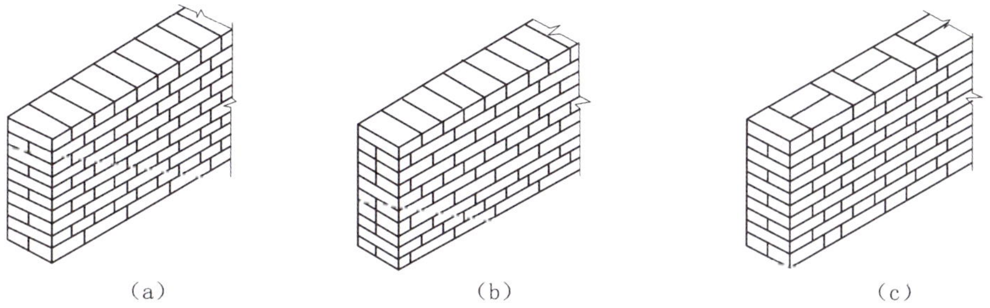

图 5.5 砖墙组砌形式

(a)一顺一丁;(b)三顺一丁;(c)梅花丁

②三顺一丁砌法 它是指三皮中全部顺砖与一皮中全部丁砖间隔砌成。上、下皮顺砖间竖缝错开 1/2 砖长;上下皮顺砖与丁砖间竖缝错开 1/4 砖长,如图 5.5(b)所示。这种砌筑方法由于顺砖较多,砌筑效率较高,适用于砌一砖和一砖以上的墙厚。

③梅花丁砌法(又称沙包式、十字式) 它是指每皮中丁砖与顺砖相隔,上皮丁砖坐中于下皮顺砖,上下皮间竖缝相互错开 1/4 砖长,如图 5.5(c)所示。这种砌筑方法内外竖缝每皮都能错开,故整体性较好,灰缝整齐,比较美观,但砌筑效率较低。砌筑清水墙或当砖规格不一致时,采用这种砌法较好。

(2)砖砌体砌筑工艺

砖砌体的砌筑过程包括找平、放线、摆砖、立皮数杆和砌砖、清理等工序。

①找平

砌墙前应在基础防潮层或楼层上定出各层标高,并用 M7.5 水泥砂浆或 C10 细石混凝土找平,使各段砖墙底部标高符合设计要求。找平时,使上下两层外墙之间不致出现明显的接缝。

②放线

根据龙门板上给定的轴线及图纸上标注的墙体尺寸,在基础顶面上用墨线弹出墙的轴线和墙的宽度线,并画出门洞口位置线。二楼以上墙的轴线可以用经纬仪或垂球将轴线引上,并弹出各墙的宽度线,画出门洞口位置线。

③摆砖

摆砖是指在放线的基面上按选定的组砌方式用干砖试摆。一般在房屋外纵墙方向摆顺砖,在山墙方向摆丁砖,摆砖由一个大角摆到另一个大角,砖与砖留 10 mm 缝隙。摆砖的目的是校对所放出的墨线在门窗洞口、附墙垛等处是否符合砖的模数,以尽可能减少砍砖,并使砌体灰缝均匀、组砌得当。

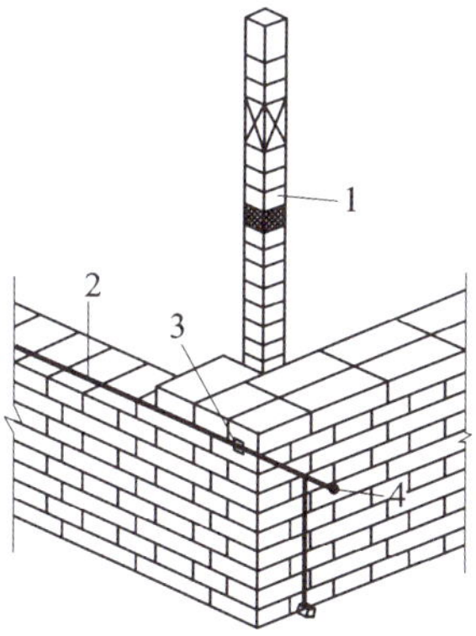

1—皮数杆;2—准线;
3—竹片;4—圆铁钉

图 5.6 皮数杆示意图

④立皮数杆和砌砖

皮数杆是指在其上画有每皮砖和砖缝厚度,以及门窗洞口、过梁、楼板、梁底、预埋件等标高位置的一种木制标杆,如图 5.6 所示。它是砌筑时控制砌体竖向尺寸的标志,同时还可以保证砌体的垂直度。皮数杆一般立于房屋的四大角、内外墙交接处、楼梯间以及洞口等地方,每隔 10～15 m 立一根。皮数杆的设立,应由两个方向用斜撑或锚钉加以固定,以保证其牢固和垂直。一般每次开始砌砖前应检查一遍皮数杆的垂直度和牢固程度。砌砖的操作方法很多，各地的习惯、使用工具也不尽相同，一般宜用“三一”砌砖法(即一块砖、一铲灰、一挤揉，并随手将挤出的砂浆刮去)。砌砖时，先挂上通线，按所排的干砖位置把第一皮砖砌好，然后盘角，每次盘角不得超过六皮砖，在盘角过程中应随时用托线板检查墙角是否垂直平整，砖层灰缝是否符合皮数杆标志，然后在墙角安装皮数杆，即可挂线砌第二皮以上的砖。砌筑过程中应“三皮一吊，五皮一靠”，把砌筑误差消灭在操作过程中，以保证墙面垂直平整。砌一砖半厚以上的砖墙时必须双面挂线。多孔砖和空心砖竖缝宜采用刮浆法，竖缝应先批砂浆再砌筑。当空心砖孔洞呈垂直方向时，水平铺砂浆应用套板盖住孔洞，以免砂浆掉入孔洞内。

⑤清理

当该层砖砌体砌筑完毕后，应进行墙面、柱面和落地灰的清理。

(3)砖砌体的施工要求

全部砖墙应平行砌起，砖层必须水平，砖层位置用皮数杆控制，基面和每楼层砌完后必须校对一次基面水平、轴线和标高，允许范围内的偏差值应在基础或楼板顶面调整。砖墙的水平灰缝厚度和竖缝宽度一般为 10 mm，但不小于 8 mm，也不大于 12 mm。水平灰缝的砂浆饱满度应不低于 80%，砂浆饱满度用百格网检查。竖向灰缝宜用挤浆或加浆的方法，使其砂浆饱满，严禁用水冲浆灌缝。砖墙的转角处和交接处应同时砌筑；不能同时砌筑处，应砌成斜槎，斜槎长度不应小于高度的 2/3，如图 5.7 所示。如临时间断处留斜槎有困难，除转角处外，也可以留直槎，但必须做成阳槎，并加设拉结筋。拉结筋的数量为每 120 mm 墙厚设置一根直径 6 mm 的钢筋；间距沿墙高不得超过 500 mm；埋入长度从墙的留槎处算起，每边均不应小于 500 mm；末端应有 90°弯钩，如图 5.8 所示。抗震设防地区建筑物的临时间断处不得留直槎。隔墙与墙或柱如不同时砌筑而又不留成斜槎时，可从墙或柱中引出阳槎，或从墙或柱的灰缝中预埋拉结筋(其构造与上述相同，但每道不得少于 2 根)。抗震设防地区建筑物的隔墙，除应留阳槎外，沿墙高每 500 mm 配置 2 φ 6 钢筋与承重墙或柱拉结，伸入每边墙内的长度不应小于 500 mm。砖砌体接槎时，必须将接槎处的表面清理干净，浇水湿润，并应填实砂浆，保持灰缝平直。

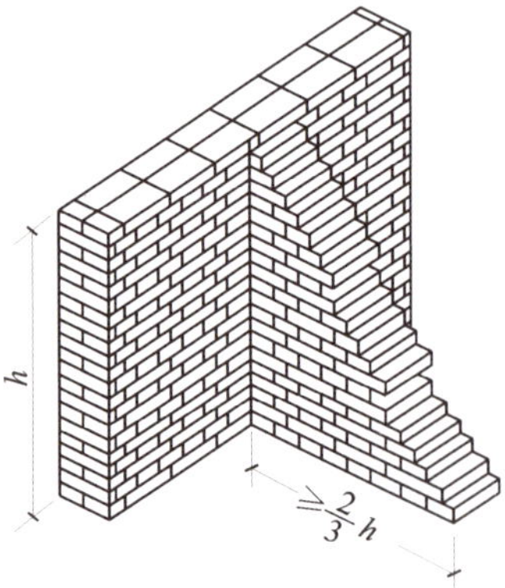

图 5.7　斜槎

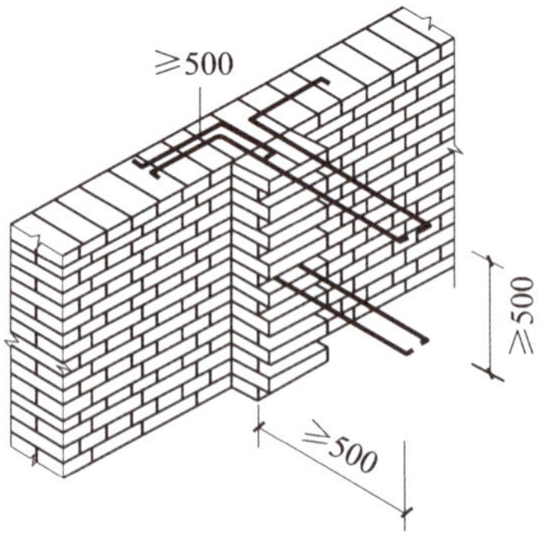

图 5.8　直槎

宽度小于 1 m 的窗间墙，应选用整砖砌筑，半砖和破损的砖应分散使用于墙心或受力较小部位。

施工时需在砖墙中留置的临时洞口，其侧边离交接处的墙面不应小于 500 mm；洞口顶部宜设置过梁。抗震设防烈度为 9 度的建筑物，临时洞口的留置应会同设计单位研究决定。

每层承重墙的最上皮砖和梁或梁垫下面的砖，应采用丁砖砌筑。隔墙与填充墙的顶面与上层结构的接触处，宜用侧砖或立砖斜砌挤紧。

砖墙每天砌筑高度以不超过 1.8 m 为宜，雨天施工时，每天砌筑高度不宜超过 1.2 m。砖砌体相邻工作段的高度差不得超过一个楼层的高度，也不宜大于 4 m。工作段的分段位置宜设在伸缩缝、沉降缝、防震缝或门窗洞口处。砌体临时间断处的高度差不得超过一步脚手架的高度。

5.1.2.3 小型空心砌块施工

(1)砌筑技术要点

小型空心砌块墙的转角处，应隔皮纵、横墙砌块相互搭砌，即隔皮纵、横墙砌块端面露头，如图 5.9 所示。T 字交接处，应隔皮使横墙砌块端面露头。当该处无芯柱时，应在纵墙交接处砌两块一孔半的辅助规格砌块，隔皮砌在横墙露头砌块下，其半孔应位于中间，如图 5.10 所示。当该处有芯柱时，应在纵墙交接处砌一块三孔大规格砌块，砌块的中间孔正对横墙露头砌块靠外的孔洞，如图 5.11 所示。十字交接处，当该处无芯柱时，在交接处应砌一孔半砌块，隔皮垂直相交，其半孔应在中间；当该处有芯柱时，在交接处应砌三孔砌块，隔皮垂直相交，中间孔相互对正。小型空心砌块墙的转角处和交接处应同时砌筑，如不能同时砌筑，则应留置斜槎，斜槎的长度应不小于斜槎高度，如图 5.12 所示。在非抗震设防地区，除外墙转角外，空心砌块墙的临时间断处可从墙面伸出 200 mm 砌成直槎，并每隔三皮砌块高在水平灰缝设 2 根直径 6 mm 的拉结筋；拉结筋埋入长度，从留槎处算起，每边均不应小于 600 mm，钢筋外露部分不得任意弯折，如图 5.13 所示。如作为后砌隔墙或填充墙时，沿墙高每隔 600 mm 应与承重墙或柱内预留的钢筋网片或 2 根直径 6 mm 的钢筋拉结，钢筋伸入墙内的长度不应小于 600 mm。

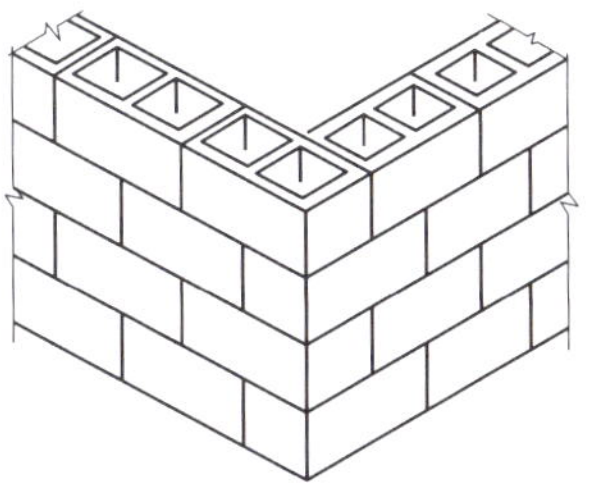

图 5.9 空心砌块墙转角砌法

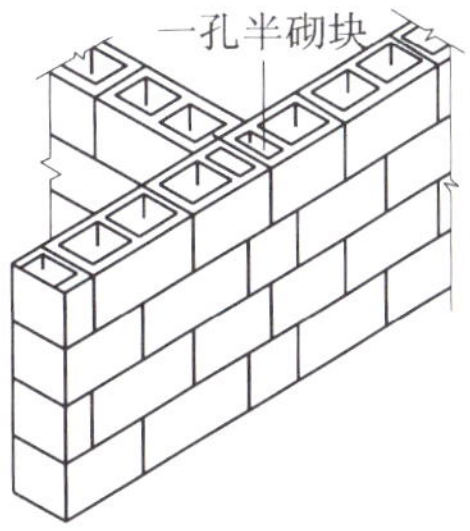

图 5.10 混凝土空心砌块墙 T 字交接处砌法(无芯柱)

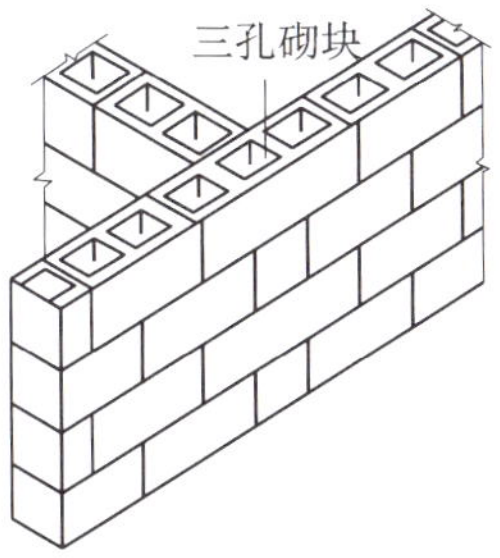

图 5.11 混凝土空心砌块墙 T 字交接处砌法(有芯柱)

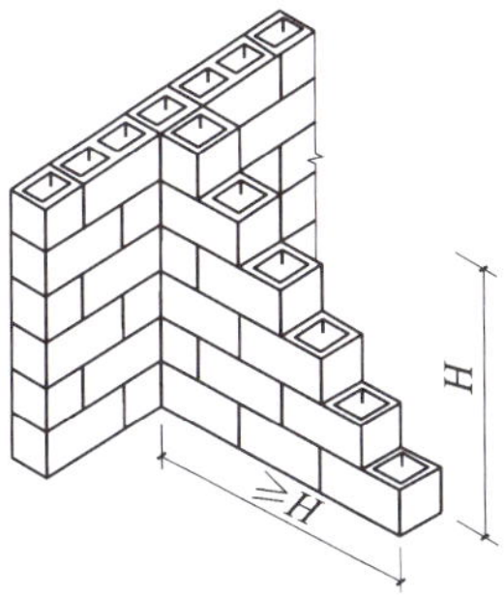

图 5.12 空心砌块墙斜槎

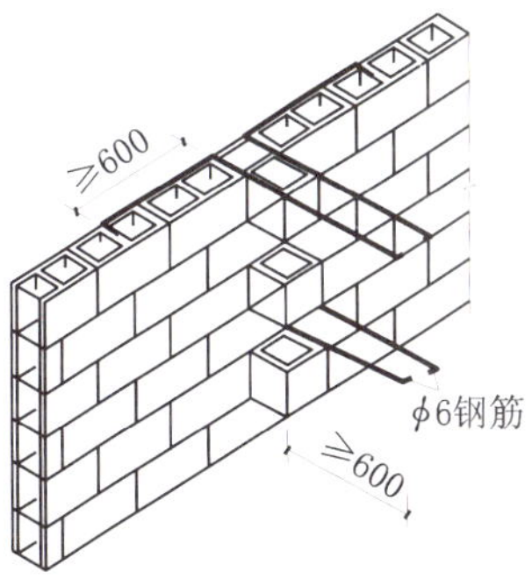

图 5.13 空心砌块墙直槎

空心砌块墙表面不得预留或凿打水平沟槽，对设计规定的洞口、管道、沟槽和预埋件，应在砌筑墙体时预留和预埋。需要在墙上留脚手眼时，可用辅助规格的单孔砌块侧砌，利用其空洞作脚手眼，墙体完工后用不低于 C15 的混凝土填实。墙体中作为施工通道的临时洞口，其侧边离交接处的墙面不应小于 600 mm，并在顶部设过梁。填砌临时洞口的砌筑砂浆强度等级应提高一级。每天砌筑高度宜控制在 1.5 m(或一步脚手架高度)以内。

在墙体的下列部位，应用 C15 混凝土灌实砌块的孔洞，并应先灌后砌：

①底层室内地面以下或防潮层以下的砌体；

②无圈梁的楼板支承面下的一块砌块；

③没有设置混凝土垫块的次梁支承处，灌实宽度不应小于 600 mm，高度不应小于一皮砌块；

④挑梁的悬挑长度不小于 1.2 m 时，其支承部位的内外墙交接处，纵横向各灌实高度不小于三皮砌块。

(2)混凝土芯柱施工

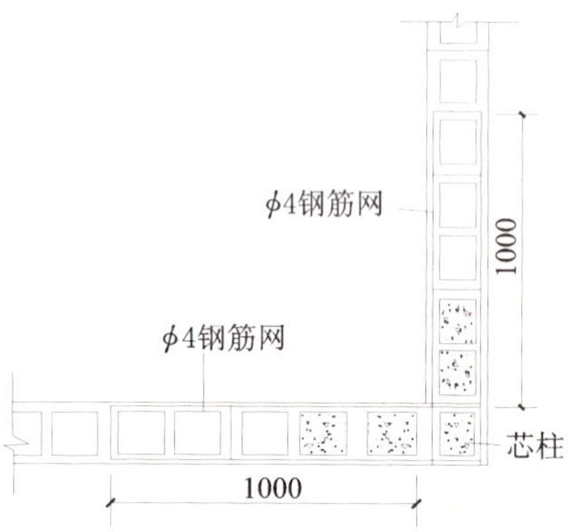

图 5.14　芯柱拉结钢筋网片设置

混凝土芯柱设置在混凝土小型空心砌块墙的转角处和交接处，在这些部位的砌块孔洞中插入钢筋，并浇筑混凝土。

对于抗震设防烈度为 6～8 度的混凝土小型空心砌块房屋，应按表 5.1 的要求设置钢筋混凝土芯柱。除此之外，根据计算需要设置其他芯柱时，芯柱宜均匀布置，8 度抗震设防烈度的五层房屋，芯柱的最大间距不应大于 2.4 m。应设置拉结钢筋网片，网片可用直径 4 mm 的钢筋焊成，置于砌块的水平灰缝内，每边伸入墙内不宜小于 1 m，且沿墙高每隔 600 mm 设置一道，如图 5.14 所示。芯柱插筋应与基础或基础圈梁中的预埋钢筋绑扎或焊接连接；上、下楼层的插筋可在楼板面上搭接，搭接长度不小于 40d(d 为插筋直径)。

表 5.1　混凝土小型空心砌块房屋芯柱设置要求

房屋层数			设置部分	设置数量
6 度	7 度	8 度		
四	三	二	外墙转角、楼梯间四角，大房间内外墙交接处	外墙转角灌实 3 个孔；内外墙交接处灌实 4 个孔
五	四	三		
六	五	四	外墙转角、楼梯间四角，大房间内外墙交接处，山墙与内纵墙交接处，各开间横墙(轴线)与外纵墙交接处	
七	六	五	外墙转角、楼梯间四角，各内墙(轴线)与外墙交接处；8 度时，内纵墙与横墙(轴线)交接处和洞口两侧	外墙转角灌实 5 个孔；内外墙交接处灌实 4 个孔；内墙交接处灌实 4～5 个孔；洞口两侧各灌实 1 个孔

对于非抗震设防地区的混凝土小型空心砌块房屋，芯柱中的插筋不应少于 1 根直径不小于 10 mm 的钢筋。芯柱应沿房屋全高贯通，并与各层圈梁整体现浇，水平灰缝中钢筋网片每边伸入墙体不少于 600 mm。

在楼、地面砌筑第一皮砌块时，应采用开口小砌块或U形小砌块，以形成清理口。浇筑混凝土前，从清理口中掏出落在砌块孔洞中的杂物，并用水冲洗孔洞内壁，将积水排出，用混凝土预制块封闭清理口。芯柱混凝土应在砌完一个楼层高度后连续浇筑。为保证芯柱混凝土密实，混凝土内宜掺入增加流动性的外加剂，混凝土坍落度不应小于70 mm。每层芯柱混凝土浇筑时，先注入适量的水泥浆，再分层浇筑并捣实，每层浇筑高度为400～500 mm，亦可边浇筑边捣实。严禁在浇筑完一个楼层高度后再捣实。振捣混凝土宜用软轴插入式振动器。应事先计算每个芯柱的混凝土用量，按计量浇筑混凝土。浇筑混凝土时，砌块砌筑砂浆的强度应达到1 MPa以上。

5.1.2.4 脚手架工程

1)脚手架种类和基本要求

脚手架是建筑工程施工中堆放材料和工人进行操作的临时设施。

(1)按脚手架的设置形式分为单排脚手架、双排脚手架、满堂脚手架、满高脚手架、交圈脚手架和特形脚手架；

(2)按构架方式划分为杆件组合式脚手架(也称多立杆式脚手架)、框架组合式脚手架(如门型脚手架)、格构件组合式脚手架(如桥式脚手架)和台架等；

(3)按支固方式划分为落地式脚手架、悬挑脚手架、附墙悬挂脚手架、悬吊脚手架；

(4)按其所用材料分为木脚手架、竹脚手架、钢管脚手架和金属脚手架；

(5)按搭拆和移动方式划分为人工装拆脚手架、附着升降脚手架、整体提升脚手架、水平移动脚手架和升降桥架；

(6)按搭设位置分为外脚手架和里脚手架。

对脚手架的基本要求：宽度应满足工人操作、材料堆置和运输的需要，脚手架的宽度一般为1.5～2.0 m；并保证有足够的强度、刚度和稳定性；构造简单；装拆方便并能多次周转使用。

2)多立柱式脚手架

(1)扣件式钢管脚手架(图5.15)

①优点

a.承载力较大。当脚手架的几何尺寸及构造符合规范的有关要求时，一般情况下，脚手架单管立柱的承载力可达15～35 kN(设计值)。

b.装拆方便，搭设灵活。由于钢管长度易于调整，扣件连接简便，因而可适应各种平面、立面的建筑物与构筑物用脚手架。

c.比较经济，加工简单，一次投资费用较低。如果精心设计脚手架的几何尺寸，注意提高钢管周转使用率，则节约材料，可取得较好的经济效果。扣件钢管脚手架折合每平方米建筑用钢量约15 kg。

图5.15 扣件式钢管脚手架

②缺点

a.扣件(特别是它的螺杆)容易丢失；螺栓拧紧扭力矩不应小于40 N·m，且不应大于65 N·m。

b.节点处的杆件为偏心连接，靠抗滑力传递荷载和内力，因而降低了其承载能力。

c.扣件节点的连接质量受扣件本身质量和工人操作的影响显著。

③适应性

a. 构筑各种形式的脚手架、模板和其他支撑架。

b. 组装井字架。

c. 搭设坡道、工棚、看台及其他临时构筑物。

d. 作为其他脚手架的辅助、加强杆件。

(2)碗扣式钢管脚手架(图 5.16)

图 5.16　碗扣式钢管脚手架

①优点

a. 多功能:能根据具体施工要求,组成不同组架尺寸、形状和承载能力的单、双排脚手架,支撑架,支撑柱,物料提升架,爬升脚手架,悬挑架等多种功能的施工装备。也可用于搭设施工棚、料棚、灯塔等构筑物。特别适合于搭设曲面脚手架和重载支撑架。

b. 高功效:常用杆件中最长为 3130 mm,重 17.07 kg。整架拼拆速度比常规快 3～5 倍,拼拆快速、省力,工人用一把铁锤即可完成全部作业,避免了螺栓操作带来的诸多不便。

c. 通用性强:主构件均采用普通的扣件式钢管脚手架之钢管,可用扣件同普通钢管连接,通用性强。

d. 承载力大:立杆连接是同轴心承插,横杆同立杆靠碗扣接头连接,接头具有可靠的抗弯、抗剪、抗扭力学性能。而且各杆件轴心线交于一点,节点在框架平面内,因此,结构稳固可靠,承载力大(整架承载力提高,比同等情况的扣件式钢管脚手架提高 15%以上)。

e. 安全可靠:接头设计时,考虑到上碗扣螺旋摩擦力和自重力作用,使接头具有可靠的自锁能力。作用于横杆上的荷载通过下碗扣传递给立杆,下碗扣具有很强的抗剪能力(最大为 199 kN)。上碗扣即使未被压紧,横杆接头也不致脱出而造成事故。同时配备有安全网支架、间横杆、脚手板、挡脚板、架梯、挑梁、连墙撑杆等配件,使用安全可靠。

f. 易于加工:主构件用 $\phi48\times3.5$、Q235B 焊接钢管,制造工艺简单,成本适中,可直接对现有扣件式脚手架进行加工改造,不需要复杂的加工设备。

g. 不易丢失:该脚手架无零散易丢失扣件,把构件丢失减少到最小程度。

h. 维修少:该脚手架构件消除了螺栓连接,构件经碰耐磕,一般锈蚀不影响拼拆作业,无须特殊养护、维修。

i. 便于管理:构件系列标准化,构件外表涂以橘黄色,美观大方。构件堆放整齐,便于现场材料管理,满足文明施工要求。

j. 易于运输:该脚手架最长构件 3130 mm,最重构件 40.53 kg,便于搬运和运输。

②缺点

a. 横杆为几种尺寸的定型杆,立杆上碗扣节点按 0.6 m 间距设置,使构架尺寸受到限制;

b. U 形连接销易丢失;

c. 价格较贵。

③适应性

a. 构筑各种形式的脚手架、模板和其他支撑架;

b. 组装井字架;

c. 搭设坡道、工棚、看台及其他临时构筑物;

d. 构造强力组合支撑柱;

e. 构筑承受横向力作用的支撑架。

5.1.2.5 安全网搭设

当外墙砌砖高度超过 4 m 或立体交叉作业时,必须设置安全网,以防材料下落伤人和高空操作人员坠落。安全网是用直径 9 mm 的麻绳、棕绳或尼龙绳编织而成的,一般规格为宽 3 m、长 6 m、网眼 50 mm 左右,每块支好的安全网应能承受不小于 1.6 kN 的冲击荷载。

架设安全网时,其伸出墙面宽度应不小于 2 m,外口要高于里口 500 mm,两网搭接应扎接牢固,每隔一定距离应用拉绳将斜杆与地面锚桩拉牢。施工过程中要经常对安全网进行检查和维修,严禁向安全网内扔木料和其他杂物。

在无窗口的山墙上,可在墙角设立柱来挂安全网;也可在墙体内预埋钢筋环以支撑斜杆;还可用短钢管穿墙,用回转扣件来支设斜杆。

当用里脚手架施工外墙时,要沿外墙架设安全网;多层建筑使用外脚手架时,亦须在脚手架外侧设安全网。安全网要随楼层施工进度逐层上升。多层建筑除一道逐步上升的安全网外,尚应在第二层和每隔三至四层加设固定的安全网。

高层建筑施工中的安全网设置有以下几种方式:

(1)在外墙面满搭外脚手架的情况下,应在脚手架的外表面满挂安全网(或用塑料编制篷布);在作业层的脚手板下平挂安全网(或篷布);第一步架应满铺脚手板或篷布,每隔四至六层加设一层水平安全网。

(2)在不设外脚手架的情况下,作外装修所使用的悬吊式或悬挑式脚手架,除顶面和靠墙一面外,其他各面均应满挂安全网或塑料篷布,以避免从作业面向下坠物。同时每隔四至六层挑出一层安全网,并在首层架设宽度不小于 4 m 的安全网。

(3)采用悬挑式脚手架时,当脚手架升高后,保留悬挑支架,并加绑斜杆改挂安全网;若为挑平台,可在平台上加设一道安全网。

钢脚手架(包括钢井架、钢龙门架、钢独脚把杆提升架等)不得搭设在距离 35 kV 以上的高压线路 4.5 m 以内的地区和距离 1～10 kV 高压线路 2 m 以内的地区,否则使用期间应断电或拆除电源。

过高的脚手架必须有防雷措施,钢脚手架的防雷措施是用接地装置与脚手架连接,一般每隔 50 m 设置一处。最远点到接地装置间脚手架上的过渡电阻不应超过 10 Ω。

5.1.3 混凝土结构工程

5.1.3.1 模板工程

(1)模板的基本要求和种类

模板工程的施工包括模板的选材、选型、设计、制作、安装、拆除和周转等过程。模板工程是混凝土结构工程的重要组成部分,特别在现浇混凝土结构工程施工中占有主导地位,决定施工方法和施工机械的选择,直接影响工期和造价。

模板系统包括模板、支撑和紧固件三个部分。它能保证混凝土在浇筑过程中保持正确的形状和尺寸,是混凝土在硬化过程中进行防护和养护的工具。为此,模板和支撑必须符合下列要求:保证工程结构和构件各部位形状、尺寸和相互位置的正确;其承载能力、刚度和稳定性足够,能可靠地承受新浇混凝土的自重和侧压力以及施工荷载;构造简单、装拆方便,并便于钢筋的绑扎、安装和混凝土的浇筑、养护;模板的连接不应漏浆;能多次周转。

近年来,愈来愈多的工程要求浇筑成清水混凝土或对混凝土的表面有较高要求,这就对模板提出了新的要求:一是要求模板板面具有一定的硬度和耐摩擦、耐冲击、耐碱、耐水及耐热性能;二是要求模板板面面积大、质量轻、表面平整,能浇筑成表面平整光洁的清水混凝土。

模板的种类很多,按材料可分为木模板、钢木模板、胶合板模板、钢模板、塑料模板、玻璃钢模板、铝合金模板等。

按结构的类型分为基础模板、柱模板、楼板模板、楼梯模板、墙模板、壳模板和烟囱模板等。

按施工方法分类,有现场装拆式模板、固定式模板和移动式模板。现场装拆式模板是按照设计要求的结构形状、尺寸及空间位置在现场组装,当混凝土达到拆模强度后即拆除模板;现场装拆式模板多用定型模板和工具式支撑。固定式模板多用于制作预制构件,是按构件的形状、尺寸在现场或预制厂制作,涂刷隔离剂,浇筑混凝土,当混凝土达到规定的强度后,即脱模、清理模板,再重新涂刷隔离剂,继续制作下一批构件;各种胎模(土胎模、砖胎模、混凝土胎模)即属于固定式模板。移动式模板是随着混凝土的浇筑,模板可沿垂直方向或水平方向移动,如烟囱、水塔、墙柱混凝土浇筑采用的滑升模板、爬升模板、提升模板、大模板,高层建筑楼板采用的飞模,筒壳混凝土浇筑采用的水平移动式模板等。

随着新结构、新技术、新工艺的采用,模板工程也在不断发展,其发展方向是:构造上由不定型向定型发展;材料上由单一木模板向多种材料模板发展;功能上由单一功能向多功能发展。由于模板的发展使混凝土结构模板逐步实现定型化、装配化、工具化,大量节约了模板材料,尤其是木材,提高了模板的周转率,降低了工程成本,加快了工程进度。近年来,采用大模板、滑升模板、爬升模板施工工艺,以整间大模板代替普通模板进行混凝土墙板结构施工,不仅节约了模板材料,还大大提高了工程质量和施工机械化程度,甚至使模板本身形成了建筑体系。支撑系统逐渐向与脚手架通用性的工具化方向发展。

(2)模板搭设和拆除的基本要求

对于梁或板的跨度等于或大于 4 m,应使梁或板底模板起拱,防止新浇筑混凝土的荷载使跨中模板下挠。当设计无规定时,起拱高度宜为全跨长度的 1/1000～3/1000(木模板为 1.5/1000～3/1000;钢模板为 1/1000～2/1000)。

模板的拆除日期取决于混凝土的强度、各个模板的用途、结构的性质、混凝土硬化时的气温。及时拆模可提高模板的周转率,也可以为其他工作创造条件。但过早拆模混凝土会因强度不足以承担自重或受到外力作用而变形甚至断裂,造成重大的质量事故。

侧模板应在混凝土强度能保证其表面及棱角不因拆除而受损坏时,方可拆除。

底模板应在与混凝土结构同条件养护的试件达到施工规范所规定的强度标准值时,方可拆除。拆模顺序一般是:先支后拆,后支先拆;先拆除侧模板,后拆除底模板。重大复杂模板的拆除,事前应制定拆模方案。对于肋形楼板,其拆模顺序一般是:柱模板→楼板底模板→梁侧模板→梁底模板。

多层楼板模板支架的拆除应按下列要求进行:上层楼板正在浇筑混凝土时,下一层楼板的模板支架不得拆除,再下一层楼板模板的支架仅可拆除一部分;跨度在 4 m 及 4 m 以上的梁下均应保留支架,其间距不得大于 3 m。

拆模时,应尽量避免混凝土表面或模板受到损坏,以防整块下落伤人。拆下来的模板,有钉子时,要使钉尖朝下,以免扎脚。拆完后,应及时加以清理、修理,按种类及尺寸分别堆放,以便下次使用。对定型组合钢模板,倘若背面油漆脱落,应补刷防锈漆。对已拆除模板及其支架结构的混凝土,应在其强度达到设计强度标准值后才允许承受全部使用荷载。当承受施工荷载产生的效应比使用荷载更为不利时,必须经过核算,加设临时支撑。

5.1.3.2 钢筋工程

1)钢筋的验收与存放

当钢筋运进施工现场后,必须严格按批分等级、牌号、直径、长度挂牌存放,并注明数量,不得混淆。钢筋应尽量堆入仓库或料棚内。条件不具备时,应选择地势较高、土质坚实、较为平坦的露天场地存放。在仓库或场地周围挖排水沟,以利于排水。堆放时钢筋下面要加垫木,离地不宜少于 200 mm,以防钢筋锈蚀和污染。钢筋成品要按工程名称,构件名称、部位,钢筋类型、尺寸、钢号、直径和根数分别堆放,不能将几项工程的钢筋混放在一起。同时不要和产生有害气体的车间靠近,以免污染和腐蚀钢筋。

2)钢筋冷加工

钢筋加工包括冷拉、冷拔、调直、除锈、切断、弯曲成型、焊接、绑扎等。钢筋冷加工有冷拉、冷拔和冷轧等方法,冷加工的目的在于提高钢筋强度设计值,节约钢材,满足预应力钢筋的需要。

(1)冷拉

冷拉可提高屈服强度,节约材料,将热轧钢筋用冷拉设备加力进行张拉,经冷拉时效后使之伸长。冷拉后,屈服强度可提高 20%~25%,可节约钢材 10%~20%。钢筋冷拉后应力-应变曲线如图 5.17 所示。

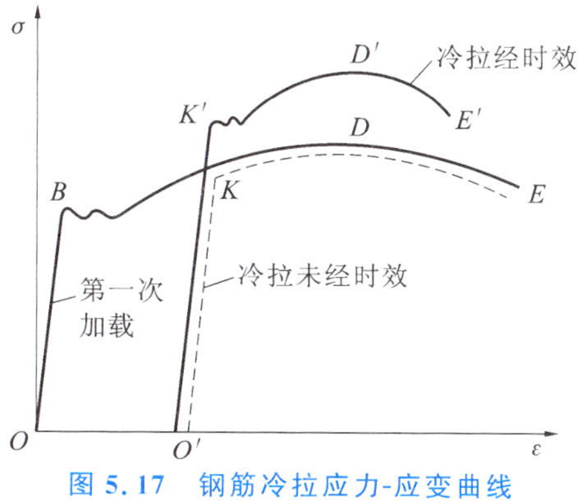

图 5.17 钢筋冷拉应力-应变曲线

(2)冷拔

冷拔工艺比纯拉伸作用强烈，钢筋不仅受拉，而且同时受到挤压作用，经过一次或多次冷拔后得到冷拔低碳钢丝，其屈服点可提高 40%～60%，抗拉强度高、塑性低、脆性大，具有硬质钢材的特点。钢筋的冷拔工艺如图 5.18 所示。

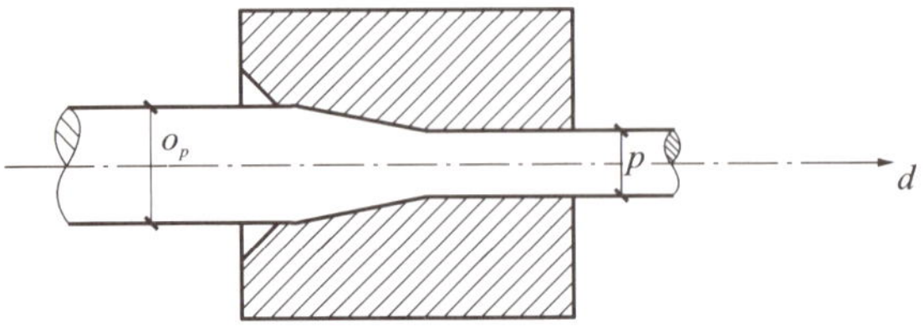

图 5.18　钢筋冷拔

(3)冷轧

冷轧是将圆钢在轧钢机上轧成断面形状规则的钢筋，可提高其强度及与混凝土的黏结力。通常，有冷轧带肋钢筋和冷轧扭钢筋。

3)钢筋的连接

(1)绑扎连接

钢筋搭接是指两根钢筋相互有一定的重叠长度，用扎丝绑扎的连接方法，适用于较小直径的钢筋连接，如图 5.19 所示。一般用于混凝土内的加强筋网，经纬均匀排列，不用焊接，只需用铁丝固定。

图 5.19　钢筋绑扎连接

《混凝土结构设计标准》(GB/T 50010—2010)规定：轴心受拉及小偏心受拉杆件的纵向受力钢筋不得采用绑扎搭接接头。

当受拉钢筋的直径 $d>25$ mm 及受压钢筋直径 $d>28$ mm 时，不宜采用绑扎搭接接头。

(2)焊接连接

焊接是一种以加热、高温或者高压的方式接合金属或其他热塑性材料(如塑料)的制造工艺及技术。

①电弧焊：指以电弧作为热源，利用空气放电的物理现象，将电能转换为焊接所需的热能和机械能，从而达到连接金属的目的。主要方法有焊条电弧焊、埋弧焊、气体保护焊等。它是目前应用最广泛、最重要的熔焊方法，占焊接生产总量的 60%以上。

焊条电弧焊是工业生产中应用最广泛的焊接方法，它的原理是利用电弧放电(俗称电弧燃烧)所产生的热量将焊条与工件互相熔化并在冷凝后形成焊缝，从而获得牢固接头的焊接过程。电弧焊焊接现场如图 5.20 所示。

图 5.20 电弧焊

②闪光对焊：将两个焊件相对放置装配成对接接头，接通电源并使其端面逐渐接近达到局部接触，利用电阻热加热这些触点(产生闪光)，使端面的这些金属触接点加热熔化，直至端部在一定深度范围内达到预定温度时，迅速施加顶锻力，依靠焊接区金属本身的高温塑性、金属的大变形和电阻热，使两个分离表面的金属原子之间的距离接近晶格距离，形成金属键，在结合面上产生足够量的共同晶粒而得到永久接头。闪光对焊的焊接现场如图 5.21 所示。

③电渣压力焊：将两钢筋安放成竖向对接形式，利用焊接电流通过两钢筋间隙，在焊剂层下形成电弧过程和电渣过程，产生电弧热和电阻热，熔化钢筋，加压完成的一种压焊方法。

电渣压力焊的焊接过程包括四个阶段：引弧过程、电弧过程、电渣过程和顶压过程。电渣压力焊成品如图 5.22 所示。

图 5.21 闪光对焊

图 5.22 电渣压力焊

(3)机械连接

钢筋机械连接是一项新型钢筋连接工艺，被称为继绑扎、电焊之后的“第三代钢筋接头”，具有接头强度高于钢筋母材、连接速度比电焊快 5 倍、无污染、节省钢材 20%等优点。目前工程中最常用的钢筋机械连接方法有套筒挤压连接和直螺纹套筒连接两种形式。

①带肋钢筋套筒挤压连接：通过挤压力使连接件钢筋套筒塑性变形与带肋钢筋紧密咬合

形成的接头，如图 5.23 所示。有径向挤压连接和轴向挤压连接两种形式。由于轴向挤压连接在现场施工不方便及接头质量不够稳定，没有得到推广。工程中使用的套筒挤压连接接头，都是径向挤压连接。由于其优良的质量，套筒挤压连接接头在我国从 20 世纪 90 年代初至今被广泛应用于建筑工程中。

②钢筋等强直螺纹套筒连接：这是 20 世纪 90 年代钢筋连接的国际最新潮流，接头质量稳定可靠，连接强度高，可与套筒挤压连接接头相媲美，而且又具有锥形螺纹接头施工方便、速度快的特点，因此直螺纹连接技术的出现给钢筋连接技术带来了质的飞跃，如图 5.24 所示。目前我国直螺纹连接技术呈现出百花齐放的景象，出现了多种直螺纹连接形式。直螺纹连接接头主要有镦粗直螺纹连接接头和滚压直螺纹连接接头。这两种工艺采用不同的加工方式，增强钢筋端头螺纹的承载能力，达到接头与钢筋母材等强的目的。

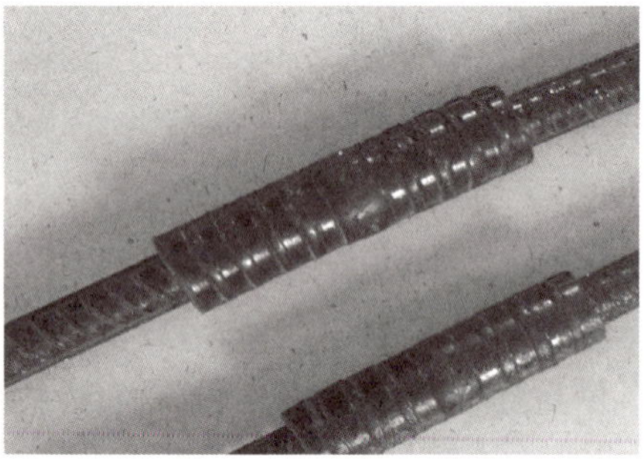

图 5.23　带肋钢筋套筒挤压连接

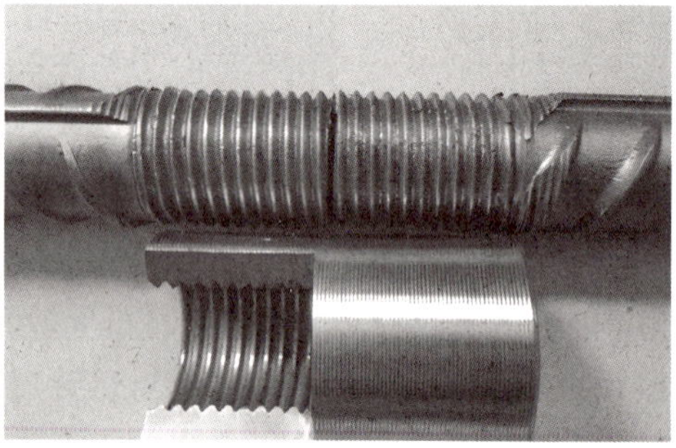

图 5.24　钢筋等强直螺纹套筒连接

5.1.3.3　混凝土工程

1)混凝土制备

(1)小型混凝土搅拌机械

自落式搅拌机有较长的历史，早在 20 世纪初，由蒸汽机驱动的鼓筒式混凝土搅拌机已开始出现。20 世纪 50 年代后，反转出料式和倾翻出料式的双锥形搅拌机以及裂筒式搅拌机等相继问世并获得发展。自落式混凝土搅拌机的拌筒内壁上有径向布置的搅拌叶片。工作时，拌筒绕其水平轴线回转，加入拌筒内的物料被叶片提升至一定高度后，借自重下落，这样周而复始地运动，达到均匀搅拌的效果。自落式混凝土搅拌机的结构简单，一般以搅拌塑性混凝土为主。自落式搅拌机如图 5.25 所示。

强制式搅拌机从 20 世纪 50 年代初兴起后，得到了迅速的发展和推广。最先出现的是圆盘立轴式强制混凝土搅拌机。这种搅拌机分为涡桨式和行星式两种。70 年代后，随着轻集料的应用，出现了圆槽卧轴式强制搅拌机，它又分单卧轴式和双卧轴式两种，兼有自落和强制两种搅拌的特点。其搅拌叶片的线速度小、耐磨性好、耗能少，发展较快。强制式混凝土搅拌机拌筒内的转轴臂架上装有搅拌叶片，加入拌筒内的物料在搅拌叶片的强力搅动下，形成交叉的物流。这种搅拌方式远比自落式搅拌方式作用强烈，主要适用于搅拌干硬性混凝土，如图 5.26 所示。

(2)混凝土搅拌站

主要由搅拌主机、物料称量系统、物料输送系统、物料贮存系统和控制系统等五大系统和其他附属设施组成，如图 5.27 所示。

图 5.25　自落式搅拌机

图 5.26　强制式搅拌机

2)混凝土运输

(1)拖式混凝土泵　随着现代工业的兴起,以混凝土为主材料的建设方式已经成为建筑业施工的主要方式之一,在各种工程施工中占据了很大的比例,使得混凝土机械的发展经久不衰,且有愈演愈烈的趋势。拖式混凝土泵,简称拖泵,是各种混凝土机械中的一种,用于混凝土施工中的输送和浇筑工作,如图 5.28 所示。

(2)混凝土泵车　它是利用压力将混凝土沿管道连续输送的机械,由泵体和输送管组成。按结构形式分为活塞式、挤压式、水压隔膜式。泵体装在汽车底盘上,再装备可伸缩或曲折的布料杆,就可组成泵车。

图 5.27　混凝土搅拌站构成图

图 5.28　拖式混凝土泵

混凝土泵车是在载重汽车底盘上进行改造而成的,它是在底盘上安装有运动和动力传动装置、泵送和搅拌装置、布料装置以及其他一些辅助装置。混凝土泵车的动力通过动力分动箱将发动机的动力传送给液压泵组或者后桥,液压泵推动活塞带动混凝土泵工作。然后利用泵车上的布料杆和输送管,将混凝土输送到一定的高度和距离。

2013 年 7 月,创吉尼斯世界纪录的世界最长臂架混凝土泵车——中联重科 101 m 碳纤维臂架泵车在“华中第一高楼”武汉绿地中心进行正式的施工“首秀”,如图 5.29 所示。

3)混凝土浇筑

混凝土的浇筑工作包括布料、摊平、捣实和抹面修整等工序。它对混凝土的密实性和耐久性,结构的整体性和外形的正确性等都有重要影响。

图 5.29　世界最长的泵车

(1)混凝土浇筑的一般要求

施工准备工作应根据工程对象、结构特点，结合具体条件研究制定混凝土浇筑的施工方案；对搅拌机、运输车、料斗、串筒、振动器等机具设备按需要准备充足，并考虑发生故障时的修理时间，所用机具均应在浇筑前进行检查和试运转；保证水电及原材料的供应；掌握天气及季节变化情况，准备好在浇筑过程中所必需的抽水设备和防雨、防暑、防寒等物资；检查模板、支撑、钢筋和预埋件等是否符合设计要求；检查安全设施和劳动力配备是否妥当，能否满足浇筑速度的要求等。

(2)浇筑层厚度

为了使混凝土振捣密实，必须分层浇筑，每层浇筑厚度与捣实方法、结构的配筋情况有关。浇筑厚度与振捣方法应符合表 5.2 的规定。

表 5.2　混凝土浇筑层的厚度

项次	捣实混凝土的方法		浇筑层的厚度/mm
1	插入式振动		振动棒作用部分长度的 1.25 倍
2	表面振动		200
3	人工捣固	(1)在基础、无筋混凝土或配筋稀疏的结构中；	250
		(2)在梁、墙板、柱结构中；	200
		(3)在配筋密列的结构中	150

(3)浇筑间歇时间

浇筑混凝土应连续进行。如必须间歇，其间歇时间应尽可能缩短，并应在上一层混凝土凝结之前，将下一层混凝土浇筑完毕。间歇的最长时间应按所用水泥品种及混凝土凝结条件确定，并不得超过表 5.3 的规定，超过规定时间必须设置施工缝。

表 5.3　浇筑混凝土的间歇时间

混凝土强度等级	间歇时间/min	
	<25 ℃	>25 ℃
<C30	210	180
>C30	180	150

(4)施工缝的设置与处理

施工缝的位置应设置在结构受剪力较小且便于施工的部位。一般结构留置应符合下列规定：①柱子留置在基础的顶面、梁或吊车梁牛腿的下面、吊车梁的上面、无梁楼板柱帽的下面。

②和板连成整体的大断面梁,留置在板底面以下 20～30 mm 处。当板下有梁托时,留在梁托下部。

③单向板留置在平行于板的短边的任何位置。

④有主次梁的楼板,宜顺着次梁方向浇筑,施工缝应留置在次梁跨度的中间 1/3 范围内。墙留置在门洞口过梁跨中 1/3 范围内,也可留置在纵横墙的交接处。

⑤双向受力楼板、大体积混凝土结构、拱、穹拱、薄壳、蓄水池、斗仓、多层钢架及其他结构复杂的工程,施工缝的位置应按设计要求留置。

在设备基础的地脚螺栓范围内留置施工缝时,应符合下列要求:

a. 水平施工缝的留置,必须低于地脚螺栓底端,其与地脚螺栓底端距离应大于 150 mm;直径小于 30 mm 的地脚螺栓,水平施工缝可以留置在不小于地脚螺栓埋入混凝土部分总长度的 3/4 处。

b. 垂直施工缝的留置,其与地脚螺栓中心线间的距离不得小于 250 mm,并不小于 5 倍螺栓直径。

在施工缝处继续浇筑混凝土时,已浇筑的混凝土抗压强度不应小于 1.2 N/mm^2。混凝土达到 1.2 N/mm^2 的时间,可通过试验确定,亦可参照有关资料。同时,施工缝必须按要求进行处理。

4)混凝土的密实

混凝土拌合物浇筑之后,须经密实成型才能达到混凝土制品或结构一定的外形和内部结构。混凝土的强度、抗冻性、抗渗性、耐久性等皆与密实成型的好坏有关。

混凝土密实成型的途径有以下三种:一是利用机械外力(如机械振动)来克服拌合物的黏聚力和内摩擦力而使之液化、沉实;二是在拌合物中适当增加用水量以提高其流动性,使之便于成型,然后用离心法、真空作业法等将多余的水分和空气排出;三是在拌合物中掺入高效能减水剂,使其坍落度大大增加,可自流成型。

5)混凝土养护

浇捣后的混凝土能逐渐凝结硬化,主要是因为水泥水化作用的结果,而水化作用需要适当的湿度和温度。如气候炎热,空气干燥,不及时进行养护,混凝土中水分蒸发过快,会出现脱水现象,使已形成胶凝体的水泥颗粒不能充分水化,不能转化为稳定的结晶,缺乏足够的黏结力,从而会在混凝土表面出现片状或粉状剥落,影响混凝土的强度。此外,在混凝土尚未具备足够的强度时,如果其中水分过早地蒸发,还会使混凝土产生较大的收缩变形,出现干缩裂纹,影响混凝土的整体性和耐久性。所以浇筑后的混凝土初期阶段的养护非常重要。在塑性混凝土浇筑完毕后,应在 12 h 以内加以养护;干硬性混凝土和真空脱水混凝土应于浇筑完毕后立即进行养护。养护方法有自然养护、蒸汽养护、蓄热养护等。

(1)自然养护

对混凝土进行自然养护,是指在平均气温高于 5 ℃的条件下使混凝土保持湿润状态。自然养护又可分为洒水养护和喷洒塑料薄膜养生液养护等。

对于表面积大的构件(如地坪、楼板、屋面、路面等),也可用湿土、湿砂覆盖,或沿构件周边用黏土等围住,在构件中间蓄水进行养护。

混凝土必须养护至其强度达到 1.2 N/mm^2 以上,才允许人员在上面行走和架设支架、安装模板,且不得冲击混凝土。

(2)蒸汽养护

蒸汽养护就是将构件放置在有饱和蒸汽或蒸汽与空气混合物的养护室内，在较高的温度和相对湿度的环境中进行养护，以加速混凝土的硬化，使混凝土在较短的时间内达到规定的强度标准值。

5.2 土木工程施工组织

5.2.1 土木工程产品及其特点

工程建设项目是指需要一定量的投资，经过前期策划、设计、施工等一系列程序，在一定的资源约束条件下，以形成固定资产为确定目标的一次性事业。工程建设项目具有项目的基本特征，具体表现在：

(1)工程建设项目的一次性　任何工程建设项目，作为总体来说常常是一次性的、不重复的。即使在形式上极为相似的项目，由于实施的时间、环境、项目组织、风险不同，所以它们之间也无法等同，无法替代。

(2)工程建设项目的约束性　任何工程建设项目总是在一定的地点、时间、资金、资源的约束条件下进行的。

(3)工程建设项目的目标性　任何工程建设项目都具有一个特定的目标，比如要建设一所学校或一幢住宅，或修建一条高速公路等。

(4)工程建设项目的生命周期性　任何工程建设项目都遵循着项目的生命周期性这一规律，经历着从提出建议、策划、实施、监督控制、使用到终止使用(报废)的过程。

(5)工程建设项目活动的多样性　一个工程建设项目从开始到结束，不仅包含着各个阶段，而且每一阶段又包含着大量的不同活动。不同专业的人员，在不同的时间、不同的空间完成不同的活动(任务)，这些多样的活动(任务)的完成共同构成对该工程项目的完成。

工程建设项目除了以上与一般项目具有相同的基本特征外，还存在着一些其他项目所没有的特征，如：

(1)工程建设项目投资大　一个工程建设项目有少则几百万元，多则上千万元、数亿元的资金投入。

(2)建设周期长　由于工程建设项目规模大，技术复杂，涉及的专业面广，因此，从项目的设想、建设到投入使用少则几年，多则几十年。

(3)不确定性因素多，风险大　这是工程建设项目由于建设周期长，露天作业多，受外部环境影响大而造成的。

(4)项目参与人员多　工程建设项目是一项复杂的系统工程，参与的人员众多。这些人员来自不同的参与方，往往涉及不同的专业，并在不同的层次上进行工作，其主要的人员包括业主、建筑师、结构工程师、机电工程师、项目管理人员(包括监理人员)、其他咨询人员等，此外还涉及政府建设行政主管部门以及其他相关部门的人员。

(5)工程建设项目的项目管理极其重要　工程建设项目具有投资大、建设周期长、不确定性因素多，以及参与人员多等特征，使得工程建设项目的管理尤为重要。高数额的资金如何在不同阶段有效地使用；如何将众多的工程建设项目参与人员进行有序的安排，使他们能依次安全地在不同的时间和不同的地点完成好自己的工作;怎样才能把成千上万吨建筑材料经济、安全地运输到现场,并安全、合理、不浪费地使用等这一系列的问题必须通过有效的项目管理,即进行全面的组织、计划、协调和控制才能得以有效解决。

5.2.2 施工准备

施工准备工作是指施工前为了保证整个工程能够按计划顺利施工,在事先必须做好的各项准备工作,它是施工程序中的重要环节。

施工准备工作的基本任务是:调查研究各种有关工程施工的原始资料、施工条件以及业主要求,全面合理地部署施工力量,从计划、技术、物资、资金、劳动力、设备、组织、现场以及外部施工环境等方面,为拟建工程的顺利施工建立一切必要的条件,并对施工中可能发生的各种变化做好应对准备。施工准备工作的内容有:

(1)技术准备

技术准备是施工准备的核心。任何技术的差错都可能引起人身安全和质量事故。技术准备的主要工作有:①熟悉、审查施工图纸和有关的设计资料。②做好工程所在地的自然条件、技术经济条件的调查分析。例如,地质、水文、自然环境的情况,地方材料、地方能源、交通运输、劳动力技术水平等状况。③编制施工图预算和施工预算,这是施工准备的主要组成部分。它是以施工图和工程预算定额及取费标准为依据编制的建筑安装工程造价的经济文件,是工程经济核算的依据。④编制施工组织设计。

(2)现场准备

施工现场准备是建设单位为了给拟建工程的施工单位进场创造有利的施工条件和物资保证。其具体内容有:①做好场地测量,做到施工现场路通、水通、电通,拆除障碍物,平整场地。②建造临时设施,即施工期间的生产、办公、生活、储存等临时建筑。③做好冬季、雨季施工准备,落实防汛、排水、保安、消防、环保等设施和措施。

(3)物资准备

准备保证开工和连续施工要求的建筑材料、施工机具、设备等。

(4)人员准备

组建工程项目经理部中的工程管理人员和工程技术人员以及组织施工劳务人员。

(5)施工场外准备

除施工现场内部的准备工作以外,还要做施工现场外部的准备工作,如签订建筑材料的加工、订货合同,落实分包单位并签订分包合同,编写开工申请报告,办理开工手续等。

5.2.3 施工组织设计

在上述工作中,特别要提及的是施工组织设计。施工组织设计是用来指导施工组织与管理、施工准备与实施、施工控制与协调、资源的配置与使用等全面性的技术、经济文件,是对施工活动的全过程进行科学管理的重要手段。通过编制施工组织设计,可合理地确定施工方案、施工方法、施工进度、劳动组织、技术组织、材料设备的组织、施工现场的布置,确保安全生产。

施工组织设计又分为施工组织总设计、单位工程施工组织设计和工程施工方案三类,其层次如图 5.30 所示。

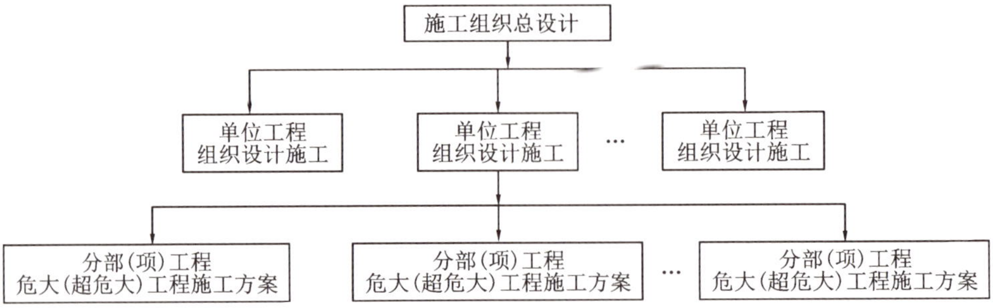

图 5.30　施工组织设计

无论是哪类施工组织设计，都应具备下列基本内容：

(1)工程概况

由以下两部分组成，它们是施工组织设计的出发点。

①建设项目特征　包括建筑面积，占地面积，结构类型，新技术、新材料应用情况，需用资金，建筑总平面图等。

②施工条件　包括建设场地的地点、地形、地貌、地质、水文状况，工期要求，材料供应情况，施工用水、用电和交通运输条件，施工机械设备条件，承包方式等。

(2)施工部署

即工程开展的程序，涉及整个建设项目能否迅速投产或使用的战略意图。如一个住宅小区中住宅楼房和商店、学校、幼儿园、锅炉房、水泵站、变电所等设施的分期分批建设程序，是此小区交付使用时能否及早发挥社会效益和经济效益的关键。

(3)施工方案

它是施工组织设计的核心，合理与否将直接关系到施工效率、质量、工期和技术经济效果。它包括：

①施工程序和流程　如地下和地上、土建和设备、主体和围护、结构和装饰的关系；施工段、施工层的划分；在平面或空间上施工的先后顺序及其展开方向；不同工种在时间上的搭接和空间上的利用等。

②选择施工技术方案和施工机械　如在房屋基础前的土方工程中要确定地表水的排水方法和挖土机械；浇筑混凝土基础时要确定泵送混凝土的方法和混凝土运送工具等。

③制定技术组织措施　即制定确保工程质量、安全、消防、节约原材料、降低成本以及文明施工所采用的方法。

(4)施工进度计划

是指根据实际现场条件安排施工的进度，以及劳动力和资源的需求。通常采用下述流水作业或网络计划技术两种方法来安排施工进度和跟踪，控制施工进度。

流水作业施工时采用分段作业、搭接施工的施工组织方式。如一栋房屋有两个单元，按单元分成两段，基础施工分成挖土方、铺垫层、做基础、回填土四个工序。挖土工队在第一段施工完毕，进入第二段挖土方；同时基础工队转入第一段施工，完成后，基础工队进入第二段进行基础施工；回填土工队进入第一段施工，依次进行。可用图 5.31(a)表示上述流水过程。

网络计划技术是应用网络图形来表达一项计划或工程中各项工作的开展顺序及其相互之间的关系，通过对网络图进行时间参数的计算，找出计划中的关键工作和关键线路；继而通过不断改进网络计划，寻求最优方案，以求在计划执行过程中对计划进行有效的控制和监督，保证合理地使用人力、物力和财力，以最小的消耗取得最大的经济效果。上述流水作业的例子可用图 5.31(b)所示网络图表示。

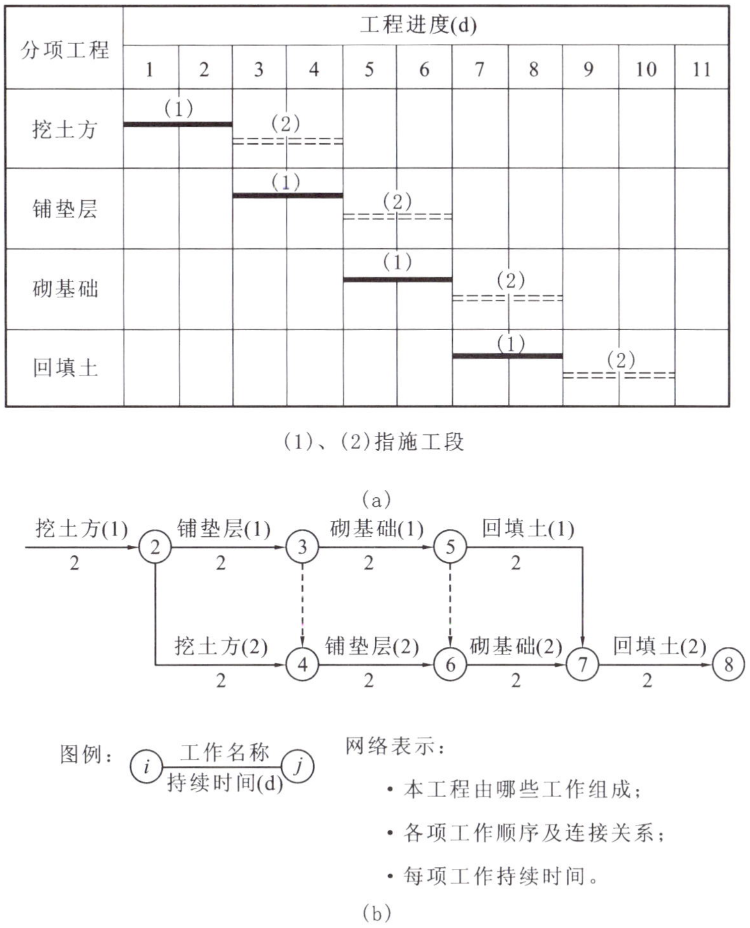

图 5.31 两类施工进度计划方式

(a)横道图；(b)网络计划图

(5)施工平面布置

施工平面布置包括：施工总平面布置图和施工现场平面布置图。施工总平面布置图是拟建项目施工现场的场地总布置图，它按照施工部署、施工方案和施工进度的要求对施工场地的道路系统、材料仓库、附属设施、临时房屋、临时水电管线等作出合理规划布置，从而正确处理施工期间各项措施和拟建工程、周围永久性建筑之间的关系。图 5.32 为某五层砌体结构住宅楼的单位工程施工现场平面布置。

(6)主要技术经济指标

它反映设计方案的技术水平和经济性。常用指标有施工工期、劳动生产率(含非生产人员比例、劳动力均衡性情况)、机械化施工程度、节约材料百分比、降低成本指标、工程质量优良和合格指标、安全指标等。

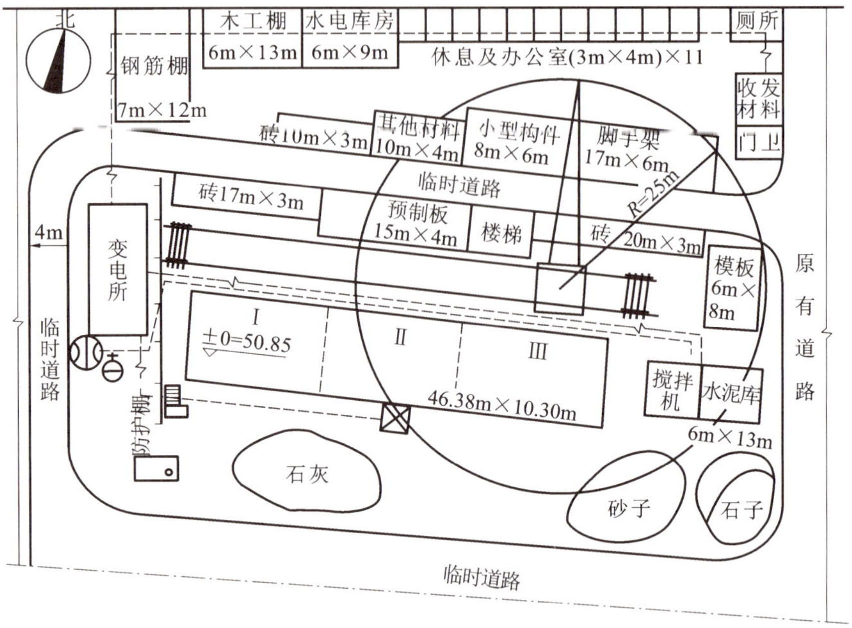

图 5.32　某单位工程施工现场平面布置图

5.3　土木工程施工展望

5.3.1　土木工程施工中存在的问题

虽然我国通过近年来大规模的基础建设,建筑施工技术有较大的提高,但与发达国家相比还有不小的差距。主要体现在:

(1)一线施工人员文化素质较低,从而制约了新技术、新方法和新装备的推广和应用,制约了施工技术的提高。

(2)生产装备落后,导致了施工周期长,人为因素较多,质量不稳定,施工需要投入大量的劳动力,并且施工条件差。

(3)劳动强度大。建筑施工仍属于劳动密集型产业,大多是手工作业。

(4)施工管理水平和管理方法落后。虽然在施工前要求编制施工组织设计,对施工进度、质量、资金和安全进行指导和监控,但实际上较多的施工组织设计没有很好地发挥作用,施工过程中不能按组织设计要求进行施工,施工的随意性较大,导致了质量、安全事故频发。

综上所述,要提高土木工程施工技术水平,需要提高施工人员的文化素质,鼓励增加生产装备投入,采用新技术、新方法提高施工管理水平,才能使土木工程施工有长足的发展。

5.3.2　施工技术的发展与展望

原始人藏身于天然洞穴。进入新石器时代,人类已架木巢居,以避免被野兽侵扰;进而以草泥作顶,开始建筑活动;后来发展到把居室建造在地面上。到新石器时代后期,人类逐渐学会用夹板夯土筑墙、垒石为垣、烧制砖瓦。战国时期,我国的砌筑技术已有很大发展,能用特制的楔形砖和企口砖砌筑拱券和穹隆。《考工记》记载了先秦时期我国的营造法则。秦朝以后,宫殿和陵墓建筑已具相当规模，木塔的建造更显示了木构架施工技术已相当成熟。至唐代，大规模城市的建造，表明房屋施工技术也达到了相当高的水平。北宋李诫编纂了《营造法式》，对砖、石、木作和装修、彩画的施工法则与工料估算方法均有较详细的规定。至元、明、清，已能用夯土墙内加竹筋建造三、四层楼房，砖券结构得到普及，木构架的整体性得到加强。清朝的《工程做法则例》统一了建筑构件的模数和工料标准，制定了绘样和估算的准则。现存的故宫等建筑表明，当时我国的建筑技术已达到很高的水平。

19世纪中叶以来，水泥和建筑钢材的出现，产生了钢筋混凝土，使房屋施工进入新的阶段。自鸦片战争以后，我国沿海城市也出现了一些用钢筋混凝土建造的多层和高层大楼，但多数由外国建筑公司承建。此时，由我国私人创办的营造厂虽然也承建了一些工程，但规模小，技术装备较差，施工技术相对落后。

中华人民共和国成立后，我国的建筑业有了根本性的变化。为适应国民经济恢复时期建设的需要，扩大建筑业建设队伍的规模，引入了苏联的建筑技术，在短短几年内就完成了鞍山钢铁公司、长春汽车厂等1000多个规模宏大的工程建设项目。1958—1959年在北京建设了人民大会堂、北京火车站、中国历史博物馆等结构复杂、规模巨大、功能要求严格、装饰标准高的十大建筑，更标志着我国的建筑施工开始进入了一个新的发展时期。

我国建筑业的第二次大发展是在20世纪70年代后期，国家实行改革开放政策以后，一些重要工程相继恢复和启动，工程建设再次呈现出一派繁荣景象。在20世纪80年代，以南京的金陵饭店，广州的白天鹅宾馆和花园酒店，上海的新锦江宾馆、希尔顿宾馆和金茂大厦，北京的国际饭店和昆仑饭店等一批高度超过100 m的高层建筑施工为龙头，带动了我国建筑施工技术，特别是现浇混凝土施工技术的迅速发展。进入20世纪90年代，随着房地产业的兴起，城市大规模的旧城改造，高层和超高层写字楼与商住楼的大量兴建，使建筑施工技术达到了很高的水平。21世纪初期，随着我国申办奥运会成功，具有代表性的“鸟巢”“水立方”等一大批比赛场馆工程的建设，体现了现代建筑环保、节能的理念，给建筑技术提出了更高的要求。随着国民经济的高速发展，基本建设任务越来越大，国家基本建设的政策更加完善，在施工技术研究和开发方面，随着改革的深入已全面转入了市场经济运行的轨道，现代工程施工能力、施工技术也随之进一步提高，达到了新的发展水平。

在地基处理方面，推广了强夯法、振冲法、深层搅拌地基新技术；在基础工程施工中，推广和应用了钻冲孔灌注桩、旋喷桩、地下连续墙等深基础技术；主体结构施工中应用了大模板、爬升模板和滑升模板，钢筋气压焊、钢筋冷压连接、钢筋螺纹连接以及泵送混凝土、高强度混凝土等新工艺和新技术在钢筋混凝土工程施工中得到了广泛的应用和推广；在预应力混凝土方面，采用了无黏结工艺和整体预应力结构，使我国预应力混凝土发展由构件生产阶段进入了预应力结构生产阶段；在大跨度结构、高耸结构方面，采用了整体吊装的新技术；在装饰工程施工中应用了内外墙面喷涂、外墙面玻璃及铝合金幕墙，高级饰面砖的粘贴等新技术。这些使我国的建筑施工技术水平与发达国家的水平基本接近。但是，目前在砌体、防水、装饰工程施工中，多沿用传统的施工工艺和施工方法，劳动强度大、工效低。随着科学技术的进步和生产力的发展，墙体改革，新型建筑材料、工艺理论及计算机技术的应用，必将有力地推动我国建筑施工技术的发展。

未来土木工程的特点是：一些重大项目工程将陆续兴建；土木工程将向海洋、荒漠地开拓；工程材料向轻质、高强、多功能化发展；设计方法精确化、设计工作自动化；信息和智能化技术全面引入土木工程;土木工程可持续发展。由此,土木工程施工技术发展的一个方向是加工材料和制品生产的工业化,愈来愈多的现场作业转移到工厂车间;另一个方向是推广建造流程的工业化,使第二代工业化建造流程十分活跃,更能适应建筑和结构形式多样化的要求。

今后,科学技术的飞速发展,必将对土木工程带来革命性的变化。信息科学技术、生命科学技术、新材料科学技术、新能源科学技术等都会不同程度地应用于土木工程。此外,如将结构的梁和柱之间用聚合物作为缓冲材料连接,这样节点在一般荷载作用下是刚性连接,而在振动力作用较大时则变成柔性连接,能吸收和缓冲地震或风力带来的加速度作用。

思考题和习题

5.1　人工挖孔灌注桩的成孔施工工艺是什么?

5.2　砖砌体的砌筑工艺包括哪些内容?

5.3　什么叫皮数杆?皮数杆如何布置?

5.4　脚手架的类型有哪些?扣件式、碗扣式钢管脚手架各有什么优缺点?

5.5　安全网的搭设应遵循什么原则?应注意什么问题?

5.6　试述模板的种类和模板搭设、拆除的基本要求。

5.7　钢筋的连接方式有哪些?各有什么特点?

5.8　试述混凝土工程施工的工艺流程。

5.9　试述混凝土养护的重要性和自然养护的方法和要求。

5.10　简述土木工程施工组织的作用和内容要求。

6 高层建筑

教学目标

通过本章学习，使学生能够基本熟悉高层建筑的发展、高层建筑的特点、高层建筑结构体系的特点以及高层建筑的垂直交通，从而能对高层建筑在我国的发展趋势和发展特点有一个比较全面的了解。

6.1 概　　述

6.1.1 高层建筑的特点

城市中的高层建筑是反映整个城市经济繁荣和社会进步的重要标志。当人们谈起举世闻名的摩天大楼时，往往和芝加哥、纽约这样的国际大都市联系在一起，足以说明高层建筑对城市社会形象的影响。进入 20 世纪 90 年代以来，随着社会与经济的蓬勃发展，特别是城市建设的发展，要求建筑物所能达到的高度与规模不断地增加，例如目前世界上超过 300 m 的高层建筑已达几十幢，国际上正筹划的 100～300 层巨型建筑的高度均超过 400 m，我国目前已建成并投入使用的上海金茂大厦高度为 420.5 m，已建成并投入使用的位于马来西亚吉隆坡的石油大厦(或称双塔大厦)高度达 451.9 m，已经超过了美国芝加哥 443 m 高的西尔斯大厦。高层建筑在全球范围内突飞猛进地建设，从科学技术方面看，这得益于力学分析方法的发展、结构设计和施工技术的进步以及现代机械和电子技术的贡献。

多少层的建筑或多高的建筑为高层建筑，不同国家有不同的规定。我国《高层建筑混凝土结构技术规程》(JGJ 3—2010)规定，10 层及 10 层以上或房屋高度大于 28 m 的住宅建筑，以及房屋高度大于 24 m 的其他民用建筑(不含单层公共建筑)为高层建筑。建筑物高度超过 100 m 时，不论是住宅建筑或是公共建筑，均为超高层建筑。在实际应用中，我国建设行政主管部门自 1984 年起，将无论是住宅建筑还是公共建筑的高层建筑范围，一律定为 10 层及 10 层以上。1972 年联合国国际高层建筑会议将 9 层到高度 100 m 的建筑定为高层建筑，而将 30 层或高度 100 m 以上的建筑定为超高层建筑。日本将 5 层到 15 层的建筑定为高层建筑，而将 15 层以上的建筑称为超高层建筑。

高层建筑的特点(包括有利的和不利的)有以下几个方面：

(1)在相同的建设场地中，建造高层建筑可以获得更多的建筑面积，这样可以部分解决城市用地紧张和地价高涨的问题。设计精美的高层建筑还可以为城市增加景观，如马来西亚吉隆坡的石油大厦和上海的金茂大厦等。但高层建筑太多、太密集也会给城市带来热岛效应，玻璃幕墙过多的高层建筑群还可能造成光污染现象。

(2)在建筑面积与建设场地面积比值相同的情况下，建造高层建筑比多层建筑能够提供更多的空闲地面，将这些空闲地面用作绿化和休息场地有利于美化环境，并带来更充足的日照、采光和通风效果。例如在新加坡的新建居住区中，由于建造了高层建筑群，留下了更多地面空间，可以更好地进行城市绿化和给人们提供休闲活动空间。

(3)从城市建设和管理的角度看，建筑物向高空延伸，可以缩小城市的平面规模，缩短城市道路和各种公共管线的长度，从而节省城市建设与管理的投资。由于建造高层建筑可以增加人们的聚集密度，缩短相互间的距离，促进水平交通和竖向交通相结合，使人们在地面上的活动走向空间化，从而节约了时间，增加了效率。但是，超高层建筑内部空间的居住质量和工作环境也存在一些消极方面：高层住宅，特别是高楼层住宅，不便随意外出活动和直接接触室外绿化与环境；儿童缺乏方便、可直接去的室外活动场所；对防火和防盗不利；停车不便；在人流高峰时，即使有足够的电梯数，出入室外、上下楼仍感不便；聚集的高层建筑，遮挡周围低层、多层建筑和街道的日照等。

(4)高层建筑中的竖向交通一般由电梯来完成，这样就会增加建筑物的造价。从建筑防火的角度看，高层建筑的防火要求要高于中、低层建筑，也会增加高层建筑的工程造价和运行成本。

(5)从结构受力特性来看，侧向荷载(风荷载和地震作用)在高层建筑分析和设计中将起着重要的作用，特别是在超高层建筑中将起主要作用。因此，高层建筑的结构分析和设计要比一般的中、低层建筑复杂得多。

综合高层建筑的上述特点，可以认为，建造高层建筑一般是利大于弊，而合理的规划和设计还可以达到美化城市环境的效果。可以预见，在相当长的一段时间内，高层建筑仍将是世界上大部分国家在城市建设中的主要建筑形式。因此，掌握高层建筑的设计知识是对建筑与土木工程领域技术人员的基本要求。

6.1.2　高层建筑结构的发展概况

高层建筑的结构体系是随社会生产的发展和科学技术的进步而不断发展的。早期高层建筑的发展是由于大工业的兴起促使人口向城市集中，造成城市用地紧张。为了在较小的场地范围内建造出更多的建筑面积，建筑物不得不向高空延伸，这样就由多层建筑发展为高层建筑。世界上第一幢近代高层建筑是美国芝加哥的家庭保险大楼，该楼共 10 层，高 55 m，建于 1885 年，采用铁柱和砖墙作为结构体系。此后 10 年中，在芝加哥和纽约相继建成了 30 幢类似的高层大楼。1895 年奥提斯(Otis)安全电梯首次在纽约某 16 层宾馆应用。19 世纪末各种型钢有很大发展，1889 年巴黎埃菲尔铁塔建成。所有这些，特别是钢结构与电梯相结合，对高层建筑的发展有很大的推动作用。20 世纪 30 年代出现了高层建筑发展的第一个高潮。1931 年建成的纽约帝国大厦，共 102 层，高 381 m，保持了世界最高建筑纪录达 41 年之久。该建筑在结构体系上采用框架支撑体系，在电梯井纵横方向设置了支撑，连接采用铆接，在钢框架中填充了墙体以共同承受侧向力。

第二次世界大战使高层建筑的发展几乎处于停顿状态，直到 20 世纪 50 年代，又开始了新的发展。二战之后焊接在钢结构制造中的推广和 50 年代高强螺栓的进一步应用，使得 60 年代以来钢结构的加工既可以在工厂焊接制造，也可以在现场用螺栓安装。美国在 20 世纪 60 年代末和 70 年代初建成了 415 m 和 417 m 高的纽约世界贸易中心双塔楼、443 m 高的芝加哥西尔斯大厦和 344 m 高的芝加哥汉考可大厦等一批 100 层以上的超高层建筑，是这个时期最有代表性的建筑物。这些建筑能达到如此高度，主要是采用了适应这种高度的新的结构体系，即60年代美国人坎恩提出的框筒体系，为建造超高层建筑提供了理想的结构形式。从这种体系衍生出来的筒中筒、多束筒和斜撑筒等体系各有特色，将高层建筑的发展推向了新阶段。纽约世界贸易中心大楼在规模和技术上的创新是前所未有的。该工程首次进行了模型风洞试验，首次采用了压型钢板组合楼板，首次在楼梯井道采用了轻质防火墙，首次用黏弹性阻尼器减轻风振动效应等，对后来的高层建筑结构的设计和建造都具有重要的参考价值。

高层建筑结构的抗震研究，使得地震活动比较频繁的日本在1963年取消了房屋高度不得超过31 m的限制，使日本的高层建筑得到了发展的空间。美国早在1957年就取消了地震区高层建筑不得超过13层的限制，推动了地震区高层建筑的发展。

钢筋混凝土高层建筑是20世纪初出现的。世界上第一幢钢筋混凝土高层建筑是1903年建成的美国辛辛那提市的英格尔斯大楼，共16层，高64 m。钢筋混凝土高层建筑的结构体系和高层钢结构类似，它的发展也经历了由低到高的过程，目前已出现了高度超过300 m的混凝土结构高层建筑。由于高性能混凝土材料的发展和施工技术的不断进步，钢筋混凝土结构仍是今后高层建筑的主要结构体系。与全钢结构和全混凝土结构相比，钢和混凝土的组合结构具有良好的抗震性能和耐腐蚀、耐火等性能，在当今的超高层建筑中应用颇多。第一幢组合结构高层建筑是1955年在华沙建成的Palac Kultury I Nauki大楼，共42层，高241 m，它至今仍然是欧洲最高的建筑。我国香港的中国银行大厦采用空间桁架和大截面的组合柱，是组合结构在高层结构中的新发展。上海的金茂大厦采用框架-筒体结构，在钢筋混凝土筒体的外围设置了8根截面尺寸较大的钢与混凝土组合柱，是组合结构在高层建筑中的最新应用。日本从20世纪80年代开始，在高层建筑结构的抗风和抗震控制中大胆地使用了结构主动控制技术和混合控制技术，代表了现代机械和电子技术在高层建筑工程中的应用方向。

我国自行建造高层建筑是从20世纪50年代开始的，50年代中期建造了几幢8～10层的砖混结构住宅和旅馆，1959年在北京建成了几幢钢筋混凝土高层公共建筑，如民族饭店（12层，47.7 m）、民航大楼（15层，60.8 m）。60年代，我国建成了广州宾馆（27层，88 m）。70年代，在北京、上海建成了一批剪力墙结构住宅（12～16层）。1974年建成了北京饭店（19层，87.15 m），使我国地震区高层建筑突破了80 m。1975年，在广州建成了白云宾馆（33层，114.05 m），标志着我国高层建筑开始突破100 m。80年代是我国高层建筑发展的兴盛时期，在北京、广州、深圳、上海等30多个大中城市建造了一批高层建筑。进入90年代，随着我国经济实力的增强和城市建设的快速发展，我国的高层建筑得到了前所未有的发展，各种新型的结构体系在高层建筑工程中得到了广泛的应用，高层建筑的规模和高度不断地突破。据不完全统计，我国目前已建成的和在建的高度超过150 m的高层建筑已超过了100多幢，超过200 m的高层建筑已达到20多幢。

高层建筑结构体系的发展过程可以大致地归纳在表6.1中。

表6.1 高层建筑结构体系的发展过程

始用年代	结构体系和特点
1885年	砖墙、铸铁柱、钢梁
1889年	钢框架
1903年	钢筋混凝土框架
20世纪初	钢框架＋支撑

续表 6.1

始用年代	结构体系和特点
第二次世界大战后	钢筋混凝土框架＋剪力墙，钢筋混凝土剪力墙，预制钢筋混凝土结构
20 世纪 50 年代	钢框架＋钢筋混凝土核心筒，钢骨钢筋混凝土结构
20 世纪 60 年代末和 70 年代初	框筒，筒中筒，束筒，悬挂结构，偏心支撑和带缝剪力墙板框架
20 世纪 80 年代	巨型结构，应力蒙皮结构，隔震结构
20 世纪 80 年代中期	被动耗能结构，主动控制结构，混合控制结构

根据高层建筑的发展过程和目前世界经济和科学技术的发展水平，可以预测今后高层建筑结构的发展趋势如下：

(1)新材料的开发和应用

随着高性能混凝土材料的研制和不断发展，混凝土的强度等级和韧性也不断地得到改善。混凝土的强度等级已经可以达到 C100 以上，在高层建筑中应用高强度混凝土可以减小结构构件的尺寸，减少结构自重，必将对高层建筑结构的发展产生重大影响。例如，2021 年广州新世界增城发展中心项目中应用的 C130 超高强机制砂混凝土，其抗压强度达 149.5 MPa，强度超过花岗岩，在超高层建筑中成功实现了泵送应用，为超高性能混凝土在超高层建筑领域的应用提供了范例。

20 世纪 80 年代后期，超高层建筑和大跨度结构迅速发展，对钢材性能的要求也越来越高。主要包括高强度、低屈强比、窄屈服值等的耐震性能，可焊性、形状尺寸加工精度等施工方面的性能以及耐久性等。钢材屈服点的提高，在设计方面就需要保证结构的刚度要求，防止局部屈曲；在施工方面还要保证结构的可焊性。另外，在地震多发地区，地震时确保结构建筑物的安全性是一个最大的课题。因此，高张力钢不仅要有很高的屈服点及抗拉强度，还要具备充分的塑性变形能力。从这些观点出发，1988—1992 年间，日本开发研制了屈服点为 590 N/mm^2 的高张力钢，并广泛用于超高层建筑中。近些年来，又开发研制了屈服点为 780 N/mm^2 的高张力钢，已开始部分应用于超高层建筑中。建筑物的高层化、大跨化等，要求使用的钢材高强度化、大断面化、极厚化。日本开发研制了 490 N/mm^2 级的建筑结构用 TMCP 钢，它是通过热处理后得到的，已广泛用于超高层建筑中，如东京都新(厅)舍大厦(地上 48 层，檐口高 241.9 m)中的柱子全部采用此种钢。TMCP 钢的特点是：①改善了可焊性；②保证了极厚部位的强度；③降低了屈强比。

西方一些发达国家还开发研制了利用钢材的低屈服点和屈服特性的技术，使得抗震设计中的隔震和抗震构造技术得到了迅速发展。地震对建筑物输入的能量，通过建筑物特殊部位吸收，从而确保整个结构的安全，防止结构构件(梁，柱)的破坏和损伤，低屈服点钢主要用于这些特殊部位，作为吸收地震能的材料。低屈服点钢的化学成分主要是纯铁。如屈服点为 100 N/mm^2 的钢材(约为普通钢材屈服点的一半)具有很大的塑性变形能力。

(2)高层建筑的高度将出现突破

目前，世界最高的十大建筑如表 6.2 所示。表 6.3 所示为目前我国最高的十大建筑。由于高层建筑中的科技含量越来越高，已成为反映一个国家或城市科技实力和建设水平的指标之一，目前世界上不少国家都设想设计和建造更高的高层建筑。我国 2009 年开始建设、于 2014 年竣工的中国第一高楼“上海中心”总高度为 632 m，是上海乃至中国的新地标。

表 6.2 世界最高的十大建筑

排名	建筑名称	城市	建成年份	层数	高度/m	结构材料	用途
1	哈利法塔	迪拜	2010	162	828	组合	多用途
2	默迪卡 118	吉隆坡	2023	118	678.9	组合	多用途
3	上海中心大厦	上海	2014	128	632	组合	多用途
4	麦加皇家钟塔饭店	麦加	2012	120	601	组合	酒店
5	平安国际金融中心	深圳	2017	118	599.1	组合	多用途
6	乐天世界大厦	首尔	2016	123	555	组合	多用途
7	世界贸易中心一号楼	纽约	2014	104	541.3	组合	多用途
8	广州周大福金融中心	广州	2016	111	530	组合	多用途
9	天津周大福金融中心	天津	2019	97	530	组合	多用途
10	北京中信大厦	北京	2019	108	528	组合	多用途

表 6.3 我国最高的十大建筑

排名	建筑名称	城市	建成年份	层数	高度/m	结构材料	用途
1	上海中心大厦	上海	2014	128	632	组合	多用途
2	平安国际金融中心	深圳	2017	118	599.1	组合	多用途
3	广州周大福金融中心	广州	2016	111	530	组合	多用途
4	天津周大福金融中心	天津	2019	97	530	组合	多用途
5	北京中信大厦	北京	2019	108	528	组合	多用途
6	台北 101 大厦	台北	2003	101	509	组合	多用途
7	上海环球金融中心	上海	2008	101	492	组合	多用途
8	香港环球贸易广场	香港	2007	118	484	组合	多用途
9	武汉绿地中心	武汉	2019	100	475	组合	多用途
10	长沙国际金融中心 T1	长沙	2016	95	452	组合	多用途

(3)组合结构高层建筑将增多

采用组合结构可以建造比混凝土结构更高的建筑。在地震频发的国家日本,组合结构高层建筑发展迅速,其数量已超过混凝土结构高层建筑。除外包混凝土组合柱外,钢管混凝土组合柱应用也很广泛,外包混凝土的钢管混凝土双重组合柱的应用也很多。由于钢管内混凝土处于三轴受压状态,能提高构件的竖向承载力,从而可以节省钢材。巨型组合柱首次在我国香港的中国银行大厦应用,取得了很大的经济效益,上海金茂大厦结构中也成功地应用了巨型组合柱。随着混凝土强度的提高以及结构构造和施工技术上的改进,组合结构在高层建筑中的应用将进一步扩大。

(4)新型结构形式的应用将增多

在我国香港特别行政区已建成的香港中国银行大厦采用了桁架筒体,并将全部垂直荷载传至周边结构,其单位面积用钢量仅约为 150 kg/ m^2,特别节省钢材。预计这种结构体系今后在 300 m 以上的高层建筑中将得到更多的应用。由于巨型框架体系的刚度大，便于在内部设置大空间，今后也将得到更多的应用。多束筒体系已表明在适应建筑场地、丰富建筑造型、满足多种功能和减少剪力滞后等方面具有很多优点，预计今后也将扩大应用。

(5)耗能减震技术的应用将得到发展

建筑结构的减震有被动耗能减震和主动减震(有时也称被动控制和主动控制)。在高层建筑中的被动耗能减震有耗能支撑、带竖缝耗能剪力墙、被动调谐质量阻尼器以及安装各种被动耗能的油阻尼器等。主动减震则是计算机控制的，由各种作动器的调谐质量阻尼对结构进行主动控制或混合控制的各种作用过程。结构基本原理是，通过安装在结构上的各种驱动装置和传感器，与计算机系统相连接，计算机系统对地震(或风振)和结构反应进行实时分析，向驱动装置发出信号，驱动装置对结构不断地施加各种作用，以达到在地震(或风振)作用下减少结构反应的目的。目前在日本高层建筑结构中应用各种振动控制的实例已超过 30 个，在我国大陆和台湾地区有三个工程应用了这种技术。随着人类进入信息时代，计算机、通信设备以及各类办公电子设备不受振动干扰而安全平稳地运行，具有特别重要的意义，这就要求创造安全、平稳、舒适的办公室环境，并能对各种扰动进行有效的隔离和控制，因此，高层建筑的减震控制将有很大的发展前景。

总之，发展高层建筑能够有效减少地面建筑的密度，其意义并不单纯在于高度的突破，而是它带动了整个建筑业以及材料工艺、信息技术、设备制造工艺等其他行业的发展，能够为人类造福。就全世界范围的高层建筑的发展来说，目前正处于现代高层建筑发展的第二个世纪的开始。高层建筑在第二个世纪的发展前景是一个被普遍关心的问题，新的高度的突破将进一步使城市规划由二维向三维过渡，高层建筑对都市环境、气候的影响将愈显突出。高层建筑首先不是作为个体建筑物进行设计，也不单从都市生态学的角度去进行处理，而是作为都市与区域设计的一种工具，朝着多功能、高技术的智能方向发展。

6.2 高层建筑结构体系

高层建筑的结构形式繁多，以材料来分有配筋砌体结构、钢筋混凝土结构、钢结构和钢-混凝土组合结构等。其中砌体结构强度较低、抗拉抗剪性能较差，难以抵抗水平作用产生的弯矩和剪力，因而一般情况下采用配筋砌体；钢筋混凝土结构强度较高、抗震性能较好，并且具有良好的可塑性；钢结构强度较高、自重较轻，具有良好的延性和抗震性能，并能适应建筑上大跨度、大空间的要求；钢-混凝土组合结构一般是钢框架与钢筋混凝土筒体的组合，在结构体系的层次上将两者的优点结合起来。

高层建筑常用的结构体系有框架结构体系、剪力墙结构体系、框架-剪力墙结构体系和筒体结构体系等，不同的结构体系适用于不同的层数、高度和功能。

6.2.1 框架结构体系

框架结构体系一般用于钢结构和钢筋混凝土结构中，由梁和柱通过节点构成承载结构，如图 6.1 所示。框架形成可灵活布置的建筑空间，使用较方便。钢筋混凝土框架按施工方法的不同，可分为：(1)梁、板、柱全部现场浇筑的现浇框架；(2)楼板预制，梁、柱现场浇筑的现浇框架；(3)梁、板预制，柱现场浇筑的半装配式框架；(4)梁、板、柱全部预制的全装配式框架。

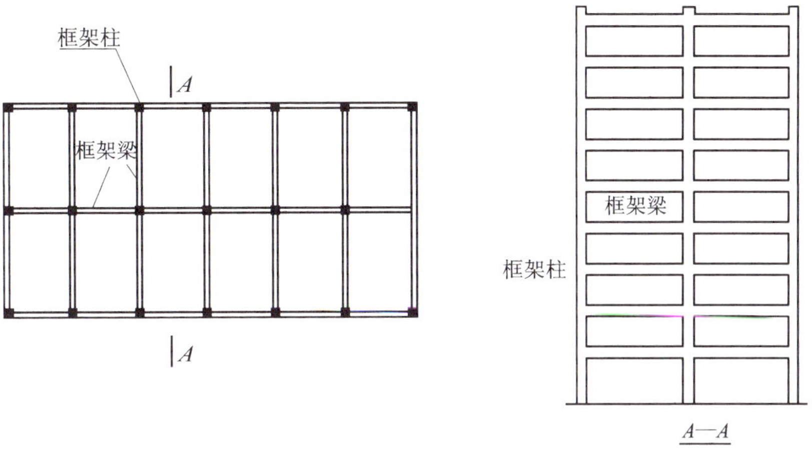

图 6.1 框架结构

框架结构主要适用于非抗震区和层数较少的建筑;抗震设计的框架结构除需加强梁、柱和节点的抗震措施外,还须注意填充墙的材料以及填充墙与框架的连接方式等,以避免框架变形过大时填充墙的损坏。

6.2.2 剪力墙结构体系

剪力墙结构体系一般用于钢筋混凝土结构中,由墙体承受全部水平作用和竖向荷载,如图6.2所示。根据施工方法的不同,可以分为:(1)全部现浇的剪力墙;(2)全部用预制墙板装配而成的剪力墙;(3)内墙现浇、外墙为预制装配的剪力墙。

住宅和旅馆客房层具有开间较小、墙体较多、房间面积不太大的特点,采用剪力墙结构比较适合,而且房间内不露出梁柱棱角、整体美观。但剪力墙结构墙体多,使建筑平面布置和使用受到一定的限制,不容易形成大空间。为了满足布置门厅、餐厅、会议室、商店和公用设施等大空间的要求,可以在底部一层或数层取消部分剪力墙而代之以框架,形成框支-剪力墙结构。

剪力墙结构比框架结构刚度大,空间整体性好,用钢量较省,结构顶点水平位移和层间位移通常较小,能够满足抗震设计变形要求。历次地震中,剪力墙结构表现出了良好的抗震性能,震害较轻。

6.2.3 框架-剪力墙结构体系

框架-剪力墙结构体系是把框架和剪力墙两种结构组合在一起形成的结构体系,如图6.3所示。房屋的竖向荷载分别由框架和剪力墙共同承担,而水平荷载主要由抗侧刚度较大的剪力墙承担。这种结构既具有框架结构布置灵活、使用方便等特点,又有较大的刚度和较强的抗震能力,因而广泛应用于高层办公建筑和旅馆建筑中。

6.2.4 筒体结构体系

随着层数增加、高度增大,高层建筑结构承受的水平地震作用大大增加,框架、剪力墙以及框架-剪力墙等结构体系往往不能满足要求。可将剪力墙在平面内围合成箱形,形成一个竖向布置的空间刚度很大的薄壁筒体;也可加密框架的柱距,并加强梁的刚度,形成空间整体受力

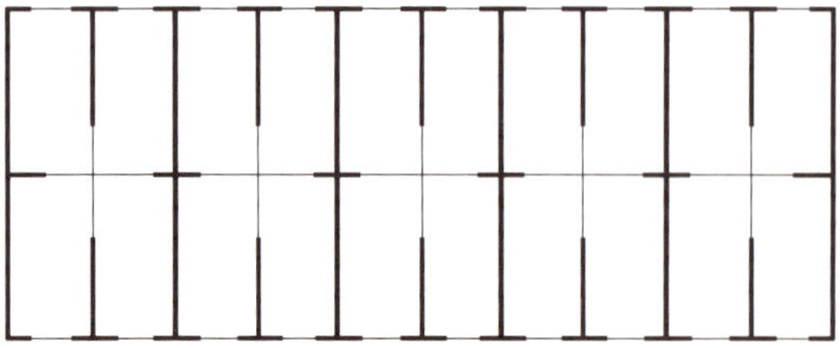

图 6.2　剪力墙结构

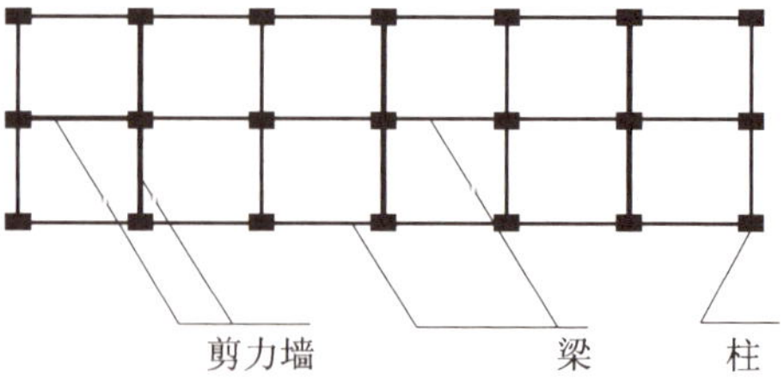

图 6.3　框架-剪力墙结构

的框筒等，从而形成具有很好的抗风和抗震性能的筒体结构体系，如图 6.4 所示。该类体系根据筒的布置、组成和数量等又可分为框架-筒体结构体系、筒中筒结构体系和成束筒结构体系。

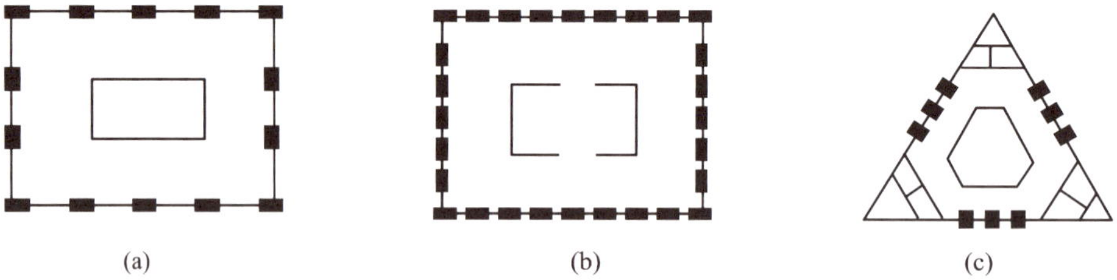

图 6.4　筒体结构

（1）框架-筒体结构体系　一般中央布置剪力墙薄壁筒，它承受大部分水平力；周边布置大柱距的普通框架，它的受力特点类似于框架-剪力墙结构。也有把多个筒体布置在结构的端部，中部为框架的框架-筒体结构形式。

（2）筒中筒结构体系　由内外几层筒体组合而成，通常内筒为剪力墙薄壁筒，外筒为框筒。

（3）成束筒结构体系　又称为组合筒结构体系，在平面内设置多个筒体组合在一起，形成整体刚度很大的结构形式。建筑结构内部空间也较大，平面可以灵活划分，适用于多功能、多用途的超高层建筑。

6.2.5　巨型结构体系

巨型结构由两级结构组成，一般有巨型框架结构和巨型桁架结构，如图 6.5 所示。

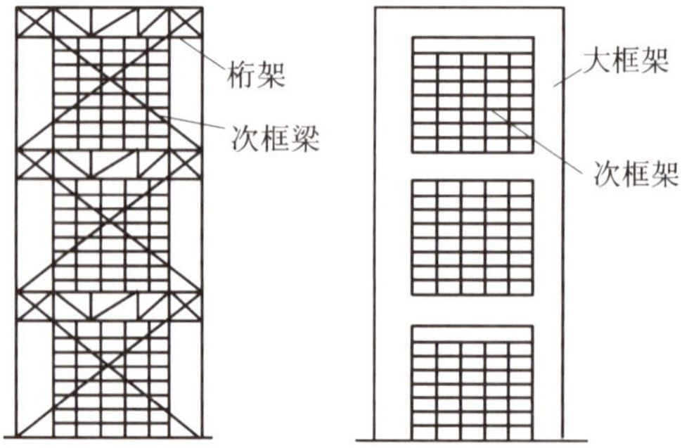

图 6.5　巨型结构

巨型框架结构由楼、电梯井组成大尺寸箱形截面巨型柱，有时也可以是大截面实体柱，每隔若干层设置一道 1～2 层楼高的巨型梁。它们组成刚度极大的巨型框架，是承受主要的水平力和竖向荷载的一级结构;上下层巨型框架梁之间的楼层梁、柱组成二级结构,其荷载直接传递到一级结构,其自身承受的荷载较小,构件截面较小,增加了建筑布置的灵活性和有效使用面积。紧靠上层巨型梁的楼层甚至可以不设柱,形成较大空间。

巨型桁架结构以大截面的竖杆和斜杆组成悬臂桁架,主要承受水平荷载和竖向荷载。楼层竖向荷载通过楼盖、梁和柱传递到桁架的主要杆件上。

此外,其他高层建筑结构体系(如悬挂结构体系、板柱结构体系等)也得到了应用,但目前应用最广泛的还是框架、剪力墙、框架-剪力墙和筒体结构体系。

随着超高层建筑的发展,近期涌现出了一些新型结构体系。如 330 m 高的北京国贸三期主塔楼采用了钢-混凝土框架-核心筒结构,内筒采用了型钢、钢板混凝土巨型组合柱及型钢混凝土支撑结构体系;336.9 m 高的天津津塔主要抗侧力体系由钢管混凝土柱框架+核心钢板剪力墙体系+外伸刚臂组成,具有较高的抗侧刚度和延性,是目前世界上应用钢板剪力墙的最高的高层建筑;广州西塔采用了外部交叉网格结构体系,该体系具有较强的抗侧刚度及抗扭刚度,能较好地抵御风荷载和地震作用。随着高层建筑结构的发展,会有更多新颖合理的结构体系出现。

6.3 我国高层建筑发展展望

我国的高层及超高层建筑具有超高超大、功能复杂、造型新颖的特点,不但其规模和复杂程度在国际上可谓少见,而且许多建筑突破了我国现行相关技术标准与规范的要求,而且这种发展趋势仍将持续一段时期。如何保证这些超高层建筑符合抗震设防、抗风、防意外事件(爆炸与撞击)、防火等的要求,具备适当的安全度,关乎国计民生。

6.3.1 在高层结构抗震设计理论和方法方面开展进一步研究

高层、超高层建筑的连续倒塌往往会引起惨重的人员伤亡及财产损失。近年来国际上关于防止结构连续倒塌问题引起了人们的关注,尤其是 2001 年 9 月 11 日美国世贸中心大楼由于飞机撞击发生灾难性的连续倒塌引起了工程界的广泛关注,不少专家对防止结构连续倒塌问题进行了研究。目前,我国关于高层建筑结构的倒塌过程的理论和试验研究才刚刚起步,还没有防止结构连续倒塌的有关设计文件和标准,需要进一步开展相关研究工作。

另外,现行规范的"安全性"目标不能满足重要大型高层建筑工程的需要。现行规范最基本、最主要的目标就是防止建筑物在地震中倒塌,确保人的生命安全。然而,近年来随着国民经济的快速发展,人们对建筑抗震的要求除了基本的人员生命安全外,还对地震期间建筑的使用功能提出了更高的要求。汶川地震中,按抗震规范设计和建造的高层建筑,在地震中虽没有倒塌,保障了生命安全,但是其填充墙等非结构构件破坏、建筑内部物品和设备的破坏造成了较大程度的直接和间接的经济损失。鉴于此,需要加强研究基于性能的抗震设计方法,此方法目前在超限及复杂工程设计中得到了较多的应用,但在一般工程中还未得到广泛的应用,需要针对下列问题开展进一步的研究:(1)地震作用的进一步研究;(2)结构分析模型和参数的选用;(3)对非结构和设施的抗震性能要求和震后灾害估计的研究等。

此外,随着我国超高层建筑高度的增加,结构自振周期增大,不少超高层建筑的自振周期已超过 6 s,有的甚至达到 10 s 以上,而我国抗震标准地震影响系数曲线只有 6 s 以内的相关参数,长周期结构的地震反应应如何考虑,需要进一步研究。

6.3.2 加强对高层结构隔震减振控制技术的研究

减振控制技术是抗震、抗风设计的一条重要途径,近年来在日本、美国等发达国家得到了较为广泛的应用,近几年我国在新建工程中开始应用。但我们的研究工作与世界先进水平尚有较大差距,需要深入开展相关研究工作。隔震技术在高层建筑中已有一定应用,但尚有一些技术问题,如隔震支座的抗拉问题等需要深入研究。主要研究内容应包括:隔震设计适用范围的调整、除橡胶隔震垫以外的各类滑动平移转动支座的应用设计方法和措施;消能减振设计方法的细化与改进、各类速度型与位移型阻尼器的适用范围与设计基本原则、控制指标。在结构控制方面,除进行必要的理论研究外,更需加大产品的研发力度,而且在产品的性能和质量方面有待加强,迫切需要国产的高性能、高质量、新型的结构振动控制装置。

6.3.3 加强对高层混合结构的研究

根据我国国情,钢-混凝土混合结构在高层建筑中的应用比例会持续增加。但目前已建成的混合结构高层建筑尚未经受实际地震的考验,因此需要进一步开展混合结构体系的抗震性能研究。研究工作包含两个方面:一方面是混合结构的整体抗震性能,如阻尼参数的选取、整体结构协调工作的性能等;另一方面需要加强对组合构件以及组合构件之间连接构造的研究。由于结构体系越来越复杂,大多包含巨型柱、斜撑、腰桁架等,各种组合构件——组合柱、组合梁、组合楼板形式越来越灵活多样,同时随着超高层建筑高度的增加,甚至会出现截面面积超过 30 m^2 的巨型组合柱,使得各种构件之间的连接构造越来越复杂多样。因此,结合工程应用,加强对各种新型组合结构构件开展更加深入细致的性能研究工作已十分迫切。

6.3.4 抗风关键技术的研究

随着高层建筑高度的增加,结构对风荷载更加敏感,在不少地区,抗风研究和设计已成为控制结构安全性能和使用性能的关键因素,应进一步加强对高层建筑横风向响应和等效静力风荷载、干扰效应、行人风环境以及居住者舒适度判据等方面的研究。此外,国际工程界对超高层建筑上的风速、风压测试工作也非常重视,在某些世界著名的超高层建筑上架设有风速仪、测振仪,进行长期的测风测振工作,积累了一定的数据。我国在此方面还有较大差距,规范采用的风剖面在超高层建筑的高度范围内缺乏实测数据的支持。

思考题和习题

6.1 高层建筑的特点是什么?

6.2 简述高层建筑的发展动向。

6.3 高层建筑的主要结构体系包括哪些?

6.4 框架结构的特点是什么? 主要适应的范围是什么?

6.5 剪力墙结构的特点是什么? 主要适应的范围是什么?

6.6 框-筒结构的特点是什么? 主要适应的范围是什么?

7　工程防灾减灾

教学目标

通过本章学习，使学生能够对灾害和工程防灾减灾有全面了解；对地震破坏作用和影响，抗震设防目标、范围、类别和标准，工程抗震设计内容有深入认识；对建筑物的类别和防火等级、安全疏散距离、防火间距、建筑防火分区、防火分隔物和建筑防火处理等基本概念有整体理解，从而对工程防灾减灾有一个基本把握。

7.1　灾害与防灾减灾工程

7.1.1　灾害

人类文明的发展史就是不断与各类灾害抗争的历史。我国幅员辽阔，经纬跨度大，涵盖各类地质气候，自然灾害种类多、分布地域广、地区差异大、发生频率高，造成巨大的经济损失和人员伤亡，是世界上遭受自然灾害最为严重的国家之一。

世界卫生组织将灾害定义为：任何引起设施破坏、人员伤亡、经济严重受损、健康状况及卫生服务恶化的事件，其规模已超出事件发生社区的承受能力而不得不向社区外部寻求专门援助时称为灾害。联合国国际减灾十年委员会将灾害定义为：灾害是指自然发生或人为产生的，对人类和人类社会具有危害后果的事件与现象。灾害是一种超出受影响社区现有资源承受能力的人类生态环境的破坏。

从上述定义可以看出，灾害是与人类紧密联系的，是由于自然、人为或人与自然共同影响造成的，对人类生存和发展产生危害的各类现象或事件。例如，在人类聚居地发生滑坡，造成人员伤亡、房屋损坏、道路受阻和农田被毁等，这就构成了灾害事件。而当滑坡发生在荒无人烟的深山内，甚至整个过程无人知晓，则不会称为灾害。

7.1.1.1　灾害类型

(1)按照灾害引发因素分类——自然灾害与人为灾害

以自然因素变异为主因而产生并表现为自然态的灾害称为自然灾害，最为熟知的自然灾害主要指大自然的“天灾”，如水旱灾害、地震灾害、地质灾害、生物灾害、海洋灾害、森林草原火灾等。由人类活动所致的损害人类自身利益的现象，如火灾、爆炸、三废污染、工程事故、战争等，这些由于人主观因素或社会行为不当产生的危害称为人为灾害。

人类与自然的关系是复杂而多维的，人类活动已经对自然造成了显著影响，在自然灾害中有相当一部分掺杂了人为因素，如：酸雨、雾霾和化学烟雾事件，山体开挖引起的滑坡，地下水过度开采引起地面沉陷，温室气体排放引发的极端天气增加等。这些灾难在不断提醒人类，发展的同时要尊重自然规律、保护环境，实现与自然的和谐共存。

(2)按照灾害发展规律分类——原生灾害、次生灾害和衍生灾害

在灾害链中,最早发生的、起主导作用的灾害称为原生灾害。由原生灾害诱发的灾害统称为次生灾害。例如,在地震灾害过程中,地震为原生灾害,诱发的火灾、山体滑坡、堰塞湖、洪灾、沿海地区海啸等则为次生灾害。一般而言,在灾害没有结束、灾害链尚未完全形成前,划分原生灾害和次生灾害仅具有相对意义。

灾害发生后,受灾地区人类生存条件和社会环境遭受破坏,会造成一系列社会危害,称为衍生灾害。例如大地震发生后,苦难引起部分幸存者产生心理疾病;灾区与外界的交通和通信受阻,社会秩序的短时混乱则可能滋生犯罪行为。此外,灾害还会造成基础设施受损,引发饮水安全、环境卫生等问题,若未妥善处理甚至会引发瘟疫。

7.1.1.2 灾害分级和发展趋势

灾害级别主要由致灾因子变化强度,受灾地区人口和经济密度以及承受灾害的能力两项基本因素决定。致灾因子变化强度是衡量致灾因素强弱程度的指标,例如地震震级、降雨量、台风中心风力等,但致灾因子变化强度并不代表实际造成的灾害程度。

由于不同国家承受灾害的能力和灾情的处理能力存在差异,因此国内外的灾害分级标准尚未统一。我国目前主要依据灾害造成的死亡人数和经济损失,按照由小到大的顺序将灾害划分为 5 个级别:微灾、小灾、中灾、大灾和巨灾,如表 7.1 所示。

表 7.1 灾害分级

灾害分级	死亡人数/人	经济损失/万元
巨灾	>10000	>10000
大灾	1000～10000	1000～10000
中灾	100～1000	100～1000
小灾	10～100	10～100
微灾	<10	<10

随着社会经济发展和城市化的进程加快,聚居城镇体量膨胀、建筑物密集度提高、人口密度增大,城市灾害的对象集中程度高、灾害后果严重,具有多样性、复杂性、突发性、连锁性(次生灾害、衍生灾害)特点。例如:地上超高、大跨度建筑和地下空间结构已广泛应用,高层和超高层建筑使消防安全工作面临严峻考验。在应对极端天气时,城市地下空间工程如地铁、地下步行街等要面临城市洪水内涝的危险。高层建筑采用的玻璃幕墙极易产生光污染,会影响人类生活和鸟类飞行,地震和强风作用时存在玻璃破裂、坠落的风险。城市发生地震,由于地震引发的建筑倒塌造成人员伤亡严重,火灾、管网受损、煤气泄露、震后大雨引发内涝等造成的损失显著超过地震冲击本身。

7.1.2 防灾减灾工程

防灾减灾工程是综合交叉性的新型学科,范围涵盖灾害的发生条件和发展规律、监测和预报,工程防治和灾时应急措施等问题的技术和理论,涉及地质、气象、地震工程、建筑学、土木工程、水利工程、信息和管理等专业领域,主要包括地质灾害、地震灾害、风灾害、洪水灾害、火灾害的防灾减灾工程及应急管理等内容。

我国先后颁布了《中华人民共和国防震减灾法》《中华人民共和国消防法》《中华人民共和国气象法》《建设工程安全生产管理条例》等国家法律和国务院政令，明确了政府、官员和民众在防灾减灾工作中的责任和义务，形成了多层级、宽领域、全方位的防灾减灾法律体系。

7.1.2.1 土木工程防灾减灾主要内容

服务人类的实践活动是土木工程的根本任务，但是当工程结构无法抵御外部影响或由于认知不足、学科发展的历史局限性等因素，致使工程结构失效、破坏甚至倒塌，就会引发土木工程灾害。一般而言，灾害造成的人员伤亡与财产损失与土木工程有很大关系，如地震中的人员伤亡绝大部分是房屋倒塌造成的，财产损失也主要集中于损毁的建筑中。因此，土木工程防灾减灾是防灾减灾最为有效的对策与措施，是综合防灾减灾工作的重要组成部分，肩负着防灾减灾的巨大职责。

土木工程防灾减灾主要内容包括：土建工程防灾规划、土木工程结构抗灾理论及应用，土木工程防灾、抗灾技术及应用，土木工程减灾技术，土木工程灾后的监测与加固，高新技术在土木工程防灾减灾中的应用。现今城市现代化快速推进，各类建筑工程大规模应用，而各类灾害造成的损失不断增大，重大自然灾害乃至巨灾时有发生，灾害风险进一步加剧，因此了解各类灾害对工程结构的影响，掌握相应预防措施加强防灾减灾工程的意义重大。

7.1.2.2 土木工程防灾减灾发展趋势

当前我国已进入新型城镇化时代，但城市建筑与基础设施在综合功能、运行效率、使用品质、治理和管理手段等方面依然存在诸多问题。地震、台风、暴雨、火灾等灾害给城市带来的损失日益严重，交通拥堵、环境污染等问题给城市运行效率和人民生活带来的困扰日益加剧，对城市应急管理能力提出的挑战日益突出，现有城市运维管理体系与政府管理部门为满足人民对美好生活向往所需要提供的服务之间的矛盾日益凸显。

在由大规模建设向精细化建造、运维与提升转型的背景下，我国城市发展理念也在逐渐转型升级。伴随着生活水平的提升，更加宜居、便捷、安全的城市生活已成为人民的新追求。实现建筑与基础设施信息可感知、真实性态可评价、未来性能可预测、性能可控制和提升是土木工程行业未来发展的需求，是适应新时代建筑与基础设施建造、运维、拆除和资源再利用全生命周期智能化理念的重大变革，也是跨越式提升土木工程行业智能化水平的必由之路。

7.2 地震灾害与抗震

地震是地壳在快速释放能量过程中引起的振动，期间产生的地震波经由岩土介质传播至地表会引起地面运动。在位置关系中，地震的发生位置(地球内部)称为震源，震源在地表的垂直投影位置称为震中，地面振动最为剧烈处称为极震区，极震区往往是震中所在区域。在距离关系上，震源与震中的距离称为震源深度；地面对象至震源的距离称为震源距，至震中的距离称为震中距。

地震发生极其频繁，全球每年平均发生的地震约有500多万次，但绝大多数的地震由于太小或距离太远对人类影响较小，能对人类造成严重危害的地震约有十数次。强烈地震对建筑工程极具破坏性，会对政治和经济发达、人口密集的地区造成重大损失。

7.2.1 地震破坏作用

(1)地震中地表的破坏

地震波抵达地表时会造成不同程度的破坏,常见的地表破坏现象有:地裂缝、喷砂冒水、地表下沉降和河岸、陡坡滑坡等。地裂缝会引起工程结构的严重破坏,造成公路中断、铁轨扭曲、桥梁断裂、房屋破坏、河流改道和水坝受损等。强烈振动引起地下水位急剧上升,地下水会在地裂缝位置或土质松软地区冒出地面,当地表土层为砂土或粉土时,还会夹带砂土或粉土一起冒出地面,形成喷砂冒水观象。地震还会引起地面下沉形成洼地,还有可能造成大面积陷落。在河岸、陡坡等地方,强烈振动会造成土体失稳引起塌方,淹没农田、村庄,堵塞河流。

(2)地震的次生灾害

强烈地震除了引起结构破坏,还常引起一些次生灾害,如火灾、水灾、泥石流、海啸、滑坡等。一般来说,地震造成的直接损失往往小于地震引起的次生灾害造成的间接损失。海啸(Tsunami)一词来源于日本的"tsu nami",本意是"海港的波浪",美国地质调查局将海啸描述为突发地壳运动导致的一波,或一波接一波的海水移位现象。海啸波长可达几十或上百公里,部分海啸波长甚至超过海洋的最大深度,海啸是一种极其严重的地震次生灾害。地震引发海啸条件较为复杂,在1.5万次海底构造地震中,大约只有100次的地震能够引起海啸。

(3)地震中工程结构的破坏

工程结构在地震中的破坏主要分为两类:一类是地基失效,另一类是上部结构的部件破坏致使承重构件的受拉、压、弯和剪切承载能力不足或因关键构件连接失效致使工程结构丧失整体稳定承载能力。震害资料表明,工程结构破坏主要由上部结构承载力不足或丧失整体稳定性引起,只有少部分破坏是由地基失效造成的。因此,世界各国的抗震设计规范主要聚焦在上部结构破坏机理的分析和研究上,科研与工程人员围绕提高结构抗震能力、避免地震中建筑房屋倒塌不断开展研究工作。

7.2.2 减轻地震灾害的对策和措施

目前,减轻地震灾害的对策从宏观上可分为工程性措施和非工程性措施,二者相辅相成,缺一不可。非工程性措施指政府和相关组织采取的工程性防御措施之外的减灾活动,主要包括建立健全减灾工作体系,制定防震减灾规划,开展防震减灾宣传教育,推进地震灾害保险、救灾物资储备等工作。

工程性措施主要包括地震预测预报和工程抗震两方面。目前尚无法准确预测地震是国际地震学界的主流观点,美国地质调查局认为减轻地震灾害要依靠提高建筑安全性这种长期有效的手段,而不是寄希望于地震的短临预测预报。提高建筑结构安全性,采用合理建筑规划和各种技术手段,将结构建造得更坚固可靠,提高建筑结构安全性,实现工程抗震,是目前减轻地震灾害的最为有效的措施。工程抗震的内容十分丰富,主要包括地震危险性分析和地震区划,工程结构抗震、工程结构隔震减震等。

为保障人民生命和财产安全、减轻地震灾害造成的社会经济损失,我国在1997年12月29日第八届全国人民代表大会常务委员会第二十九次会议通过《中华人民共和国防震减灾法》,并于1998年3月1日起施行。这部法律对地震监测预报、地震灾害预防、地震应急、震后救灾与重建四个环节的防震减灾活动作出了详细规定。

7.2.3 建筑工程抗震设防

目前地震预报准确度有限，即使能够准确预报地震从而减少人员伤亡，但建筑设施的震害仍难以避免。针对建筑的功能和性质做好抗震设防、提高结构抗震能力是减轻地震灾害更为积极、直接有效的措施。

7.2.3.1 地震影响程度和区划

地震区划是按照长期内可能遭受地震的危险程度，将国土划分为若干不同区域，展现潜在地震危险性差异。目前采用的地震动参数区划图是以地震烈度和地震动参数为指标，将国土划分为不同地震危险程度和抗震设防等级的地图。地震动参数区划图是国家地震安全的重要基础性和强制性国家标准，与各行业抗震设计标准共同构成了工程抗震设防标准体系。

第五代地震区划图于 2015 年 5 月 15 日发布，2016 年 6 月 1 日正式实施。在第五代地震区划图中，首次明确基本地震动、多遇地震动、罕遇地震动和极罕遇地震动四级地震作用下的地震动参数确定方法，给出全国 4 万余个乡镇政府和街道办事处所在地的地震动参数。

根据第五代地震动参数区划图，全国的地震基本烈度均为 6 度及以上。目前抗震规范规定的地基处理、结构抗震措施等仍与地震基本烈度有关，在采用地震动参数区划图进行结构抗震设计时，地震基本烈度由地震动峰值加速度按表 7.2 确定。

表 7.2 地震动峰值加速度与地震基本烈度对照表

地震动峰值加速度 g	<0.05	0.05	0.10(0.15)	0.20(0.30)	≥0.40
地震基本烈度	<6	6	7	8	9

7.2.3.2 抗震设防目标和范围

(1)抗震设防目标

抗震设防目标是根据国家经济实力、科技和设计施工水平等因素综合制定的。国内外抗震设防目标的一般要求理念相似，即要求建筑在工作期间经受不同频度和强度地震时具有相应的抵抗能力。我国抗震设计规范规定，建筑采用“小震不坏，中震可修，大震不倒”的三水准抗震设防目标。在小震作用下，主体结构不受损坏或不需修理可继续使用；在中震作用下，结构可能损坏，经一般性修理或不需修理可继续使用；在大震作用下，不致倒塌或发生危及生命的严重破坏。

(2)抗震设防范围

小震、中震和大震是按照地震频度和强度并基于统计学划分的。小震烈度又称众值烈度或多遇地震烈度，是指该地区 50 年内超越概率约为 63.2%的地震烈度，其重现期为 50 年；中震烈度又称为基本烈度或抗震设防烈度，是指该地区 50 年内超越概率约为 10%的地震烈度；大震烈度又称为罕遇地震烈度，是指该地区 50 年内超越概率为 2%～3%的地震烈度。多遇地震的理论重现期为 50 年；设防地震为 475 年；罕遇地震随烈度不同而有所区别，7 度约 1600 年，9 度约 2400 年。

地震动参数区划图确定了我国各地区的抗震基本烈度，而相应的抗震设防烈度（也称设计烈度或计算烈度）同样需要按国家规定的权限审批、颁布文件（图件）确定。抗震设防烈度为 6 度及以上地区的建筑，必须进行抗震设计。抗震设防烈度大于 9 度地区的建筑及行业有特殊要求的工业建筑，其抗震设计应按有关专门规定执行。目前，我国抗震设防烈度为 6 度及 6 度以上的地区占全国国土总面积的 2/3 以上。

7.2.3.3 抗震设防类别和标准

根据《建筑工程抗震设防分类标准》(GB 50223—2008),建筑设防类别划分应考虑以下因素:建筑破坏造成的人员伤亡、直接和间接经济损失及社会影响的大小;城镇的大小、行业的特点、工矿企业的规模;建筑使用功能失效后,对全局的影响范围大小、抗震救灾影响及恢复的难易程度;建筑各区段的重要性有显著不同时,可按区段划分抗震设防类别,下部区段类别不应低于上部区段。

通过综合分析,建筑工程分为以下四个抗震设防类别:

(1)特殊设防类(甲类):使用上有特殊设施、涉及国家公共安全的重大建筑工程和地震时可能发生严重次生灾害等特别重大灾害后果需要进行特殊设防的建筑。例如承担特别重要医疗任务的三级医院建筑、国家和区域的电力调度中心、生产或存有高放射剧毒制品的科学实验建筑。

(2)重点设防类(乙类):这类建筑包括地震时使用功能不能中断或需尽快恢复的生命线相关建筑,以及地震时可能导致大量人员伤亡等重大灾害后果,需要提高设防标准的建筑。例如消防车库及其值班用房,幼儿园、小学、中学等教学用房及学生宿舍和食堂等。

(3)标准设防类(丙类):这类建筑包括大量的除甲、乙、丁类以外按标准要求进行设防的建筑。例如,一般民用与工业建筑(居住建筑抗震设防类别不应低于标准设防类),机械、电子、纺织、医药等工业厂房。

(4)适度设防类(丁类):这类建筑指使用上人员稀少且震损不致产生次生灾害,允许在一定条件下适度降低要求的建筑。如储存低价值物品、人员活动少的单层仓库。

各抗震设防类别建筑的抗震设防标准,应符合以下要求:

(1)特殊设防类(甲类):应按高于本地区抗震设防烈度提高一度的要求加强其抗震措施;但抗震设防烈度为 9 度时应按比 9 度更高的要求采取抗震措施。同时,应按批准的地震安全性评价的结果且高于本地区抗震设防烈度的要求确定其地震作用。

(2)重点设防类(乙类):应按高于本地区抗震设防烈度一度的要求加强其抗震措施;但抗震设防烈度为 9 度时应按比 9 度更高的要求采取抗震措施;地基基础的抗震措施,应符合有关规定。同时,应按本地区抗震设防烈度确定其地震作用。

(3)标准设防类(丙类):按本地区抗震设防烈度确定其抗震措施和地震作用,达到在遭遇高于当地抗震设防烈度的预估罕遇地震影响时不致倒塌或发生危及生命安全的严重破坏的抗震设防目标。

(4)适度设防类(丁类):允许比本地区抗震设防烈度的要求适当降低其抗震措施,但抗震设防烈度为 6 度时不应降低。一般情况下,仍应按本地区抗震设防烈度确定其地震作用。

表 7.3 不同抗震设防类别建筑的抗震设防标准(作用地震加速度 g/响应内力放大系数)

建筑类别	确定地震作用时的设防标准				确定抗震措施时的设防标准			
	6 度	7 度	8 度	9 度	6 度	7 度	8 度	9 度
甲类建筑	地震安全评价结果确定,高于本地设防烈度				7	8	9	9+
乙类建筑	6	7	8	9	7	8	9	9+
丙类建筑	6	7	8	9	6	7	8	9
丁类建筑	6	7	8	9	6	6	7	8

在2024年4月24日住房城乡建设部发布国家标准《建筑抗震设计标准》(GB/T 50011—2010)局部修订的条文中要求:“对按规定需编制抗震设防专篇的建筑,应在初步设计阶段编制抗震设防专篇,并在设计文件中明确。”

7.2.3.4 抗震设防设计方法

为了实现三水准的抗震设防目标,抗震规范采取了两阶段抗震设计方法。

(1)第一阶段为小震作用下的结构设计

在初步设计及技术设计阶段,要按有利于抗震确定建筑形体、结构方案和结构布置。然后进行抗震计算及抗震构造设计。在这个阶段,用相应于该地区设防烈度的小震作用计算结构的弹性位移和构件内力,并进行荷载效应组合得到组合的内力设计值,用承载力极限状态方法进行截面承载力验算,按延性和耗能要求采取相应的抗震构造措施。虽然只用小震计算结构地震作用,但是结构的方案、布置、构件设计及配筋构造都是以三水准设防为目标,也就是说,经过第一阶段设计,结构应该具有实现“小震不坏,中震可修,大震不倒”的设防目标的能力。

(2)第二阶段为大震作用下的弹塑性变形验算

抗震规范规定了需要进行弹塑性变形验算的高层建筑的类型,通过大震作用下的弹塑性变形验算,检验结构是否达到大震不倒的抗震设防目标。大震作用下,结构已经进入弹塑性状态,因此要考虑构件的弹塑性性能。如果大震作用下结构的弹塑性层间位移角超过了规范规定的限值,则应修改结构设计,直到层间变形满足要求。如果存在薄弱层,可能造成严重破坏,则应视其部位及可能出现的后果进行处理,采取相应加强措施。

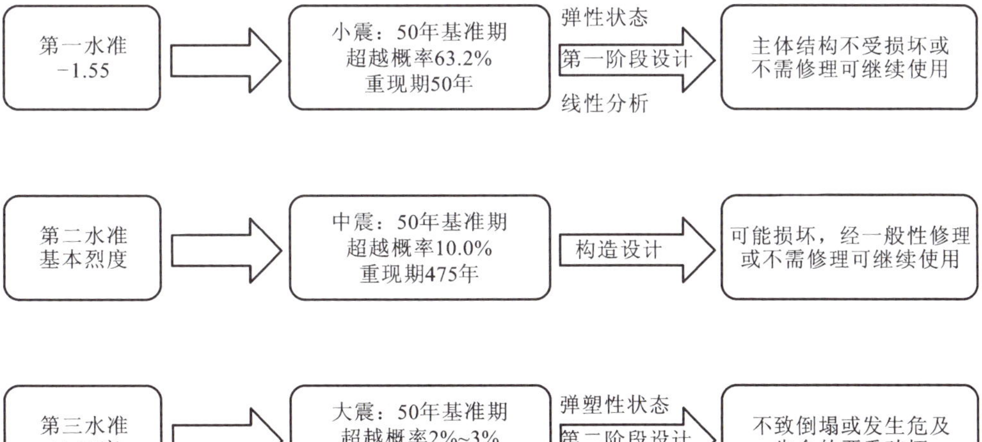

图7.1 抗震设防设计方法

7.2.4 建筑抗震设计内容

建筑抗震设计包括概念设计、计算设计和构造设计,三个层次的内容与要求共同构成了建筑抗震设计的完整体系,确保建筑在遭遇地震影响时能保持结构的完整性与稳定性,保障人员生命安全。

7.2.4.1 概念设计

建筑抗震概念设计是指根据地震灾害和工程经验等所形成的基本设计原则和设计思想，进行建筑和结构总体布置并确定细部构造的过程。抗震概念设计一般主要包括以下几个内容：地震影响、场地和地基、结构规则性、抗震结构体系、非结构因素，确保材料和施工质量。

(1)地震影响

建筑所在地区遭受的地震影响，应采用相应于抗震设防烈度的设计基本地震加速度和特征周期表征。

(2)场地和地基

充分掌握建筑场地的地震、地质资料，对抗震有利、不利和危险地段作出综合评价。对不利地段，应提出避开要求，当无法避开时应采取有效的措施。对于危险地段，严禁建造甲、乙类的建筑，不应建造丙类的建筑。

(3)结构规则性

结构不规则可能造成较大的地震扭转效应，产生严重应力集中或形成抗震薄弱层。在建筑抗震设计中，应使建筑及其抗侧力构件的平面布置规则、对称，具有良好的整体性；建筑的立面和竖向剖面宜规则，结构的侧向刚度变化宜均匀。

(4)抗震结构体系

合理的抗震结构体系、可靠的构件与连接、良好的整体性是提高建筑抗震能力、减轻地震破坏的关键。结构体系应根据抗震设防烈度、场地和地基条件、建筑抗震设防类别与烈度、主体结构材料和施工等因素，遵循技术可靠、经济合理的原则来确定。

(5)非结构因素

为了减少附加震害引起的损失，应处理好非承重结构构件与主体结构之间的关系。建筑非结构构件和附属设备与主体结构应有可靠连接或锚固，如玻璃幕墙、围护墙板、隔墙以及安装的附属机械、电气设备等。

(6)材料与施工

建筑结构材料及施工质量的好坏直接影响建筑物的抗震性能。结构材料应有良好匀质性和加工性能，同时具备较高的强度、延性和韧性，良好构件设计与施工质量可以充分发挥材料性能。例如钢结构对钢材屈强比、伸长率、冲击韧性以及冷、热加工性能的要求等。

7.2.4.2 计算设计

结构抗震计算包含求解地震作用下结构内力和位移的结构地震反应分析与计算以及结构构件截面抗震承载力与结构抗震变形验算两个层面。

1)地震反应分析

结构的地震反应取决于地震动输入和结构自身特性，目前结构地震反应的计算方法主要有三种：静力法、反应谱法和时程分析法。

(1)静力法：假定结构为刚性且不考虑地震的动力特性和结构的动力特性，采用地震作用系数 k 和重力加速度 g 反映施加在结构或构件的质量中心上的水平地震作用。该方法用于低矮的、刚性较大的建筑是可行的，但用于多(高)层建筑或烟囱等具有一定柔性的结构将会产生较大的误差。

(2)反应谱法：反应谱是在给定地震作用下给出的各周期单自由度体系的最大反应，可分为加速度反应谱、速度反应谱和位移反应谱。与静力法相比，反应谱法在地震力计算时保持了静力法的简洁形式，同时反映了结构动力特性与地面运动特性间的关系，但反应谱法限于结构的线弹性问题分析，也不能考虑地震持续时间的影响。

(3)时程分析法：在地震输入上，时程分析法要根据建筑所处的地震环境、场地条件和强震观测确定地震动要素，或选用多条人工加速度时程曲线。在结构模型上，需要给出各构件或单元的动力特性，包括非线性恢复力模型。因此，时程分析法是可以考虑构件非线性特性的模型。在分析方法上，时程分析法需要借助计算机进行数值积分运算。

从地震动的振幅、频谱和时间三要素看，静力法仅考虑振幅最大值，反应谱法进一步考虑了频谱，而按照加速度时程计算结构动力反应的方法，可同时考虑振幅、频谱和时间的影响，时程分析法的分析计算更为全面、合理。在应用上，反应谱法将时变动力问题转化为拟静力问题，概念清晰、计算简单，是目前各国规范中的基本计算方法，但反应谱法局限于结构的弹性状态分析。

动态时程分析法是更为精细的分析方法，能够较准确地反映结构在地震中内力与变形随时间变化的情况，有利于发现结构的薄弱环节和可能发生的震害。随着计算机技术进步，时程分析法存在的计算效率和计算成本问题会逐步改善，但结构模型简化和相关参数确定工作对工程设计人员的理论和实践积累仍有较高的要求，因而目前时程分析法主要应用于重要复杂结构的抗震计算中。

2)抗震计算与验算

我国《建筑抗震设计标准》(GB/T 50011—2010)规定：抗震设防为6度时，除了本标准有具体规定外，对乙、丙、丁类的建筑可不进行地震作用计算。建筑结构应进行多遇地震作用下的内力和变形分析，此时，可假定结构与构件处于弹性工作状态，内力和变形分析可采用线性静力方法或线性动力方法。不规则且具有明显薄弱部位可能导致重大地震破坏的建筑结构，应按本标准有关规定进行罕遇地震作用下的弹塑性变形分析。此时，可根据结构特点采用静力弹塑性分析或弹塑性时程分析方法。当本标准有具体规定时，尚可采用简化方法计算结构的弹塑性变形。

传统的“三水准两阶段”抗震设计方法通过小震弹性设计、大震弹塑性计算及必要的抗震构造措施保证构件承载力和结构抗倒塌能力。“两阶段设计”：第一阶段小震弹性(承载力)设计，将小震作用与其他类型荷载产生的内力按照相应分项系数进行组合，将构件抗震等级以内力放大系数形式计入，构件截面承载力设计满足小震强度要求，通过限制弹性层间位移角和采取相应的抗震构造措施满足中震变形要求；第二阶段通过限制大震下结构弹塑性层间位移角和采取必要的抗震构造措施保证大震抗倒塌能力。

在20世纪90年代，美国科学家和工程师首次提出了基于性能的抗震设计(performance based seismic design，PBSD)理论：根据建筑重要性、用途或业主要求确定性能目标，提出不同抗震设防水准并进行结构设计，并对结构能否满足性能目标要求进行评估。抗震性能化设计相对于传统“三水准两阶段”的抗震设计而言，突出“人性化”或“个性化”。建筑抗震性能目标不低于“三水准两阶段”的基本要求，在此基础上选定不同地震水准的预期破坏状态或使用功能。

在2024年4月24日住房城乡建设部发布的国家标准《建筑抗震设计标准》(GB/T 50011—2010)局部修订的条文3.10节对建筑抗震性能设计的具体技术指标应符合下列要求：

(1)结构或关键部位的抗震承载能力、抗震变形能力的具体指标应根据选定的性能目标确定,并应计及地震作用取值的不确定性设置适当的冗余。

(2)结构构件的抗震承载能力指标宜根据不同地震水准、结构不同部位、不同构件类型的抗震要求确定,包括不发生脆性剪切破坏、形成塑性铰、达到屈服值或保持弹性等。

(3)结构构件的抗震变形能力指标宜根据不同地震动水准下结构不同部位的预期变形状态确定。

(4)结构构件的延性要求应根据其预期变形状态确定,当构件的承载能力与实际需求相比明显提高时,延性构造可适当降低。

例如在工业建筑中,对采用压型钢板轻型屋盖的单层工业厂房,在设防烈度为 8 度(0.20g)及以下时,地震组合一般不起控制作用,采用高承载力-低延性的设计思路可对钢构件延性等级(板材宽厚比)进行适当放宽,实现降低造价的目的。

7.2.4.3 构造设计

《建筑抗震设计标准》(GB/T 50011—2010)中将抗震措施定义为"除地震作用计算和抗力计算以外的抗震设计内容,包括抗震构造措施",而对抗震构造措施的定义为:"根据抗震概念设计原则,一般不需计算而对结构和非结构各部分必须采取的各种细部要求"。

抗震构造措施是抗震措施的一部分。建筑抗震设计包含一般规定、计算要点、抗震构造措施和设计要求等。其中,一般规定(如结构类型、体型、嵌固等)和计算要点中地震效应(内力和变形)调整的规定均属于抗震措施,而构件截面尺寸(宽度、高宽比、跨高比,梁柱相对宽度、抗震墙厚度等)、配筋要求(数量、布置、最小直径、配筋率等)、轴压比限值等则属于抗震构造措施。

在建筑抗震设计中,采用抗震等级表征设防类别、烈度、建筑高度、结构类型对抗震设计中抗震措施和抗震构造措施的要求差异。抗震构造措施会根据建筑主体材料、结构类型、结构布置以及抗震设计方法等差异进行有针对性的调整。例如,多层和高层钢结构房屋一般情况构件的抗震等级应与结构相同,当某个部位各构件的承载力均满足 2 倍地震作用组合下的内力要求时,7～9 度的构件抗震等级应允许按降低一度确定。

此外,相较一般规定和计算要点与抗震等级的直接对应关系,抗震构造措施的调整还会受场地类别的影响。如《建筑抗震设计标准》(GB/T 50011—2010)第 3.3.2 条中规定:"建筑场地为Ⅰ类时,对甲、乙类的建筑应允许仍按本地区抗震设防烈度的要求采取抗震构造措施;对丙类的建筑应允许按本地区抗震设防烈度降低一度的要求采取抗震构造措施,但抗震设防烈度为 6 度时仍应按本地区抗震设防烈度的要求采取抗震构造措施。"

工程设计人员在建筑抗震设计过程中,要秉持具体结构具体分析原则,掌握建筑特征与结构特性,选用合理的、具有针对性的抗震措施和抗震构造措施,在未来可能遭遇的地震中保障建筑安全、确保人民生命和财产安全。

7.3 火灾与建筑防火

7.3.1 建筑物的类别和防火等级

建筑物的类别是从防火、耐久年限、重要性等不同角度划分的建筑物级别。进行构造设计时，应根据不同等级对房屋各组成部分的不同要求选择恰当的构造方案。本节主要介绍按防火性能划分的建筑物类别。

我国《建筑设计防火规范》(GB 50016—2014)(2018 年版)规定，建筑物的耐火等级分为四级。耐火等级标准是依据房屋主要构件的燃烧性能和耐火极限确定的。

7.3.1.1 燃烧性能

燃烧性能是指组成建筑物的主要构件在明火或高温作用下燃烧与否以及燃烧的难易程度。按照燃烧性能，建筑构件分为非燃烧体、难燃烧体和燃烧体。

非燃烧体是指用非燃烧材料制成的构件。非燃烧材料是指在空气中受到火烧或高温作用时不起火、不微燃、不炭化的材料，如建筑中常用的金属材料和天然或人工的无机矿物材料(石材、砖、混凝土等)均为非燃烧材料。

难燃烧体是指用难燃烧材料制成的构件，或用带有非燃烧材料保护层的燃烧材料制成的构件。难燃烧材料是指在空气中受到火烧或高温作用时难起火、难微燃、难炭化，当火源移走后燃烧或微燃立即停止的材料，如沥青混凝土、经过防火处理的木材、用有机物填充的混凝土和水泥刨花板等均为难燃烧材料。

燃烧体是指用燃烧材料制成的构件。燃烧材料是指在空气中受到火烧或高温作用时立即能起火燃烧或微燃，且火源移走后仍继续燃烧或微燃的材料，如木材等。

7.3.1.2 耐火极限

耐火极限是指建筑构件遇火后能支持的时间。对任一建筑构件进行耐火试验，从受到火的作用起到失去支持能力或完整性被破坏或失去隔火作用时为止的这段时间，即为该构件的耐火极限，用小时(h)表示。建筑构件达到上述三个状态之一，就达到了耐火极限。

失去支持能力是指构件自身解体或垮塌，将导致房屋倒塌；完整性被破坏是指楼板、隔墙等具有分隔作用的构件出现穿透裂缝或较大的空隙，此时火焰会透过裂缝或空隙使火势蔓延；失去隔火作用是指具有分隔作用的构件，背火面平均温升达到 140 ℃(不包括背火面的起始温度)，或背火面任意一点温升达到 180 ℃，或背火面任一点的温度达到 220 ℃，此时靠近背火面的构件将开始燃烧、微燃或炭化。

7.3.1.3 建筑物的耐火等级

划分建筑物耐火等级的方法，一般是以楼板为基准。例如钢筋混凝土楼板的耐火极限可达 1.50 h。即以一级为 1.50 h；二级为 1.00 h；三级为 0.50 h；四级为 0.25 h。然后再按构件在结构安全上所处的地位，分级选定适宜的耐火极限。例如，在一级耐火等级建筑中，支承楼板的梁比楼板重要，可定为 2.00 h，而柱因承受梁的重量因而比梁更为重要，则可定为 2.50～3.00 h 等。

由于构件的材料还有燃烧体、难燃烧体、非燃烧体之分，因而仅用构件的耐火极限还不能完全满足对结构防火安全的要求。因此，一般规定一级的房屋构件都应是非燃烧体；二级除顶棚为难燃烧体外，其他都是非燃烧体；三级除屋顶、隔墙采用难燃烧体外，其余也都采用非燃烧体；四级除防火墙为非燃烧体外，其余构件按其部位不同有难燃烧体，也有燃烧体。

一般而言，一级耐火建筑为钢筋混凝土楼板、屋顶、砌体墙组成的钢筋混凝土混合结构；二级耐火建筑和一级基本相似，但所用材料的耐火极限较低；三级耐火建筑为木屋顶、钢筋混凝土楼板和砖墙组成的砖木结构；四级耐火建筑为木屋顶、难燃烧体楼板和墙组成的可燃结构。具体内容如表 7.4 所示。

表 7.4　不同耐火等级建筑相应构件的燃烧性能和耐火极限(h)

构件名称		耐火等级			
		一级	二级	三级	四级
墙	防火墙	不燃性 3.00	不燃性 3.00	不燃性 3.00	不燃性 3.00
	承重墙	不燃性 3.00	不燃性 2.50	不燃性 2.00	难燃性 0.50
	非承重外墙	不燃性 1.00	不燃性 1.00	不燃性 0.50	可燃性
	楼梯间和前室的墙 电梯井的墙 住宅建筑单元之间的墙和分户墙	不燃性 2.00	不燃性 2.00	不燃性 1.50	难燃性 0.50
	疏散走道两侧的隔墙	不燃性 1.00	不燃性 1.00	不燃性 0.50	难燃性 0.25
	房间隔墙	不燃性 0.75	不燃性 0.50	难燃性 0.50	难燃性 0.25
柱		不燃性 3.00	不燃性 2.50	不燃性 2.00	难燃性 0.50
梁		不燃性 2.00	不燃性 1.50	不燃性 1.00	难燃性 0.50
楼板		不燃性 1.50	不燃性 1.00	不燃性 0.50	可燃性
屋顶承重构件		不燃性 1.50	不燃性 1.00	可燃性 0.50	可燃性
疏散楼梯		不燃性 1.50	不燃性 1.00	不燃性 0.50	可燃性
吊顶(包括吊顶搁栅)		不燃性 0.25	难燃性 0.25	难燃性 0.15	可燃性

注:①除《建筑设计防火规范》(GB 50016—2014)(2018 年版)另有规定者外,以木柱承重且以不燃烧材料作为墙体的建筑物,其耐火等级应按四级确定;

②住宅建筑构件的耐火极限和燃烧性能可按现行国家标准《住宅建筑规范》(GB 50368)的规定执行。

7.3.2　安全疏散距离

7.3.2.1　保证安全疏散的基本条件

为了保证楼内人员在因火灾造成的各种危险中的安全,所有的建筑物都必须满足下列保证安全疏散的基本条件。

(1)限制使用严重影响疏散的建筑材料

建筑物结构和装修中大量地使用了建筑材料,对火灾影响很大,应该在防火和疏散方面予以特别注意。火焰燃烧速度很快,火灾时排放剧毒性燃烧气体的材料不得作为建筑材料使用,以避免火灾发生时有可能成为疏散障碍的因素。但是,对材料加以限制使用不是一件容易的事,掌握的尺度就是,不使用比普通木材更易燃的材料。在此前提下,才能进一步考虑安全疏散的其他问题。

(2)保证安全的避难场所

安全避难场所被认为是"只要避难者到达这个地方,安全就得到保证"的场所。为了在火灾时保证楼内人员的安全疏散,避难场所必须没有烟气、火焰、破损及其他各种火灾的危险。

避难场所原则上应设在建筑物公共空间,即外面的自由空间中,但在大规模的建筑物中,与火灾扩展速度相比,疏散需要更多的时间,将楼内全部人员一下子疏散到外面去,时间上不允许,此时在建筑物内部设立一个可作为避难的空间更为安全。因此,建筑物内部避难场所的合理设置非常重要。常见的避难场所或安全区域有封闭楼梯间和防烟楼梯间、消防电梯、屋顶直升机停机坪、建筑中火灾楼层下面两层以下的楼层、高层建筑或超高层建筑中为安全避难特设的“避难层”“避难间”等。

(3)保证安全的疏散通道

在有起火可能性的任何场所发生火灾时,建筑物都必须保证至少有一条能够使全部人员安全疏散的通道。有时,虽然很多建筑物设有两条安全通道,却并不能保证全部人员的安全疏散。因此,从本质上讲,最重要的是采取接近万无一失的措施,即使只有单方向疏散通道,也要能够确保安全。

从建筑物内人员的具体情况考虑,疏散通道必须具有足以使这些人员疏散出去的容量、尺寸和形状,同时必须保证疏散中的安全,在疏散过程中不受到火灾烟气、火和其他危险因素的干扰。

(4)布置合理的安全疏散路线

人们在发生火灾紧急疏散时,应保证后一个阶段比前一个阶段安全性更高,即人们从着火间或部位跑到公共走道,再由公共走道到达疏散楼梯间,然后转向室外或其他安全场所,一步比一步安全,这样的疏散路线即为安全疏散路线。因此,在布置疏散路线时,要力求简捷,便于寻找、辨认,疏散楼梯位置要明显。一般地说,靠近电梯间布置疏散楼梯是较为有利的,因为火灾时人们习惯跑向经常使用的电梯,当靠近电梯间设置疏散楼梯时,就能使经常使用的路线与火灾时紧急使用的路线有机地结合起来,有利于迅速而安全地疏散人员。

7.3.2.2 合理设置安全疏散设施

在建筑设计时,应根据建筑的规模、使用性质、容纳人数以及在火灾时不同人的心理状态等情况,合理布置安全疏散设施,为人们安全疏散创造有利条件。安全疏散设施主要包括安全出口、事故照明及防烟、排烟设施等。下面主要介绍安全出口的设置。

安全出口主要有疏散楼梯、消防电梯、疏散门、疏散走道、避难层、避难间等。

安全出口的设置原则是:

(1)每个防火分区(多层或高层)的安全出口不应少于两个,在特殊情况下(如面积小、容纳人数少)可设一个安全出口。

(2)剧院、电影院、礼堂、观众厅的每个安全出口的平均疏散人数按 250 人计,则安全出口的总数目应根据该类建筑容纳的总人数确定。若容纳人数超过 2000 人,则超过 2000 人的部分,每个安全出口平均疏散人数按 400 人计。

(3)体育馆观众厅内容纳的人数多,受座位排列和走道布置等技术和经济因素的制约,每个安全出口的平均疏散人数按 400～700 人计。对规模较小的观众厅,采用下限值;对规模较大的观众厅,采用接近上限值。

(4)安全出口宜靠近防火分区的两端设置,并靠近电梯间设置,出口标志应明显,易于寻找,且安全出口应有足够的宽度,安全出口的门应向疏散方向开启。

7.3.2.3 安全疏散时间

安全疏散时间是指需要疏散的人员自疏散开始到疏散结束所需要的时间,是疏散开始时间与疏散行动时间之和。

疏散开始时间是指自火灾发生,到楼内人员开始疏散为止的时间。当发现起火时,只靠火灾警报,人们不会立即开始疏散,一般是先查看情况是否属实。若是小范围起火,人们会立即去救火,涉及整个建筑物的疏散活动的决定是很难在短时间内做出的,因此疏散开始时间包含着相当不确定的因素。

疏散行动时间受建筑物中疏散设施的形式、布局、人员密集程度等的限制。

(1)疏散设施条件

楼梯的形式是影响疏散行动时间的一个重要因素。据测定,螺旋步和扇形步的楼梯,其上、下行的速度比普通踏步的楼梯要慢,而且在紧急情况下容易摔倒。楼梯踏步宽度和高度尺寸比例应适当,一般楼梯的踏步高度采用15～18 cm为宜。

疏散走道的宽窄、弯直、门的宽窄等对疏散时间均有影响,疏散走道地面的粗糙度对时间也有影响。人行走在过于光滑的地面上容易跌倒,因此,地面的粗糙程度要适当。

(2)人员的密集程度

若楼内人员密度低,居室之间没有联系,则人们无法通过人员的嘈杂声觉察火灾。若楼内人员密度高,则火灾区的嘈杂声和走廊内的奔跑声会使在非火灾室的人们察觉火灾。但人群越密集,则步行速度越慢,需要的疏散时间也就越长。有统计表明,当人群密度为1.5人/m^2时,步行速度为1 m/s;当人群密度为3.0人/m^2时,步行速度为0.51 m/s;当人群密度为3.0人/m^2以上时,步行速度几乎为零。

(3)室内装修材料

发生火灾时,装修材料产生大量浓烟,而且伴有大量有毒气体,影响了安全疏散时间,因此,在设计时应引起高度重视。

7.3.2.4　安全疏散距离

安全疏散距离主要包括两个方面的要求:一是房间内最远点到房门的安全疏散距离;二是从房门到疏散楼梯间或建筑物外部出口的安全疏散距离。

(1)房间内最远点到房门的距离

若房间面积过大,则有可能造成集中的人员过多。火灾发生时,人群易集中在房间有限的出口处,这使得疏散时间延长,甚至造成人员伤亡。因此,为了保障房间内的人员能够顺利而迅速地疏散到门口,再经走道疏散到安全区,一般规定从房间内最远点到房门的距离不得超过15 m。如达不到这个要求,要增设房间或户门。

对于商场营业厅、影剧院、多功能厅、大会议室等,一般说来,聚集的人员多,通常安全出口总宽度能满足要求,但出口数量较少,这样的设计也是很不安全的。因此,对于这类面积大、人员集中的房间,从房间最远点到安全出口的距离应控制在25 m以内,安全出口之间的距离也控制在25 m以内,这样均匀、分散地设置一些数量和宽度适当的出口,有利于安全疏散。

(2)从房门到安全出口的疏散距离

在允许疏散时间内,人员通过走道迅速疏散,从房门到安全出口的疏散距离以透过烟雾能看到安全出口或疏散标志为依据。

疏散距离的确定受一些因素的影响,如建筑物内人员的密集程度、人员的情况、烟气的状况、人员对疏散路线的熟悉程度等。人员的情况主要是针对人员行走困难或缓慢的情况,如普通医院中的病房楼、妇产医院、儿童医院等,这类建筑的安全疏散距离应短些。烟气对人的视力有影响,据资料表明,人在烟幕中通过的极限距离为30 m左右,因此,在通常情况下,从房门到安全出口的安全距离不宜超过30 m。

结合上述影响因素,得出民用建筑的安全疏散距离,如表7.5所示。

表 7.5 住宅建筑直通疏散走道的户门至最近安全出口的直线距离 单位：m

住宅建筑类别	位于两个安全出口之间的户门			位于袋形走道两侧或尽端的户门		
	一、二级	三级	四级	一、二级	三级	四级
单、多层	40	35	25	22	20	15
高层	40	—	—	20	—	—

注：① 开向敞开式外廊的户门至最近安全出口的最大直线距离可按本表的规定增加 5 m。

② 直通疏散走道的户门至最近敞开楼梯间的直线距离，当户门位于两个楼梯间之间时，应按本表的规定减少 5 m；当户门位于袋形走道两侧或尽端时，应按本表的规定减少 2 m。

③ 住宅建筑内全部设置自动喷水灭火系统时，其安全疏散距离可按本表的规定增加 25%。

④ 跃廊式住宅的户门至最近安全出口的距离，应从户门算起，小楼梯的一段距离可按其水平投影长度的 1.50 倍计算。

7.3.3 防火间距

为了防止建筑物与建筑物之间可能发生的火势蔓延，建筑物之间留出的安全距离称为防火间距，也就是指当一幢建筑发生火灾时，相邻建筑在一定时间内没有任何保护措施的情况下不会引发火灾的最小的安全距离。防火间距的大小与建筑的使用性质、功能、布置形式、耐火等级等因素有关，因此不同的建筑其安全间距也不一样。

民用建筑之间的防火间距可参照表 7.6 的规定执行。

表 7.6 民用建筑之间的防火间距 单位：m

建筑类别		高层民用建筑	裙房和其他民用建筑		
		一、二级	一、二级	三级	四级
高层民用建筑	一、二级	13	9	11	14
裙房和其他民用建筑	一、二级	9	6	7	9
	三级	11	7	8	10
	四级	14	9	10	12

(1)相邻两座单、多层建筑，当相邻外墙为不燃性墙体且无外露的可燃性屋檐，每面外墙上无防火保护的门、窗、洞口不正对开设且门、窗、洞口的面积之和不大于外墙面积的 5%时，其防火间距可按本表的规定减少 25%。

(2)两座建筑相邻较高一面外墙为防火墙，或高出相邻较低一座一、二级耐火等级建筑的屋面 15 m 及以下范围内的外墙为防火墙时，其防火间距不限。

(3)相邻两座高度相同的一、二级耐火等级建筑中相邻任一侧外墙为防火墙，屋顶的耐火极限不低于 1.00 h 时，其防火间距不限。

(4)相邻两座建筑中较低一座建筑的耐火等级不低于二级，相邻较低一面外墙为防火墙且屋顶无天窗，屋顶的耐火极限不低于 1.00 h 时，其防火间距不应小于 3.5 m；对于高层建筑，不应小于 4 m。

(5)相邻两座建筑中较低一座建筑的耐火等级不低于二级且屋顶无天窗，相邻较高一面外墙高出较低一座建筑的屋面 15 m 及以下范围内的开口部位设置甲级防火门、窗，或设置符合现行国家标准《自动喷水灭火系统设计规范》(GB 50084—2017)规定的防火分隔水幕或《建筑设计防火规范》(GB 50016—2014)(2018 年版)第 6.5.3 条规定的防火卷帘时,其防火间距不应小于 3.5 m;对于高层建筑,不应小于 4 m。

(6)相邻建筑通过连廊、天桥或底部的建筑物等连接时,其间距不应小于表 7.6 的规定。

(7)耐火等级低于四级的既有建筑,其耐火等级可按四级确定。

7.3.4 建筑防火分区及防火分隔物

防火分区是指采用具有一定耐火能力的分隔设施(如楼板、墙体等),在一定时间内将火灾控制在一定范围内的单元空间。当建筑物某空间发生火灾时,火焰及热气流会从门、窗、洞口或从楼板、墙体的烧损处以及楼梯间等竖井向其他空间蔓延扩大,最终将整幢建筑卷入火海。因此,在建筑设计中应合理地布置防火分区,不仅能有效地控制火灾发生的范围,减少火灾造成的经济损失,同时也便于人员的安全疏散,为控制、扑救火灾提供有利的条件。

防火分区按其功能可分为水平防火分区和竖向防火分区两类。水平防火分区是防止火灾在水平方向上扩大蔓延,通常用防火墙或防火门、防火卷帘将各楼层在水平方向上分隔成几个防火分区。竖向防火分区则是防止多层或高层建筑的层与层之间发生竖向火灾蔓延,通常采用具有一定耐火极限的楼板和窗间墙(上、下窗之间的距离不小于 1.2 m 的墙)将上下层隔开。

7.3.4.1 规定防火分区的原则

建筑防火分区的划分,从消防角度来看,其分区越小则效果越好,但从建筑的使用功能、美观要求以及经济性等方面考虑,则希望防火分区的面积能大些。通常在划定防火分区时应遵循以下原则:

(1)发生火灾危险性大、火灾燃烧时间长的部分应与其他部分分隔开。如饭店的厨房与餐厅部分,由于厨房有明火作业,火灾发生的危险性大,故应考虑将两者作为两个不同的防火分区处理。

(2)同一建筑的使用功能不同的部分、不同用户间应进行防火分隔处理。楼梯间、前室、走廊等作为避难用的通道,应确保其不受火灾侵害,并保证畅通。

(3)高层建筑的各种竖井,如电缆井、管道井、垃圾井等,其本身应是独立的防火单元,应保证井道外部火灾不得侵入,井道内部火灾不得外传。

(4)特殊用房如医院的重点护理病房、贵重设备和物品的贮存间,在正常的防火分区内还应设置更小的防火单元。

(5)使用不同灭火方式的房间应加以分隔,如配电房、自备发动机房等。当采用二氧化碳或卤代烷灭火剂时,由于这些灭火剂毒性大,应分隔为封闭单元,以便释放灭火剂后能密闭起来,防止毒性气体扩散伤人。此外,不能用水灭火的化学物品的使用与贮存间,应单独分隔开。

(6)高层建筑在垂直方向应以每个楼层为单元划分防火单元。

7.3.4.2 建筑的防火分区

建筑防火分区的面积大小应考虑建筑物的使用性质、建筑物高度、火灾危险性、消防扑救能力等因素。因此,对于多层民用建筑、高层民用建筑和工业建筑,其防火分区有不同的标准。

根据《建筑设计防火规范》(GB 50016—2014)(2018 年版),不同耐火等级建筑的允许建筑高度或层数、防火分区最大允许建筑面积应符合表 7.7 的规定。

表 7.7 不同耐火等级建筑的允许建筑高度或层数、防火分区最大允许建筑面积

名称	耐火等级	允许建筑高度或层数	防火分区的最大允许建筑面积/m^2	备注
高层民用建筑	一、二级	按《建筑设计防火规范》(GB 50016—2014)(2018 年版)第 5.1.1 条确定	1500	对于体育馆、剧场的观众厅，防火分区的最大允许建筑面积可适当增加
单、多层民用建筑	一、二级	按《建筑设计防火规范》(GB 50016—2014)(2018 年版)第 5.1.1 条确定	2500	
	三级	5 层	1200	—
	四级	2 层	600	
地下或半地下建筑(室)	一级	—	500	设备用房的防火分区最大允许建筑面积不应大于 1000 m^2

在划分防火分区面积时还应注意以下几点：

(1)建筑内设有自动灭火设备时，每层最大允许建筑面积可按表中的规定增加一倍。局部设有自动灭火设备时，增加面积可按该局部面积的一倍计算。

(2)防火分区间应采用防火墙分隔。如有困难时，可采用防火卷帘或水幕分隔。

(3)对于贯通数层的有封闭式中庭的建筑，或者是有自动扶梯的建筑，一般都是上下两层甚至是几层相连通，其防火分区被上下贯通的大空间所破坏，发生火灾时，烟气易于蔓延扩大，给上层人员的疏散、消防和扑救带来一系列的困难。为此，应将相连通的各层作为一个防火分区考虑，参考表中的规定，对于耐火等级为一、二级的多层民用建筑，上下数层面积之和不应超过 2500 m^2；耐火等级为三级的多层民用建筑，上下数层面积之和不应超过 1200 m^2。若房间、走道和中庭相通的开口部位设有可自行关闭的乙级防火门或防火卷帘，中庭每层回廊设有火灾自动报警系统和自动喷水灭火系统，且封闭屋盖设有自动排烟设施时，防火分区以防火门等分隔设施加以划分，不再以相连通的各层作为一个防火分区。

(4)建筑物的地下室、半地下室发生火灾时，人员不易疏散，因此地下室、半地下室的防火分区面积应严格控制在 500 m^2。

7.3.4.3 防火分区的分隔设施

防火分区的分隔设施是指防火分区间的能保证在一定时间内阻燃的边缘构件及设施，主要包括防火墙、防火门、防火卷帘、防火窗、耐火楼板、防火水幕带等。

(1)防火墙

防火墙是建筑中采用最多的防火分隔构件。我国传统民居中的马头墙，其主要功能就是防止发生火灾时火势的蔓延。大量的火灾实例显示，防火墙对阻止火势蔓延起着很大的作用。如某高层办公楼相邻两办公室以防火墙封隔，其中一间发生火灾，大火燃烧了 3 h 之久，内部可燃物基本烧完，但隔壁放有大量办公文件、写字台、椅子等可燃物的办公室则安然无恙。所以，防火墙通常是水平防火分区的分隔首选。

根据在建筑平面上的关系，防火墙可分为横向防火墙(与建筑物长轴方向垂直的)和纵向防火墙(与建筑物长轴方向一致的)；按照防火墙在建筑中的位置分，有内墙防火墙和外墙防火墙。内墙防火墙是划分防火分区的内部隔墙，外墙防火墙是两幢建筑物之间因防火间距不够而设置的无门窗（或设有防火门、窗）的外墙。

防火墙应由非燃烧材料构成。为了保证防火墙的防火可靠性，现行规范规定其耐火极限应不低于 4 h，高层建筑防火墙耐火极限应不低于 3 h。

（2）防火门

防火门除了具有一般门的功能外，还具有能保证一定时限的耐火、防烟隔火等特殊的功能，通常用于建筑物的防火分区以及重要防火部位，能在一定程度上阻止火灾的蔓延，并能确保人员的疏散。

①防火门的分类

防火门按耐火极限可分为三种：甲级、乙级和丙级。甲级防火门耐火极限不低于 1.2 h，乙级防火门耐火极限不低于 0.9 h，丙级防火门耐火极限不低于 0.6 h。通常，甲级防火门作为水平防火分区的分隔设施用于防火区中，乙级防火门用于疏散楼梯间的分隔，丙级防火门用作管道井等的检修门。

防火门按其材质分，有木质防火门、钢质防火门和复合材料防火门三类；按开启方式分，有平开防火门和推拉防火门两类；按门扇的做法和构造分，有带上亮窗和不带上亮窗的防火门、镶玻璃和不镶玻璃的防火门等。

②防火门的一般要求

防火门是一种活动的防火分隔设施，不仅要求其具备较高的耐火极限，还应满足启闭性能好、密闭性能好的特点。对于民用建筑，还应保证其美观、质轻等特点。

为了保证防火门能在火灾时自动关闭，通常采用自动关门装置，如弹簧自动关门装置和与火灾探测器联动、由防灾中心遥控操纵的自动关闭防火门。

设置在防火墙上的防火门宜做成自动兼手动的平开门或推拉门，并且关门后能从门的任意一侧用手开启，亦可在门上设便于通行的小门。用于疏散通道的防火门，宜做成带闭门器的防火门，开启方向应与疏散方向一致，以便紧急疏散后门能自动关闭，防止火灾蔓延。

③防火门的选用

防火门的选用一定要根据建筑物的使用性质、火灾的危险性、防火分区的划分等因素来确定。

通常防火墙上的防火门必须采用甲级防火门，耐火极限不低于 1.2 h，且在防火门上方不再开设门窗洞口。地下室、半地下室楼梯间的防火墙上的门洞，也应采用甲级防火门。对于附设在高层民用建筑或裙房内的设备室、通风与空调机房等，应采用具有一定耐火极限的隔墙，用于与其他部位隔开，隔墙的门应采用甲级防火门。

疏散楼梯间的防火门应选用耐火极限不小于 0.9 h 的乙级防火门；消防电梯前室的门、防烟楼梯间和通向前室的门、高层建筑封闭楼梯间的门均应选用乙级防火门，并应向疏散方向开启；与中庭相通的过厅、通道等，应设乙级防火门或耐火极限大于 3 h 的防火卷帘。

对于建筑工程中的电缆井、管道井、排烟道、垃圾井等竖向管井的井壁上的检查门，应采用耐火极限不小于 0.6 h 的丙级防火门。

（3）防火卷帘

防火卷帘是一种不占空间、关闭严密、开启方便的较现代化的防火分隔物，它具有可以实现自动控制、可以与报警系统联动的优点。防火卷帘与一般卷帘在性能要求上存在的根本区别是:它具备必要的非燃烧性能、耐火极限及防烟性能。

①防火卷帘的分类与构造

防火卷帘按耐火时间可分为普通型防火卷帘门和复合型防火卷帘门。前者耐火极限有1.5 h和2 h两种;后者耐火极限有2.5 h和3 h两种。

防火卷帘按帘板构造分为普通型钢质防火卷帘和复合型钢质防火卷帘。前者帘板由单片钢板制成,耐火极限有1.5 h和2 h两种;后者帘板由双片钢板制成,中间加隔热材料,耐火极限有2.5 h和3 h两种。

防火卷帘还可按帘板厚度不同分为轻型卷帘和重型卷帘。轻型卷帘用厚度为0.5～0.6 mm的钢板制成,重型卷帘用厚度为1.5～1.6 mm的钢板制成。

防火卷帘由帘板、导轨、传动装置、控制机构组成。帘板是卷帘门门帘的组成零件,常用A3钢、A3F钢或不锈钢等材料制成,其两端嵌入导轨装配成门帘后,就不允许有孔或缝隙存在。导轨按照安装设计需要的不同,分为外露型和隐蔽埋藏型两种,使用材料应为不燃材料。导轨的滑动面应光滑平直,使得门帘在导轨内运行平稳、顺畅,不产生碰撞冲击现象。传动装置是防火卷帘门的驱动启闭机构,除了要具有耐用性、可靠的制动性、简单方便的控制性能外,最重要的是要有一定的启闭速度,这对保证人员的安全疏散起着积极的作用。通常规定:门洞口高度在2 m以内时,启闭速度应在2～6 m/min之间;门洞口高度在5 m以内时,启闭速度应在2.5～6.5 m/min之间;门洞口高度超过5 m时,启闭速度应在3～9 m/min之间。控制机构主要是指自动控制电源、保险装置及电器按钮等,每樘防火卷帘门均设置两套按钮,即门洞内、外各一套。

②防火卷帘的选用

对于公共建筑中不便设置防火墙或防火分隔墙的地方,最好使用防火卷帘,以便把大厅分隔成较小的防火分区。在穿堂式建筑物内,可在房间之间的开口处设置上下开启或横向开启的卷帘。在多跨的大厅内,可将卷帘固定在梁底下,以柱为轴线,形成一道临时性的防火分隔。

防火卷帘在安装时,应避免与建筑洞口处的通风管道、给排水管道及电缆电线管等发生干涉,在洞口处应留有足够的空间位置进行卷帘门的就位与安装。

若用卷帘代替防火墙,则其两侧应设水幕系统保护,或采用耐火极限不小于3 h的复合防火卷帘。设在疏散走道和前室的防火卷帘,最好应同时具有自动、手动和机械控制的功能。

(4)防火窗

防火窗是一种采用钢窗框、钢窗扇及防火玻璃(防火夹丝玻璃或防火复合玻璃)制成的能隔离或阻止火势蔓延的窗。它具有一般窗的功能,更具有隔火、隔烟的特殊功能。

防火窗按照构造可分为单层钢窗和双层钢窗,耐火极限分别为0.7 h和1.2 h。按照安装方法的不同可分为固定防火窗和活动防火窗两种。固定防火窗的窗扇不能开启,平时可以起到采光、遮挡风雨的作用,发生火灾时能起到隔火、隔热、阻烟的功能。活动防火窗的窗扇可以开启,起火时可以自动关闭。为了使防火窗的窗扇能够开启和关闭自如,需要安装自动和手动两种开关装置。

防火窗按耐火极限可分为甲级、乙级、丙级三种。甲级防火窗的耐火极限为1.2 h,乙级防火窗的耐火极限为0.9 h,丙级防火窗的耐火极限为0.6 h。

防火窗的选用与防火门相同,凡是需用甲级防火门且有窗处,均应选用甲级防火窗;需用乙级防火门且有窗处,均应选用乙级防火窗。

7.3.5　建筑防火处理

根据《建筑设计防火规范》(GB 50016—2014)(2018 年版)的要求，防止和减少建筑火灾危害、保护人身和财产安全是建筑防火设计的首要目标。在建筑设计中贯彻“预防为主，防消结合”的消防工作方针，做好建筑防火设计，做到防患于未然。

为此，在设计中除既要采取有效措施降低火灾荷载密度和建筑及装修材料的燃烧性能，控制火源，防止火灾发生，又要进行必要的分隔、合理设定建筑物的耐火等级和构件的耐火极限等，并根据建筑物的使用功能、空间平面特征和人员特点，设计合理、正确的安全疏散设施与有效的灭火设施，预防和控制火灾的发生及其蔓延外，认真研究建筑防火处理措施同样具有重要作用。

(1)木结构建筑防火处理

我国目前发现最早使用防火措施的建筑是距今 5000 多年的甘肃秦安大地湾遗址，在规模最大的一座遗址中发现了其中采用的防火措施，在室内的柱子上发现了用草泥包裹的防火保护层，高 26～67 cm，外径 87～90 cm，厚 9～30 cm，形成一个个的柱洞，柱洞内壁坚硬、较为光滑，从现场可以发现，这里曾经经历过火灾的洗礼，如今只有这些防火措施残留下来。

在我国的古建筑中历史最为悠久的防火措施就是采用涂泥抹灰的方式来提高木结构建筑的耐火性能。据《左传》记载，春秋战国时期宋国预防和扑救火灾的一套办法，被公认为我国历史上最早、最详细、最完整的消防文献。其中最基本的一条：“火所未至，撤小屋，涂大屋。”就是在火灾未形成之前，把易燃的小房屋先拆除，将那些容易燃烧的大型建筑涂上泥巴。

①防火分隔

山墙是建筑物两端的实体墙，因为我国古建筑大多为两坡屋顶，而该墙的上部呈山尖形，故称之为山墙，如图 7.2 所示。墙上不开窗、不开门。在我国古建筑的山墙中，硬山墙和马头墙的防火效果最好。

硬山墙大多数是砖石承重墙，高出屋面，有大式硬山墙和小式硬山墙两种。最早出现于宋朝，在我国的南北方这种墙的应用都很广泛。

马头墙又称封火墙、叠落山墙，也是我国两坡屋顶建筑中传统的山墙形式之一，多应用于我国南方建筑中，是赣派建筑、徽派建筑的重要特色，如图 7.3 所示。

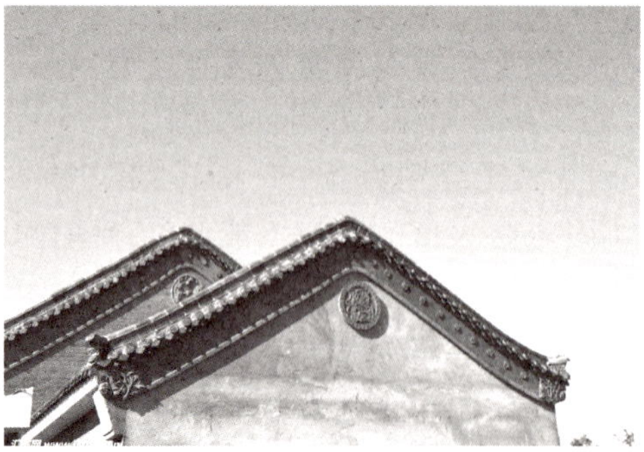

图 7.2　山墙

图 7.3　马头墙

②开挖水渠

古代城市规划中建造宫殿、庙宇，对于水源的问题总是优先考虑的。这不仅是为了生活、园艺的用水需要，而且也是为消防用水考虑。在没有水泵加压的古代，解决消防用水，除了充分利用天然水之外，主要靠开凿河渠、打井修池和广备水缸。

开凿河渠，把水引进城市和宫廷，最早始于汉朝。汉武帝在上林苑时，内有离宫别馆30多处，并在苑中开挖了周长20 km的昆明池，开河引南山之水。隋朝建都长安后，在城西开挖永安渠、清明渠，直接把水引入皇宫禁苑。

天安门前的外金水河，在建造天安门之初是没有的，后来因为城楼失火，远水难救，导致全部烧毁，所以才专门开凿了这条河，用来防范火灾的发生，如图7.4所示。内金水河也不仅仅是为了点缀皇宫，更多的是为了消防用水的需要。这在《明宫史》有明确的说明："非故为曲折，以耗物料，盖恐有意外火灾，则此水赖焉。"内、外金水河源自于玉泉，属于活水，用之不竭，所以能够很好地满足消防用水的需要，在历次的故宫火灾中，金水河为了救火功不可没。图7.5所示为故宫内太和门前的内金水河。

图7.4　天安门前的外金水河

图7.5　故宫内太和门前的内金水河

③打井取水

打井是古代最常用的一项消防措施。创建于明朝嘉靖年间的宁波天一阁藏书楼旁边就开凿了一个水池，主要用来储水防火。北京国子监的中央有一个巨大的圆形水池，大概有两个比赛用游泳池大小，中间是国子监用来讲学的辟雍，也起到了防火的作用。在故宫内，打了许多水井，总数大概为80口。除了平时的用水之外，也是为了意外发生时救火之用。

④消防水缸

消防水缸由来已久，应用最广。《墨子·备城门》中就记载了"各一垂水，水三石以上""用瓦木罂，容十斗以上者，五十步而十，盛水"等。这里的垂就是一种小的水缸，说明当时在加强守城的战备中用水缸储水来防火。

故宫里有很多消防水缸，称为"太平缸"，放置在殿门之前，体型巨大，既增强了防火的能力，又给宫殿的雄伟增加了衬托。所以又有"门海"之称。据记载，紫禁城内的太平缸共308口，每一口水缸大概可以容水2000 L。

(2)混凝土结构建筑防火处理

混凝土结构材料本身不具备燃烧性能，但在室内一定量可燃物燃烧引起的高温作用下，混凝土和钢筋及其黏结强度等力学性能发生退化，造成构件的损伤和破坏。若重要部位的结构构件遭受严重损伤或破坏，则可能引起建筑结构的刚度和稳定性下降，甚至会引起建筑物整体倒塌。因此，应采取有效的防火措施保证混凝土结构在遭受火灾的一定时间内保持足够的刚度、承载力和完整性，以便有效发挥建筑物的承重和支撑作用，保证室内人员能迅速安全撤离火灾现场和消防人员进行灭火等活动。针对混凝土结构建筑物的特点，一般采取的防火处理措施有下列几个方面：

①防火耐热混凝土

根据混凝土受热作用机理、水泥水化物受热作用机理以及水泥石和集料受热作用机理研究表明，混凝土在火灾中受损的严重程度取决于六个因素：温度升高的速率、最高温度、胶凝材料和集料的组成、水分含量以及火作用的持续时间。因此，提高混凝土的防火耐热性能是减少混凝土在火灾中受损以致坍塌的关键。防火耐热混凝土是一种能长期承受高温作用（200 ℃以上），并在高温作用下保持所需要的物理力学性能（例如有较高的耐热度、热稳定性、荷重软化点以及高温下较小收缩等）的特种混凝土。防火耐热混凝土由耐火骨料与适量的胶结料（有时可能为矿物掺合料或者有机掺合料）和水按一定比例配制而成。

根据防火耐热混凝土胶凝材料的不同，可分为硅酸盐、铝酸盐、磷酸盐、硫酸盐、氯化物、溶胶类以及有机结合物防火耐热混凝土。例如，硅酸盐防火耐热混凝土最高温可达到 700～800 ℃，磷酸铝防火耐热混凝土极限温度高达 1600～1700 ℃。因此，防火耐热混凝土将有大的发展前景。

②混凝土结构防火涂料

混凝土结构防火涂料是指涂覆在工业与民用建筑物内和公路、铁路（含地铁）隧道等混凝土表面，能形成耐火隔热保护层以提高其结构耐火极限的防火涂料。

混凝土结构防火涂料按照使用场所分为混凝土构件防火涂料（用于建筑物混凝土构件的表面）和隧道防火涂料［用于公路、铁路（含地铁）隧道混凝土结构的表面］，其性能为非膨胀性。

混凝土结构防火涂料按防火机理分为膨胀型和非膨胀型。前者在高温作用下涂层膨胀发泡，形成耐火隔热保护层；后者涂层密度较小，高温时耐热隔火。

防火涂料按照被保护基材（基层）不同分为饰面防火涂料、木材防火涂料、钢结构防火涂料、混凝土防火涂料、隧道防火涂料和电缆防火涂料等。

混凝土结构防火涂料类似于钢结构防火涂料，但在性能要求上有所不同。由于涂料涂刷在碱性混凝土的表面，所以要求涂料有很好的耐碱性或在使用时预先涂刷抗碱封闭底漆。另外，从涂料的成分讲，混凝土防火涂料多由无机材料组成，主要成分是水泥，后者多由有机材料（高分子）组成，遇到高温具有膨胀性。

防火涂料一般涂敷在基材表面，除具有阻燃作用外，还具有防锈、防水、防腐、耐磨、隔热以及涂层坚韧性、着色性、黏结性、易干性和一定的光泽等性能，因此防火涂料是一种特种涂料。

防火涂料一般是由基料（即成膜物质）、颜料、普通涂料助剂、防火助剂和分散介质等组分组成。除防火助剂外，其他涂料组分在涂料中的作用和在普通涂料中的作用一样，但是在性能和用量上有各自的特殊要求。

防火涂料的防火机理大致可以归结为五点：一是防火涂料本身具有难燃性或不燃性，使被保护基材不直接与空气接触，延迟物体着火和降低燃烧的速度。二是防火涂料具有较低的导热系数，可以延迟火焰温度向被保护基材传递。三是防火涂料受热分解出不燃惰性气体，冲淡被保护物体受热分解出的可燃性气体，使之不易燃烧或燃烧速度减慢。四是含氮的防火涂料受热分解出 NO 和 NH_3 等基团，与有机游离基化合，中断连锁反应，降低温度。五是膨胀型防火涂料受热膨胀发泡，形成碳质泡沫隔热层封闭被保护的物体，延迟热量向基材的传递，阻止物体着火燃烧或因温度升高而造成结构的强度、刚度和完整性降低。

目前，国内外已经研制出了采用隔热矿物、耐火纤维、无机黏结材料和复合添加剂制成的无机单组分混凝土结构防火涂料，它具有耐火极限高、黏结强度大以及耐潮湿、干燥快等特性，适用于公路、铁路、城市地铁和隧道等各种混凝土结构表面的防火保护。

(3)钢结构建筑防火处理

钢材本身不会燃烧，但在火焰作用下会软化。钢结构通常在 450～650 ℃温度下就会失去承载能力，发生很大的变形，导致钢柱、钢梁弯曲，结果因过大的变形而不能继续使用。在火焰作用下无保护措施的裸露钢结构在 15～25 min(耐火极限)就可能失去承载力。另外，这一时间的长短还与构件吸热的速率有关。

要使钢结构材料在实际应用中克服防火方面的不足，必须进行防火处理，其目的就是将钢结构的耐火极限提高到设计规范规定的极限范围，防止钢结构在火灾中迅速升温发生变形塌落。钢构件、钢结构防火措施一般从两方面考虑：一是采用隔热材料隔离火源，如外包防火板或外裹混凝土材料。二是在钢构件上直接涂防火材料，隔离火焰直接燃烧钢材，阻止热量迅速传向钢基材，推迟钢结构温度升高的时间。但无论采取何种方法，其原理基本相同。下面介绍几种钢结构的防火处理措施。

①外包层

就是在钢结构外表面添加外包层，可以现浇成型，也可以采用喷涂法。现浇成型的实体混凝土外包层通常用钢丝网或钢筋来加强，以限制收缩裂缝，并保证外壳的强度。喷涂法可以在施工现场对钢结构表面涂抹砂浆以形成保护层，砂浆可以是石灰水泥或石膏砂浆，也可以掺入珍珠岩或石棉。同时外包层也可以用珍珠岩、石棉、石膏或石棉水泥、轻混凝土做成预制板，采用胶粘剂、钉子、螺栓固定在钢结构上。

②充水(水套)

空心型钢结构内充水是抵御火灾最有效的防护措施。这种方法能使钢结构在火灾中保持较低的温度，水在钢结构内循环，吸收材料本身的热量。受热的水经冷却后可以进行再循环，或由管道引入凉水来取代受热的水。

③屏蔽

钢结构设置在由耐火材料组成的墙体或顶棚内，或将构件包藏在两片墙之间的空隙里，只要增加少许耐火材料或不增加即能达到防火的目的。这是一种最为经济的防火方法。

④防火涂料

采用钢结构防火涂料保护构件，这种方法具有防火隔热性能好、施工不受钢结构几何形体限制等优点，一般不需要添加辅助设施，且涂层质量轻，还有一定的美观装饰作用，属于现代的先进防火技术措施。钢结构防火涂料是以聚合物乳液为基料，加入阻燃剂、助剂等制成，具有膨胀性。防火涂料依据耐火极限分为超薄型、薄型和厚型三类。当规定其耐火极限在 1.5 h 以内时，可选用薄型或超薄型，超薄型防火涂料厚度小于或等于 3 mm，薄型防火涂料厚度为 3～7 mm；耐火极限在 1.5 h 以上时，宜选用厚型，厚型防火涂料厚度为 8～50 mm。应注意的是：厚型钢结构防火涂料是非膨胀型的，涂膜厚，装饰效果差，一般用在室内钢结构上。

目前，高层钢结构建筑日趋增多，尤其是一些超高层建筑，采用钢结构材料更为广泛。高层建筑一旦发生火灾事故，火灾不可能在短时间内扑灭，这就要求在建筑设计时，加大对建筑材料的防火保护，以提高其耐火极限，并制定必要的应急方案，以减少人员伤亡和财产损失。

有关砌体结构建筑的防火处理措施，本节不再赘述。

思考题和习题

7.1　按防火性能如何进行建筑物类别划分。

7.2　什么是耐火极限?

7.3　保证安全疏散的基本条件是什么?

7.4　疏散走道应满足的要求是什么?

7.5　简述疏散门构造设置的基本要求。

7.6　什么是避难层?如何进行避难层的选择?

7.7　安全疏散距离应包括的要求是什么?

7.8　安全疏散时间指的是什么?

7.9　简述单、多层民用建筑的防火间距的设置要求。

7.10　简述高层民用建筑防火间距的设置要求。

7.11　防火分区设置的原则是什么?

7.12　如何进行防火墙的设计?

7.13　多层民用建筑在进行防火分区划分时应注意哪些内容?

7.14　如何划分高层民用建筑的防火分区?

7.15　为什么要对建筑物或结构采取防火措施?混凝土结构建筑和钢结构建筑的防火处理措施有哪些?

7.16　防火涂料的防火机理是什么?

8　现代建筑技术简介

教学目标

通过本章学习，使学生能够了解工业化技术、信息化技术在土木建筑领域的应用概念，从而能够了解我国建筑发展的趋势和未来发展方向，了解建筑可持续发展的重要性。对装配式建筑的特点、种类和结构形式有更多的认识，能够区分装配式建筑与传统建筑结构相比带来的便捷与优势。了解建筑信息技术概念，熟悉BIM技术特点及发展，了解与BIM相关的软件，对BIM技术有较为全面的认识。熟悉智能建造概念、智能建造的基础共性技术、智能规划与设计、智能生产、智能施工和智能运维，对智能建造有较为全面的认知。

8.1　建筑业发展趋势

建筑业作为国民经济的重要部分，其发展质量直接关系到国家经济和社会发展。随着科技进步和社会需求的不断变化，发展建筑业生产力尤为关键。通过采用进步理论、创新材料与新兴技术推动建筑业变革，能够提升建筑业的建设效率和质量。同时，建筑业发展会带动上下游产业链发展、创造就业机会并拉动社会经济，建筑业提质增量则进一步完善基础设施、改善居住条件、助力文化发展。然而，传统建筑业仍存在资源与能源消耗巨大、温室气体排放、环境破坏与固体废弃物污染等问题。随着全球人口增长，建筑业将面临更多的挑战，坚持可持续发展战略至关重要。

国家政策明确指出，建筑业的转型升级需要从追求高速增长转向高质量发展，在保障经济增长的同时，注重资源节约与环境保护。通过优化产业结构和区域布局，加强科研投入，促进传统建筑方式向节能环保方向转型，增强建筑业整体竞争力和持续发展能力。通过引入循环经济模式，推动建筑材料的回收利用，减少建筑废弃物产生、降低对自然资源依赖。对受损的生态环境，可采用植被覆盖、水体恢复等生态修复技术，减轻建筑活动对自然环境的影响。通过新型环保材料、绿色建筑设计、节能减排技术的应用，推动建筑业向更为环保的方向发展，满足公众日益增强的对健康环保的需求。

建筑业的发展与转型始终和社会生产力与生产关系、人与自然环境关系变化相协调，面对全球气候变化和资源紧缺的挑战，建筑业需要采取更多革命性的有效措施来减少对自然环境的负面影响，同时通过绿色建筑和技术创新促进行业的可持续发展，这不仅有助于保护地球生态，也会推动经济社会向更加和谐、可持续的方向发展，落实建筑业工业化与信息化协同的可持续发展目标。

8.1.1　高新材料助力新发展

在土木工程蓬勃发展的进程中，各类高新材料强而有力地为其创新提供支持，驱动行业迈向新征程。新型材料研发是材料学科赋能土木工程创新的利器，高性能材料革新了传统建筑模式。高强度材料用于高层、超高层建筑和大跨度结构，能削减结构体积、拓展使用空间、降低结构自重。钢材向高强度、高韧性、超厚以及高工作性能方向发展；高性能、超高性能混凝土以及其他复合材料也向着轻质、高强度和高耐久性方向发展。智能材料如形状记忆合金，可提高结构承载能力、改善变形性能；在混凝土内掺入形状记忆合金纤维，实现裂缝自我修复功能，减少钢筋锈蚀、混凝土劣化等问题，提高结构的耐久性，降低结构全生命周期内的维护成本。在抗震减灾领域，如阻尼器和隔震支座借助能量耗散机制可以有效降低地震对建筑物的破坏程度。

目前，碳纤维因其轻质、高强度、耐腐蚀等优点被广泛应用于加固工程，同时用碳纤维筋材代替传统钢筋和钢绞线用于混凝土结构的相关研究已在国内外大量开展，待碳纤维筋材成本降低后有望大规模地应用于混凝土结构。绿色环保材料契合时代潮流，将废弃混凝土加工以再生混凝土方式二次投入使用，可以减少建筑垃圾、节约天然资源。对建筑能耗影响显著的墙体围护材料，也将向高效节能和绿色环保的方向发展，如取材于植物纤维的生物基材可用于建筑保温和装饰；真空绝热板热传导系数超低可大幅降低建筑能耗。多功能材料打破单一局限，外墙材料身兼结构承载、自清洁双重功能；二氧化钛涂层可在光照下分解污渍，减少清洁频次，降低运维成本。材料学科与土木工程息息相关，前者的每一次突破都在后者领域激起创新涟漪。未来，随着科技不断进步，材料学科必将深挖潜能，发明更多新颖实用材料，持续为土木工程的智能化、绿色化、高效化创新注入澎湃动力，与土木工程学科携手共创更安全、宜居、环保的人造环境，夯实现代社会发展根基。

8.1.2 空间探索带来新挑战

(1)向高空延伸

土木建筑领域向高空发展呈多方面。在建筑技术创新方面，结构设计追求新型体系如巨型框架结构等，这需要使用高强度钢材、高性能混凝土等材料；建造技术借助工业化建造、先进装备及数字化智能建造提升效率与质量。在功能与空间利用方面，多功能混合打造垂直城市综合体，空中花园等创新设计拓展空间。在可持续发展层面，节能设计、可再生能源应用提升能源利用效率，融入绿色生态理念改善室内环境、节约水资源。从城市发展与社会影响角度看，超高层建筑塑造城市地标形象，优化城市空间布局，提高土地利用率，促进城市功能集聚与活力提升，在有限土地资源条件下推动城市向高效、集约、多元且可持续方向发展。例如目前最高的迪拜哈利法塔，是兼具商业、娱乐等多元要素于一体的竖向城市综合体。

(2)向地下发展

1991 年在日本东京召开的城市地下空间利用国际会议上提出了开发和利用地下空间的“东方宣言”，称“21 世纪是人类开发地下空间的世纪”。面对日益拥挤的生存环境，地下空间开发与利用从过去的单体式地下空间开发，转向大规模、网络式的整体规划与开发。城市地下空间将形成相互连通的有机整体，如通过地下通道将各个地铁站、商业中心、停车场等连接起来，提升地下空间的使用效率和便捷性，构建类似地下城的格局。除了常见的地铁、地下停车场外，地下空间将商业、文化、娱乐、仓储、物流、人防等多种功能融合于一体。例如建设地下商业步行街、地下文化艺术展览中心、地下物流配送中心等，充分发挥地下空间的潜力，满足城市多样化的需求，有助于缓解城市地面空间的压力，解决交通拥堵、用地紧张等问题，提高城市的承载能力和运行效率，为城市的可持续发展提供支撑。

(3)向海洋拓展

随着人口增长和城市化进程的加快,陆地空间愈发紧张,向海洋拓展生存和发展空间成为一种必然趋势。例如建设海上城市、人工岛等,以满足人们对生活、工作和娱乐空间的需求。在海洋强国等国家重大战略的推动下,海洋开发已成为我国发展的重点领域。建设海洋强国需要大量的海洋基础设施来支撑,如海上风电、海洋牧场、岛礁开发等,这为土木工程向海洋发展提供了广阔的空间和机遇。在背景需求上,海洋强国战略、资源开发与空间拓展促使土木工程迈向海洋,发展领域涵盖能源工程,如海上风电与海洋能利用;交通工程,含跨海桥隧与港口航道;资源开发利用工程,包括油气及矿产开发;还有岛礁工程的建设与生态修复。土木工程技术面临挑战,需在结构设计、施工、防腐耐久性、监测维护等方面有所突破,如研发新结构形式、特殊施工装备、高效防腐手段等。

(4)向太空迈进

向太空迈进是人类长久的梦想。实现向太空迈进在材料研发上要着力探索适应太空极端环境、可利用原位资源的新型材料;结构设计需兼顾特殊环境适应性与外部冲击抵御力,采用模块化等形式;施工技术聚焦太空建造工艺创新,如3D打印,且倚重机器人作业;功能集成系统涵盖生命支持与能源供应系统构建,前者保障宇航员生存环境,后者确保满足能源需求,各方面协同推进,助力开启土木建筑的太空新纪元。丁烈云院士团队研发的月壤砖密度与普通砖块的密度相当,但抗压强度是普通红砖、混凝土砖的三倍以上。2024年11月15日,月壤砖搭乘天舟八号前往中国空间站,将在太空环境中暴露三年,以验证其力学性能是否退化、热学性能的变化以及辐射作用对它的影响等,为未来的月球建设积累科研数据。

8.1.3 工业化、信息化与智能化

建筑工业化是随西方工业革命出现的概念,工业革命使船舶、汽车生产效率大幅提升。随着欧洲兴起的新建筑运动,实行工厂预制、现场机械装配,逐步形成了建筑工业化最初的理论雏形。第二次世界大战后,西方国家亟须解决大量的住房问题而又严重缺乏劳动力,为推行建筑工业化提供了实践的基础。1974年,联合国出版的《政府逐步实现建筑工业化的政策和措施指引》中定义了"建筑工业化":按照大工业生产方式改造建筑业,使之逐步从手工业生产转向社会化大生产的过程。它的基本途径是建筑标准化、构配件生产工厂化、施工机械化和组织管理科学化,并逐步采用现代科学技术的新成果,以提高劳动生产率,加快建设速度,降低工程成本,提高工程质量。

通过工业化方式对建筑工程各环节进行劳动组织,可提高劳动效率、提升建筑质量,建筑工业化是我国建筑业的发展方向。随着建筑科学和信息技术发展,在我国的实践过程中建筑工业化体系又包含了新要素,逐渐形成了过程标准化、生产工厂化、施工装配化、装饰集成化和管理信息化五大特征。

①过程标准化　标准化贯穿建筑生产全过程,涵盖设计、生产和施工各环节,制定统一的建筑模数和基础标准以解决标准化和多样化关系,建立和完善产品标准、工艺标准、企业管理标准、工法等,不断提高建筑标准化水平。

②生产工厂化　对生产力和生产资料的合理调配,通过批量化生产和标准化控制提高各类构配件制造效率和质量品质。

③施工装配化　采用先进、适用的技术、工艺和装备,科学合理地组织施工,发展施工专业

化，提高机械化水平，减少繁重、复杂的手工劳动和湿作业。

④装饰集成化　在设计阶段，根据结构体系特点（如结构层空间、结构单元划分与组成等）将内部装饰工程与构件的生产、制造和安装环节集成一体，可实现材料节约、提升品质和缩短工期的效果。

⑤管理信息化　建筑工业化是全生命周期概念的一体化生产方式，涵盖各环节、多专业间的深度协同，数据内容繁杂、体量庞大。目前BIM技术已广泛应用于建设工程，助力信息化管理，强化工程各阶段、各专业间的信息共享，促进设计、生产与施工过程精准协同，进一步推进建筑工业化、标准化发展。

高效优质的基础建设助力我国城市化进程和新型城镇化战略发展，期间工程技术领域取得了许多引人瞩目的成就，庞大的建筑业及相关产业规模提供了大量就业岗位。建筑业早已成为我国的国民经济支柱产业之一，对我国经济社会发展、城乡建设和民生改善做出了重要贡献。目前，我国建筑业发展方式粗放、劳动生产率偏低，大部分工程项目延续着劳动密集型生产方式，主要依赖于低廉的人力成本和以包代管的生产经营模式，现有生产和发展模式已难以满足中国现代化的需求。为全面落实可持续发展目标，传统建筑业的工业化升级和信息化转型已势在必行。

习近平总书记在中国共产党第二十次全国代表大会报告中指出"推进新型工业化，加快建设制造强国、质量强国、航天强国、交通强国、网络强国、数字中国"，深入实施新型城镇化战略。由此催生的新产业和实现信息化转型升级的传统行业必然成为新的经济增长点，这就要求建筑业把握数字化、网络化、智能化元素，推动大数据、互联网、人工智能与土木工程专业融合发展，在坚持科技创新、推动建筑工业化发展的基础上，促进建筑业向信息化转型，发展基于全生命周期的设计、生产、施工与运维的智能建造，促进建筑工业化与信息化协同发展。

8.2　装配式建筑

8.2.1　概述

工业化的建造方式是指采用标准化的构件，并用通用的工具进行生产和施工的方式。工业化建造方式可分为工厂化建造和现场建造两种。工厂化建造是指采用构配件定型生产的装配施工方式，即按照统一标准定型设计，在工厂内批量化生产构件，将构件运抵施工现场后以机械化的方法装配成型的施工方式。现场建造是指直接在现场进行构件生产与组装，过程中仍然保持高度工业化、机械化与标准化，但现场用工量比预制装配式大。

装配式建造是工业化建造的重要内容，它通过设计先行和全系统、全过程的设计控制，统筹考虑技术的协同性、管理的系统性和资源的匹配性。装配式建造技术方法集中体现了工业化建造方式，其主要技术方法体现在标准化设计、工厂化制造、装配化施工、一体化装修和信息化管理等。

总结国内外建筑工业化发展经验，在设计、生产和施工各环节落实预制装配化是实现建筑工业化一种较为有效的方式。在设计阶段，建筑的结构选型宜选取大部分构件可实现成品、半成品工厂化作业的结构体系，如各类钢结构和预制装配式结构。根据结构体系特点，优先选用力学性能优越、技术成熟可靠、综合效益良好的结构形式。为提高工业化程度，还需不断研发施工新技术、优化现场作业环境、减少湿作业流程，提高建筑的构配件装配化、施工的机械化能力，减少施工现场手工操作。从现场浇筑向预制构件、装配式方向发展；建筑构件成品、半成品以后场化、工厂化生产制作为主。

装配式建筑是指采用预制构件在工地装配而成的建筑。这种建筑的优点是建造速度快，受气候条件制约小，节约劳动力并可提高建筑质量，墙体是可反复拆卸的，可以重复利用，减少建筑垃圾。与传统现浇建筑相比，装配式房屋可实现节地节材 20%，节约用水 60%，节约能源 50%，减少建筑垃圾 80%，施工效益提高 4～5 倍。

8.2.1.1 装配式建筑的特点

20 世纪初，装配式建筑开始引起人们的兴趣，到了 60 年代终于实现，英、法、苏联等国首先做了尝试。由于装配式建筑具有建造速度快、生产成本较低等优点，迅速在世界各地推广开来。早期的装配式建筑外形比较呆板，千篇一律。后来人们在设计上做了改进，增加了灵活性和多样性，使装配式建筑不仅能够成批建造，而且样式丰富。

目前装配式建筑的应用越来越多，其中比较突出的是美国的一种活动住宅。每个住宅单元就像是一辆大型的拖车，只要用特殊的汽车把它拉到现场，再由起重机吊装到地板垫块上，与预埋好的水道、电源、电话系统相接就能使用。活动住宅内部有暖气、浴室、厨房、餐厅、卧室等设施。活动住宅既能独自成为一个单元，也能互相连接起来。装配式建筑的优越性有以下几个方面：

(1)构件可在工厂内进行产业化生产，施工现场可直接安装，方便又快捷，可缩短施工工期。

(2)构件在工厂采用机械化生产，产品质量更易得到有效控制。

(3)周转料具投入量减少，料具租赁费用降低。

(4)减少施工现场湿作业量，有利于环保。

(5)因施工现场作业量减少，可在一定程度上降低材料浪费。

(6)构件机械化程度高，可大大减少现场施工人员配备。

近年来，随着工业技术不断进步，装配式房屋预制构件生产工艺和现场施工技术不断提高，我国装配式建筑得到了一定的发展。但是还存在着一些问题，使我国装配式建筑的发展受到了一定的限制，具体有以下几个方面：

(1)目前我国建筑标准化和工业化的发展没有形成一套完整的体系，结构的预制构件和部品的设计、生产、施工、尺寸协调没有统一的标准，工业化建筑的综合优势不能充分显现。再加上政府指导文件缺乏明确的整体推进方案，这在很大程度上影响了我国建筑工业化的发展。

(2)各地在探索和实践过程中，出现了不同的装配式建筑技术体系。但大部分还是在探索阶段，适合规模推广的相对较少。

(3)装配式建筑项目要求在整个项目周期的各个阶段、各个参与方之间有很高的协同程度，任何一个阶段都要实现有效及时的信息共享和传递。管理层面的问题有待解决。

(4)人才不足。

8.2.1.2 装配式建筑的种类

我国在设计和施工技术方面对装配式建筑进行了深入探索，逐渐形成几种比较典型的装配式建筑体系，主要有砌块建筑、板材建筑、盒式建筑、骨架板材建筑、升板和升层建筑。

(1)砌块建筑

砌块建筑是指用预制的块状材料砌成墙体的装配式建筑，如图 8.1 所示。砌块有实心砌块和空心砌块两类，实心砌块多采用轻质材料制成。砌块的接缝是保证砌体强度的重要环节，一般采用水泥砂浆砌筑。有的砌块表面经过处理，可砌筑清水墙。建筑砌块有小型、中型、大型之分：小型砌块适用于人工搬运和砌筑，工业化程度较低，灵活方便，使用较广；中型砌块可用小型机械吊装，可节省砌筑劳动力；大型砌块现已被预制大型板材所代替。

砌块建筑适用于建造3～5层建筑，若提高砌块强度或配置钢筋，可适当增加层数。砌块建筑适应性强，生产工艺简单，施工简便，造价较低，可利用地方材料和工业废料。

图8.1　砌块建筑

(2)板材建筑

板材建筑由预制的大型内外墙板、楼板和屋面板等板材装配而成，又称大板建筑，它是工业化体系建筑中全装配式建筑的主要类型，如图8.2所示。板材建筑的内墙板多为钢筋混凝土的实心板或空心板；外墙板多为带有保温层的钢筋混凝土复合板，也可用轻集料混凝土、泡沫混凝土或大孔混凝土等制成带有外饰面的墙板。建筑内部设备常采用集中的室内管道配件或盒式卫生间等，以提高装配化的程度。大板建筑的关键问题是节点设计。建筑板材之间的连接方法主要有焊接、螺栓连接和后浇混凝土整体连接，在结构上应保证构件连接的整体性。在防水构造上要妥善解决外墙板接缝的防水，以及楼缝、角部的热处理等问题。板材建筑可以减轻结构自重，提高劳动生产率，扩大建筑的使用面积和防震能力。板材建筑的主要缺点是对建筑物造型和布局有较大的制约性；小开间横向承重的大板建筑内部分隔缺少灵活性(纵墙式、内柱式和大跨度楼板式的内部可灵活分隔)。

图8.2　大板建筑

(3)盒式建筑

盒式建筑是从板材建筑的基础上发展起来的一种装配式建筑。盒式建筑是将整个房间作为一个盒子,在工厂内进行整体预制,同时完成盒子内部墙面的装修和设备安装工作,通过施工现场进行装配并与其他结构连接而形成的建筑体系。这种建筑工厂化的程度很高,现场安装快。一般情况下,不仅盒子的结构部分是在工厂车间完成的,盒子内部的装修、设备、家具、地毯等一概安装齐全。盒子吊装完成、接好管线后即可使用。盒式建筑的装配形式有:

①全盒式,完全由承重盒子重叠组成建筑。

②板材盒式,将小开间的厨房、卫生间或楼梯间等做成承重盒子,再与墙板和楼板等连接组成建筑。

③核心体盒式,以承重的卫生间盒子作为核心体,四周再与楼板、墙板或骨架连接组成建筑。

④骨架盒式,用轻质材料制成住宅单元或单间式盒子,支承在承重骨架上形成建筑。也有用轻质材料制成包括设备和管道的卫生间盒子,安置在采用其他结构形式的建筑内。

盒子建筑工业化程度较高,但生产成本高,体积大,运输不便,且需用重型吊装设备,因此,盒子结构体系应用较少。

盒子建筑于 20 世纪 50 年代出现在瑞士,1979 年在我国的青岛、南通、北京等地也有试点应用。1967 年加拿大蒙特利尔为世界博览会建成的“Habitat 67”(67 号栖息地)是盒子建筑的经典之作,该建筑由 354 个盒子构件组成,充分发挥了盒子的组合功能,通过特殊建筑造型,创造出了前所未有的建筑形象,如图 8.3 所示。

(a)

(b)

图 8.3　67 号栖息地

(4)骨架板材建筑

骨架板材建筑是指由预制的骨架和板材组合而成,其承重结构一般有两种形式:一种是由柱、梁组成承重框架,再搁置楼板和非承重的内外墙板的框架结构体系;另一种是柱子和楼板组成承重的板柱结构体系,内外墙板是非承重的。承重骨架一般多为重型的钢筋混凝土结构,也可采用钢材和木材做成骨架与板材组合,常用于轻型装配式建筑中。

钢筋混凝土框架结构体系的骨架板材建筑有全装配式、预制和现浇相结合的装配整体式两种。保证这类建筑的结构具有足够的刚度和整体性的关键是构件连接。柱与基础、柱与梁、梁与梁、梁与板等的节点连接，应根据结构的需要和施工条件，通过计算进行设计和选择。节点连接的方法常见的有榫接法、焊接法、牛腿搁置法和留筋现浇成整体的叠合法等。预制框架建筑的主要构件如柱、梁、楼板、楼梯以及外挂墙板等均为预制，将这些预制构件运送到现场后通过有效的连接形成整体结构。预制框架建筑主要的承载构件为由预制梁和预制柱形成的混凝土框架，如图 8.4 所示。

图 8.4　预制框架建筑

目前，我国应用最广泛的是装配整体式框架叠合楼板体系，通常的做法是将梁、柱以及楼板的下部预制，安装时将梁搭在柱上，楼板搁置在梁的上面，梁、柱节点核心区与楼板面层在现场一起二次浇筑混凝土，形成整体的框架建筑。预制框架建筑具有空间布置灵活、施工速度快的特点，广泛地应用于公共建筑中。随着技术的不断进步，民用住宅中也逐渐有所应用。

骨架板材建筑结构合理，可以减轻建筑物的自重，内部分隔灵活，适用于多层和高层的建筑。

(5)升板和升层建筑

升板和升层建筑是板柱结构体系的一种。这种建筑是在地面上重复浇筑各层楼板和屋面板，竖立预制钢筋混凝土柱子，以柱为导杆，用放在柱子上的油压千斤顶把楼板和屋面板提升到设计高度，加以固定。外墙可用砖墙、砌块墙、预制外墙板、轻质组合墙板或幕墙等；也可以在提升楼板时提升滑动模板、浇筑外墙。升板建筑多采用无梁楼板或双向密肋楼板，楼板同柱子的连接节点常采用后浇柱帽节点，或采用承重销、剪力块等无柱帽节点。升层建筑是指先将升板建筑每层的楼板安装好内外预制墙体后，一起提升的建筑。升层建筑可以加快施工速度，比较适用于场地受限制的工程。

升板和升层建筑一般柱距较大，楼板承载力也较大，多用作商场、仓库、工场和多层车库等。施工时，升板和升层建筑的大量操作在地面进行，可减少高空作业和垂直运输，节约模板和脚手架，并可减少施工现场面积。

8.2.1.3　装配式建筑的施工工艺

(1)预制混凝土构件，即 PC(precast concrete)构件，制作阶段工艺：①制作不同大小、形状的 PC 钢模具。②机械制作 PC 内钢筋笼。③预先铺设石材、面砖等饰面材料。④再放入事先已绑扎好的钢筋、各类预埋件。⑤经过加工厂、总承包商、监理工程师隐蔽验收后浇筑混凝土。⑥混凝土蒸汽养护 6～9 h，混凝土强度达到 70%后脱模。⑦检查合格后按施工进度装车运送到现场。

(2)装配式建筑整体装配阶段工艺:①安装外墙板(三明治夹心保温板)。②墙板连接件安装、板缝处理。③叠合梁安装。④内墙板安装。⑤柱、剪力墙钢筋绑扎。⑥电梯井道内模板安装。⑦剪力墙、柱模板安装。⑧墙、柱浇筑混凝土。⑨墙、柱模板拆除,楼板支撑搭设,安装叠合式楼板。⑩吊装楼梯梯段。⑪工作面安装安全防护措施。⑫楼板拼缝处抗裂钢筋安装。⑬楼板内预埋管线安装、面层钢筋绑扎。⑭楼板混凝土浇筑。⑮进入上一层结构施工,拆除栏杆,吊装外墙板。

装配式建筑施工工艺流程图解如图 8.5 至图 8.19 所示。

图 8.5　安装外墙板(三明治夹心保温板)

图 8.6　墙板连接件安装、板缝处理

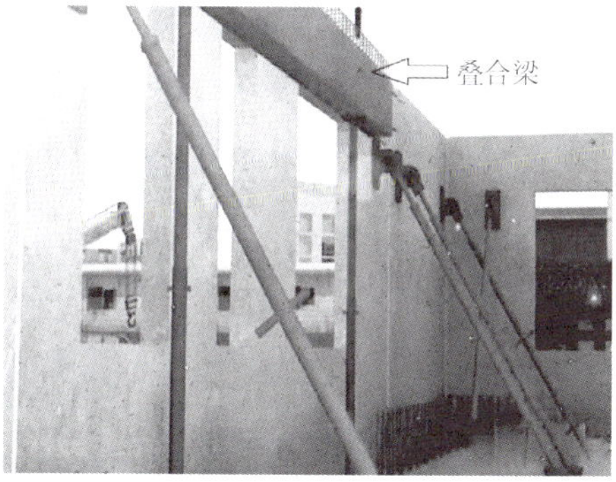

图 8.7　叠合梁安装

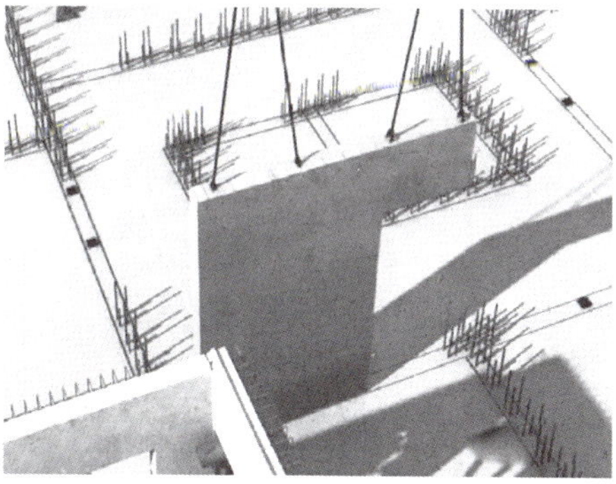

图 8.8　内墙板安装

(a)

(b)

图 8.9　钢筋绑扎

(a)剪力墙钢筋绑扎;(b)柱钢筋绑扎

图 8.10　电梯井道内模板安装

图 8.11　剪力墙、柱模板安装

图 8.12　墙、柱浇筑混凝土

图 8.13　墙、柱模板拆除，楼板支撑搭设，安装叠合式楼板

图 8.14　吊装楼梯梯段

图 8.15　工作面安装安全防护措施

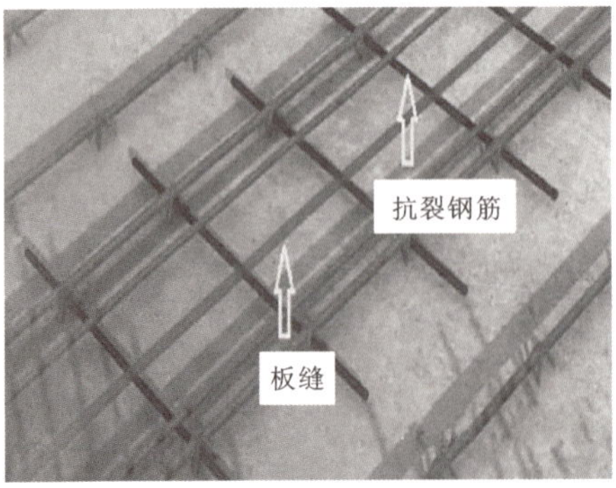

图 8.16　楼板拼缝处抗裂钢筋安装

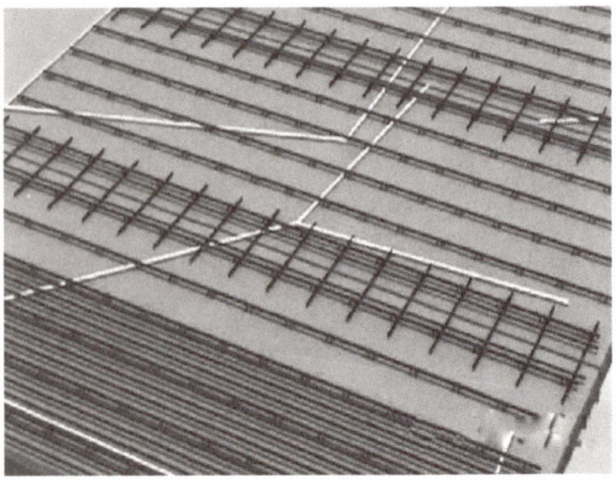

图 8.17　楼板内预埋管线安装、面层钢筋绑扎

图 8.18　楼板混凝土浇筑

图 8.19　进入上一层结构施工，拆除栏杆，吊装外墙板

(3)与传统建筑工艺相比装配式建筑工艺的五大优势：

①施工现场取消了外脚手架，取消了室内、外墙抹灰工序，钢筋由工厂统一配送，楼板底模取消，墙体塑料模板取代传统木模板，现场建筑垃圾可大幅减少。

②PC 构件在工厂预制，构件运输至施工现场后通过大型起重机械吊装就位。操作工人只需进行扶板就位，临时固定等工作，大幅降低操作工人劳动强度。

③门窗洞预留尺寸在工厂已完成，尺寸偏差完全可控。室内门需预留的木砖、混凝土块在工厂也完成，定位精确，现场安装简单，安装质量易保证。

④保温板夹在两层混凝土板之间，且每块墙板之间有有效的防火分隔，可以达到系统防火 A 级，避免大面积火灾隐患。且保温效果好，保温层耐久性好，外墙为混凝土结构，防水抗渗效果好。

⑤取消了内外粉刷，墙面均为混凝土墙面，有效避免开裂，空鼓、裂缝等墙体质量通病，同时平整度良好，可预先涂刷涂料或施工外饰面层，或采用艺术混凝土作为饰面层，避免外饰面施工过程中的交叉污损风险。

8.2.1.4　装配式建筑的发展概况

装配式建筑在世界上的应用由来已久。早在 1968 年，日本在住宅设计中就引用了装配式设计的相关内容，并随着时间的推移逐渐形成了适应于中高层住宅的体系。2007 年，美国的工业化住宅总值达到 118 亿美元。由于建筑行业的整体进步以及装配式建筑的种种优点，装配式建筑在全球范围内的应用越来越多。目前，美国每 16 个人中就有 1 个人居住的是工业化住宅。英国政府推出了一系列政策和措施，积极发展装配式建筑，新建的建筑中装配式建筑占比 70%以上。而我国的装配式建筑起步晚，建筑工业化比例不到 7%，还处在发展初期阶段，具有巨大的提升空间。近年来，由于政府的重视，装配式建筑在国内的发展不断加速。

(1)国家政策

国内装配式建筑发展有两个里程碑式的文件：

①1999 年国务院发布的 72 号文件《关于推进住宅产业现代化提高住宅质量的若干意见》。在这一文件发布后，全国开始兴起推进住宅产业化的工作。但是因为过去长期以来市场比较活跃，重数量而不重质量，住宅产业化在十多年的发展过程中是相当缓慢的，直到“十二五”后期，质量受到高度重视，产业化才呈现了一个快速发展的趋势。据统计，在 2013 年以前全国累计住宅产业化的建筑量不到 1800 万 m^2，占总建筑量的 10%，还包括一些成品住房；到

了 2014 年，大概已经超过了 2000 多万 m^2；到了 2015 年，有将近 3800 万 m^2，基本呈现了翻一番的发展势头。应该说从“十二五”末期到现在，装配式建筑的发展势头越来越好，这是一个里程碑式的阶段。

②2016 年中共中央 国务院印发《关于进一步加强城市规划建设管理工作的若干意见》，文件指出：用十年左右的时间使装配式建筑的比例达到 30%。2016 年国务院办公厅发布的 71 号文件《关于大力发展装配式建筑的指导意见》进一步明确：到 2020 年装配式建筑的比例达到 15%，2025 年装配式建筑的比例达到 30%。

为了实现上述目标，国家在《关于大力发展装配式建筑的指导意见》(以下简称《意见》)里提出了三类地区：第一类地区是长三角、珠三角、京津冀地区，几乎是全面推进装配式建筑的发展；第二类是在常住人口超过 300 万的城市的重点区域、新区域全面地推广装配式建筑；第三类就是其他城市根据实际情况，鼓励推行，因地制宜，对于装配式建筑进行适当的发展。新政里还明确了问责制，要层层地进行考核，同时也提出了若干项的重点任务，按照装配式建筑的设计、施工、标准规范生产以及最重要的工程总承包等方面如何去做都提出了非常具体明确的标题，也非常务实。同时《意见》也提出了政策保障措施，如在金融、税收、发展、土地方面如何进行支持。

政策发布后，各省积极响应。上海市首先出台相关政策：新建建筑在不违反建筑原则的基础上，全部改为装配式建筑；北京市作为装配式建筑发展的重点地区，在城市发展规划中提出：在 2025 年争取实现 55%的新建建筑是装配式建筑；河北省将装配式发展目标定在钢结构建筑中；吉林省依据实际情况进行木结构建筑产业化的发展；山西省提出了“四个强制”督促装配式建筑发展。2017 年 1 月 10 日，国家住房城乡建设部颁发了关于装配式建筑的公告：于 2017 年 6 月 1 日起，实施《装配式木结构建筑技术标准》(GB/T 51233—2016)、《装配式钢结构建筑技术标准》(GB/T 51232—2016)、《装配式混凝土建筑技术标准》(GB/T 51231—2016)。

(2)市场环境

①市场氛围越来越浓，行业转型升级热情高涨。现在很多企业在发展装配式建筑的时候更重视结构和系统的支撑，包括钢结构、木结构、工业化装修、被动房和各种博物馆等，致力于打造系统集成的好房子标准。

②试点类型越来越多，特别是优秀的市场环境越来越多。很多过去不了解的企业在调研时会发现他们做得非常到位，不仅潜心研究技术开发、技术认证，整个系统集成也做得非常好，成为本地区、本行业的一个标杆。所以也希望行业内的从业人员可以经常走出去，看看别人，学习他人经验，更好地开阔视野。

③企业热情高涨。越来越多的全产业链的企业加入装配式建筑转型升级，并且因为从事装配式建筑，有了新的更好的收入。这一两年其实建筑行业并不是特别景气，压力很大。传统的设计单位，包括施工单位都在减员、减效。但是我们发现凡是提早做了装配式建筑的设计、施工、生产企业，它们的盈利能力远远超过了传统的企业，据了解，有些院所都能达到 30%的增长。所以希望这样的企业越来越多。

④技术创新增强。从住房城乡建设部角度来说，还是希望企业能够研究一些大众化的、可规模推广的、成熟的技术体系，尽量不要去做那种小众的，只能自己“曲高和寡”的技术。开放式的、成熟的、大众化的技术，会扩大发展空间；一旦陷在自己的技术体系里，那发展的空间将会变得非常小。所以，在鼓励技术创新的同时，也希望技术创新的着眼点一定能够被大众所接受。

⑤综合发展的成果较好。各类的试点示范工程都有标杆式的建筑。

(3)技术支撑

①国家支持力度大。科技部“十三五”发布了大量的绿色建筑和装配式建筑的课题，很多大的院所、龙头企业积极地申报，系统地研究绿色建筑和装配式建筑需要解决的问题。

②国家级的相关标准规范加快启动速度，包括钢结构标准的梳理、高层结构标准规范的研究。

③地方级技术规范落实更快速。

④龙头企业完善的研发技术体系。过去一直担心装配式建筑有各种问题，但是从这几年的发展来看，在龙头企业进一步研发的推进下，已经基本解决了所有的问题。

⑤产学研合作模式。近些年，很多企业都开始依赖于重点高校进行研发、检测、实验，有利于把科研力量与企业的项目更好地结合起来。

8.2.2 装配式建筑结构体系

按照受力特征的不同，装配式建筑结构体系可归纳为预制框架结构体系、预制剪力墙结构体系、预制框架-剪力墙结构体系三种类型，结构中各构件间主要使用混凝土、砌块连接。按照材料的不同，装配式建筑结构分为轻质装配式建筑、重质装配式建筑。比较常见的装配式建筑有装配式混凝土结构、装配式钢结构、装配式集装箱式房屋。

8.2.2.1 装配式混凝土结构

装配式混凝土结构在我国的应用始于 20 世纪 50 年代。随着国民经济的快速发展，对建筑节能、环保的要求不断提高，加上劳动力成本的增加，装配式混凝土结构在建筑领域的应用越来越广泛。装配式混凝土结构具有预制结构工期短、投资回收速度快、经济效益好、建造速度快、施工方便、结构布置灵活、节约材料以及降低工人劳动强度等优点。按照受力特征的不同，装配式混凝土建筑结构体系的分类及特点如表 8.1 所示。

表 8.1 装配式混凝土结构体系的分类及特点

项目	预制框架结构体系	预制剪力墙结构体系	预制框架-剪力墙结构体系
结构体系	世构体系 抗震框架体系 传统框架体系	L 板体系 大板体系 半预制体系 预制墙板体系 北京万科预制外墙体系 澳大利亚体系	日本 HPC 体系 美国停车楼体系 中国香港预制体系 外墙挂板体系
预制内容	叠合梁、叠合板、预制柱、楼梯、阳台等	叠合板、预制外墙板、楼梯、阳台等	叠合板、叠合梁、预制柱、外墙挂板、楼梯、阳台等
装配特点	采用后浇混凝土、套筒灌浆等施工技术将梁、板、柱连接成整体	叠合板采用现浇混凝土连接；预制外墙板等预制构件连接节点采用后浇混凝土、套筒灌浆等施工技术连接成整体	预制构件通过现浇节点、剪力墙、叠合板等方式连接成整体；外挂墙板可采用螺栓等方式连接
适用范围	一级抗震 设防烈度:8 度 结构高度:45 m	一级抗震 设防烈度:8 度 结构高度:100 m	一级抗震 设防烈度:8 度 结构高度:100 m

为了保证装配式混凝土结构的整体施工质量，要求严格控制结构施工技术的各个应用要点。装配式混凝土结构技术的应用要点分析如下：

(1)预制构件生产要点

①模具制作要点：根据形状的不同，可以将模具分为吊模、外侧模、内模和底模四种。四种构件模具都可以采用螺栓连接和拆除，精度和刚度相对较高，通过精确定位模板组件，操作非常方便。工程中对模具制作精度的要求非常高，模具尺寸偏差应尽可能地控制在允许范围内：底模与侧模的平整度偏差应该控制在 1 mm 以内，对角线偏差应该控制在 3 mm 以内，宽度、高度以及长度偏差应该控制在 2 mm 以内。

②保温板制作要点：为了保证混凝土层与保温板的机械连接性能，应该采用特制的锚固件，一头锚固在混凝土中，另一头连接保温板。

③固定和安装塑钢窗要点：应用预制外墙时，应先对门窗外框和钢模板进行安装与固定。在安装门窗外框之前检测其相关性能，并严格按照相关规定对塑钢窗进行检查，如果存在损伤，及时采取措施进行处理。检查无损伤之后，放置钢筋骨架和钢模板，之后按照相关要求对铁皮进行弯折处理。

(2)预制构件吊装施工要点

①吊装机械设备的选择：预制构件吊装施工所需要的机械设备的选择，应该考虑以下参数：塔式起重机布置位置和最重构件之间的距离、塔式起重机的布置位置以及最大起重量等。

②吊具和吊点预埋施工：在工厂进行预制构件加工时，应该根据构件的质量选择相应直径的钢筋制作吊钩。在选择起吊工具时，应该考虑到预制板吊装的受力状况，因此采用钢扁担，这样能够保证吊点的垂直性。在进行楼板钢筋绑扎施工时，应该根据轴线控制线、施工图纸，先确定斜撑接驳器的预埋位置，然后对楼板钢筋和埋件进行焊接施工，适当地增加加强筋，能够有效地提高焊接的牢固程度。当埋件焊接施工完成后，应该由专门的施工人员对楼板混凝土浇筑施工过程以及后续施工进行管理。

③定位测量：它是预制装配式混凝土结构施工的重要内容，直接关系到预制装配式建筑物标高、安装以及定位控制等。根据工程项目的实际状况，采用科学的坐标系统。采用网状控制法进行平面控制，每一层设置 4 个引测点进行垂直控制。在进行顶板混凝土浇捣施工时，应该在交汇处设置引测点，当混凝土浇筑施工完成后，在引测点进行测量放线，进而保证构件安装和控制线吻合。

(3)预制剪力墙连接要点

装配式混凝土剪力墙的连接方式主要有键槽连接、螺栓连接、现浇带连接。各连接方式的连接要点如下：

①键槽连接：主要应用于预制装配式大板结构，在连接位置均匀地设置小键槽，然后进行混凝土浇筑，将上下剪力墙连接成一个整体，该种连接方式能够保证剪力传递的均匀性，还能够提高装配式剪力墙结构的抗震性能。

②螺栓连接：连接构造相对简单，属于典型的机械连接方式，具有操作简单、工期短等优点。但是，对预制构件精度的要求相对较高，应用范围相对有限。

③现浇带连接：它是装配式混凝土剪力墙最常采用的连接方式之一，当剪力墙安装就位之后，采用搭接钢筋的方式进行连接，然后再进行混凝土浇筑施工，将上下两片剪力墙连接

起来。

8.2.2.2 装配式钢结构

钢结构装配式建筑依据用途可划分为两个体系,即住宅与公共建筑。依据其结构主体采用的型材不同,可分为三类技术体系,一是重钢/钢混框-剪体系,适用于30层及以下的建筑;二是轻型钢结构(薄壁方管等),适用于6层及以下的建筑,已建成的海南阳光田宇餐厅项目、香榭丽舍会所屋面造型均属于此类体系;三是冷弯薄壁型材体系,适用于3层以下的建筑,如住宅、别墅、会所等。装配式钢结构建筑如图8.20所示。

(a) (b)

图 8.20 装配式钢结构建筑

(a)高层钢结构住宅;(b)低层薄壁型钢结构别墅

钢结构住宅建筑体系以其采用的钢结构形式作为建筑体系分类的依据,成为建筑体系中的一个分支。通常所说的钢结构住宅是指以工厂生产的经济钢型材构件作为承重骨架,以新型轻质、保温、隔热、高强的墙体材料作为围护结构而构成的居住类建筑。钢结构住宅产业化即是以钢结构住宅为最终产品,通过社会化大生产,将钢结构住宅的投资、开发、设计、施工、售后服务等过程集中统一成为一个整体的组织形式。钢结构住宅产业化是钢结构住宅发展的趋势。钢结构住宅体系具有以下特点:

(1)重量轻、强度高。由于应用钢材作承重结构,应用新型建筑材料作围护结构,一般用钢结构建造的住宅重量是钢筋混凝土住宅的二分之一左右,减小了房屋自重,从而降低了基础工程造价。由于竖向受力构件所占的建筑面积相对较小,因而可以增加住宅的使用面积。同时由于钢结构住宅采用了大开间、大进深的柱网,为住户提供了可以灵活分隔的大空间,能满足用户的不同需求。

(2)工业化程度高,符合产业化要求。钢结构住宅的结构构件大多在工厂制作,安装方便,适宜大批量生产,这改变了传统的住宅建造方式,实现了从“建造房屋”到“制造房屋”的转变。促进了住宅产业从粗放型到集约型的转变,同时促进了生产力的发展。

(3)施工周期短。钢结构住宅体系大多在工厂制作,在现场安装,现场作业量大为减少,因此施工周期可以大大缩短,施工中产生的噪声和扬尘、现场资源消耗和各项现场费用都相应减少。与钢筋混凝土结构相比,一般可缩短工期的二分之一,提前发挥投资效益,加快了资金周转,降低建设成本3%~5%。

(4)抗震性能好。由于钢材是弹性变形材料,因此能大大提高住宅的安全可靠性。钢结构强度高、延性好、自重轻,可以大大改善结构的受力性能,尤其是抗震性能。从国内外震后情况来看，钢结构住宅建筑倒塌数量很少。

(5)符合建筑节能发展方向。用钢材作框架，用保温墙板作围护结构，可替代黏土砖，减少了水泥、砂、石、石灰的用量，减少了对不可再生资源的使用。现场湿法施工减少，施工环境较好。同时，钢材可以回收再利用，建造和拆除时对环境污染小，其节能指标可达50%以上，属于绿色环保建筑体系。

(6)钢结构在住宅中的应用，为我国钢铁工业打开了新的应用市场，还可以带动相关新型建筑材料的研究和应用。

8.2.2.3 装配式集装箱式房屋

自改革开放以来，我国经济飞速发展，大规模的城市化建设正在大力进行，这个过程还将持续20～30年。在这期间，各个领域、各种行业都处在高速发展阶段，在大量的永久性建筑物、构筑物及道路桥梁交通设施等的建设过程中需要大量的临时性建筑与其配套。另外，在长期需要野外工作、露天工作的行业，在紧急需要、救灾时，在旅游、节假日人流高峰期时都需要有满足不同要求的临时房屋，因此各种临时性建筑应运而生。随着时代的进步，劳动条件的改善，构建和谐社会的需要，国家对临时性建筑的安全性、适用性和居住条件的改善有了更高的要求，活动房作为临时性建筑在众多工程建设现场配套使用。与此同时，随着设计、制造水平的提高，活动房的安全性、舒适性逐渐改善，活动房的使用理念逐渐得到了社会的认可，使用率大为提高。因此，我国活动房长期保持着旺盛的市场需求，预计这个过程还将持续较长一段时间。目前国内临时性建筑在各行业、各地区有所不同，对活动房需求最大的市场是建筑行业和城市轨道交通建设工地的临时建筑，用作工人宿舍、办公室、食堂及仓库等。活动房中使用越来越多的是轻型钢结构组合房屋。在北京建设工程施工现场临建房屋中轻型钢结构组合房屋用量逐年增多，占总量的一半以上；在广东深圳建筑施工现场、城市轨道交通建设工地的临建房屋几乎全部是轻型钢结构组合房屋。临时性建筑的需要量很大而且逐年增加，是一个相当大的市场。对于中国，住宅工业化还未开始，借鉴国际发展经验，结合中国需要引导的多种市场，如何获得发展机会是建筑行业、企业将要面临的挑战和机遇。

集装箱式房屋是一种又一次冲击时尚潮流的建筑体系，可随时随地移动到各地，为人们带来更方便的舒适生活。通过太阳能光电板可供室内用电，太阳能热水器可供暖、供水，室内淋浴、生活用水的排放由污水处理系统进行净化，以便再次利用。根据人员数量的不同，可制作大小不一的集装箱房屋。集装箱式活动房屋如图8.21所示。

(a)

(b)

图8.21 集装箱式活动房屋

集装箱式房屋具有以下优点：

(1)运输方便，尤其适合经常更换施工地点的单位。

(2)坚固耐用，全部由钢质组成，具有很强的抗震、抗变形能力。

(3)密封性能好，严格的制造工艺使这种活动房具有很好的水密性。

(4)活动房基于标准钢材底盘之上，可以衍生出许多组合空间，如会议室、宿舍、厨房、卫生间等。标准的宽度为 2.4 m，高度为 2.2 m，长度为 4～12 m。

(5)拆装方便，性能优越，稳定牢固，防震性能好，防水、防火、防腐，质量轻。房屋为整体结构，内有框架，墙体为钢板，可用木板饰面，可整体迁移，使用寿命可达 20 年以上。

8.2.3　未来装配式建筑发展趋势

在“德国工业制造 4.0”与“中国制造 2025”新一轮科技革命和产业变革背景下，世界建筑业正面临新的变革和重大影响，各种新概念和新模式不断涌现，诸如产业链有机集成、并行装配工程、低能耗预制、绿色化装配、机器人敏捷建造、网络化建造和虚拟选购装配等；世界未来装配式建筑的建造系统与产业体系必将超越现有企业模式与工业形式的范畴。其革新方向与发展趋势包括以下七个方面：

(1)开放体系(OS)发展趋势

目前世界范围内，各国的装配式建筑技术仍是闭锁体系(CS)，现有的生产重点为标准化构件并配合标准设计、快速施工。但 CS 的缺点是结构形式有限、设计缺乏灵活性，也没有推广模数化。世界未来装配式建筑的技术发展趋势是从封闭体系(CS)向开放体系(OS)转变发展。德国建筑师夏埃尔·密斯认为：OS 发展趋势可致力于发展标准化的功能块、设计上统一模数，这样易于统一又富于变化，方便了生产和施工，也给设计者与建造者带来更多更大的装配性自由。

(2)全产业链信息平台(WICIP)发展趋势

今后世界装配式建筑业界必将实现全产业链信息化的管理与应用，通过 LAE、CAE、BIM 等信息化技术搭建装配式建筑工业化的咨询、规划、设计、建造和管理各个环节中的信息交换平台，实现全产业链信息平台(WICIP)的支持。意大利建筑师勒·柯布西耶指出：以现代信息化促进可持续装配式建筑工业化，是实现装配式建筑产业全生命周期和质量责任可追溯管理的重要手段。

(3)万能柔性连接体系(UFCS)发展趋势

德国建筑师华根·菲尔德表示：运用最先进的技术方法开发一种连接点，已成为未来装配式建筑业的一项最基本的创新任务，这将在很大程度上决定一个结构的最终特征。在德国装配式建筑界，有关连接装配的施工作业方式主要是湿体系与干体系。湿体系作业的标准较低，所需劳动力较多；而干体系就是螺丝、螺帽的结合，其缺点是抗震性能较差，没有湿体系防渗性能好。德国装配式建筑界正在创新发展采用现浇和预制装配相结合的万能柔性连接体系(UFCS)。采用 UFCS 可利用虚拟激励等方法分析并确定连接构件的频率比、阻尼比和质量比等参数，其显著效果在于：能按装配作业配套需要，及时安排所需零件的预制生产，从而缩短生产周期，减少毛坯和制品的库存量，也可提高装配构件的利用率，减少直接劳动力，提高装配构件与建筑质量的一致性，因而可显著提高经济效果。

(4)结构预制式(PS)和内装修系统化(SID)的 PS/SID 发展趋势

目前,装配式建筑的模块式结构设计在各国的发展相对比较快。未来的世界装配式建筑将向结构预制式(PS)和内装修系统化(SID)的 PS/SID 集成方向发展。日本建筑师文彦牧指出:因为装配式建筑既是主体结构的工业化,也是内装修部品的产业化,两者相辅相成,互为依托,片面强调其中任何一个方面均是错误的。

(5)智能化装配模式(IAM)发展趋势

目前,世界建筑业对劳动力资源的需求越来越紧缺,特别是装配式建筑的施工现场,需要吊装、搬运、装配和连接等大量工人。日本、德国和美国建筑界正在致力于发展智能化装配模式(IAM),以大量减少施工现场的劳动力资源利用;其出路是不断发明推广机器人、自动装置和智能装配线等,同时创新采用附加值高的装配式构件与部品,使施工现场不再需要大量脏而笨重的体力劳动,这种智能化装配模式比以往的建造模式大大节约了人力资源,同时可以缩短工期,提高施工效率。

(6)绿色化结构装配体系(GSAS)发展趋势

绿色化结构装配体系(GSAS)是装配式建筑产业工业化、现代化发展的标志,新型的绿色化结构装配体系必然在未来装配式住宅与建筑中广泛应用。当前发达国家正在重视发展以复合轻钢结构、钢/塑结构、生物质/木结构等为主的新型绿色化装配构件体系,其目标是使装配式住宅与建筑从设计、预制、运输、装配到报废处理的整个生命周期中,对环境的影响最小,资源利用效率最高,使得住宅与建筑的构件体系朝着安全、环保、节能和可持续发展方向发展。

(7)网络定制装配式建筑(NCAB)发展趋势

随着互联网的迅速发展,将给世界建筑界带来装配式建筑定制网络化的新变革。“未来基于网络定制装配式建筑(NCAB)的主要模式包括:定制环境内部的网络化,实现定制过程的住宅装配;定制环境与整个装配企业的网络化,实现定制环境与企业产业链信息系统等各子系统的装配交易;企业与企业间的产业链网络化,实现企业间的装配式住宅与建筑资源的共享、组合与优化利用;通过网络,实现异地定制装配式住宅。”德国达姆斯达特装配式建筑研究所的建筑师弗兰茨·兰帕德指出,“未来德国装配式建筑的定制网络化,其影响的深度、广度和发展速度远远超过其他欧盟国家人们的预测。”

8.3 建筑信息技术

8.3.1 概述

BIM 即建筑信息模型(building information modeling),是以建筑工程项目的各项相关信息数据为基础进行建筑模型的建立,通过数字信息仿真模拟建筑物所具有的真实信息,是实现建筑业信息化的重要技术之一。BIM 不是简单地将数字信息进行集成,它是在计算机辅助设计(CAD)等技术基础上发展起来的多维模型信息集成技术,可以用于建筑设计、建造、管理的数字化方法,为项目的全生命周期的各种决策提供可靠的依据。建筑全生命周期中的 BIM 如图 8.22 所示。

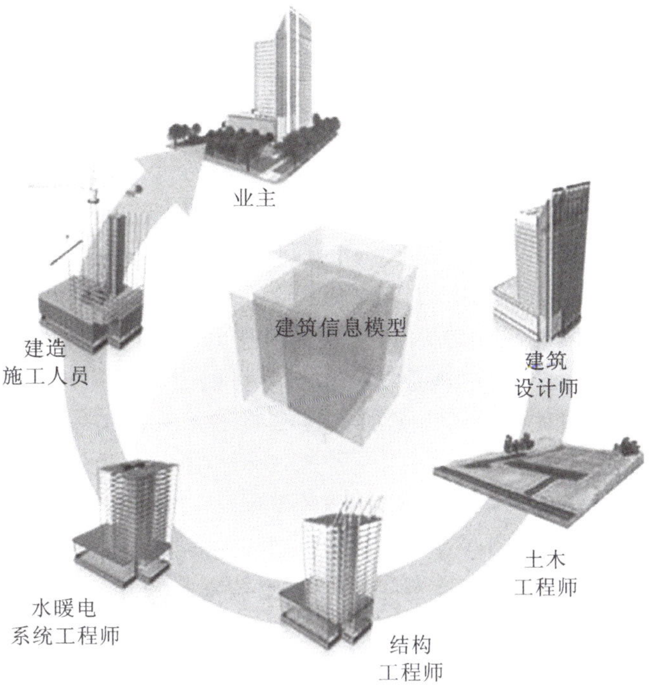

图 8.22 建筑全生命周期中的 BIM

8.3.1.1 BIM 技术的特点

BIM 有八大特点：可视化、协调性、模拟性、优化性、可出图性、一体化性、参数化性、信息完备性。

(1)可视化(Visualization)

对于建筑行业来说，可视化的应用作用是非常大的。近几年来，建筑业的建筑形式复杂程度越来越高，造型奇特的建筑不断推出，因此 BIM 提供了可视化的思路，将之前的线条式的构件形成一种三维立体实物图形展现在人们面前，BIM 中的可视化是一种能够同构件之间形成互动性和反馈性的可视。可视化效果图如图 8.23 所示。

图 8.23 三维可视化效果图

(2)协调性(Coordination)

无论是业主、施工单位还是设计单位,都存在协调与相互配合的工作。一旦项目实施过程中出现问题,就要将相关部门人员组织起来进行协调沟通,并找出各施工问题出现的原因以及解决方法,然后作出相应的变更和补救措施等。BIM 的协调性服务可以解决各专业间的碰撞问题,如电梯井布置与其他设计布置及净空要求的协调、防火分区与其他设计布置的协调、地下排水布置与其他布置的协调等。

(3)模拟性(Simulation)

在 BIM 中模拟性不仅能够模拟出建筑物模型,还可以模拟不能够在实际中进行操作的情况。在设计阶段,BIM 可以进行节能模拟、紧急疏散模拟、日照模拟、热能传导模拟等;在招投标和施工设计阶段可以进行 4D 模拟(三维模型加项目的发展时间),也就是根据施工的组织设计来模拟实际施工情况,从而设计出更加合理的施工方案。BIM 还可进行 5D 模拟(基于 4D 模型的造价控制)来实现成本控制。

(4)优化性(Optimization)

项目中整个设计、施工、运营的过程事实上就是一个不断优化的过程,优化受三个方面的制约:信息、复杂程度和时间。BIM 模型能够提供建筑物的实际信息,包括几何信息、物理信息、规则信息等,现代建筑物的复杂程度大多超过参与人员本身的能力范围,BIM 及与其配套的各种优化工具提供了对复杂项目优化的可能。

(5)可出图性(Graphical representation)

BIM 所出的图纸并非一般的建筑设计院出的常规图纸,而是通过对构筑物进行了可视化展示、协调、模拟、优化后所出的经过碰撞检查和设计修改以及消除错误后的综合管线图和综合结构留洞图等图纸,并且还有碰撞检查侦错报告和建议改进方案。

(6)一体化性(Integration)

基于 BIM 技术可进行从设计到施工再到运营即贯穿了工程项目全生命周期的一体化管理。BIM 的技术核心是一个由计算机三维模型所形成的数据库,不仅包含了建筑的设计信息,而且可以容纳从设计到建成使用,甚至是使用周期终结的全过程信息。

(7)参数化性(Parameterization)

参数化建模指的是通过参数而不是数字建立和分析模型,简单地改变模型中的参数值就能建立和分析新的模型。

(8)信息完备性(Information completeness)

信息完备性体现在 BIM 技术可对工程对象进行 3D 几何信息和拓扑关系的描述以及完整的工程信息描述。

8.3.1.2 BIM 在我国的发展现状

我国关于 BIM 技术的研究是从 2003 年开始的,目前 BIM 技术的应用和研究还处于初级阶段。2011 年 5 月,我国住房城乡建设部发布了《2011—2015 建筑业信息化发展纲要》,明确指出,在“十二五”期间基本实现建筑企业信息系统普及应用,加快 BIM 基于网络的协同工作等新技术在工程中的应用,推动信息化标准建设,促进具有自主知识产权软件的产业化。2012 年,住房城乡建设部发布了《关于印发 2012 年工程建设标准规范制度修订计划的通知》,开始制定 BIM 标准。2015 年 6 月,住房城乡建设部印发了《关于推进建筑信息模型应用的指导意见》,明确了 BIM 的具体推进目标:到 2020 年末,建筑行业甲级勘察、设计单位以及特级、一级房屋建筑工程施工企业应掌握并实现 BIM 与企业管理系统和其他信息技术的一体化集成应用。2016 年 8 月，住房城乡建设部发布了《2016—2020 年建筑业信息化发展纲要》，在发展目标中重点突出了关于建筑信息化的具体落实计划，其中多次提到 BIM 技术。2016 年 12 月，住房城乡建设部正式发布《建筑信息模型应用统一标准》(GB/T 51212—2016)，提出了建筑信息模型应用的基本要求，是建筑信息模型应用的基础标准，自 2017 年 7 月 1 日起实施。2017 年 2 月，国务院办公厅发布了《关于促进建筑业持续发展的意见》，指出加快推进建筑信息模型(BIM)技术在规划、勘探、设计、施工和运营维护全过程的集成应用，实现工程建设项目全生命周期数据共享和信息化管理。2017 年 5 月，国家颁布了《建筑信息模型施工应用标准》(GB/T 51235—2017)，分别从建筑工程的深化设计、施工模拟、预制加工、进度管理、预算与成本管理、质量与安全管理、施工监理、竣工验收等方面对 BIM 技术的使用提出了指导性的意见，该标准自 2018 年 1 月 1 日起实施。与此同时，各地方政府也先后出台相关推广意见和指导文件。

BIM 技术在我国快速崛起并掀起一股热潮，且被认为是继 AutoCAD 技术之后建筑业信息化最为重要的新技术应用。现阶段，在我国无论是政府还是科研机构、企业组织都在积极推动 BIM 技术的快速发展。

但目前 BIM 技术主要应用在设计阶段，并且仅限于一些大型设计院，国内绝大部分设计院的建筑设计采用的仍是全 2D 工程制图(方案效果图除外)，仅在需要进行特定分析计算时(如日照、节能)重复搭建并不十分精准的三维模型。虽然一些项目率先应用了 BIM 技术，如 2008 年北京奥运会奥运村空间规划及物资管理信息系统、南水北调工程以及香港地铁项目等，不过相对于中国的建设大潮，BIM 的应用仍然太少，虽然从技术上达到相当程度并不难，但要贯彻到整个产业链，使 BIM 真正应用到行业实践，尚需时日。

很重要的一点，目前国内缺乏系统化、行之有效的 BIM 标准，这些标准包括数据交换标准、BIM 应用能力评估准则、BIM 项目实施规范流程等。虽然国内各个研究机构和高校都在针对 BIM 技术进行研究，但他们的研究比较分散，并没有建立健全的技术体系。而在欧美等发达国家，这些标准早已推出，如美国的 NBIMS。

因此，我国还需加快 BIM 技术的发展速度。

8.3.1.3 BIM 技术的价值体现

BIM 技术的价值在于建立以 BIM 应用为载体的项目管理信息化，并提升项目的生产效率以及建筑质量、降低建造成本、缩短工期等。具体体现为：

(1)三维渲染，宣传展示

三维渲染动画，给人以真实感和直接的视觉冲击。建好的 BIM 模型可以作为二次渲染开发的模型基础，大大提高了三维渲染效果的精度与效率，给业主更为直观的宣传介绍，提升中标概率。

(2)精确计划，减少浪费

施工企业精细化管理很难实现的根本原因在于海量的工程数据，无法快速准确地获取以支持资源计划，致使经验主义盛行。而 BIM 的出现可以让相关管理部门快速准确地获得工程基础数据，为施工企业制订精确人才计划提供有效支撑，大大减少了资源、物流和仓储环节的浪费，为实现限额领料、消耗控制提供技术支撑。

(3)快速算量，精度提升

BIM 数据库的创建，通过建立 5D 关联数据库，可以准确快速地计算工程量，提升施工预算的精度与效率。由于 BIM 数据库的数据粒度达到构件级,可以快速提供支撑项目各条线管理所需的数据信息,有效提升施工管理效率。BIM 技术能自动计算工程实物量,这个属于较传统的算量软件的功能,在国内此项应用案例非常多。

(4)多算对比,有效管控

管理的支撑是数据,项目管理的基础就是工程基础数据的管理,及时、准确地获取相关工程数据就是项目管理的核心竞争力。BIM 数据库可以实现任一时点上工程基础信息的快速获取,通过合同、计划与实际施工的消耗量、分项单价、分项合价等数据的多算对比,可以有效了解项目运营是盈是亏,消耗量有无超标,进货分包单价有无失控等问题,实现对项目成本风险的有效管控。

(5)虚拟施工,有效协同

三维可视化功能再加上时间维度,可以进行虚拟施工。随时随地直观快速地将施工计划与实际进展进行对比,同时进行有效协同,施工方、监理方甚至非工程行业出身的业主领导都对工程项目的各种问题和情况了如指掌。这样,通过 BIM 技术结合施工方案、施工模拟和现场视频监测,大大减少建筑质量问题、安全问题,减少返工和整改。三维施工模拟如图 8.24 所示。

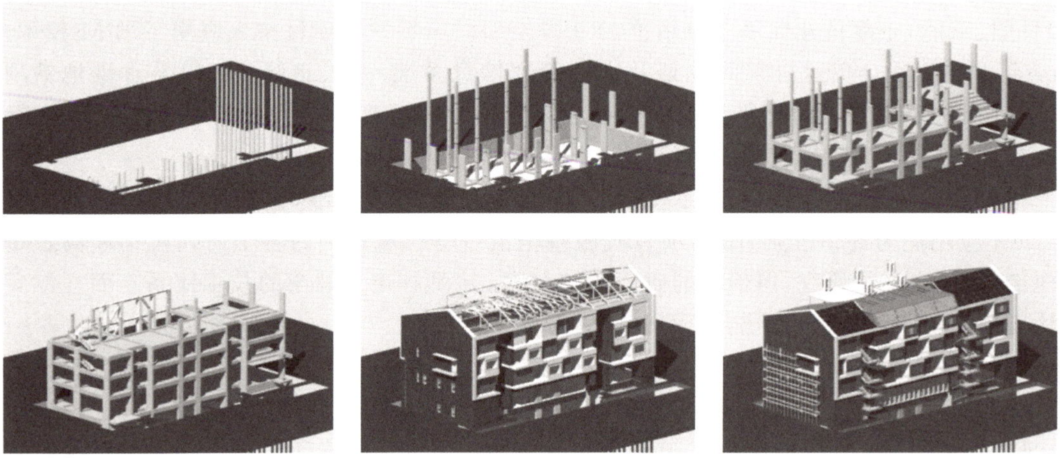

图 8.24 三维施工模拟图

(6)碰撞检查,减少返工

BIM 最直观的特点在于三维可视化,利用 BIM 的三维技术在前期可以进行碰撞检查,优化工程设计,减少在建筑施工阶段可能存在的错误损失和返工的可能性,而且优化净空,优化管线排布方案。最后,施工人员可以利用碰撞优化后的三维管线方案,进行施工交底、施工模拟,提高施工质量,同时也提高了与业主沟通的能力。

(7)冲突调用,决策支持

BIM 数据库中的数据具有可计量(computable)的特点,大量工程相关的信息可以为工程提供数据后台的巨大支撑。BIM 中的项目基础数据可以在各管理部门进行协同和共享,工程量信息可以根据时空维度、构件类型等进行汇总、拆分、对比分析等,保证工程基础数据及时、准确地提供,为决策者制定工程造价项目群管理、进度款管理等方面的决策提供依据。

8.3.2 BIM 技术的核心原理

8.3.2.1 BIM“设计-合约-施工”一体化工作原理

在整个建筑施工建设周期，最为关键的两个阶段就是设计阶段和施工阶段。设计阶段是将开发投资者的想法变成一个施工依据，施工阶段就是根据设计的依据将开发投资者的想法变成现实成果。

设计与施工阶段消耗的资金可占整个项目投资预算的 80%左右，在这两个阶段中，合约是尤为重要的，能否在这两个阶段很好地控制好投资预算，将影响到整个项目的投资开发。“设计-合约-施工”BIM 一体化工作原理如图 8.25 所示。

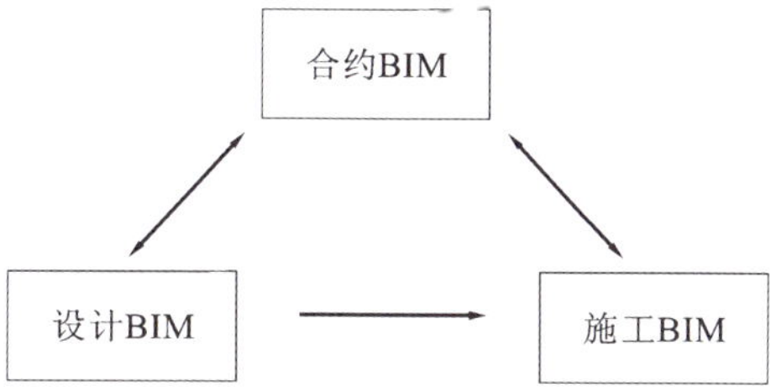

图 8.25 “设计-合约-施工”BIM 一体化工作原理图

BIM 的核心工作应该是从设计到施工再到运维的过程，在 BIM 流通过程中都会反映或影响项目的合约经济，所以 BIM 的核心工作应该有两个维度，一个是建设工程全生命周期的变化，另一个是投资消耗数据的变化。

在“设计-合约-施工”BIM 一体化工作实施过程中，最关键的问题在于 BIM 的标准是否与各阶段的传统实施标准相符合，通过分析国内各类企业及项目的 BIM 实施情况，可发现很多项目各阶段的 BIM 实施都是割裂的。在设计、施工、质量、合约等各阶段常会新建 BIM 模型，然而不同软件建立的多套 BIM 模型，各类信息是分散的，给整个项目的管理者造成了一定的工作负担。

一个项目的 BIM 实施，第一个 BIM 模型的建立应该来源于设计，设计师利用设计 BIM 模型来解决图纸本身的问题(即“拍图”解决的问题)，性能分析和优化计算问题；施工技术人员利用设计 BIM 模型来解决图纸合理性问题(如施工作业面预留问题等)，在设计 BIM 模型基础上进行元素重构，更新成施工 BIM 模型，利用施工 BIM 模型处理施工方案优化模拟、质量安全管理等工作。在从设计到施工的 BIM 流通过程中，还应该将合约 BIM 进行提炼，将各阶段的模型按照合约规范的标准进行元素重构，调整制约 BIM 来辅助项目的投资控制和成本风险控制。

8.3.2.2 设计 BIM 的原理分析

设计阶段是 BIM 数据的主要生产阶段，结构化的数据从无到有，从规划出的简单轮廓到逐步的深化细化，有着极其严密的逻辑性和组织规律可循。大型建筑工程项目的设计生产是一项多人参与、多学科交叉的大型系统工程。其中，多项技术职责岗位的设置和工作流程的制定及其执行力都直接影响这个项目的完成质量及成败与否。

在设计 BIM 实施过程中，最关键的应该是实施标准的制定，如企业级或项目级 BIM 应用标准，数据交付标准，数据验收标准，BIM 实施评价及考核标准等。在实施过程中，对大部分技术人员来讲，更多的应用应该是技术标准，如电子文档文件结构标准，构件命名及分类编码标准，图层分类标准等。这些标准的制定将体现设计 BIM 实施能力的程度。

在设计 BIM 实施的过程中，实施流程也很重要，传统的设计流程应该是“设计中→个人完成→校对→审核→初次对外发布→变更设计→再次对外发布”，设计 BIM 需要加入新的工作流程环节（如碰撞检查与图纸更新，性能优化分析等），这样才不会将设计 BIM 与传统设计割裂。在标准制定和实施的过程中，设计团队应该还需新增几类工作人员（如设计交付标准的制定和维护者，BIM 协调系统的提供和维护者），在实施过程中不断更新调整各类标准，优化设计 BIM 实施流程。

8.3.2.3　合约 BIM 的原理分析

合约，即大家履行商业活动时所约定的双方的职责、权利和义务，每一份合同、每一笔费用，大到整个项目的投资控制，小到一张签证变更的费用结算，都应该是合约管理的范畴。从项目立项开始到项目交付验收，每时每刻都有大量的资金流入流出，如何利用 BIM 技术做好设计施工阶段的合约管理，将是决策层关心的重要问题。

合约 BIM 的应用范围应该包含项目投资估算、项目概算、施工图预算、施工图结算及项目决算五个阶段，前期需要有类似项目数据的支撑，后期需要有本项目模型的支撑。项目投资估算是指在整个投资决策过程中，依据现有的资料和一定的方法，对建设项目的投资额（包括工程造价和流动资金）进行的估计。投资估算总额是指从筹建、施工直至建成投产的全部建设费用。在投资估算阶段，一般项目资料较少，也不详细完整，所以一般控制的总误差在±10%～±30%。随着合约 BIM 的应用及整个建设工程的信息化发展，这一阶段一定是有类似项目大量的经济数据（即合约 BIM 数据）来支持参考。

项目概算，一般多指设计概算，即在初步设计或扩大初步设计阶段，由设计单位根据初步设计或扩大初步设计图纸，概算定额、指标，工程量计算规则，材料、设备的预算单价，建设主管部门颁发的有关费用定额或取费标准等资料预先计算工程从筹建至竣工验收交付使用全过程建设费用的经济文件，即计算建设项目总费用。一般设计概算控制的允许误差在±5%以内。

在设计概算阶段，设计 BIM 模型的精细度已经达到设计概算的要求，需要依照设计概算的要求及标准，将设计 BIM 调整至合约 BIM，从而为设计概算提供准确的基础数据支撑。在设计概算阶段，合约 BIM 还有一个最关键的作用就是辅助设计师进行限额设计，辅助开发商合理分配各专业投资比例控制，这两项工作的大部分基础数据都将在合约 BIM 中完成。

施工图预算是以施工图设计文件为依据，按照规定的程序、方法和依据，在工程施工前对工程项目的工程费用进行预测和计算。施工图预算文件的成果称作施工图预算书，简称施工图预算，它是在施工图设计阶段对工程建设所需资金做出较精确计算的设计文件，允许误差一般控制在±1%以内。在施工图预算阶段，合约 BIM 的建模标准首先要依据政府定额标准或国家工程量清单计算标准编制，其中包含了建筑物各类构件的数据归属子目，各位置构件与清单定额的对应关系等，各类数据的提取一定是在符合预算规则的前提下完成的。

在竣工结算和决算阶段，合约 BIM 需要整理一套完整的数据，用于三算对比，总结分析各类原因，为后期的项目实施提供可靠的参考依据。

8.3.2.4　施工 BIM 的原理分析

施工阶段是将我们的梦想真正变成现实的阶段，也是 BIM 真正全面发挥作用的阶段，BIM 模型可视化的模拟分析，BIM 附带各类材料及其他数据的调取应用，都在施工阶段起到很大的辅助作用。

施工阶段的 BIM 模型调整，应该更多地参考各类施工规范、施工工艺、施工顺序，如《住宅工程质量通病控制标准》(DGJ 32/J16—2014)、《建筑施工扣件式钢管脚手架安全技术规范》(JGJ 130—2011)、《建筑施工安全检查标准》(JGJ 59—2011)等。

施工 BIM 模型，不仅要体现建筑物本身的建筑结构元素，还需要加入施工临设(如施工办公区、工人生活区等)，大型机械设备(如塔吊、人货电梯等)，施工安全设施(如脚手架、消防设备等)，反映总包企业形象及项目品质要求的"八牌二图""业绩介绍"等。对于建筑物本身，在施工阶段也需要对 BIM 模型进行加工优化，需要考虑施工预留洞、塔吊基础、施工段划分等。只有把上述所说的全部内容反映到 BIM 模型中，才能在施工阶段真正起到施工模拟、材料计划、限额领料等 BIM 控制措施。

施工 BIM 应该在施工阶段对每一个参与人员都会起到工作帮助，大到项目经理，小到木工、瓦工。施工 BIM 的实施，需要大家一起来参与，比如在 BIM 施工技术交底阶段，交底对象更多的应该是现场工人，因为真正操作的是工人。然而，大多数的 BIM 施工技术交底，更多的是针对现场施工管理人员，他们只是起到现场管理、监督的作用，而不是真正在现场生产的操作人员，这也是为什么目前大多数单位施工 BIM 没有真正融入施工，BIM 和现场施工分开走路的真正原因。

8.3.3　BIM 相关软件介绍

BIM 技术作为一种新型的信息化管理技术，在项目各参与方之间、项目各个阶段中应用广泛，涉及设计建模、结构分析、造价管理等一系列软件。通常 BIM 软件是由一类核心建模软件和十二类应用软件构成，如图 8.26 所示。

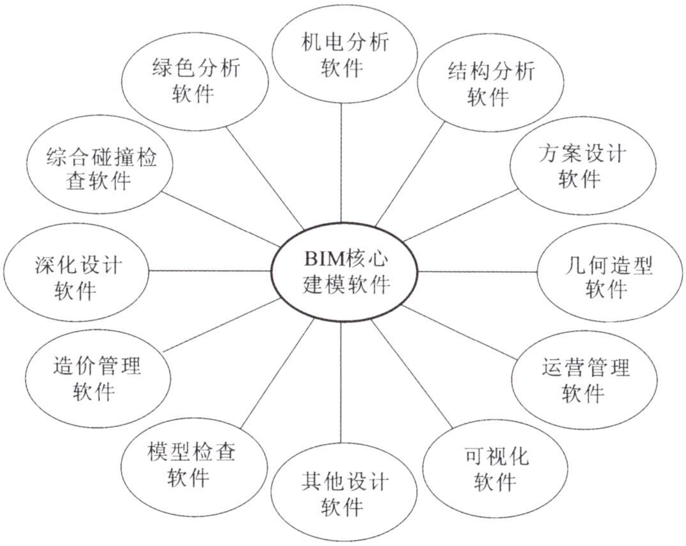

图 8.26　BIM 软件类型

8.3.3.1　BIM 核心建模软件

BIM 核心建模软件用于创建 BIM 结构化模型信息，并将该模型作为 BIM 技术应用的基础。目前常用的 BIM 核心建模软件有：

(1)Autodesk 公司的 Revit Architecture、Revit Structure、Revit MEP(机电管道)系列。该软件能够利用工程分析工具进行能耗模拟、荷载分析，与其他结构分析软件的交互性较好，能够识别其他文件格式设计图纸或模型文件(如 DXF 格式)，并将其转化为 BIM 模型。加之 AutoCAD 在民用建筑中的市场相当不错，该系列软件在建筑市场上有很高的占有率。

(2)Bentley 公司的 Bentley Architecture、Bentley Structure、Bentley Building Mechanical Systems 系列，Bentley 产品在工业设计(石油、化工、医药、电力等)以及基础设施(市政、水利、道路、桥梁等)领域有着重要的地位。该系列软件的优势在于能够使工程建设过程得以改善。

(3)Nemetschek Graphisoft 公司的 ArchiCAD、AllPLAN、Vector Works 系列，其中在国内用的是 ArchiCAD。该软件不但建模速度快、建筑信息模型表达详细、BIM 文档的调用和保存过程更加简单快捷，而且有较强的交互性。但由于国内专业配套的软件(仅限于建筑专业)不完善，与多专业一体化的设计院体制不相匹配，因此很难实现业务上的突破。

(4)Gery Technology Dassault 公司的 Digital Project、CATIA 系列，其中 CATIA 是全球最高端的机械设计制造软件，并且在建筑行业中无论是对复杂形体还是超大规模建筑来说其建模能力、信息管理能力和表现能力均比传统的建筑类软件有明显的优势。而 Digital Project 是在 CATIA 的基础上开发的一个面向建筑业的应用软件，属于二次开发，其本质还是 CATIA。它能够适用于各种不规则形状的大型工程项目。但是由于 Digital Project 软件在建筑模型中的应用属于跨专业的应用，涉及不同领域的专业知识，因此在信息传递过程中有可能会因为表达的差异导致理解错误，进而影响整个工程进度。

(5)Tekla 公司的 Tekla Structures 软件涉及建筑、施工、基础设施及能耗等众多方面。该公司深入研究 BIM 技术，开发了 Xsteel 软件，主要用于钢结构深化设计，将 BIM 技术应用于施工建造过程中。

(6)国内相关软件：广联达、鲁班、天正、鸿业、博超等。

对于一个工程项目来说，BIM 核心建模软件的选择决定着 BIM 技术路线的发展方向，可以考虑以下基本原则：

①民用建筑用 Autodesk Revit 软件。

②工厂设计和基础设施用 Bentley 软件。

③单一专业建筑事务所选择 Revit、ArchiCAD、Bentley 软件均可。

④项目完全异形或预算较为充裕的可选用 Digital Project 或者 CATIA 软件。

⑤钢结构、混凝土结构及木结构设计可以选择 Tekla Structures 软件。

8.3.3.2　BIM 二维绘图软件

从 BIM 技术的发展目标来看，二维施工图应该是 BIM 模型的其中一个表现形式和一个输出功能而已，不再需要有专门的二维绘图软件与之配合，但是目前情况下，施工图仍然是工程建设行业设计、施工、运营所依据的法律文件，BIM 软件的直接输出还不能满足市场对施工图的要求，因此二维绘图软件仍然是不可或缺的施工图生产工具。

最有影响力的二维绘图软件是 Autodesk 的 AutoCAD 和 Bentley 的 Microstation，与 BIM 核心建模软件的关系如图 8.27 所示。

8.3.3.3　BIM 前期方案设计软件

BIM 方案设计软件应用在设计初期，主要功能是把业主设计任务书里基于数字的项目要求转化成基于几何形体的建筑方案，且此方案用于业主与设计方的沟通及方案研究论证。

BIM 方案设计软件可以帮助设计师验证设计方案与业主设计任务书中的项目要求是否相匹配。BIM 方案设计软件的成果还可以转换到 BIM 核心建模软件里进行设计深化,并继续验证满足业主要求的情况。

目前,主要的 BIM 方案软件有 Onuma Planning System 和 Affinity 等,其与 BIM 核心建模软件的关系如图 8.28 所示(箭头表示信息传递方向,下同)。

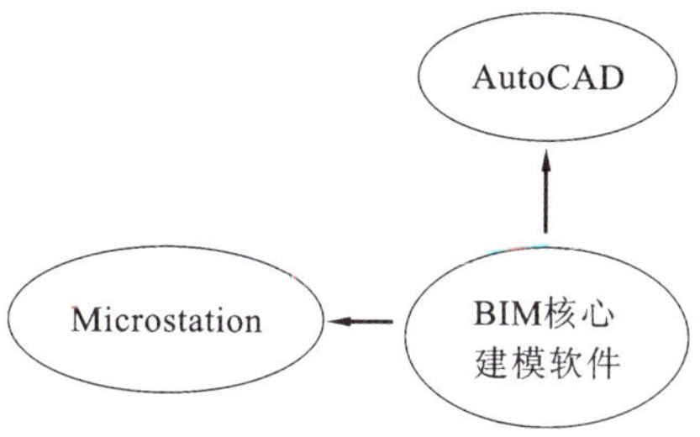

图 8.27 BIM 二维绘图软件

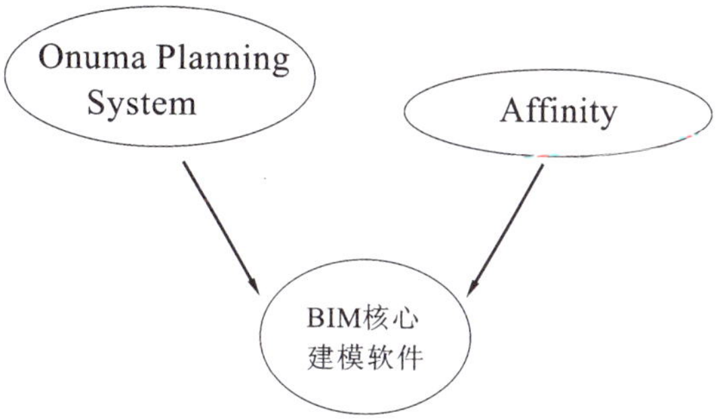

图 8.28 BIM 前期方案设计软件

8.3.3.4 与 BIM 接口的几何造型软件

设计初期阶段的形体、体量研究或者遇到复杂建筑造型的情况,使用几何造型软件会比直接使用 BIM 核心建模软件更方便且效率更高,甚至还可以实现 BIM 核心建模软件无法实现的功能。几何造型软件的成果也可以作为 BIM 核心建模软件的输入。

目前常用的几何造型软件有 Sketchup、Rhino 和 FormZ 等,其与 BIM 核心建模软件的关系如图 8.29 所示。

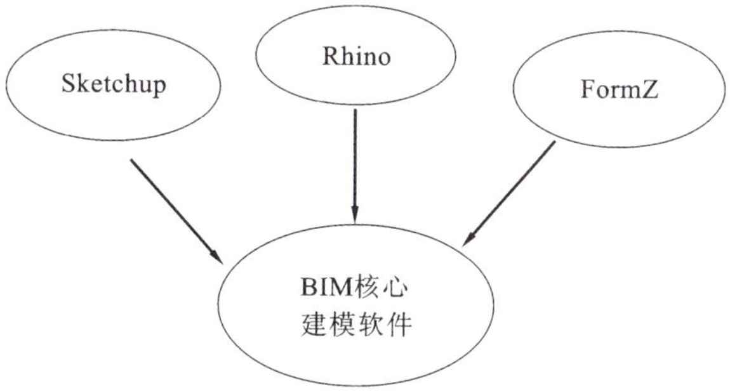

图 8.29 与 BIM 接口的几何造型软件

8.3.3.5 BIM 结构分析软件

结构分析软件是目前和 BIM 核心建模软件集成度较高的产品,两者之间基本上可以实现双向信息交换,即结构分析软件可以使用 BIM 核心建模软件的信息进行结构分析,其分析结果对结构的调整又可以反馈到 BIM 核心建模软件中,自动更新调整 BIM 模型。

目前,可以与 BIM 核心建模软件配合使用的软件有 ETABS、STAAD、Robot 以及 PKPM 等,其与 BIM 核心建模软件的关系如图 8.30 所示。

8.3.3.6 BIM 机电分析软件

水暖电等设备和电气分析软件的国内产品有鸿业、博超等,国外产品有 Designmaster、IES Virtual Environment、Trane Trace 等,其与 BIM 核心建模软件的关系如图 8.31 所示。

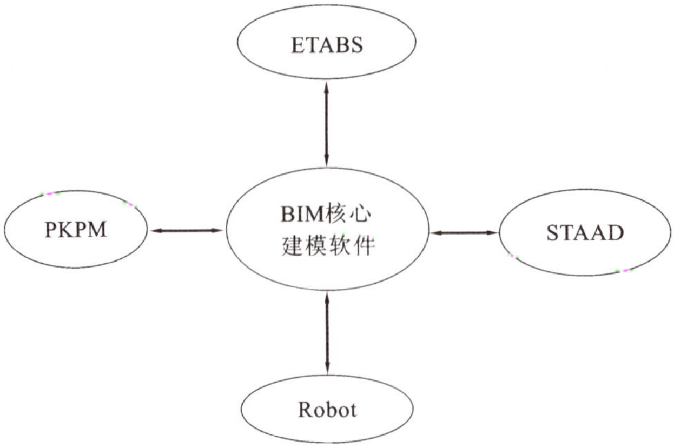

图 8.30 BIM 结构分析软件

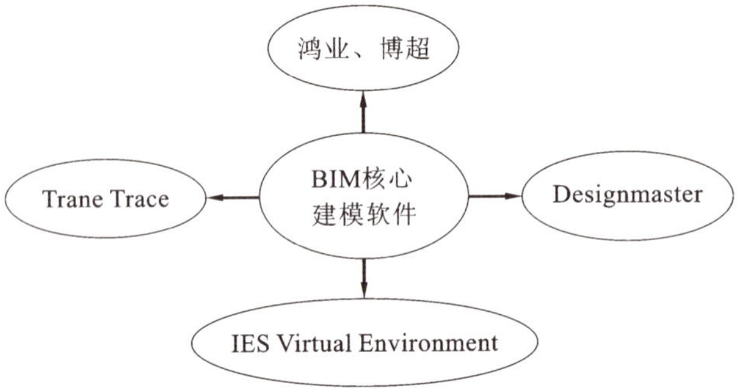

图 8.31 BIM 机电分析软件

8.3.3.7 BIM 可视化软件

有了 BIM 模型以后，对可视化软件的使用就有一些好处：

(1)可视化建模的工作量减少了；

(2)模型的精度及其与设计的吻合程度提高了；

(3)可以在项目的不同阶段以及各种变化情况下快速产生可视化效果。

目前常用的可视化软件有 3DS Max、Artlantis、AccuRender 和 Lightscape 等，其与 BIM 核心建模软件的关系如图 8.32 所示。

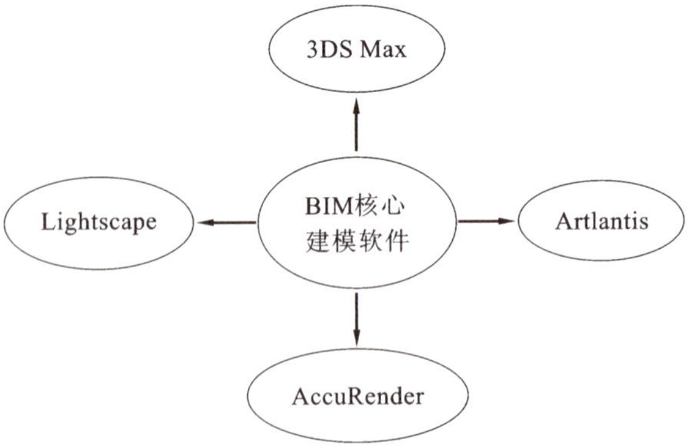

图 8.32 BIM 可视化软件

8.3.3.8 BIM 模型检查软件

BIM 模型的检查软件既可以用来检查模型本身的质量和完整性，例如空间之间是否有重叠、空间是否被构件围闭、构件之间是否有冲突等；也可以用来检查设计是否符合业主的要求，是否符合规范的要求等。

目前常用的具有市场影响力的 BIM 检查软件为 Solibri Model Checker。

8.3.3.9 BIM 模型综合碰撞检查软件

有两个根本原因直接导致了模型综合碰撞检查软件的出现：

(1)不同专业人员使用各自的 BIM 核心建模软件建立自己专业相关的 BIM 模型，这些模型需要在一个环境里面集成起来才能完成整个项目的设计、分析、模拟，而这些不同的 BIM 核心建模软件无法实现这一点。

(2)对于大型项目来说，硬性条件的限制使得 BIM 核心建模软件无法在文件里面操作整个项目模型，但是又必须把这些分开创建的局部模型整合在一起研究整个项目的设计、施工及其运营状态。

模型综合碰撞检查软件的基本功能包括集成各种三维软件(包括 BIM 软件、三维工厂设计软件、三维机械设计软件等)创建的模型，进行 3D 协调、4D 计划、可视化、动态模拟等，属于项目评估、审核软件的一种。常见的模型综合碰撞检查软件有 Autodesk Navisworks、Bentley Projectwise Navigator 和 Solibri Model Checker 等，其与 BIM 核心建模软件的关系如图 8.33 所示。

8.3.3.10 BIM 造价管理软件

造价管理软件利用 BIM 模型提供的信息进行工程量统计和造价分析，由于 BIM 模型结构化数据的支持，基于 BIM 技术的造价管理软件可以根据工程施工计划动态提供造价管理需要的数据，这就是所谓的 BIM 技术的 5D 应用。

国外的 BIM 造价管理软件有 Innovaya 和 Solibri。鲁班软件是国内 BIM 造价管理软件的代表之一，与 BIM 核心建模软件的关系如图 8.34 所示。

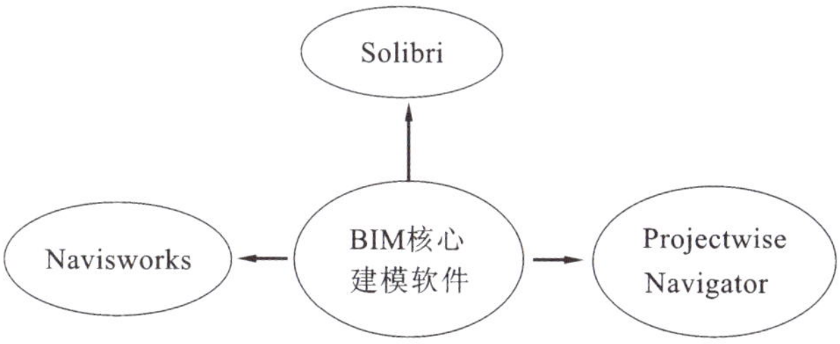

图 8.33 BIM 模型综合碰撞检查软件

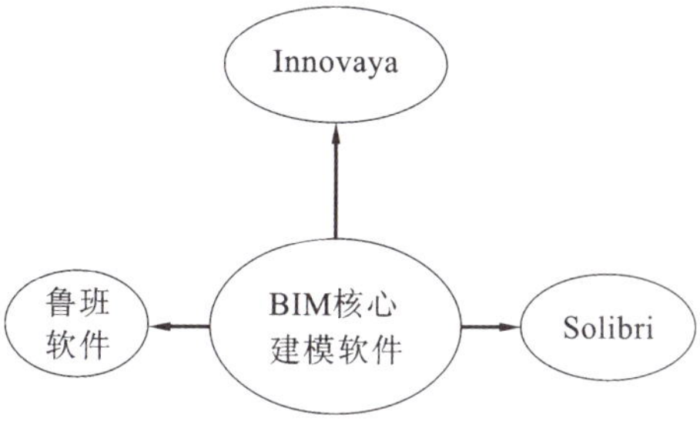

图 8.34 BIM 造价管理软件

鲁班软件对以项目或业主为中心的基于 BIM 的造价管理解决方案应用给出了如图 8.35 所示的整体框架，无疑会对 BIM 信息在造价管理上的应用水平提升起到积极作用，同时也是全面实现和提升 BIM 对工程建设行业整体价值的有效实践。

8.3.3.11 BIM 运营管理软件

我们把 BIM 形象地比喻为建设项目的 DNA，根据美国国家 BIM 标准委员会的资料，一个建筑物生命周期 75%的成本发生在运营阶段(使用阶段)，而建设阶段(设计、施工)的成本只占项目生命周期成本的 25%。

BIM 模型为建筑物的运营管理阶段服务是 BIM 应用重要的推动力和工作目标，在这方面美国运营管理软件 ArchiBUS 是最有市场影响力的软件之一。

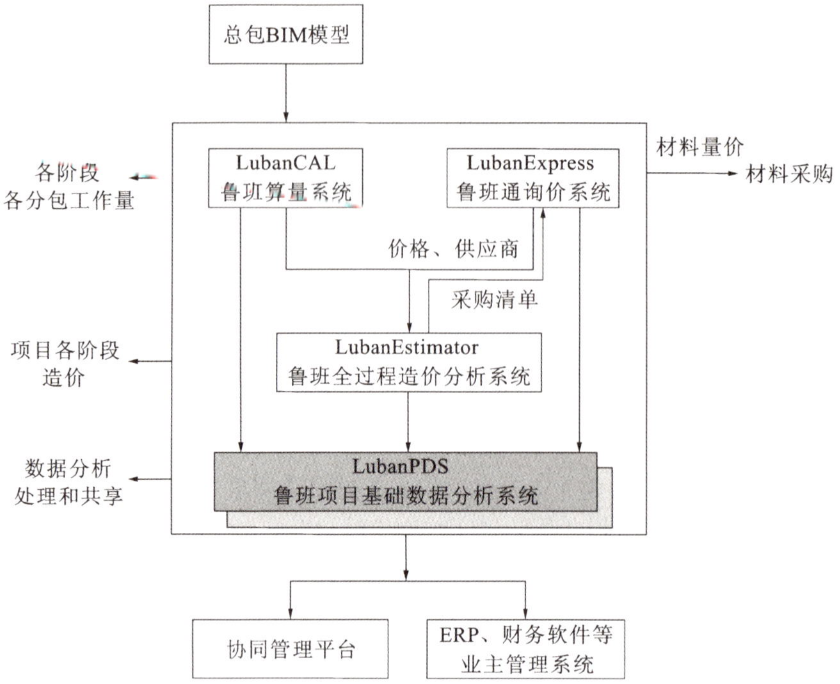

图 8.35　鲁班 BIM 造价管理解决方案框架

8.3.3.12　BIM 发布审核软件

最常用的 BIM 成果发布审核软件包括 Autodesk Design Review、Adobe PDF 和 Adobe 3D PDF，正如这类软件本身的名称所描述的那样，发布审核软件把 BIM 的成果发布成静态的、轻型的、包含大部分智能信息的、不能编辑修改但可以标注审核意见的、更多人可以访问的格式，如 DWF/PDF/3D PDF 等，供项目其他参与方进行审核或者利用，与 BIM 核心建模软件的关系如图 8.36 所示。

8.3.3.13　BIM 可持续(绿色)分析软件

可持续或者绿色分析软件可以使用 BIM 模型的信息对项目进行日照、风环境、热工、景观可视度、噪声等方面的分析，主要软件有国外的 Echotect、IES、Green Building Studio 以及国内的 PKPM 等，与 BIM 核心建模软件的关系如图 8.37 所示。

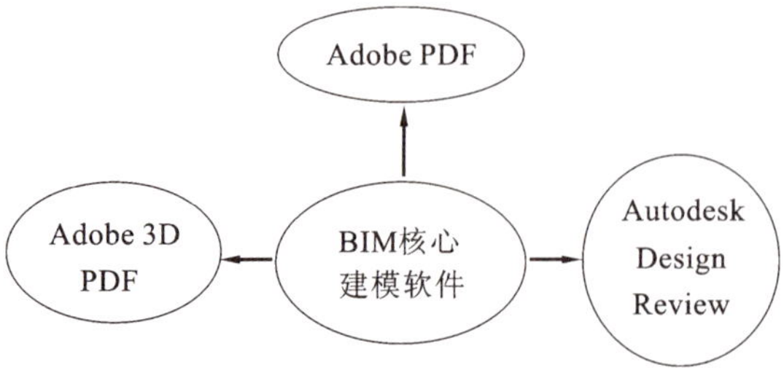

图 8.36　BIM 发布审核软件

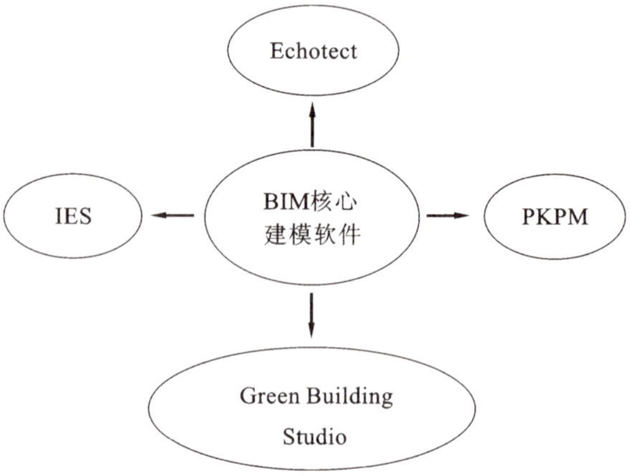

图 8.37　BIM 可持续分析软件

8.3.4 BIM技术的应用

8.3.4.1 BIM技术在国内的应用

BIM技术并不是简单意义上的三维建模，向三维模型添加时间参数轴可以生成4D模型，向4D模型添加成本参数轴可以生成5D模型。BIM技术可以应用于项目整个生命周期的各个阶段。在项目生命周期的不同阶段BIM技术有不同的应用。

(1)规划阶段

项目前期规划阶段会直接影响后续各个工程阶段。由于BIM技术的使用，项目的各个参与方可以尽早地参与到项目中，他们可以从自身专业的角度及时发现问题、解决问题，减少工程延误，保证项目的正常进行。BIM技术在规划阶段主要用于场地建模、成本估算、阶段规划、建筑策划等。

(2)设计阶段

传统的方案设计中各专业设计师之间沟通比较困难，且无法从全局的角度来进行设计考虑。而利用BIM技术所进行的设计，设计师可以根据业主的要求和现场的环境综合考虑。各个专业的设计师在统一的平台上对模型进行参数化建模，彼此之间协助优化设计、减少错漏。建筑师可以通过BIM技术对场地进行规划，合理设计建筑布局。此外，设计者还可以从空间的角度对建筑内部的视野进行优化，依据建筑的环境参数设计供暖供冷系统方案，在满足人体舒适度的同时减少建筑的能耗。

(3)施工阶段

在正式施工之前，应用BIM技术将施工阶段关键部位的施工过程通过动画的形式展现出来，施工方案编制人员可以对施工过程中的影响因素进行预测，制定最优的专项施工方案。在正式施工阶段使用BIM技术，可以有效解决施工中各专业之间的矛盾，减少返工成本，合理地配置现场所需的各种资源。

(4)运营维护阶段

建筑的运营维护是整个生命周期中最长的一个阶段。科学安排运营维护，可以在提高管理水平的同时降低运营成本。物业服务人员可以根据BIM模型，直接获得建筑的准确信息，最终完成基于建筑信息的建筑运营维护管理。

在该阶段，BIM技术可以用于资产管理、设计维护、空间分析与管理等。

近年来，我国出现了一批应用BIM技术的设计院和施工企业，通过应用实践积累，它们已经拥有了较强的BIM技术应用能力。BIM技术在不少大型钢结构工程项目中得到了成功的应用，如“中国尊”大厦、奥运场馆鸟巢、上海中心大厦、中央电视台总部大楼等。

位于北京CBD商务中心的“中国尊”大厦项目，建筑高度528 m，地下8层，地上108层，总建筑面积43.7万m^2。该大厦建成后将成为北京第一高楼、首都新地标。它还是世界上第一座在抗震设防烈度为8度的地区建设的500 m以上超高层建筑。按照设计方案，这一建筑的地下部分与CBD其他地块的环形商业空间和连接地铁的步行环廊连通。为了高质量地完成项目生命周期内的全部工作，项目参建方深度应用BIM技术，充分发挥BIM技术的优势，提高工作效率、降低开发成本、提升建筑品质、实现管理价值。

在规划阶段，“中国尊”大厦项目应用BIM技术提取了场地周边的环境信息和单体信息，创建了一个完善的场地区域模型，并将CBD核心区地下公共空间的BIM模型进行整合，如图

8.38 所示。这一阶段很好地处理了各种问题,减少了不必要的浪费。

图 8.38　“中国尊”大厦项目场地区域模型

在设计阶段,“中国尊”大厦在设计图完成之前,施工单位就已经提前介入开展图纸审核工作。各专业施工单位在初步设计阶段充分配合沟通,并对各自的需求提出优化意见。BIM 技术的应用充分发挥了专业施工单位的技术优势,弥补了设计单位在施工可操作性方面的不足。与此同时,BIM 技术还加强了设计单位内部各专业之间的交流。在传统的二维图纸会审的基础上,增加了模型与图纸之间的三维交叉审核,如图 8.39 所示。基于 BIM 技术的图纸审核技术,加深了设计单位各专业之间、设计单位与施工单位之间的交流,提前发现了大量的设计遗

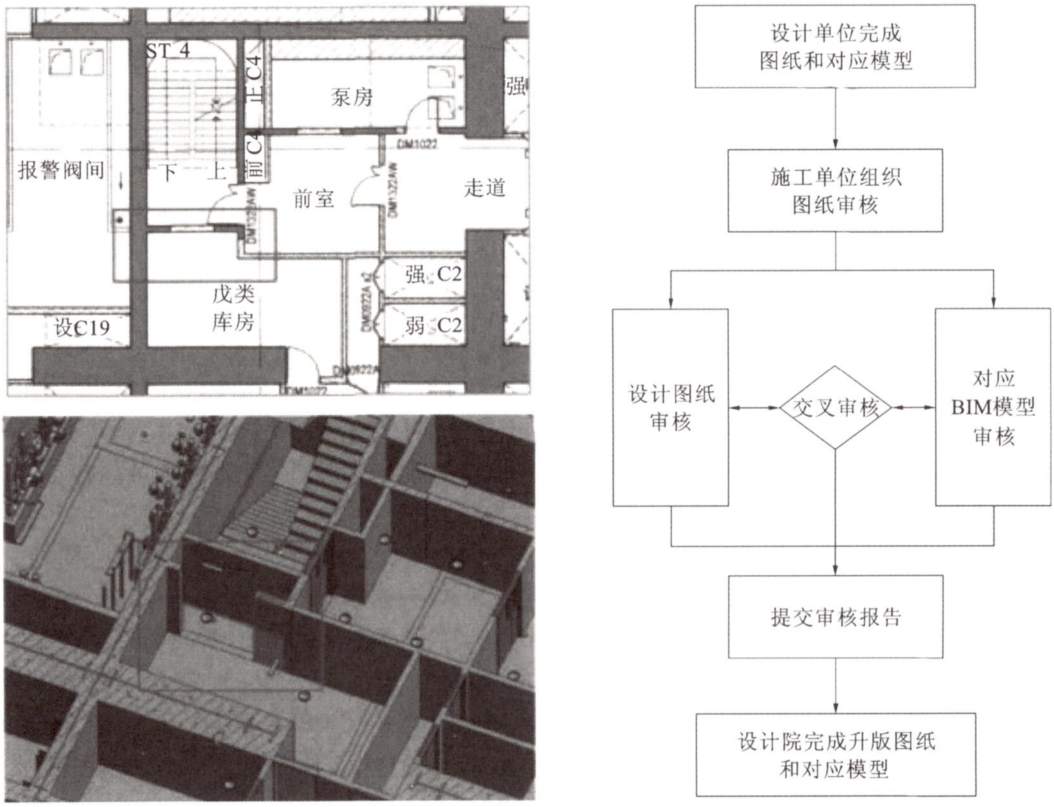

图 8.39　设计图纸与设计模型交叉审核及流程

漏和错误，提高了图纸审核的效率。在该项目实施过程中，累计下发设计变更和工程洽商的数量仅是同类超高层项目的25%，提高了效率，节约了成本，减少了拆改。

在施工阶段，BIM技术的使用促进了各专业施工单位作为具体实施方的协同配合。该项目施工阶段BIM技术的应用与普通项目最大的不同在于对深化设计BIM模型的管理，形成了高精度的深化设计模型。由于深化设计模型精度高，在深化设计阶段可以准确模拟真实施工工况，合理协调各专业的排布，全面考虑现场实施的不利因素，提前发现潜在的、不易发现的专业冲突和设计遗漏，规避现场的拆改和返工，确保现场能按图施工，保证工期进度，为项目履约提供了最有利的技术支持。

"中国尊"大厦BIM模型从设计、施工到运维不断传递，保证了大楼的建筑品质和科技含量。鉴于目前国内BIM规范体系还不成熟，项目各参与方共同编制了适用于该项目的实施纲领性文件，对同类项目的实施具有一定的参考价值和指导意义。

总体上来看，BIM技术在我国的应用已经有了一定的成果，但主要涉及复杂建筑、公共项目，尚处于由点带面的发展阶段。BIM技术作为先进生产力的代表，必须要与大环境融合，才能快速普及和发展。在推行BIM技术应用的过程中，政府扮演的角色至关重要。相关政策的扶持可以加快BIM的发展进程。推行BIM技术并不意味着完全推翻现有的行业运行模式，而是一个循序渐进的过程。结合国内建筑业发展的大环境，形成由政府主导、市场推广和民众参与的推广模式。此外，在我国大力鼓励建筑工业化的背景下，在轻钢结构装配式建筑中开展BIM应用是BIM技术的发展方向。总之，在BIM技术的发展道路上，我国还有很长的路要走。

8.3.4.2　BIM技术的应用前景

相对于传统技术，BIM技术具有很大的优势。这些优势贯穿项目全生命周期的各个阶段，特别是对于大型、复杂项目尤其突出。从社会总生产效率、社会总成本及环境保护各角度来看，BIM技术的应用是建筑行业的发展趋势。从各参与方的角度来说，BIM技术的应用会创造很大的经济效益。

(1)对于业主

①记录和评估存量物业：用BIM模型来记录和评估已有物业可以为业主更好地管理物业生命周期运营的成本，如果能够把物业的BIM信息和业主的业务决策和管理系统集成，就能使业主如虎添翼；

②产品规划：通过BIM模型使设计方案和投资回报分析的财务工具集成，业主就可以实时了解设计方案变化对项目投资收益的影响；

③设计评估和招投标：通过BIM模型帮助业主检查设计院提供的设计方案在满足多专业协调、规划、消防、安全以及日照、节能、建造成本等各方面要求的表现，保证提供正确和准确的招标文件；

④项目沟通和协同：利用BIM的3D、4D(三维模型＋时间)、5D(三维模型＋时间＋成本)模型和投资机构、政府主管部门以及设计、施工、预制、设备等项目方进行沟通和讨论，大大节省决策时间和减少由于理解不同带来的错误；

⑤和GIS系统集成：无论是业内人士还是公众都可以用和真实世界同样的方法利用物业的信息，对营销、物业使用和应急响应等都有极大帮助；

⑥物业管理和维护：BIM模型包括了物业使用、维护、调试手册中需要的所有信息，同时

为物业改建、扩建、重建或退役等重大变化都提供了完整的原始信息。

(2)对于设计方

①方案设计:使用 BIM 技术除了能进行造型、体量和空间分析外,还可以同时进行能耗分析和建造成本分析等,使得初期方案决策更具有科学性;

②扩充设计:建筑、结构、机电各专业建立 BIM 模型,利用模型信息进行能耗、结构、声学、热工、日照等分析,进行各种干涉检查和规范检查,以及进行工程量统计;

③施工图:各种平面、立面、剖面图纸和统计报表都从 BIM 模型中得到;

④设计协同:设计有上十个甚至几十个专业需要协调,包括设计计划、互提资料、校对审核、版本控制等;

⑤设计工作重心前移:目前设计师 50%以上的工作量用在施工图阶段,以至于设计师得到了一个无奈的但又名副其实的称号——“画图匠”,BIM 可以帮助设计师把主要工作放到方案和扩充阶段,恢复设计师的本来职责。

(3)对于承包方

①虚拟建造:在 BIM 模型中使用实际产品后进行物理碰撞(硬碰撞)和规则碰撞(软碰撞)检查;

②施工分析和规划:BIM 和施工计划集成的 4D 模拟,时间-空间合成以后的碰撞检查;

③成本和工期管理:BIM、施工计划和采购计划集成的 5D 模拟;

④预制:BIM 和数控制造集成的自动化工厂预制;

⑤现场施工:BIM 和移动技术、RFID 技术以及 GPS 技术集成的现场施工情况动态跟踪。

8.3.5 BIM 技术的发展趋势

8.3.5.1 企业管理与项目管理无缝对接

随着大家对 BIM 技术的认识和研究,越来越多的应用会日趋成熟,也会越来越符合项目管理的需求。从企业到项目、从设计到施工,在每一个阶段都会有一套“承上启下”的技术标准,当然,标准体系的建立也是每个企业流程制度的升级,BIM 的应用将会使从项目到企业的各类数据准确清晰,从企业到项目的制度管理合理明确,实现企业管理与项目管理的无缝对接。

8.3.5.2 智慧城市与数字化城市的建设

智慧城市是云计算、移动互联网等新一代信息技术应用与城市可持续发展需求相结合的产物,代表了当今世界城市发展的新理念和新模式,体现了工业化、信息化、城镇化和农业现代化的融合。未来的 BIM 技术将会产生以下几大高端发展趋势:

第一,以移动技术来获取数据。随着互联网和移动智能终端的普及,人们现在可以在任何地点和任何时间来获取信息。而在建筑设计领域,将会看到很多承包商,为自己的工作人员都配备这些移动设备,在工作现场就可以进行设计。

第二,数据的暴露。可以把监控器和传感器放置在建筑物的任何一个地方,针对建筑内的温度、空气质量、湿度进行监测。然后,再加上供热信息、通风信息、供水信息和其他的控制信息。这些信息汇总之后,设计师就可以对建筑的现状有一个全面充分的了解。

第三,未来还有一个最为重要的概念——云端技术,即无限计算。不管是能耗,还是结构分析,针对一些信息的处理和分析都需要利用云端强大的计算能力。甚至,渲染和分析过程可以达到实时的计算，帮助设计师尽快地在不同的设计和解决方案之间进行比较。

第四，数字化现实捕捉。这种技术，通过一种激光对于桥梁、道路、铁路等进行扫描，以获得早期的数据。现在不断有新的算法，把激光所产生的点集中成平面或者表面，然后放在一个建模的环境当中。3D 电影技术就是在一台电脑上创造一个 3D 立体 BIM 模型的环境。因此，我们可以利用这样的技术为客户建立可视化的效果。值得期待的是，未来设计师可以在一个 3D 空间中使用这种进入式的方式来进行工作，直观地展示产品开发的未来。

第五，协作式项目交付。BIM 是一个工作流程，而且是基于改变设计方式的一种技术，且改变了整个项目执行施工的方法，它是一种设计师、承包商和业主之间合作的过程，每个人都有自己非常有价值的观点和想法。

所以，如果能够通过分享 BIM 让这些人都参与其中，在这个项目的全生命周期都参与其中，那么，BIM 将能够实现它最大的价值。国内 BIM 应用处于起步阶段，绿色和环保等几乎成为各个行业的通用要求。特别是建筑设计行业，设计师早已不再满足于完成设计任务，而更加关注整个项目从设计到后期的执行过程是否满足高效、节能等要求，期待从更加全面的领域创造价值。

8.4 智能建造简介

8.4.1 概述

目前，世界各国均将智能制造纳入国家战略方向，积极抢占各产业发展先机以实现国家工业向高质量、高效率和高竞争力方向发展。建筑业是国民经济的支柱产业，但目前管理的信息化深度和精细化程度相比其他行业仍处于较低水平。麦肯锡全球研究院《想象建筑业的数字化未来》报告统计，在全球行业的数字化指数排行中，建筑业位于倒数第二。基于智能建造实现建筑业高质量发展是一项重大课题，也是建筑行业的发展机遇。

8.4.1.1 智能建造的内涵

肖绪文院士指出，智能建造是面向工程产品全生命周期，实现泛在感知条件下的信息化建造，即根据工程建造要求，通过智能化感知、人机交互、决策实施，实现立项过程、设计过程和施工过程的信息、传感、机器人和建造技术的深度融合，在基于互联网信息化感知平台的管控下，按照数字化设计的要求，在既定时空范围内通过功能互补的机器人完成各项工艺操作的建造方式。

丁烈云院士指出，智能建造是新一代信息技术与工程建造融合形成的工程建造创新模式，即利用以“三化”(数字化、网络化、智能化)和“三算”(算据、算力、算法)为特征的新一代信息技术，在实现工程建造要素资源数字化的基础上，通过规范化建模、网络化交互、可视化认知、高性能计算以及智能化决策支持，实现数字链驱动下的工程立项策划、规划设计、施(加)工生产、运维服务一体化集成与高效协同，不断拓展工程建造价值链、改造产业结构形态，向用户交付以人为本、绿色可持续的智能化工程产品与服务。

智能建造是将以智能技术为核心的现代信息技术与以工业化为主导的先进建造技术深度融合，通过数据驱动工程勘察、设计、生产、施工和交付全过程，实现建造活动和过程的自感知、自学习、自决策、自控制的新型建造模式。智能建造通过规范化建模、网络化交互、可视化认知、高性能计算、智能化决策、自动化实施等支持，实现数字链驱动下的工程立项策划、规划设计、施工生产、运维服务一体化集成和高效率协同。智能建造内涵可从以下四个方面展开：

①智能建造是设计、生产、施工一体化的建造体系，是建造新思维、新技术和新模式的集成创新，也是建造方式的深刻变革。

②智能建造通过“智能＋”，提升建造质量和建造产品的品质，实现建造的精益优效、节能降污，提供安全、绿色、舒适的建造产品。

③智能建造应充分利用智能相关技术，实现建造技术的提升，将BIM、物联网、大数据、人工智能、智能设备、可信计算、云边端协同、移动互联网、机器人等新一代信息和自动化技术与勘察、规划、设计、施工、运维、管理服务等建筑全生命周期的各个环节相互融合，全面提升建造技术的水准。

④采用智能系统，实施人机协同的施工，通过大数据和人工智能算法，建立智能建造控制平台作为控制中心，根据信息分析进行判断和决策；构建泛在感知和5G系统作为神经系统，感知信息和传达信息；基于人机协同环境，制定施工技术方案；智能装备、自动化机械和工人协同工作，实现建造控制系统的各种指令；最终，实现信息深度感知、自主采集与迭代、知识积累与辅助决策、工厂化加工、人机交互、精益管控的建造模式。

8.4.1.2　智能建造的特点

智能建造从范围上来讲，包含了建设项目全生命周期，既有勘察、规划、设计，也有施工与运营管理等；从内容上来讲，通过互联网和物联网传递数据，这些数据往往包含大量的信息，借助云平台的大数据挖掘和处理能力，建设项目参建方可以实时清晰地了解项目运行的方方面面，更好把控项目的组织协调、计划管理等。从技术上来讲，智能建造中“智能”的根源在于以BIM、物联网、云计算、机器人等为基础的信息化和自动化技术的应用，智能建造涉及的各个阶段、各个专业领域不再相互独立存在，将串联成一个整体。

智能建造使工程项目全生命周期的各个环节高度集成，可对不同主体的个性化需求做出智能反应，为不同阶段的使用者提供便利。借助各项先进技术发展起来的智能建造，具有如下特点：

①智慧性。智慧性主要体现在信息和服务这两个方面，智慧性以信息为支撑，每个工程项目都包含巨量的信息，需要具有感知、获取、储存各类信息的能力，高速分析数据的能力，智慧处理数据的能力等，通过技术手段及时为用户提供高度匹配、高质量的智慧服务。

②便利性。智能建造以满足用户需求为主要目标，在工程项目建设过程中，需要为各专业参与者提供信息以及各类智慧服务，为各专业参与者提供便利、舒适的工作环境，使工程项目能够顺利完成，也为业主提供满意的建筑功能。

③集成性。集成性主要指将各类信息化技术集成以及将建设项目各个主体功能集成这两个方面。智能建造技术涵盖了各类信息化技术，而每种信息化技术都有独特的功能，需要将每种技术整合在一起，实现高度集成。

④协同性。协同性是指通过运用物联网技术，将原本没有联系的个体相互关联起来，使个体之间彼此交错，构建智慧平台的神经网络，从而能够为不同的用户提供共享信息，增强不同用户之间的联系，能有效避免出现信息孤岛情况，达到协同工作的效果。

⑤可持续性。智能建造完全契合可持续发展的理念，将可持续性融入工程项目全生命周

期的每一个环节中。采用信息化技术,能够有效进行能耗控制,实现绿色生产、资源回收再利用等方面作业。可持续性不仅满足节能环保方面的要求,还可满足社会发展、城市建设等要求。

8.4.1.3 智能建造的发展现状

(1)国外建筑业智能发展战略

美国在2007年就要求大型工程项目都要使用BIM技术,通过使用信息技术实现低碳绿色发展,并在2017年发布了重点关注建造过程的《美国基础设施重建战略规划》。

德国于2015年发布了《数字化设计与建造发展路线图》,描述了工程建造领域的数字化设计、施工和运维的发展路径,其核心内容是通过推广BIM技术,不断优化设计精度和成本控制。同时,在工业4.0的背景下大力推进建筑业数字化升级,在建筑领域促进工业化与信息化的深度融合。

日本制定了"i-Construction"战略,为建筑行业制定了发展目标,着力提升建筑产品的品质、安全和效益。具体目标为:2025年将建筑工地的生产效率提高20%,2023年将由内因造成的事故降为0,并实现建造生产过程与三维数据全面结合。

新加坡是最早应用BIM处理与审查建筑物全生命周期项目文件的国家之一。2010年,新加坡公共工程全面要求设计施工应使用BIM。2015年,新加坡建设局要求建筑面积大于5000 m^2 的项目都必须提交BIM模型。

英国推出了"英国建造2025"战略,发展目标是降成本、提效率、减排放、增出口,该战略的一个创新之处是成立了建设领导委员会,该委员会的工作主题主要包括三个方面:(1)在工作方式数字化方面,通过提升BIM在建筑业中的应用程度,达到更好的工作效果;(2)增加装配式建筑的比例和建筑构件异地制造的比例,以提高生产效率、质量和安全性;(3)促进使用新一代智能技术,使其能够帮助建筑企业从新资产和现有资产中获得更多收益。为更好地服务于这三个主题,智能建造科技含量较高,有利于推动跨领域、全方位、多层次的产业深度融合;能够有效促使建筑业工业化,发挥信息技术对社会经济发展的推动作用。同时有利于促进工程建造从传统的"产品交付建造"向"服务型建造与运营"转变。

(2)我国智能建造发展现状

2020年7月,住房城乡建设部等13部门联合印发的《关于推动智能建造与建筑工业化协同发展的指导意见》提出,要围绕建筑业高质量发展总体目标,以大力发展建筑工业化为载体,以数字化、智能化升级为动力,创新突破相关核心技术,加大智能建造在工程建设各环节应用,形成涵盖科研、设计、生产加工、施工装配、运营等全产业链融合一体的智能建造产业体系,提升工程质量安全、效益和品质。

2022年1月,住房城乡建设部发布的《"十四五"建筑业发展规划》中也明确提出,到2025年,初步形成建筑业高质量发展体系框架,建筑工业化、数字化、智能化水平大幅提升,建造方式绿色转型成效显著,加速建筑业由大向强转变。在产业链现代化方面,基本建立智能建造与新型建筑工业化协同发展的政策体系和产业体系,装配式建筑占新建建筑的比例达30%以上,打造一批建筑产业互联网平台,形成一批建筑机器人标志性产品,培育一批智能建造和装配式建筑产业基地。

但目前我国建筑行业的信息化水平不高,智能建造推进整体滞后。其主要原因在于,实施智能建造首先需要自主研发或者购买各种智能化系统,并不断开发和完善建造智能化系统,充分集成应用各项新技术，以满足智慧工地、智能建造的需求。当前，我国已经拥有世界最大的建筑信息模型(BIM)技术应用的体量，在机器人的研制方面也已起步，但我们没有自主知识产权的 BIM 基础平台和三维图形系统及其引擎。我国已经拥有建造信息技术的巨量投入被碎片化，在解决智能建造"卡脖子"技术方面没有明显突破。智能建造推进面临的挑战较为严峻，信息技术与产业发展间的融合应被高度重视。世界正在进入以信息产业为主导的经济发展时期，我们要把握数字化、网络化、智能化融合发展的契机，以信息化、智能化为杠杆培育新动能，带动建筑业转型升级。

8.4.2　智能建造的基础技术

8.4.2.1　工业化建造技术

以工业化为主导的先进建造技术和不断发展的信息化技术是实现智能化建造技术体系的前提。在工业化建造方面，预制化结构技术、工厂化生产技术以及装配化施工技术为工程建造提供了基础保障；在信息技术方面，云计算、大数据、移动通信、地理信息系统、建筑信息模型、3D 扫描成像、自动化、物联网、人工智能、虚拟现实技术等不断应用于工程实践，传统建筑业与先进制造业、数字信息产业不断融合发展，迸发出新的活力。

(1)预制化结构技术

装配式建筑是建筑业工业化的基本对象，是智能建造的重要载体之一。预制化结构技术是实现装配式建筑的基础保障，研发合理的预制装配结构体系与构造形式，应用成熟的计算理论按照规范进行设计，采用工厂化、批量化、标准化模式生产预制构配件。结构构件预制化和关键节点连接技术对建造方式、施工可行性以及整体结构性能(如承载能力、结构刚度、抗震性能等)起决定性作用。从学科理论和工程技术层面，发展预制化结构技术需要系统掌握钢、混凝土结构的构件与连接节点性能特点、掌握各类结构体系分析与计算方法，完善各类装配式结构构造和施工技术要求。

建筑结构的预制构件体量较小、种类和规格较多，建筑结构主要力学单元包括板、梁、柱、墙等构件。在装配式建筑进行结构设计时，应尽可能遵循"少规格、多组合"的理念进行部件划分，同时应尽可能选择构件力学性能好、连接易于施工的成熟技术。对于大型基础设施(如桥梁、地铁隧道)，采用预制装配技术的构件单元体量大、规格化程度较高。在保障结构力学性能基础上，还需综合考虑预制构件运输条件、现场施工方法等多种因素，制订合理的预制构件形式和连接方法。

(2)工厂化生产技术

采用工业化建造方式的工程，其相当一部分构配件需要在工厂加工而成，这是建筑工业化区别于传统工程建造模式的显著特征。通过工业化生产方式，在工厂车间内借助自动化机械设备生产各种预制构件。建筑工程质量很大程度取决于预制构件质量，由于不同构件的形状、尺寸、组成、生产方式不尽相同，为保证构件质量需要完备的生产线和配套工艺流程。做好工厂化生产技术，需要掌握工程材料性能和构件制造工艺等基本知识，还需要了解生产管理及生产设备等相关知识。

预制构件加工制造企业在我国已初具规模，根据装配式建筑的结构类型，主要有预制混凝土构件生产企业、钢结构生产企业和少量的木结构生产企业。预制混凝土构件工厂化生产按照混凝土制品制造流程，主要形成了移动模台生产线和固定模台生产线；钢结构工厂化加工主要涉及钢板放样加工、部件组装焊接等工艺。随着智能建造的发展，预制构件的工厂化生产技术也向着信息化、自动化乃至智能化方向发展。

(3)装配化施工技术

装配化施工是工业化建造流程的核心环节，其施工质量与安装效率直接决定工程质量、建设工期与综合成本。装配化施工运用各类型机械工具，能够显著提升工作效率、减少人力成本，同时减少现场的污染和材料浪费。做好装配化施工技术，需要掌握土木工程施工的基本知识和现场管理、工程装备等相关知识，主要涉及预制构件进场验收、预制构件吊装、预制构件连接以及质量验收和检验等技术。

预制构件进行现场安装时对精度有较高要求，构件缺陷会对安装工程的质量、进度、成本造成影响，因此构件的验收环节尤为重要。预制构件在验收合格后尽可能直接进入吊装程序，尽量避免在现场存放或减少预制构件的现场堆放量。构件吊装与就位连接也是需要重点关注的环节，涉及工程装备选择、局部改造和研发升级。鉴于预制构件连接技术的特殊性，质量检测对于连接节点质量乃至结构整体性能也至关重要。

8.4.2.2 工程信息化技术

(1)数字化技术

建筑信息模型(building information modeling)即BIM，是指在建设工程及设施的全生命周期内，对其物理和功能特性进行数字化表达，并依此进行设计、施工、运维的过程和结果的总称。BIM技术为工程项目的全参与方提供包括建筑全生命周期各阶段的工程信息的流通、转换、交换和共享的平台，为工程提供了精细化、科学化的技术手段。BIM技术是工程项目数字化的基石，实现了对建筑物理性能与功能的数字化呈现，作为信息可视化的载体为智能建造过程与管理平台搭建了桥梁。

地理信息系统(geographic information system)即GIS，是对整个或部分表层空间中有关空间分布的数据信息进行采集、运算、分析和显示等功能的空间信息系统。GIS技术在区域规划、环境管理、城市管理、辅助决策方面可发挥巨大作用。近年来，BIM+GIS技术为建筑业信息化、智能化发展提供了良好支持。采用BIM建立精细化三维模型并作为GIS数据来源，使宏观的GIS数据与微观的BIM信息相结合，可为智能建造提供一个很好的基础平台。

3D扫描技术作为获取空间数据的有效手段，具有快速、准确、无接触测量等优势，可直接基于实物进行逆向三维数据采集和模型重构，将数据输入各类软件可实现更多功能。例如：可通过获取的实时信息指导场地管理、施工组织、物料进场以及施工进度规划，实现施工现场管理，可用于复杂空间钢结构的拼装模拟以及安装模拟等。

(2)智能分析技术

随着人工智能发展，智能化的技术和产品已经逐渐进入人们的工作和生活中，其背后的基础是人工智能算法得到了极大的发展。人工智能算法及相关支撑技术与工程建造的结合，是智能建造能够发展的重要因素。智能分析是智能建造的“智能”来源，当前阶段，智能建造涉及较多的基础性智能分析技术主要包括人工智能、大数据、云计算、区块链技术等。

智能建造中的人工智能多涉及算法层面，其为工程设计参数、施工信息、运维数据的处理和分析提供了智能化的算法工具。大数据技术为工程建造全生命周期过程中大量、多源的数据信息提供了处理手段；云计算则为人工智能算法、大数据分析提供了算力上的保障；区块链技术以其去中心化、分布式存储的特性，为工程大数据提供了安全保障。

(3)感知与物联网技术

感知与物联网技术为工程建造过程的信息和数据提供了收集和传输的手段,是智能建造发展的必备要素。当前阶段,智能建造涉及的感知与物联网技术主要包括传感器、工程测量与三维激光扫描、计算机视觉、物联网等。

传感器种类众多,涉及温湿度、噪声、风力、力、应变等数据和信息的感知,是工程建造的重要信息来源。利用常规工程测量仪器,收集工程建造的关键信息,仍是当前阶段智能建造工程测量的基本手段之一。三维激光扫描是近年来快速发展的测量技术,为工程结构全景测量提供了手段。计算机视觉以人工智能算法为基础,为工程信息采集提供了新手段。物联网技术则为智能建造提供了信息流通与传输媒介,工程物联网也成为智能建造的热点之一。

(4)自动建造与机器人技术

智能建造的重要发展方向和目标在于实现工程对象的自动化建造,从而实现少人化乃至无人化建造,以应对建筑业安全风险高、劳动力逐渐匮乏的挑战。自动建造与机器人技术的重点在于工程建造装备,主要包括智能化工程机械、建筑机器人和3D打印技术等。

作为现代工程施工最重要的元素之一,工程机械水平将直接关系到工程施工的效率和质量,在智能化时代,工程机械正在向自动化、智能化方向快速升级。建筑机器人是当前智能建造的热点方向之一,通过专用或通用机器人实现工程建造特定环节或整体流程上的人机协同作业及机器人独立作业。3D打印技术是中国新型建造技术,采用特殊的工程材料“打印”出工程对象,其目标是实现无人化的建造,是一种自动建造技术。

8.4.3　智能建造的业务范围

智能建造是面向工程建设活动的全过程和全阶段的,在每个阶段经过智能化赋能后,从传统的阶段升级为智能决策、智能设计、智能生产、智能施工、智能运维五个新阶段,如图8.40所示。

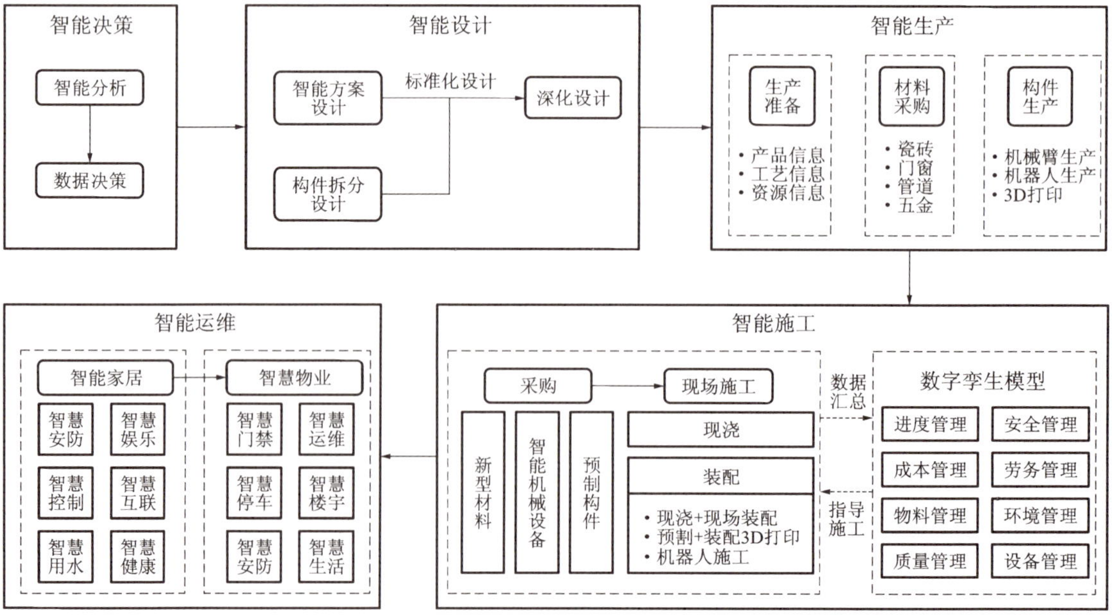

图8.40　智能建造五个阶段的业务框架

8.4.3.1　智能决策

智能决策包括决策思路和决策工具的升级。决策思路由传统的"经验决策"升级为"数据决策"，工程建设活动包含大量的数据，智能化能够帮助挖掘数据规律、辅助决策等。决策工具从"统计分析"改为"智能分析"。大数据等技术利用决策阶段的信息搭建数据模型对实际情况进行模拟仿真和预测，从而优化决策。

(1)规划阶段

智能决策起着引领方向的关键作用。基于大数据分析与市场需求调研，精准把握项目的功能定位、规模及预期效益等核心要素，通过构建项目可行性评估模型，全面考量经济、环境、社会等多元因素，为项目的启动与否提供科学依据，避免盲目投资与资源浪费。同时，智能决策系统运用先进的算法优化资源配置，合理安排人力、物力与资金的投入计划，确保项目在规划阶段就具备清晰的实施路径与高效的资源利用模式，为后续各阶段奠定坚实基础，保障项目从起始便朝着预期目标稳健前行。

(2)设计阶段

借助人工智能辅助设计软件和虚拟设计技术，智能决策能够快速生成多种设计方案，并依据性能模拟数据对各方案的结构稳定性、能源利用效率、空间舒适度等关键指标进行深度分析与对比。通过智能算法筛选出综合性能最优的设计方案。同时在细节设计上，如建筑材料的选择、构造节点的优化等方面提供精准决策建议，实现设计方案的精细化、科学化。这不仅大幅提升设计效率，缩短设计周期，还能确保设计成果在满足美学需求的同时，最大限度地提高建筑的性能品质，增强项目在全生命周期内的竞争力与可持续性。

(3)施工阶段

通过实时采集施工现场的人员、设备、材料、进度等各类数据，构建智能施工管理平台，运用数据分析技术与预测模型，实现对施工进度的精准把控和动态调整。当出现施工延误风险时，系统能迅速决策，调配资源，优化工序，确保工期目标达成。在质量控制方面，依据智能传感设备收集的质量数据，及时发现质量问题并追溯根源，为质量整改提供可靠依据。同时，基于安全风险监测数据，智能决策系统可提前预警安全隐患，制定针对性的防范措施，保障施工安全与质量，提升施工过程的整体效益与稳定性，智能决策是保障项目顺利推进与高效执行的关键枢纽。

(4)运营维护阶段

借助物联网传感器收集的海量建筑运行数据，如设备运行状态、能耗数据、室内环境参数等，智能决策系统运用数据分析和机器学习算法，对建筑的性能进行全面评估与诊断，预测设备故障与能耗趋势。通过制订精准的设备维护计划、优化能源管理策略以及室内环境调节方案，实现建筑运营成本的降低与舒适度的提升。此外，根据用户反馈和实际使用需求，智能决策还能指导空间布局的灵活调整与功能优化，延长建筑的使用寿命，确保建筑在全生命周期内持续发挥最大价值，为使用者提供优质的空间与服务体验。

8.4.3.2　智能设计

智能设计是指应用现代信息技术，采用计算机模拟人类的思维活动，提高计算机的智能水平，从而使计算机能够更多、更好地承担设计过程中各种复杂任务，成为设计人员的重要辅助工具。相比于传统设计方法，智能设计主要体现在设计工具和设计逻辑的变化。

在设计工具上，计算机辅助设计(computer aided design)即 CAD 技术的直观影响是推动了设计工作的可视化与信息化，设计对象从二维平面模型向三维实体模型转化，可视化空间模型可协助设计人员进行前瞻性设计工作。在建筑工程领域中，BIM 技术在虚拟施工、碰撞检查、综合优化等方面已有成熟应用，极大提高了建筑设计、结构计算、设备工程、装饰工程协同性，取得了良好的综合经济效益。CAD 技术能显著提升计算分析能力，借助专业软件完成复杂计算提高了计算效率、节约了人力成本、减少了人为失误、降低了计算误差。在实践中，CAD 技术已经能够明显减少设计人员的体力劳动，但在脑力劳动环节收效甚微。在传统的设计工作中，项目的基本方案、设计逻辑、计算流程、性能指标和整体优化高度依赖设计人员的专业技术和工程经验。相比之下，智能设计采用计算机模拟人类的思维活动，不断更新机器学习和深度学习算法，提高计算机处理复杂任务能力，通过迭代计算不断探索并优化设计方案。

智能设计模仿人类“认识”与“改造”过程，通过要素拆解、逻辑重构、判断模型等方式，按照方法论系统建立确定的、具体的设计方法与工具并利用计算机代替人类劳动，因而只能在有限的范围和程度内进行“认识”与“改造”工作。智能设计涵盖的内容主要包含以下四个方面：①数据收集与分析。通过收集和分析设计对象的相关数据，如产品性能、用户反馈和市场调研等，明确设计目的和成果价值，将设计对象的关键要素与环节具体化，为设计方向提供准确的指导。②设计理论与工具。建立健全设计要素的相关计算理论与工具，例如相关专业学科理论、国家规范、行业标准、CAD 计算工具等。③设计逻辑与执行。根据对象特点，如建筑和结构设计的交互影响，上部结构与下部基础设计的从属关系等，建立适宜的设计逻辑与执行路径。④设计评价与优化。采用具体数据、状态和程度等指标用于设计逻辑判定和结果衡量，建立价值判断模型以实现设计评价与优化。

综合国内外关于智能设计的研究现状和发展趋势，根据目前智能设计的技术实现程度，智能设计可以分为三个层次：常规设计、联想设计和进化设计。

（1）常规设计

在设计属性、设计进程、设计策略等规划完整的条件下，智能设计系统依照推理机制，调用符号模型（如规则、语义网络、框架等）进行设计。目前，国内外投入应用的智能设计系统大多属于此类，如日本 NEC 公司用于 VLSI 产品布置设计的 Wirex 系统，华中科技大学开发的标准 V 带传动设计专家系统（JDDES）、压力容器智能 CAD 系统等。这类智能系统只能解决定义完善、结构良好的常规问题，故称常规设计。

（2）联想设计

联想设计的研究可分为两类：一类是利用既有工程案例以获取设计指导信息，其中包含大量的案例数据采集工作，且对案例质量以及数据完整性、可比性有一定要求，该类设计的工作量和难度较大；另一类是利用人工神经网络的数值处理能力，从试验数据和计算分析中获取关于设计的隐含知识以指导设计。这类设计方法，通过借助各类设计案例及数据，在常规设计的基础上取得了一定突破。

（3）进化设计

遗传算法是借鉴自然选择和自然进化机制的、高度并行的、随机的自适应的搜索算法。遗传算法使得智能设计拓展到进化设计。通过将设计方案或设计策略编码为基因串，形成设计样本的基因种群。设计方案评价函数决定种群中样本的优劣和进化方向。进化过程就是样本的繁殖、交叉和变异等过程。进化设计对环境知识依赖很少，而且优良样本的交叉、变异往往是设计创新的源泉，进化计算是实现非常规设计的有利工具。

设计工作是一种创造活动、具有高度不确定性。设计工作又与人的感知和理解紧密联系，只有真正理解人类是如何在“生存实践的基础上”建立认识的，才可能明白设计内容是如何相互关联、影响、跳转的。发展智能设计，要建立同时立足于计算机领域和设计领域的理论框架和体系模式，并且不断突破原有框架和模式从而更好地解决问题。工程项目设计阶段可以通过利用新技术对设计工具进行升级，BIM 技术、人工智能等新技术推动了设计工具从 CAD 绘图到三维建模设计、计算机建模辅助设计的飞跃。其中 BIM 技术包括虚拟施工、碰撞检查等设计中的应用场景。人工智能技术通过模拟设计人员的思考过程，使设计过程更加智能。

8.4.3.3　智能生产

智能生产是一个将制造业领域中的智能制造引入建筑领域中的全新概念，即借助人机一体化智能系统部分取代制造过程中的人力劳动，将制造自动化概念扩展到柔性化、智能化和高度集成化。建筑业的智能生产主要是基于物联网、BIM 技术和工业化建造技术相结合来完成的。物联网在智能生产中的作用是信息搜集和信息传输，BIM 技术可实现对项目的设计、施工进度和成本等多维度的信息统筹以满足智能生产需求，工业化建造技术决定了生产方式。

智能生产包含生产准备、原材料采购、构件生产三大步骤。在生产准备阶段，根据用户的需求，对产品、工艺、资源信息进行分析规划；工厂构件生产方式向智能化方向转变，通过机械臂生产、机器人生产、3D 打印的工作方式进行生产。

钢结构的工业化程度高，结构设计完成后由钢结构生产企业或专业深化公司组织构配件生产，普遍采用工厂批量化、标准化生产，产品质量控制严格，如图 8.41 所示。钢结构生产的主要环节包括：拆解放样、切割下料、成形加工、制孔、矫正、组装焊接、除锈涂装等。此外，钢结构的制造过程还包含预拼装环节，可采用实体预拼装或计算机辅助模拟预拼装，预拼装能够检验制作精度及整体性以便即时调整、消除安装误差，从而确保构件运抵现场能够顺利拼装，减少现场作业，特别是高空安装过程中构件的安装调整时间，保证钢结构工程施工的顺利实施。

图 8.41　钢结构工业化流程

相比现浇法，预制混凝土构件实现了绿色施工，能够降低噪声、防止扬尘、减少环境污染，节约水、电和材料，采用移动模台的预制混凝土构件生产线的工艺流程如图 8.42 所示。

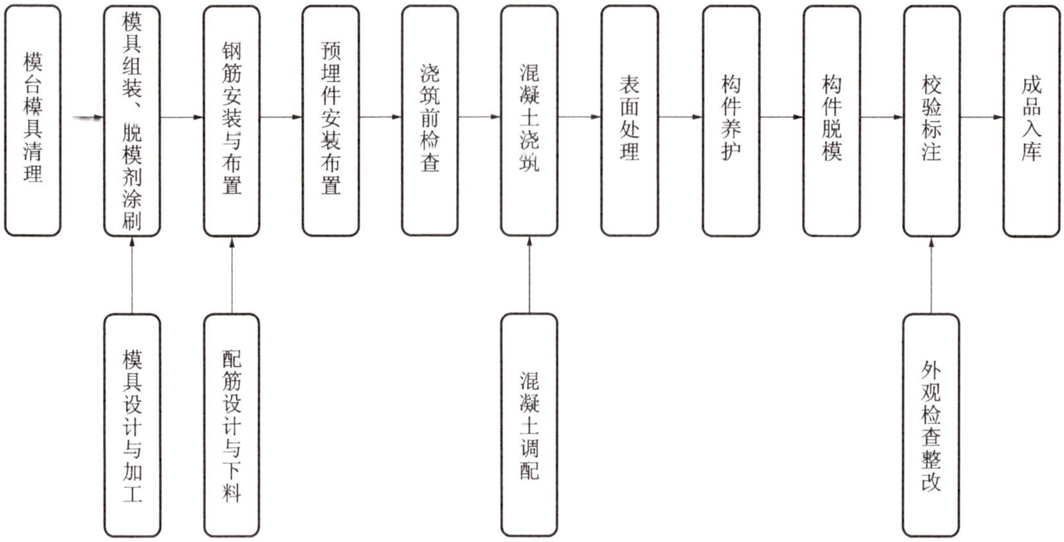

图 8.42　预制混凝土构件生产流程

智能生产的最终目的是使得建筑建造在工业化的基础上，与信息化深度融合，达到全程的智能化。与传统建造方式相比，建筑智能生产缩短了建造周期，从而可节省大量施工阶段的人工成本，使智能生产在经济性角度上有不可比拟的优势。智能生产实质上是一个智能化集成制造系统，将建筑构件设计的信息流、优化管理的数据流等信息与实际生产过程集合成一个整体，把工业化和信息化融合在一起，得以实现具有“人工智能”的特性。智能生产的主要特征包括：

①充分应用工业机器人、数控加工中心、机械手臂等智能设备，实现生产现场无人化，真正做到“无人”工厂。

②充分利用 RFID、工业传感器、工业自动控制系统、工业物联网等技术反馈生产过程信息，实现生产数据实时可视，利用大数据分析进行生产决策。

③生产设备网络化，实现车间“物联网”。

④生产文档无纸化，实现高效、绿色制造。

⑤生产过程智能化，促进制造工艺的仿真优化、数字化控制、状态信息实时监测和自适应控制等。

目前，智能生产在土木工程中应用较为成熟的是“BIM＋数字化”加工技术。其一般步骤为，从 BIM 模型中提取加工作业所需要的材料、尺寸、数量等参数，并转换成规定的格式后，直接传输到加工设备，当加工设备接收到相关数据后，会按照设定的工序和工步组合和排序，自动选择材料、模具、配件和用料数量，计算每个工序的机动时间和辅助时间，形成加工计划，并按计划自动进行加工。其具体应用有：3D 打印混凝土、数字化管道加工、数字化钢结构加工、预制钢筋混凝土构件生产、预制叠合楼板生产、商品化生产钢筋网片等。

8.4.3.4　智能施工

智能施工是指在工程建造过程中运用信息化技术方法、手段，最大限度地实现项目自动化、智慧化的工程活动。它是一种新兴的工程建造模式，是建立在高度的信息化、工业化和社会化基础上的一种信息融合、全面物联、协同运作的工程建造模式。

智能施工意味着实现高质量施工、安全施工及高效施工。通过先进的科学技术，减少施工现场的施工人员，提高施工质量，减少污染和垃圾排放等，对施工现场的“人、机、料、法、环”五大要素实现智能化管理。智能化设备的大量应用、虚拟化的全过程建造仿真模拟、精细化的全要素管理等为传统施工向智能施工转变提供了合理路径。

智能建造在施工阶段的应用主要体现在施工生产要素、建造技术和项目管理的智慧化。施工生产要素的升级包括新型建筑材料和智能机械设备的应用。智能设备是以智能传感互联、人机交互为特征的新型智能终端产品，如智能安全帽、智能手环等。智能机械设备，如智能挖掘机，综合利用传感、探测、视觉和卫星等多种信息，使挖掘机具有环境感知能力、作业规划及决策能力；建造技术的升级主要体现在现场施工方式的改变，从传统的现浇混凝土施工到装配式施工，目前建筑施工装配化方式包含现浇＋现场装配、预制＋装配、3D 打印、机器人施工。项目管理的智能化体现在智慧工地整体解决方案，构建数字孪生模型对项目的进度、成本、质量等方面进行全方位管理。

(1)智慧工地人员管理

建筑行业是劳动密集型行业，从业人员数量庞大，工作现场环境复杂，交叉作业多，人员组成复杂且技能水平参差不齐，管理难度极大，既容易发生安全隐患，也经常出现一线劳动工人合法权益受到侵犯的事件。为了规范工地管理，保障工地人员的合法权益，同时降低企业风险，将“云、大、物、移、智”等新一代信息技术植入到可穿戴设备、场地出入口、危险区域等关键位置，将人员与现场进行融合，建立互联协同、智能生产和科学管理的人员管理体系，也就是智慧工地人员管理，它包括人员教育培训、劳务实名制、考勤门禁、进城务工人员电子支付、人员实时定位等多个应用场景。

(2)智慧工地设备管理

机械设备是建筑施工的重要生产要素。机械设备管理指通过合理组织、协调等方式提高设备使用效率和安全水平，包括设备策划、设备需用计划、设备基础验收、设备进退场、安装验收、设备维修保养、设备安全管理、临电管理和设备操作人员管理等内容。智慧工地设备管理是将“云、大、物、移、智”及 BIM 等信息技术与设备管理充分融合，通过对工程项目进行精确设计和施工模拟，采用智慧感知技术采集设备运行数据、利用信息系统固化设备管理过程，建立互联协同、智能决策和知识共享的智能化设备管理体系；一般包括塔式起重机吊钩可视化、群塔防碰撞、设备操作识别与控制、机械设备姿态监测等应用场景。

(3)智慧工地物料管理

智慧工地物料管理基于真实数据采集、唯一标签流转，深度融合 BIM 部件及材料要素，串联物资从 BIM 模型总量策划到收料仓储管理再到半成品加工直至工程实体消耗的各个关键环节，通过 AI＋智能终端、移动＋电子标签追溯、BIM＋量控可视化、数据＋智能决策、云＋知识萃取等方式，实现工程物料管理的智能化。智慧工地物料管理应用覆盖工程项目物资管理全过程，应包括物资的计划管理、采购管理、验收管理、库存管理和成本管理等方面功能。

(4)智慧工地质量管理

建筑安装施工质量取决于人、施工机械设备、工具、原材料、预制构件、施工方法等因素，涉及原材料的质量及其运输和保管，机器设备的完好和运转状况，工人的技术水平和熟练程度，劳动组织是否先进合理，质量检查和测试手段是否健全等工作的质量。

智慧工地质量管理包含质量预控、试验检测、质量巡检、实测实量、质量验收、质量评价等功能，通过系统集成各板块形成闭环管理，辅助施工现场质量管理提升。在系统中可对项目质量状况实时监控、自动生成业务表单。同时，系统提供了实测实量、图纸管理等功能，及时记录施工质量过程数据，提升质量管理效率。

(5)装配式建筑智能化施工

装配式建筑是指主要的构件和配件(如楼板、墙板、楼梯、阳台等)在工厂中批量化、流程化预制，再运输到建筑施工现场，通过可靠的连接方式在现场装配安装而成的建筑。装配式建筑主要包括预制装配式混凝土结构、钢结构、现代木结构建筑等。

装配式建筑智能化施工是通过信息化手段将施工阶段的信息进行采集，并通过数字化信息平台进行交互共享，再结合 BIM 技术、移动互联技术和物联网技术对施工阶段进行管理，以实现装配式建筑施工信息化应用。装配式建筑智能化施工常应用于施工平面布置与优化、预制构件管理、施工工艺虚拟模拟、施工单位进度协同化、构件厂方进度协同化、物流单位进度协同化等场景中。

8.4.3.5 智能运维

智能运维涵盖智能家居和智慧物业两方面。智能家居是指在全屋智能阶段，将所有与信息相关的通信设备、智能电器、家庭保安装置等联合成为统一的整体，集中监视、控制、管理家庭事务；智慧物业主要应用场景包括安防管理、能耗管理、应急疏散管理、建筑维护管理等，通过统一的大数据云平台将物业各个单位紧密联系起来，建立高效的联动机制。

运维管理是一门新兴的交叉学科。运维管理也可以叫作设施管理，在土木工程中，其本质就是对建筑内的设备进行管理。其定义是：以保持业务空间高品质的生活和提高投资效益为目的，以新技术对人类的生活环境进行有效规划、整备和维护管理的工作。这句话也可以作为运维管理的目标，目前常被概括为：将物质的工作场所与人和机构的工作任务结合起来。

在建筑中，需要进行运维管理的设备有很多。比如国际设施管理协会(IFMA)最初定义的运维管理的对象包括八类：不动产、规划、预算、空间管理、室内规划、室内安装、建筑工程服务及建筑物的维护和运作。后来将这八类优化为五类：不动产、长期规划、建筑项目、建筑物管理和办公室维护。

传统的运维管理就是我们常说的“物业管理”。在物联网通信等新技术发展起来之后，运维管理逐渐带有智能化的色彩，也就是“数字化运维”，即智能运维。但不论技术的发展程度以及各类协会对运维管理的定义如何，运维管理的本质都是对各类建筑以及其中各类设备的全生命周期管理。

在土木工程领域中，运维管理主要聚焦于四个方面，即设备维护管理，空间和客户管理，能源和环境管理，安全、消防和应急管理。

(1)设备维护管理

设备维护管理主要负责建筑的维护、检测、检验。一般需要专业人员制订设备的维护、管理和检查计划，目的是保证设备的安全并有效地在建筑内操作设备，延长设备使用生命周期，减少故障风险。目前计算机和其他辅助设施被应用于建筑中来进行运维管理规划，例如预订会议室或者停车场管理等。

(2)空间和客户管理

在建筑中，空间是建筑的基本单位，合理布局和安排建筑空间是每个设备能够正常运作的前提。在这个先决条件下，管理者可以提高空间利用效率，缩短工作流程，快速处理数据，提供良好的工作环境,创造人与自然和谐相处的环境。

(3)能源和环境管理

节能环保是当今世界各界探索的一个热点课题,建筑业自然也不例外。在一些项目中,建筑可以通过一些特殊的构造以及材料的选择进行节能。在运维管理的领域中,如何使用更高效的管理模式去控制并实现建筑节能是一项重要工作。

(4)安全、消防和应急管理

在物业管理中,安全始终是一个不可避免的课题。物业管理中包括安全、消防、应急管理三个目标,所有这些目标都是为了维护公共安全。

思考题和习题

8.1 简述建筑业发展趋势中面临的挑战以及相应的可持续发展措施。

8.2 举例说明高新材料在土木工程中的应用及其对建筑性能的提升作用。

8.3 简述土木建筑领域向高空、地下、海洋和太空发展的技术创新点和面临的挑战。

8.4 解释建筑工业化的概念、基本途径以及我国建筑工业化体系的新要素。

8.5 对比装配式建筑与传统现浇建筑的优缺点。

8.6 阐述装配式建筑的特点、种类和结构体系,并各举一例说明其应用。

8.7 分析我国装配式建筑发展的现状、存在的问题以及国家相关政策的支持。

8.8 简述 BIM 技术的特点、核心原理以及在建筑全生命周期中的应用。

8.9 介绍几种常见的 BIM 核心建模软件,并说明其适用范围。

8.10 智能建造的定义、内涵和特点是什么?

8.11 智能建造的基础技术主要内容是什么?

8.12 智能设计与传统设计方法的区别是什么?

8.13 智能生产在土木工程中主要应用是什么?

8.14 简述智能施工的概念以及智慧工地人员、设备、物料和质量管理的主要措施。

8.15 简述智能运维的概念以及在土木工程领域中聚焦的四个方面的主要内容。

参考文献

1 罗福午.土木工程(专业)概论[M].武汉:武汉理工大学出版社,2001.
2 白丽华,王俊安.土木工程概论[M].北京:中国建材出版社,2002.
3 罗福午,张惠英,杨军.建筑结构概念设计及案例[M].北京:清华大学出版社,2003.
4 雷宏刚.钢结构事故分析与处理[M].北京:中国建材工业出版社,2003.
5 沈福煦.建筑概论[M].上海:同济大学出版社,1994.
6 商如斌.建筑工程概论[M].天津:天津大学出版社,2002.
7 李必瑜,王雪松.房屋建筑学[M].3版.武汉:武汉理工大学出版社,2008.
8 中国建筑工业出版社.现行建筑设计规范大全[M].北京:中国建筑工业出版社,2002.
9 郃连河,张家平.新型道路建筑材料[M].北京:化学工业出版社,2003.
10 吴科如,张雄.土木工程材料[M].上海:同济大学出版社,2003.
11 黄晓明,潘钢华,赵永利.土木工程材料[M].南京:东南大学出版社,2001.
12 迟培云,吕平,周宗辉.现代混凝土技术[M].上海:同济大学出版社,1999.
13 牛季收.土木工程材料[M].郑州:黄河水利出版社,2010.
14 蔡丽朋,赵磊.土木工程材料[M].北京:化学工业出版社,2011.
15 陈志源,李启令.土木工程材料[M].武汉:武汉理工大学出版社,2003.
16 阎培渝,杨静.建筑材料[M].北京:中国水利水电出版社,2008.
17 王秀花.建筑材料[M].北京:机械工业出版社,2009.
18 张正雄,姚佳良.土木工程材料[M].北京:人民交通出版社,2008.
19 李继业.新型混凝土技术与施工工艺[M].北京:中国建材工业出版社,2002.
20 卢循.建筑施工技术[M].上海:同济大学出版社,1999.
21 赵志缙.高层建筑施工[M].上海:同济大学出版社,1999.
22 中国建筑工业出版社.新版建筑工程勘察设计规范汇编[M].北京:中国建筑工业出版社,2002.
23 陈易.生态建筑和生态环境的设计[J].中国建材,1998(12):63-65.
24 黄涛.生态建筑、绿色建筑在持续发展建筑中的定位[J].新建筑,1998(2):11-12.
25 周晓雯,万锦.关于中国绿色建筑发展问题[J].新建筑,1999(2):9-10.
26 黄绳.面向可持续发展的绿色建筑[J].建筑学报,1998(9):17-18.
27 班琼.新世纪建筑的发展方向——绿色建筑[J].运筹与管理,1998(3):98-101.
28 胡思太.生态住宅——新世纪的热点[J].安徽建筑,2000(6):63-64.
29 王剑云,金晓波.德国生态建筑几例[J].新建筑,1999(2):66-68.
30 佟万泉.节能建筑的设计[J].建筑,2001(7):56-57.
31 赵红晓.节能建筑——21世纪建筑发展新趋势[J].基建优化,2002(3):53-54.
32 苏宝兵,董平,高迎伏,等.目前我省在节能建筑发展中存在的问题与对策探讨[J].华北航天工业学院学报,2001(3):44-46.
33 吴振泉,王晓玲.节能建筑设计初探[J].北方经济,2002(S1):333-334.
34 吴雷.漫谈智能建筑[J].安徽建筑,2000(3):90-91.
35 杨彩虹,刘素萍.21世纪的建筑——智能建筑[J].工业建筑,2000(3):23-25.
36 陆伟良.国内外智能建筑发展动态及21世纪展望[J].江苏建筑,2000(4):77-80.
37 周俐,夏凌.智能建筑综述[J].电讯技术,1999(3):44-48.
38 曹伟,赵玉凤.智能建筑的发展趋势与实例[J].工业建筑,1999(2):14-18.
39 赖少庆,许正雄.初论智能建筑的建设[J].计算机应用,1998(2):1-5.

40 曹伟.智能建筑的产生及其发展背景[J].工业建筑,1999(2):5-8.

41 甘大中.面向21世纪的建筑——智能建筑[J].四川建筑,1998(11):12,27.

42 陈长征,杨璐.浅谈智能建筑中的几个问题[J].工程设计CAD与智能建筑,2000(2):37-39.

43 吕西林.高层建筑结构[M].武汉:武汉理工大学出版社,2003.

44 龚延风,陈卫.建筑消防技术[M].北京:科学出版社,2002.

45 王学谦,刘万臣.建筑防火设计手册[M].北京:中国建筑工业出版社,1999.

46 舒秋华.房屋建筑学[M].武汉:武汉理工大学出版社,2015.

47 戴国欣.钢结构[M].武汉:武汉理工大学出版社,2007.

48 陈奇.浅谈高层及超高层建筑的发展[J].科技资讯,2006(29):90.

49 徐培福,王翠坤,肖从真.中国高层建筑结构发展与展望[J].建筑结构,2009(9):28-32.

50 楼庆西.中国古建筑二十讲[M].北京:生活·读书·新知三联书店,2004.

51 陈志华.外国古建筑二十讲[M].北京:生活·读书·新知三联书店,2004.

52 李必瑜,王雪松.房屋建筑学[M].6版.武汉:武汉理工大学出版社,2021.

53 刘静,张盛东.木结构防火设计方法简介[J].灾害学,2010,25(S0):131-135.

54 张华,何培玲,王登峰.土木工程概论[M].2版.北京:中国建筑工业出版社,2023.

55 邢国华.防灾减灾工程学导论[M].北京:中国建筑工业出版社,2023.

56 刘文峰,廖维张,胡昌斌.智能建造概论[M].北京:北京大学出版社,2021.

57 管东芝,陈鹏.智能建造概论[M].北京:高等教育出版社,2024.

58 全国消防标准化技术委员会防火材料分会.混凝土结构防火涂料:GB 28375—2012[S].北京:中国计划出版社,2012.

59 中华人民共和国住房和城乡建设部.高层建筑混凝土结构技术规程:JGJ 3—2010[S].北京:中国建筑工业出版社,2011.

60 中华人民共和国住房和城乡建设部.建筑结构可靠性设计统一标准:GB 50068—2018[S].北京:中国建筑工业出版社,2019.

61 中华人民共和国住房和城乡建设部.建筑模数协调标准:GB/T 50002—2013[S].北京:中国建筑工业出版社,2013.

62 中华人民共和国住房和城乡建设部.厂房建筑模数协调标准:GB/T 50006—2010[S].北京:中国建筑工业出版社,2011.

63 中华人民共和国住房和城乡建设部.中小学校设计规范:GB 50099—2011[S].北京:中国建筑工业出版社,2011.

64 中华人民共和国住房和城乡建设部.建筑地基基础设计规范:GB 50007—2011[S].北京:中国建筑工业出版社,2012.

65 全国钢标准化技术委员会.低合金高强度结构钢:GB/T 1591—2018[S].北京:中国标准出版社,2018.

66 工业和信息化部.通用硅酸盐水泥:GB 175—2023[S].北京:中国标准出版社,2023.

67 中国建筑材料联合会.建设用砂:GB/T 14684—2022[S].北京:中国标准出版社,2023.

68 中国建筑材料联合会.建设用卵石、碎石:GB/T 14685—2022[S].北京:中国标准出版社,2023.

69 中华人民共和国住房和城乡建设部.普通混凝土用砂、石质量及检验方法标准:JGJ 52—2006[S].北京:中国建筑工业出版社,2006.

70 中华人民共和国住房和城乡建设部.屋面工程技术规范:GB 50345—2012[S].北京:中国建筑工业出版社,2012.

71 全国墙体屋面及道路用建筑材料标准化技术委员会.烧结普通砖:GB/T 5101—2017[S].北京:中国标准出版社,2017.

72 全国墙体屋面及道路用建筑材料标准化技术委员会.烧结多孔砖和多孔砌块:GB/T 13544—2011

[S]. 北京：中国标准出版社，2011.
73 全国墙体屋面及道路用建筑材料标准化技术委员会. 烧结空心砖和空心砌块：GB/T 13545—2014[S]. 北京：中国标准出版社，2014.
74 全国墙体屋面及道路用建筑材料标准化技术委员会. 蒸压灰砂实心砖和实心砌块：GB/T 11945—2019[S]. 北京：中国标准出版社，2019.
75 全国墙体屋面及道路用建筑材料标准化技术委员会. 蒸压粉煤灰砖：JC/T 239—2014[S]. 北京：中国建材工业出版社，2015.
76 全国墙体屋面及道路用建筑材料标准化技术委员会. 炉渣砖：JC/T 525—2007[S]. 北京：中国建材工业出版社，2008.
77 全国水泥制品标准化技术委员会. 蒸压加气混凝土砌块：GB/T 11968—2020[S]. 北京：中国标准出版社，2020.
78 全国墙体屋面及道路用建筑材料标准化技术委员会. 普通混凝土小型砌块：GB/T 8239—2014[S]. 北京：中国标准出版社，2014.
79 全国墙体屋面及道路用建筑材料标准化技术委员会. 轻集料混凝土小型空心砌块：GB/T 15229—2011[S]. 北京：中国标准出版社，2012.
80 全国水泥制品标准化技术委员会. 铝酸盐水泥：GB/T 201—2015[S]. 北京：中国标准出版社，2016.
81 全国水泥制品标准化技术委员会. 快速施工用海工硫铝酸盐水泥：GB/T 39712—2020[S]. 北京：中国标准出版社，2020.
82 全国水泥制品标准化技术委员会. 道路硅酸盐水泥：GB/T 13693—2017[S]. 北京：中国标准出版社，2017.
83 全国水泥制品标准化技术委员会. 抗硫酸盐硅酸盐水泥：GB/T 748—2023[S]. 北京：中国标准出版社，2023.
84 全国水泥制品标准化技术委员会. 用于水泥和混凝土中的粉煤灰：GB/T 1596—2017[S]. 北京：中国标准出版社，2017.
85 中华人民共和国住房和城乡建设部. 普通混凝土拌合物性能试验方法标准：GB/T 50080—2016[S]. 北京：中国建筑工业出版社，2017.
86 中华人民共和国住房和城乡建设部. 混凝土结构设计标准：GB/T 50010—2010[S]. 北京：中国建筑工业出版社，2010.
87 中华人民共和国住房和城乡建设部. 大体积混凝土施工标准：GB 50496—2018[S]. 北京：中国建筑工业出版社，2018.
88 全国钢标准化技术委员会. 碳素结构钢：GB/T 700—2006[S]. 北京：中国标准出版社，2007.
89 全国钢标准化技术委员会. 钢筋混凝土用钢 第 1 部分：热轧光圆钢筋：GB/T 1499.1—2024[S]. 北京：中国标准出版社，2024.
90 全国钢标准化技术委员会. 钢筋混凝土用钢 第 2 部分：热轧带肋钢筋：GB/T 1499.2—2024[S]. 北京：中国标准出版社，2024.
91 全国钢标准化技术委员会. 冷轧带肋钢筋：GB 13788—2024[S]. 北京：中国标准出版社，2024.
92 中华人民共和国住房和城乡建设部. 木结构通用规范：GB 55005—2021[S]. 北京：中国建筑工业出版社，2022.
93 中华人民共和国住房和城乡建设部. 建筑工程抗震设防分类标准：GB 50223—2008[S]. 北京：中国建筑工业出版社，2008.
94 中华人民共和国住房和城乡建设部. 建筑抗震设计标准：GB/T 50011—2010[S]. 北京：中国建筑工业出版社，2024.
95 中华人民共和国住房和城乡建设部. 建筑设计防火规范：GB 50016—2014[S]. 北京：中国建筑工业出版社，2018.